国家社会科学基金项目 "基于信息视域的跨学科协同信息行为与特征研究"（14BTQ068）成果

湖北省学术著作出版专项资金
Hubei Special Funds for Academic Publications

大 数 据 环 境 下 的 信 息 管 理 方 法 技 术 与 服 务 创 新 丛 书

基于信息视域的
跨学科协同信息行为与特征

Research on Interdisciplinary Collaborative Information Behaviors and
Characteristics Based on the Perspective of Information Horizon

代君 等 著

WUHAN UNIVERSITY PRESS
武汉大学出版社

图书在版编目(CIP)数据

基于信息视域的跨学科协同信息行为与特征/代君等著.—武汉:
武汉大学出版社,2024.4
大数据环境下的信息管理方法技术与服务创新丛书
湖北省学术著作出版专项资金资助项目
ISBN 978-7-307-23921-0

Ⅰ.基⋯　Ⅱ.代⋯　Ⅲ.科学研究工作—合作—信息管理—研究
Ⅳ.G31

中国国家版本馆 CIP 数据核字(2023)第 153520 号

责任编辑:黄河清　　　责任校对:李孟潇　　　版式设计:韩闻锦

出版发行:**武汉大学出版社**　　(430072　武昌　珞珈山)
　　　　　(电子邮箱:cbs22@whu.edu.cn　网址:www.wdp.com.cn)
印刷:武汉中远印务有限公司
开本:720×1000　1/16　印张:38.5　字数:572千字　插页:2
版次:2024 年 4 月第 1 版　　2024 年 4 月第 1 次印刷
ISBN 978-7-307-23921-0　　定价:138.00 元

前　言

　　大数据时代科学发展范式的变革深刻地影响着科研组织和活动模式，学科交叉、开放、协作的特征更为显著，跨学科协同的研究势在必行。党的二十大报告中强调，要"加强基础学科、新兴学科、交叉学科建设，加快建设中国特色、世界一流的大学和优势学科"，为高校瞄准国家战略需求，完善跨学科科研模式，加强有组织的交叉学科研究，不断培育壮大新兴交叉学科指明了方向、提供了遵循。

　　自组织理论是理解群体协同信息行为多样化现象的理论基础。自组织是指系统在不受外界控制的情况下，内部各要素之间自发进行竞争与合作交互，从而实现从简单到复杂、从无序到有序的演化。关于自组织的定义大多表明："自发生成"和"自主突现"是自组织过程的两大特征。"自发生成"将自组织与他组织区别开来，表明了自组织行为的能动性和随机性。"自主突现"即为自组织的"涌现"，是指经由局部层次间的要素相互作用而产生作用于全局的新质，该新质是突现的结果，不能仅仅通过组成单位的行为或特征进行理解和预测。运用自组织涌现机理来解释复杂系统，是理解自然界和人类社会多样性的重要基础。由于以个人参与为出发点开展协同信息行为研究是运用自组织理论的结果，因此识别影响信息行为的个人属性就十分关键。但是影响人的信息行为的个人属性有很多，难以识别出最关键的因素，此外，由于缺乏全局理论模型的指导，协同信息行为影响因素的研究容易陷入无序的罗列或主观

1

臆测。

模型研究是跨学科协同信息行为研究的重点和难点，需合理解释行为表现及发生机理，这也是未来研究的重中之重。目前，对跨学科协同信息行为模型的研究较少，经典的有 Ellis 等的信息搜寻行为模型①、Foster 的非线性信息搜寻行为模型②和 Kuhlthau 的信息搜寻过程模型③，其他大多数协同信息行为模型是在这些模型的基础上发展起来的，这些模型仅针对协同信息行为的局部进行研究，缺乏对全局影响因素模型的研究。国内外学者普遍认识到信息行为研究需要整合情景（Context）因素来进行综合性的研究。由于情景是一个具有普适性的概念，任何事物都可能成为情景，包括物理场景、组织、更大的社会空间、时间、历史事件、激励机制、个人健康、行为本身等外在客观因素，也包括个人内在心理状态、知识状态、情感、认知等主观因素。情景概念的普适性将情景因素的研究带入了困境。

跨学科合作是在不同的计算机支持协同工作（CSCW）情景（环境）中进行的。远程科学合作理论（TORSC）④定义了一系列导致成功的因素，包括定义工作的性质、在联合实验室建立共同点、管理过程（包括规划和决策）以及技术准备情况，明确工作任务、物理环境、时间过程以及技术条件等情景是远程科学合作的成功因素。因此，本书考虑以下情景：①研究群体开展工作的组织和社区；②群体工作的时间，一个群体的特定时间的合作方式受到群体

① Ellis D, Haugan M. Modelling the Information Seeking Patterns of Engineers and Research Scientists in an Industrial Environment［J］. Journal of Documentation, 1997, 53（4）: 384-403.

② Foster A. A Nonlinear Model of Information-seeking Behavior［J］. Journal of the American Society for Information Science and Technology, 2004, 55（3）: 228-237.

③ Kuhlthau C. Inside the Search Process: Information Seeking from the User's Perspective［J］. Journal of the American Society for Information Science, 1991, 42（5）: 361-371.

④ Olson G, Zimmerman A, Bos N D, et al. A Theory of Remote Scientific Collaboration［M］. Cambridge, MA: MIT Press, 2008.

历史(过去的工作和社会互动)和群体未来(未来的预期互动)的影响;③群体协同过程,协同过程分为过渡期、初期、循环期;④任务特征,包括任务难度、紧迫性和重要程度等;⑤参与者的特征;⑥参与者之间的关系,协同主体之间的主次和依附关系。可见,研究跨学科协同信息行为的学术情景,需要考虑更大的情景空间和动态的时间特性。

信息视域理论①②提供了将群体协同信息行为理解为一个"涌现"现象的核心概念。以信息视域作为个人属性,描述了个人处在特定情景、状况和社会网络之下,获取外部信息的局限和使能,在信息视域概念中,信息行为被视为"个人和信息资源之间的协作"。在跨学科协同信息行为研究中引入信息视域理论的原因在于,信息视域概念和理论具有满足研究跨学科协同信息行为学术情景的特性。①信息视域理论提供了一个从个人到社会网络再到环境,并由于社会关系不断建构而扩展的更大的情景空间。信息视域包含情景概念,例如环境、状况和社会网络,个人信息视域嵌入这个情景中。最外层是信息资源环境,向内依次是社会文化、组织环境,以及任务情况和社会网络。社会网络作为信息资源很重要,社会网络可以提供信息和对信息资源的访问渠道,也可以帮助构造状况和情景。因此,信息视域提供了一个从个人到社会网络再到环境,以及由于社会关系不断建构而扩展的更大的情景空间。②信息视域及其情景概念具有时间特性。一方面信息视域具有较强的稳定性。信息视域作为一种隐性的心理模型,由个人的学习生活经历、社会地位等塑造,是内在的、隐性的、稳定的属性。它与别人的信息视域的

---

① Sonnenwald D H. Evolving Perspectives of Human Information Behavior: Contexts, Situations, Social Networks and Information Horizons[C]//Wilson T D, Allen D K, eds. Exploring the Contexts of Information Behavior: Proceedings of the Second International Conference in Information Needs, Seeking and Use in Diffrent Contexts. London: Taylor Graham, 1999.

② Savolainen R. Source Preferences in the Context of Seeking Problem-Specific Information[J]. Information Processing & Management, 2008, 44(1): 274-293.

重叠部分，是主体间共享的心智模型部分，决定了与合作对象能否走向协同，因此它是影响协同的最主要的人的属性，信息视域对表征协同的持久性质的静态结构十分重要。另一方面信息视域具有动态性。信息视域的情景因素具有时空特点，例如任务状况就描述了情景中的具体限制条件。在面临特定任务时，随着时间的发展会产生一系列相关的活动与行为表现。信息视域中的其他情景概念也具有不同的时间特性，例如，信息视域本身也会发生阶段性的进化、交叉作用和连接。因此信息视域及其涵盖的情景因素的时间特性符合跨学科信息行为学术情景的动态特性。

因此，基于信息视域的跨学科协同信息行为研究有助于根据信息视域的情景要素和时间特性探索新的建模方法，从新的视角探索性研究跨学科协同信息行为表现、特征、内在机理及对绩效的影响，从而提出相应的对策。这一选题具有新颖性，对跨学科合作、协同信息行为理论研究有创新价值和实践参考意义。笔者 2014 年申报了国家社科基金一般项目"基于信息视域的跨学科协同信息行为与特征研究"（14BTQ068）并获得批准，本书在该项目成果基础上写成。

本研究继承历史经典理论提出研究框架，遵循所设计的研究进路，从基础内容到核心内容再到绩效对策展开研究。①基础内容。利用信息视域任务情景的阶段动态性，考虑阶段、步骤会影响信息行为，参考 Kuhlthau 的信息搜寻过程模型构建跨学科协同过程框架，提出各阶段的研究问题。进一步利用文献计量方法研究了信息环境中跨学科信息资源分布的分散性和给跨学科研究带来的弱信息需求障碍，根据信息视域和问题空间的距离，划分了感知信息搜寻失败的类型。在此基础上，对特定人群进行了静态信息视域分析。最后，根据信息视域理论构建个人单一学科信息行为和跨学科信息行为影响因素概念模型。②核心内容。基于信息视域及其他相关理论，围绕跨学科协同信息行为表现、特征、内在机理开展探索性研究。探索个人从单一学科内的研究走向跨学科协同的渐变过程及其影响因素；探索从有协同意愿到达成合作关系到协同时机成熟的路径；探索不同模式下的协同信息行为表现、特征及信息视域变化；

探索跨学科研究者自组织互动以及自下向上的涌现现象机理。③绩效及对策。从信息视域理论出发，研究开放科学、软件开源社区、跨学科行动计划、在线学术社交平台和信息系统开发团队等组织情景下的跨学科协同信息行为，以解释组织网络结构的形成、演化，组织中的沟通行为和绩效，有助于增加我们对更广泛的社会合作趋势和影响的认识。对策部分主要致力于信息源知识聚合及可视化研究，以期为跨学科用户改善信息环境、提高信息源访问效率提供参考。

本书通过探究跨学科协同模式和不同模式下的跨学科协同信息行为表现和特征，基于信息视域时间特性的情景研究和建模方法得到情景因果链、层级因果链模型，将个人、群体、主动跨界信息搜寻、信息源、渠道、情感、关系、解释、类比、整合、匹配、社会互动、任务等联系在一起，将渐变过程和稳定状态联系在一起，将过去、现在和未来联系在一起，揭示了学术环境下，跨学科任务驱动的协同信息行为表现、特征和内在机理。

本书各章作者如下：

引言：代君；第一章：代君；第二章：代君、曾奕、廖莹驰、周羽珊；第三章：代君、叶艳、肖昭玥、谢毓馨；第四章：代君、叶艳、廖莹驰、秦岩、王慧、胡雅阁；第五章：代君、张萱、郭世新、林学训、田晓宇；第六章：代君、魏雄鹰、李佶壕、秦岩。最后由代君负责全书统稿、定稿。

本书吸取了国内外同行学者的研究成果和相关文献的学术思想，文中做了标注，在此谨向这些成果的所有者和文献的作者表示感谢。感谢湖北省学术著作出版专项资金资助项目"大数据环境下的信息管理方法技术与服务创新丛书"的资助，感谢武汉大学出版社和本书责任编辑的辛勤工作。由于研究能力的局限，本书尚存在很多不足，有的研究还只是初步探索，需要进一步改进和完善，这些都是有待继续努力的地方。

代 君

2023 年 10 月

序

    情报学家索纳沃德(Sonnenwald)1999 年提出信息视域理论来描述个人的信息行为。她认为，在任何背景或情况下，个人都有一个"信息视域"，信息视域由各种信息资源组成，如社会网络、文档、信息检索工具以及实验和观察等，当个人决定获取某一方面的信息时，会在信息视域中进行搜寻①。其理论架构同时涵盖信息需求、信息获取与信息使用三个方面的信息行为，信息行为可以被视为"个人和信息资源之间的协作"，个人的信息视域因处在不同的情景、状况和社交网络下而不同，因此，信息视域理论帮助研究人员理解个人的信息寻求、过滤、使用和传播。萨沃莱宁(Savolainen)②在索纳沃德理论基础上提出了信息源视域概念。他认为信息源视域就是使用者根据其感知的重要性将信息源依次放置的一个想象空间，人们的地位、经历和所处的环境、情景等决定信息资源的重要性和个人对信息资源的偏好。信息源视域进一步影响

① Sonnenwald D H. Evolving Perspectives of Human Information Behavior: Contexts, Situations, Social Networks and Information Horizons[C]//Wilson T D, Allen D K, eds. Exploring the Contexts of Information Behavior: Proceedings of the Second International Conference in Information Needs, Seeking and Use in Different Contexts. London: Taylor Graham, 1999: 176-190.

② Savolainen R. Source Preferences in the Context of Seeking Problem-Specific Information[J]. Information Processing & Management, 2008, 44(1): 274-293.

了每一次信息搜寻路径的选择。因为信息源视域是在信息视域理论基础上的进一步发展的，与信息视域一脉相承，故本书将索纳沃德和萨沃莱宁理论的综合统称为信息视域理论。约翰逊（Johnson）等将信息路径定义为某人在由各种通道、通道中的各种源以及这些源中包含的各种消息所组成的信息矩阵中寻找问题的答案时所遵循的轨迹，是"更加动态和活跃，长期关注响应序列的个人行为"，随着时间的推移，这种运动可能会导致环境的变化①。

信息视域描述了个人信息搜寻使能和局限。信息视域的局限体现在每个人的信息视域包含了有限的社会网络、文件、信息检索工具、实验等资源，每个人都有接触不到的信息源和渠道，其信息行为在这个有限的边界内发生。个人可以通过在一个由渠道、来源和信息组成的信息矩阵中选择路径来追求他们需要的知识，随着时间的推移，个人可能会有习惯的路径或通过与特定对象协商选择相应的路径的表现，体现了信息行为的习惯、信息源使用的规律性，具有类似信息视域的人形成同质的社群。事件触发的社会互动会改变信息寻求的路径，从而改变相对稳定的信息视域边界，这是导致信息视域改变的驱动因素。同时，信息视域也描述了个人信息搜寻的使能，即对世界的观察。这一层含义是指信息视域可以作为个人看待世界的语境。信息视域作为知识的语境可以深度地揭示知识的含义，例如隐性知识的揭示，描述了个人所能看到的世界的范围，决定了对信息和知识意义的解释、对环境的判断，以及对信息源、渠道的选择决策。

索纳沃德和萨沃莱宁的信息视域以及约翰逊等的信息路径是本书的主要理论基础。

本书根据国家社会科学基金一般项目"基于信息视域的跨学科协同信息行为与特征研究"的结项成果，以及后续的研究成果汇集而成。首先基于文献综述提出总体研究框架；其次，进一步识别个

---

① Johnson J D E, Case D O, Andrews J, et al. Fields and Pathways Contrasting or Complementary Views of Information Seeking [J]. Information Processing and Management, 2006, 42(2): 572.

人信息寻求—协同触发—协同开始—协同终止这一发展过程中的角色、事件、信息流、活动及交互等要素，构建基于信息视域的跨学科协同信息行为过程模型；最后，按照信息资源环境、个人跨学科信息行为、群体跨学科行为、其他组织情景下的信息行为与绩效以及对策展开研究。

(1)跨学科研究的学术信息资源环境特性。跨学科领域被认为是高度分散的。处于信息分散环境下的用户具有弱信息需求这种特点。通过对美国TREC1跨学科团队的成果进行计量分析，以参考文献的分散情况测度三种不同协同模式下的信息分散性，得出结论：不同的协同模式对应的问题的跨学科性和信息分散性是不同的，且信息分散性符合布拉德福定律，问题的跨学科性和信息分散性会影响学术研究者在进行跨学科研究时的信息搜寻行为。跨学科的障碍除了信息分散、弱信息需求、研究者的信息视域有限之外，还有语法边界、语义边界和语用边界。

(2)基于信息视域的个人单一学科内信息行为与跨学科信息行为的区别。个人的信息视域为知识提供了稳定、静态的语境，它包含资源、约束和信息的载体。个人稳定信息视域的性质可以塑造其更活跃的信息搜寻，因为它提供了一个信息搜索的起点。人们被嵌入信息视域中，这决定了他们对特定问题的认识水平和知识水平。信息视域的性质也决定了他们对信息的接触，从而引发了他们寻求更多信息的愿望。处理日常科研任务的单一学科研究人员面对问题以单一学科信息视域为语境来解释，选择类似信息视域的人合作，容易交流并达成一致的意见，形成学科社群，其缺点在于信息视域容易固化，导致学科壁垒，不利于创新。跨学科个人信息行为是富有难度和挑战的行为，已有研究表明其具有非线性、探索性和信息偶遇的特点。跨学科协同与单一学科内协同的不同之处在于跨学科研究者嵌在不只一个学科的信息视域形成的框架中，这些视域相互作用，多面向的学科信息视域棱镜在空间和时间上描绘了一系列的"可能性边界"，这些边界对应于(或绘制出)一个潜在的、不断发展的"逻辑"或"结构"，交叉点决定了交流相遇的机会。在跨学科协同信息行为影响因素中需要特别关注的是个人内在的不同学科信息视域之间的相互作用以及信息行为对信息视域的依赖和作用。调用个人非学术情景的信息视域中的信息源或者交叉学科情景的信息视域中的信息源来思考问题，使得单一学科信息视域向其他学科信息视域方向扩展，有助于找到克服学科知识鸿沟的桥梁。研究表明单一学科与跨学科群体之间的信息视域具有明显差异，但是跨学科群体的信息视域与单一学科研究群体的信息视域的交叉空间越来越大，单一学科群体可以基于跨学科群体建立起与其他学科群体信息视域的联系。

（3）从个人单一学科内研究走向跨学科群体合作研究。单一学科研究人员面对需要跨学科解决的问题，置身于信息资源高度分散的环境中和弱信息需求的情况下，若研究问题距离自身信息视域太远，以至于感知意料之内的失败，会选择放弃响应这一任务事件。只有当感知意料之外的失败，并且自己是人际偏好型信息视域或中立型信息视域，面临有时间压力的跨学科任务时会触发开展跨学科合作研究的意愿。当研究者面临的问题域与自己的信息视域有一定差距，其他学科学者与自己有共同的兴趣、目标且相互信任时，二者容易达成合作关系。若不同学科研究者之间共享概念系统，则有助于达成合作。单一学科研究者寻找跨学科合作对象的行为依赖信息视域发现信息，建立协作关系连接。跨学科沟通行为需要借助个人内在的不同学科信息视域之间的相互作用，甚至非学术信息视域之间的相互作用。学习、信息沟通行为以及信息组织和使用行为重新塑造个人的信息视域。

（4）从跨学科合作研究走向协同。跨学科研究中变革性学习的关键环节是理解其他学科的概念并将其与自己的学科知识联系起来，而研究者的批判性反思和与协作者的反思性对话是理解的关键。建立在社会互动沟通基础上的意义建构促进个人信息视域向其他学科信息视域和集体信息视域进化，为协同创造了条件。从达成合作关系到协同时机成熟，这个过程可以借助从"人—机"协同到"主—从"协同，再到"对等协同"（"主—主"协同）的路径逐渐实现。

（5）跨学科研究团队中存在"人—机"协同、"主—从"协同、对等协同模式。在现实世界中存在的往往是三种协同模式混合形成的更复杂的协同关系。三种稳定关系架构下，群体协同信息行为表现出以下特征：

跨学科"人—机"协同信息行为表现为"人—系统"之间非线性的循环，特点在于：①个人主动广度信息搜寻；②"人—机（系统）"互动学习；③系统具有理解适应用户信息源偏好和打破用户信息源偏好的功能。在"人—机"协同中，"信息搜寻系统"的"视角预测"及"学习"功能，以及个人"主动信息搜寻"和"学习"能力是这一协同模式的主要影响因素。

跨学科"主—从"协同信息行为表现出以下特点：①"主—次"。主方多学科视角的信息搜寻、意义构建，解释、评价行为和从方的依赖和学习行为显著。②互惠。不对等双方互动发展到一定阶段，信息提供的主次关系可能逐渐变得平等化，前期阶段导师是学生信息视域中最主要的信息源，在教会学生理解问题收集文献数据之后，学生通过学习，信息视域得到扩大，信息视域中与导师共享的部分越来越多，可以与导师针对问题展开讨论，从属方对主导方提供的结果信息或者新的文献等就是一种信息反馈。③人机学习和社会学习两种学习机制。"主—从"关系和"互动学习""推荐""评价"是这一协同模式的主要影响因素。

跨学科"对等协同"信息行为表现出以下特点：①跨学科研究者对等协同关系中嵌入了"人—机"互动学习。②跨学科实践中的跨层级沟通和群体学习，使得个人信息视域向集体和对方进化，相重叠以至于相互作用。③协同内容创造和知识建构，协同时机达成后进行内容的协同创造和知识生产。

以上三种元协同模式下的协同信息行为模型的共同特点表现为：协同信息行为影响因素贯穿于各主体的信息视域、社会互动、学习和协同主体关系形成的链。其中，信息视域既是影响因素又是受影响发生变化的结果；社会互动行为有先后顺序，先完成的行为成为激发后一行为的情景；社会互动行为发生在现实世界外部，可以被观察到；社会互动行为有非线性的循环特点。待互动行为发生到一定程度，双方信息视域重叠程度很高时，在共享心智模型下，富有默契的协同信息行为或可发生。实验研究显示协同对象和关系的连接在不同的信息环境和人际环境下是不同的，表现出随着任务完成阶段的不同，沟通在整个过程中起重要作用，在共同可见的地方共享任务理解，分配和进度是协同的关键。

（6）跨学科合作组织的多样性，动态生成、演化的原因。利用信息行为和组织的动态特性，视个人行动与组织互为情景，研究跨学科研究者自组织互动，自下向上地涌现和塑造新的组织架构。将信息视域理论核心概念解析成更小的元概念，分析其不同时间特性，已经发生了的事件是将要发生的事件的情景，稳定的事件是易变的事件的情景，考虑跨学科协同信息行为的非线性的循环过程和特点，借鉴约翰逊的社会互动模型，以及现象学、社会空间理论和夏佩尔的"信息域"理论，纳入信息视域稳定状态和渐变过程，构建协同信息行为的影响因素层级因果链模型。这是本书借鉴约翰逊的社会互动模型形成的建模思想。

（7）不同跨学科合作组织情景下的协同信息行为与绩效。开放科学情景下，跨学科研究者之间的面对面知识交流活动有助于增加其态度相似性，使其对意义的理解逐渐达成共识，有助于提升凝聚力和研究绩效；信息系统开发团队中语言风格的全局一致性和局部中断有助于创新；在开源软件开发平台提供的社会编码、社会评价、审阅人推荐等机制下，开发人员协同开发行为特征——"代码提交频率""核心成员占比""文件平均修改次数""修改文件占比"对项目的成功有影响；跨学科项目团队在项目开展过程中，团队具有在集体层面和个人层面的社会移动性特征，阶段性特征以及问题理解一致性和共享目标有助于合作成功。

（8）对策。主要致力于跨学科协作信息搜索系统设计、基于综述型文献的跨学科领域信息源地图绘制、跨学科科研成果知识关联，以期为改善跨学科用户信息环境、提高信息源访问效率提供参考。

CONTENTS 目 录

第1章　问题提出及研究框架…………………………………………… 1

1.1　基于信息视域的跨学科协同信息行为研究进展 ………… 1

1.1.1　基于信息视域的信息行为理论框架与分析方法 …… 2

1.1.2　协同信息行为理论与方法……………………………… 14

1.1.3　跨学科个人信息行为…………………………………… 25

1.1.4　跨学科协同信息行为…………………………………… 41

1.1.5　评述……………………………………………………… 47

1.2　基于信息视域的跨学科协同信息行为研究框架………… 49

1.2.1　文献综述………………………………………………… 50

1.2.2　基于信息视域的协同信息行为影响因素模型
构建………………………………………………………… 54

1.2.3　基于信息视域的跨学科协同信息行为过程模
型框架…………………………………………………… 61

1.2.4　协同循环阶段的协同行为……………………………… 68

1.2.5　不同阶段的研究问题…………………………………… 70

1.2.6　结语……………………………………………………… 75

第2章　跨学科学术信息资源环境 ················· 77

2.1　学科交叉演进中研究视角的变化

　　　——以"恢复性环境"领域为例 ············· 78

　　2.1.1　相关研究现状 ························· 79

　　2.1.2　相关概念与理论基础 ················· 82

　　2.1.3　数据获取与处理 ····················· 87

　　2.1.4　数据分析 ··························· 93

　　2.1.5　结论与展望 ························· 97

2.2　学术会议论文新颖性测度

　　　——以"计算机学科人工智能"领域为例 ······· 99

　　2.2.1　相关研究 ·························· 100

　　2.2.2　研究方法 ·························· 103

　　2.2.3　计算机学科人工智能领域实证分析 ······ 106

　　2.2.4　总结 ····························· 114

2.3　跨学科领域文献分布分析

　　　—— 以"机器学习"领域为例 ·············· 115

　　2.3.1　领域选择与分析方法 ················ 117

　　2.3.2　分析内容和数据获取 ················ 120

　　2.3.3　机器学习领域文献分布分析 ··········· 120

　　2.3.4　结论与启示 ························ 138

2.4　跨学科领域文献分布分析

　　　—— 以"计算生物学"领域为例 ············ 140

　　2.4.1　不同层级粗粒度信息源调查 ··········· 140

　　2.4.2　信息源分布计量分析框架 ············· 142

　　2.4.3　粗粒度信息源的多维度分布分析 ········ 143

　　2.4.4　由细粒度信息源到粗粒度信息源的分布分析 ····· 159

　　2.4.5　"计算生物学"领域信息资源分布的可视化分析 ···· 168

　　2.4.6　总结 ····························· 171

本章总结 ································· 173

第3章　跨学科信息视域与个人信息搜寻行为⋯⋯⋯⋯⋯ 174

3.1　跨学科个人信息视域特点 ⋯⋯⋯⋯⋯⋯⋯⋯⋯⋯ 174

3.1.1　我国大学生跨学科领域信息视域现状 ⋯⋯⋯ 174

3.1.2　我国高校研究人员个人信息源偏好 ⋯⋯⋯⋯ 176

3.2　跨学科研究群体与单一学科研究群体间信息视域

差异 ⋯⋯⋯⋯⋯⋯⋯⋯⋯⋯⋯⋯⋯⋯⋯⋯⋯⋯⋯ 188

3.2.1　研究对象 ⋯⋯⋯⋯⋯⋯⋯⋯⋯⋯⋯⋯⋯⋯ 188

3.2.2　数据获取 ⋯⋯⋯⋯⋯⋯⋯⋯⋯⋯⋯⋯⋯⋯ 189

3.2.3　数据处理 ⋯⋯⋯⋯⋯⋯⋯⋯⋯⋯⋯⋯⋯⋯ 190

3.2.4　结果分析 ⋯⋯⋯⋯⋯⋯⋯⋯⋯⋯⋯⋯⋯⋯ 192

3.2.5　结论与启示 ⋯⋯⋯⋯⋯⋯⋯⋯⋯⋯⋯⋯⋯ 204

3.3　跨学科情景下用户信息获取渠道及行为表现 ⋯⋯⋯ 206

3.3.1　跨学科情景下用户信息获取研究模型构建 ⋯ 207

3.3.2　用户信息获取渠道及行为特点实证分析 ⋯⋯ 212

3.3.3　结论与启示 ⋯⋯⋯⋯⋯⋯⋯⋯⋯⋯⋯⋯⋯ 226

第4章　基于信息视域的跨学科协同信息行为实证研究⋯⋯⋯ 229

4.1　协同信息搜索行为的触发情景因素 ⋯⋯⋯⋯⋯⋯ 230

4.1.1　个人信息搜索失败后的弥补行为的影响因素 ⋯⋯ 231

4.1.2　个人信息搜索弥补行为的影响因素假设模型 ⋯ 235

4.1.3　个人信息搜索弥补行为调查问卷设计 ⋯⋯⋯ 235

4.1.4　数据分析及结论 ⋯⋯⋯⋯⋯⋯⋯⋯⋯⋯⋯ 237

4.1.5　总结 ⋯⋯⋯⋯⋯⋯⋯⋯⋯⋯⋯⋯⋯⋯⋯ 246

4.2　跨学科情景下协同信息行为诱发因素分析

——基于信息视域的视角 ⋯⋯⋯⋯⋯⋯⋯⋯⋯ 247

4.2.1　跨学科协同信息行为诱发因素假设模型 ⋯⋯⋯ 249

4.2.2　访谈及跨学科信息行为特征分析 ⋯⋯⋯⋯⋯ 252

4.2.3　跨学科协同信息行为诱因假设分析 ⋯⋯⋯⋯ 253

4.2.4　结论与展望 ⋯⋯⋯⋯⋯⋯⋯⋯⋯⋯⋯⋯⋯ 257

4.3　跨学科协同信息行为模式及特征研究 …………… 258

4.3.1　数据来源 ……………………………………… 259

4.3.2　跨学科协同模式聚类分析 …………………… 260

4.3.3　不同协同模式的特征分析 …………………… 263

4.3.4　结论 …………………………………………… 268

4.4　不同信息视域环境下的跨学科协同信息行为 …… 269

4.4.1　实验设计 ……………………………………… 271

4.4.2　数据采集及分析方法 ………………………… 273

4.4.3　数据分析 ……………………………………… 275

4.4.4　讨论 …………………………………………… 284

4.4.5　结语 …………………………………………… 284

4.5　"人—机"协同模式下的跨学科信息行为 ……… 285

4.5.1　个人跨学科信息搜寻的行为表现研究现状 …… 285

4.5.2　重新思考跨学科研究的问题情景 …………… 287

4.5.3　重新思考跨学科研究的障碍 ………………… 288

4.5.4　重新思考理论基础 …………………………… 290

4.5.5　跨学科研究者在"人—机"协同中的信息行为

初探 ………………………………………… 296

4.5.6　启示 …………………………………………… 299

4.6　跨学科研究者在"主—从"协同中的信息行为初探

——以导师—跨学科研究生为例 …………… 299

4.6.1　相关理论 ……………………………………… 300

4.6.2　数据收集与分析 ……………………………… 304

4.6.3　导师—跨学科研究生协同信息行为分析和讨论 … 311

4.6.4　结语 …………………………………………… 314

4.7　跨学科研究者在对等协同中的信息行为初探 …… 315

4.7.1　文献回顾 ……………………………………… 316

4.7.2　研究方法和数据来源 ………………………… 318

4.7.3　编码方法 ……………………………………… 319

　　4.7.4　研究结果 ……………………………………… 322

　　4.7.5　结论 …………………………………………… 327

4.8　跨学科协同信息行为影响因素层级因果链模型 ……… 327

　　4.8.1　情景概念及对情景的研究 …………………… 327

　　4.8.2　日常生活或工作情景下的信息行为模型 ……… 330

　　4.8.3　跨学科协同信息行为影响因素层级因果链模型的
　　　　　 构建 ………………………………………… 333

　　4.8.4　对模型进一步理解 …………………………… 347

第5章　其他情景下的跨学科协同信息行为特征及绩效 ……… 352

5.1　跨学科合作组织 ……………………………………… 353

　　5.1.1　跨学科研究的三种主要运行模式 …………… 354

　　5.1.2　跨学科研究组织的新发展 …………………… 357

5.2　开放科学背景下跨学科研究者面对面的沟通对
　　　绩效的影响 ……………………………………… 358

　　5.2.1　研究背景与意义 ……………………………… 359

　　5.2.2　国内外研究综述 ……………………………… 360

　　5.2.3　数据分析 ……………………………………… 365

　　5.2.4　背景影响的讨论 ……………………………… 378

　　5.2.5　结论 …………………………………………… 380

5.3　开发人员协同开发行为特征对开源项目成功的影响 … 382

　　5.3.1　研究综述 ……………………………………… 382

　　5.3.2　数据获取与处理 ……………………………… 385

　　5.3.3　实证分析 ……………………………………… 389

　　5.3.4　结论与启示 …………………………………… 396

　　5.3.5　结语 …………………………………………… 397

5.4　跨学科行动计划下的合作演进特征测度 ……………… 398

　　5.4.1　文献综述及测度框架设计 …………………… 399

　　5.4.2　数据收集 ……………………………………… 405

5.4.3 多学科交叉性测度和合作网络紧密性测度 ········ 406

5.4.4 结论与启示 ········ 418

5.5 在线学术社交平台用户行为的科研影响研究

——以 W 大学 ResearchGate 用户为例 ········ 423

5.5.1 相关研究 ········ 425

5.5.2 数据获取及分析方法 ········ 427

5.5.3 结果分析 ········ 430

5.5.4 总结 ········ 443

5.6 语言风格对跨学科设计团队创新的影响

——以信息系统开发团队为例 ········ 444

5.6.1 研究综述 ········ 446

5.6.2 理论基础和方法 ········ 453

5.6.3 实证分析 ········ 457

5.6.4 结论 ········ 466

第6章 对策研究 ········ 468

6.1 跨学科协同信息搜索需求及支持工具 ········ 468

6.1.1 协同信息检索及现有工具的相关研究 ········ 469

6.1.2 跨学科信息搜索 ········ 472

6.1.3 协同信息搜索平台设计 ········ 476

6.1.4 用户评价与原型迭代 ········ 487

6.1.5 跨学科协作信息搜索用户支持系统需求 ········ 495

6.1.6 结语 ········ 495

6.2 基于综述型文献的跨学科领域信息源地图绘制 ········ 496

6.2.1 研究综述 ········ 496

6.2.2 面向综述型文献的信息源信息抽取 ········ 500

6.2.3 基于抽取信息源信息的地图绘制 ········ 509

6.2.4 实验结果和分析 ········ 511

6.2.5 结语 ········ 517

6.3　面向复杂跨学科问题的科研项目成果知识关联 ……… 519
　6.3.1　问题的复杂性与复杂问题研究 ……………… 520
　6.3.2　科技项目知识的特点与分类 ………………… 522
　6.3.3　科研人员对基金项目信息需求情况调查 ……… 525
　6.3.4　基金项目成果知识关联超网络模型与方法 …… 530
　6.3.5　基金项目成果知识关联实证研究 ……………… 541

参考文献 ………………………………………………………… 564

第1章 问题提出及研究框架

1.1 基于信息视域的跨学科协同信息行为研究进展

大数据时代科学发展范式的变革深刻地影响着科研组织和活动模式，学科交叉、开放、协作的特征更为显著，复杂科研问题的跨学科性及信息分散性对研究者的信息素养提出了挑战。信息行为是指人类所有的涉及利用信息资源和通道的行为，包括主动与被动的信息查找及信息使用①。跨学科研究被认为是一种信息行为②，因为在跨学科研究中，所有的这些信息查找和信息检索过程都可以被找到，而且在跨学科研究中，这些信息资源往往与具有不同学科背景的人联系在一起，当研究要求的领域知识超出了搜寻者的能力范围时，协同信息搜寻方式最有可能被采用。

信息行为(Information Behaviour)理论研究经历了从个人心理取向到社会取向、再到多元化取向的转变。多元化取向从认知、社会和环境的复合视角看待信息行为，信息视域理论就是其中的一个代

---

① Wilson T. Exploring Models of Information Behaviour：The 'Uncertainty' Project[J]. Information Processing & Management，1999，35(6)：839-849.

② Kelly L M. An Exploration of Interdisciplinary Academic Scientific Collaboration Factors[D]. North Carolina：The University of North Carolina at Chapel Hill，2003.

表性成果。本节从基于信息视域的信息行为理论框架与分析方法、协同信息行为理论、跨学科个人信息行为及跨学科协同信息行为四个方面对国内外相关研究进展进行梳理，有助于找出进一步研究的方向。同时，还探讨了信息视域作为个人与外界沟通或意义建构的中介的作用，因为信息视域不仅是信息搜寻发生的范围，也是嵌入知识的情景，起到沟通协调和翻译理解的作用。

1.1.1 基于信息视域的信息行为理论框架与分析方法

信息行为可以细分为信息寻求行为、信息检索行为、信息使用行为等，关于信息行为的理论发展的文献很丰富，但它们关注的目标和问题不同，学科也不同，如社会学、心理学、管理学等。有关信息视域的研究文献分散在信息行为、信息素养、社会网络等主题内，需要加以筛选、综合和梳理。研究信息视域的代表性学者有索纳沃德(Sonnenwald)、萨沃莱宁(Savolainen)和胡维拉(Huvila)。

1.1.1.1 信息视域

索纳沃德(Sonnenwald)1999 年提出信息视域(Information Horizon)概念并建立了分析人类日常信息行为的框架(PMEST)：个性、物质、动力、空间、时间[①]。Fisher 等(2004)、Huotari 和 Chatman(2001)相继提出了信息集聚地(Information Field)、小世界(Small World)、信息宇宙(Information Universe)等类似概念[②③]。信息视域理论还提供了形式化的调查工具和数据收集方法：信息视域

---

① Sonnenwald D H, Iivonen M. An Integrated Human Information Behavior Research Framework for Information Studies [J]. Library & Information Science Research, 1999, 21(4): 429-457.

② Fisher K E, Durrance J C, Hinton M B. Information Grounds and the Use of Need-Based Services by Immigrants in Queens, New York: A Context-Based, Outcome Evaluation Approach[J]. Journal of the American Society for Information Science and Technology, 2004, 55(8): 754-766.

③ Huotari M, Chatman E. Using Everyday Life Information Seeking to Explain Organizational Behavior [J]. Library & Information Science Research, 2001, 23(4): 351-366.

图(Sonnenwald，1999)和分析信息视域图(AIHM)(Isto Huvila，2009)①。由于信息视域理论框架过于宏大，目前国内外的大部分实证分析还仅限于学生及"日常生活"范围。

如图 1.1.1 所示，信息视域是一种一般性的理论框架及方法学，用来解释人类信息搜寻和使用行为；通过数据收集与分析，可以探讨人们在不同情境中的信息搜寻行为。该理论框架由三个基本概念组成：情景或情境(Context)、状况(Situation)和社会网络(Social Network)。个人会在信息视域中采取行动，各种信息资源存在于个人的信息视域之中，包含社会网络、文件、信息检索工具、实验和对世界的观察。Sonnenwald 认为社会网络帮助构建状况及情境，信息视域也由它们所构成，人们可以透过情境、状况及社会网络的概念来了解人类的信息搜寻行为②。信息视域理论提供了用于解释人类在特定情境中采取的信息寻求行为的一般性概念架构。

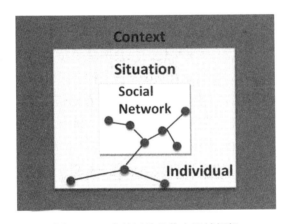

图 1.1.1　索纳沃德的信息视域框架

①　Huvila I. Analytical Information Horizon Maps[J]. Library & Information Science Research，2009，31(1)：18-28.

②　Sonnenwald D H. Evolving Perspectives of Human Information Behavior：Contexts，Situations，Social Networks and Information Horizons[C]//Exploring the Contexts of Information Behavior：Proceedings of the Second International Conference in Information Needs. London，UK：Taylor Graham，1999：176-190.

（1）情景。情景是一个抽象的概念，代表信息搜寻者所处的特定生活环境。处于特定情境中的成员对该情境有共同的理解。由于情境是多面向的，可分为个人层面、人际层面、组织层面、社会层面与实体环境等五大面向，并且可由多种属性加以描述：时间、地点、人物、过程、目标等都蕴含于情境之中。可见"情景"是一个模糊的概念，在研究中可以意味着任何东西。似乎所有可能导致因变量变化的因素都可以被称为"情景"。因此，这一概念并不能帮助研究人员区分相关的和不相关的因素，并集中关注一组影响研究者感兴趣的现象变化的选定变量。研究者应该寻求定义和分类，而不是空洞的概念，通过定义和分类引导选择有限数量的、有根据的解释兴趣现象变化的因素。

（2）状况。状况描述了情景的特定构成。在特定的情景中，随着时间的发展会产生一系列相关的活动与行为，即为状况，例如学术会议是大的学术情景中的特定状况。

（3）社会网络。社会网络是信息视域概念中关键的组成部分。英国人类学家 Brown 第一次使用"社会网络"的概念，对这一概念的研究始于 20 世纪二三十年代。社会网络是指个体之间的交流，尤其是互动和联系。在信息视域模型中，社会网络代表特定信息视域中涉及一组角色以及他们连接的结构。在对信息视域的调查中，被调查者被鼓励创建自己的信息视域图形，研究者将这个图形作为一个社会网络来分析（Sonnenwald 等，2001）[①]。社会网络作为信息资源的概念确实很重要，可以提供信息和对信息资源的访问渠道，也可以帮助构建状况和情景。

信息视域包括以下五个命题：

命题一：个人、社会网络、状况与情景塑造了人的信息行为。每个人在特定的状况和情景下，会产生特定的信息需求，个人、情

---

① Sonnenwald D H, Wildemuth B M, Harmon G L. A Research Method to Investigate Information Seeking Using the Concept of Information Horizons: An Example from a Study of Lower Socio-Economic Students' Information Seeking Behavior[J]. The New Review of Information Behavior Research, 2001(2): 65-85.

景、状况和社会网络可以帮助个人确定所能访问到的信息资源，从而满足其需求。例如：大学生在完成平时的作业时，遭遇到难以解答的问题，此问题的解答过程就涉及使用情景、状况及社会网络等概念下的信息视域中的资源。

命题二：一个特定情景和状况下的个体或系统，会察觉、反思或评估周遭环境的改变，信息行为在数次反思与评估活动（特别是对知识缺乏的反思与评估）之中构建起来。信息行为是个体基于知识缺乏时的一连串反思与评估的行为，个体在某一状况中，会对自己感知的信息与自我需求的信息进行反思和评估，从而产生新的需求，做出信息行为决策，不断重复这个过程直到达到目的。

命题三：在环境与情景内存在一个个体可以采取行动的信息视域。信息视域由各种信息资源组成，当个人决定获取某一方面的信息时，就会在信息视域中进行搜寻。这些资源可能是导师、家人、实验、搜索引擎、数据库等。同一个人在不同情景和状况下也可能会有不同的信息视域。在一定状况和情景下，信息视域会受到外界环境的影响。当然，个人特点也影响信息视域的形成。例如，个人的知识、兴趣、工作等有助于塑造个人的信息视域。此外，信息视域中的信息资源可能来自人际交流，通过彼此的沟通来弥补他人对某方面信息的缺乏。

命题四：人类的信息行为，理论上可被视为个人与信息资源间的协作，是通过个人与信息资源协作实现资源共享、优势互补来解决个人知识缺乏的过程。个人与信息资源间合作的先决条件在于个人有和信息资源协作的意愿偏好。

命题五：因为信息视域是由各种信息资源所组成，每种信息资源拥有部分的知识，因此可以将信息视域概念化为一个由密集解决方案形成的空间。在该空间中，假定有许多解决方案，人们会选择其中最有效率的路径展开信息搜寻。由此可见，信息视域就是一个个人与环境中信息资源协同解决信息需求的方案集合，也是分析、创造或传递知识来解决问题的知识库。信息视域理论还认为，信息行为过程中所形成的人与情境之间的相互影响是塑造信息视域的一个重要因素。

　　索纳沃德的信息视域概念并不是唯一的引用信息空间类隐喻的概念。Evans 和 Keeran（1995）[1]、Rosvall（2006）[2]、Sneppen 等（2007）[3]讨论了信息视域概念的轻微差别。Shenton 和 Dixon（2003）界定了关于信息宇宙的概念[4]；Chatman（1991）讨论了信息世界（Information World）概念[5]；Taylor（1991）介绍了信息环境（Information Environment）的概念[6]；Fisher 和 Naumer（2006）提出了信息域（Information Grounds）概念[7]；Huotari 和 Chatman（2001）提出了小世界的概念（Small World）[8]；Savolainen（2006）写了一篇关于空间方法的综合讨论文章[9]。正如萨沃莱宁所说，信息视域不同于大多数空间隐喻概念之处在于它强调视角，一个信息视域是从一个角色视角所看到的信息空间中的可视部分。

---

①　Evans L，Keeran P. Beneath the Tip of the Iceberg：Expanding Students' Information Horizons[J]. Research Strategies，1995，13(4)：235-244.

②　Rosvall M. Information Horizons in a Complex World[D]. Umeå，Sweden：Umeå University，2006.

③　Rosvall M，Sneppen K. Networks and Our Limited Information Horizon[J]. International Journal of Bifurcation and Chaos，2007，17(7)：2509-2515.

④　Shenton A K，Dixon P. Models of Young People's Information Seeking[J]. Journal of Librarianship and Information Science，2003，35(1)：5-22.

⑤　Chatman E A. Life in a Small World：Applicability of Gratification Theory to Information Seeking Behavior[J]. Journal of the American Society for Information Science，1991，42(6)：438-449.

⑥　Taylor R. Information Use Environments[M]//Dervin B，Voigt M J，eds. Progress in Communication Sciences. Norwood，NJ：Ablex Publishing Corporation，1991.

⑦　Fisher K E，Naumer C M. Information Grounds：Theoretical Basis and Empirical Findings on Information Flow in Social Settings[M]//Spink A，Cole C，eds. New Directions in Human Information Behavior. Amsterdam：Kluwer，2006：93-111.

⑧　Huotari M L，Chatman E. Using Everyday Life Information Seeking to Explain Organizational Behavior[J]. Library & Information Science Research，2001，23(4)：351-366.

⑨　Savolainen R. Spatial Factors as Contextual Qualifiers of Information Seeking[J]. Information Research，2006，11(4)：2005-2006.

1.1.1.2 信息源视域

信息搜寻的研究从很早就开始专注于个人对信息源的选择上，已经持续了 30 多年，尤其注重健康信息搜寻的研究（Dervin、Jacobson & Nilan，1982）[1]。通过观察人的信息搜寻行为，研究者发现人们并不总是选择能给他们带来最优结果的行为。例如，他们会越过知识最渊博的信息提供者而选择去问那些他们熟知的人（Dervin、Jacobson & Nilan，1982）[2]。事实上，针对不同情境下信息搜寻的研究表明，信息的可及性是人们选择信息源的关键影响因素，比起其他渠道，人际信息源是更容易被选择的（Webben & Johnston，2000）[3]。

Savolainen 等（2004）[4]研究环保人士的信息源范围，询问在寻找特定问题信息时的信息源范围中包括什么样的信息源，根据上述标准选择信息源时他们使用了什么样的信息路径，研究发现人力资源和互联网资源是最重要的，人们通常一开始就在互联网上搜索信息，但很快就联系到了相关的人。同时，他们采访的个人是在一个固定的信息源范围内运作的，这在一定程度上决定了个人认为什么是可获取的信息源，并建立了一套偏好。这是至关重要的，因为研究表明，个人倾向于根据可及性和可感知到的可靠性来选择他们的信息源，或者是社会资本。因此，信息源的视域很重要，因为它们

① Dervin B，Jacobson T L，Nilan M S. Measuring Aspects of Information Seeking：A Test of a Quantitative/Qualitative Methodology［J］. Annals of the International Communication Association，1982，6(1)：419-444.

② Dervin B，Jacobson T L，Nilan M S. Measuring Aspects of Information Seeking：A Test of a Quantitative/Qualitative Methodology［J］. Annals of the International Communication Association，1982，6(1)：419-444.

③ Webber S，Johnston B. Conceptions of Information Literacy：New Perspectives and Implications［J］. Journal of Information Science，2000，26(6)：381-397.

④ Savolainen R，Kari J. Placing the Internet in Information Source Horizons. A Study of Information Seeking by Internet Users in the Context of Self-development［J］. Library & Information Science Research，2004，26(4)：415-433.

解释了信息源的偏好和相关性。

信息源视域理论使用了围绕人类信息行为的三个基本概念：状况、情境、各类信息源。信息源得到社会和个人的重视，以满足在状况和情景下探寻的需要。个人的社交网络、状况和情景塑造了问题并影响了个人如何理解可用资源并最终利用这些资源。个人还可以反思和评估信息视域的变化，认识到新的信息需求并根据新的战略对信息源采取行动。Savolainen 提出的信息源视域属于透视主义理论的主观距离，也就是说信息资源的利用顺序由使用者主观判断的距离来决定，他们会优先使用在情感和认知上离自己最近的信息资源。与 Sonnenwald 的信息视域相比，Savolainen 的信息源视域是一种更丰富的精神地理学，它赋予信息源相关性的定位。这种表述基于现象学，它将信息视域从物质资源和活动空间重新转换为更多心理概念的信息源视域。信息源视域是索纳沃德（Sonnenwald，1999）的信息视域概念的扩展。

Huvila（2009）①对 Sonnewald 的信息视域方法进行了实质性的修改并提出了分析信息视域图的概念。通过采访不同类型的工作角色，捕捉群体的信息资源与活动，分析并绘制出某一类角色的信息视域图。分析信息视域图中可以包含一些信息活动，例如信息使用序列、使用序列的方向、资源之间的关系以及信息资源（载体等）。

个人信息空间（Personal Information Space，PIS）和个人信息集与信息源视域概念相似，只是信息源视域还包括不为个人所控制的信息，例如个人的社会关系网络结点所掌握的信息。个人信息集（Personal Information Collection，PIC）是为控制信息而连续不断努力搜集和组织信息的结果，个人信息集是个人信息空间中的一部分，当特定信息需求产生时被使用。这样看来，个人信息空间集合和个人信息集集合与两类信息源视域有关，个人信息空间集合像跨所有信息情景的稳定信息源视域，一个个人信息集集合近似于为处理特定信息需求而创建的特定信息源视域。

---

① Huvila I. Analytical Information Horizon Maps[J]. Library and Information Science Research，2009(31)：18-28.

Savolainen(2008)辨析了信息源视域与信息路径的区别，前者表示主体对信息源偏好的顺序，后者表示信息源在实际搜寻中被使用的顺序。信息路径通常包括 3~4 个信息源。他还辨析了信息视域的稳定和动态变化的差别。信息源视域相对稳定，由问题驱动的信息路径则倾向于动态变化[1]。

1.1.1.3 基于信息视域的研究方法

信息视域对于帮助人们理解信息行为是非常重要的，但是调查收集数据却很困难，因为要把握用户所使用的信息源的特殊性及多样性并不容易。类似的研究有信息经验、非正式学习(Limberg[2]，Bruce 等[3])、信息实践、信息文化(Webber & Johnston)[4]以及信息图景等多个方面。与其他调查研究方法相比，信息视域这种半结构化的调查技术通过绘制信息视域地图、信息源视域地图与分析信息视域图等方法，较为准确地收集了人们获取信息行为的数据。

(1)信息视域图。

Sonnenwald 认为个人可以用文字表达他们的信息视域并在访谈过程中把它画下来，得到信息视域"地图"，图 1.1.2 表示的就是一个工程师信息视域图。信息视域图是一种描绘人们对于面临的信息搜索问题所能想到的包括物质、信息资源、人、关系所构成的整个信息环境和信息图景的图形。绘制、精炼信息视域图是一种半结构化的调查方法。在进行信息行为研究时，由受访者描述几个信息获取的特殊情境，访问者抓住其中的关键事件来开展深度访问，画

---

① Savolainen R. Source Preferences in the Context of Seeking Problem-Specific Information[J]. Information Processing & Management，2008，44（1）：274-293.

② Limberg L. Experiencing Information Seeking and Learning：A Study of the Interaction between Two Phenomena[J]. Svensk biblioteksforskning，1999(1)：5-23.

③ Wong Y B，Bruce C S，Maybee C. Telling Stories：Extending Informed Learning with Narrative theory[J]. Information Research，2008，24(3).

④ Webber S，Johnston B. Conceptions of Information Literacy：New Perspectives and Implications[J]. Journal of Information Science，2000，26（6）：381-397.

出这个情景下用户喜欢搜寻的信息资源(包括人),再运用社会网络分析和内容分析的技术对由此产生的信息域图形与采访得到的数据进行分析(Sonnenwald 等,2001)①。

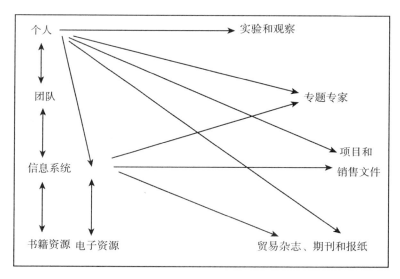

图 1.1.2 工程师典型信息视域图(Sonnenwald,1996②)

(2)信息源视域图。

Sonnenwald 及其同事在分析信息视域时,采用了一个矩阵来表示学生对信息源的偏好顺序。而 Savolainen 和 Kari(2004)使用三个同心圆来说明用户如何根据他们的偏好优先使用哪些信息资源③,如

① Sonnenwald, D H, Wildemuth, B M, Harmon, G L. A Research Method to Investigate Information Seeking Using the Concept of Information Horizons: An Example from a Study of Lower Socio-Economic Students' Information Seeking Behavior[J]. The New Review of Information Behavior Research, 2001(2): 65-85.

② Sonnenwald D H. Communication Roles that Support Collaboration during the Design Process[J]. Design Studies, 1996, 17(3): 277-301.

③ Savolainen R, Kari J. Placing the Internet in Information Source Horizons. A Study of Information Seeking by Internet Users in the Context of Self-Development[J]. Library & Information Science Research, 2004, 26(4): 415-433.

图 1.1.3 所示。区域 1(Zone 1)是指最偏好的信息资源;区域 2 (Zone 2)是指第二重要的信息资源;区域 3(Zone 3)是指周边信息资源。信息偏好的区域是很重要的。在个人感知的环境中,信息源的可及性、质量、灵活性都是影响个人信息域的重要因素,许多可及性高、质量高、灵活性强并且搜寻时间成本较低的信息资源都集中在区域 1。

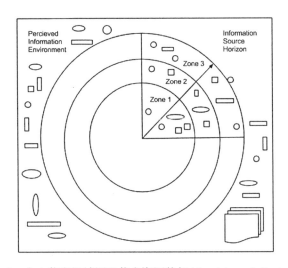

图 1.1.3　个人信息视域图和信息资源偏好(Savolainen & Kari, 2004)

(3)分析信息视域图。

Huvila(2009)建议绘制分析信息视域图(AIHM)来提高数据收集的效率,因为分析信息视域图避免了不正式和不连续的信息源。在分析信息视域图中,用特定的符号表示了输入资源(发射器)、平衡资源(运输者)和终点资源(接受者)。发射器表示信息交互的输入点,运输者随后以交互的方式来使用,接受者代表信息交互终结的对象。该方法提供了深入讨论和实施访谈的基础。Huvila (2009)提出了 8 类信息工作者的分析信息视域图框架模板,可供研究者进行具体化和扩展①。

---

① Huvila I. Analytical Information Horizon Maps[J]. Library & Information Science Research, 2009, 31(1): 18-28.

1.1.1.4　信息视域理论和方法的应用研究

Sonnenwald(1999)认为信息行为是一种个人与信息资源之间的协同历程,因此,信息资源的社会关系图像(Sociogram)可解释个人如何从事信息探索、寻求、过滤、使用与传播。目前有一些研究利用"信息视域"的概念和调查方法来认识特定信息环境中的人的信息搜寻特点。例如考古学家的工作角色信息行为(Huvila, 2009)[①];互联网用于自我发展(Savolainen&Kari, 2004)[②];不同情景下在校学生的信息源使用(Sonnenwald 等, 2001;Tsai, 2010[③]、2012[④]、2013[⑤]);信息贫富分化(周文杰等, 2015)[⑥];大学生信息管理行为(Sinn 等, 2019[⑦];代君等, 2016[⑧])。

Sonnenwald(2001)利用信息视域理论架构探讨社会经济资源较贫乏的(Lower Socio-economic)学生(其就读的大学位于美国农村或经济欠发达地区)的信息寻求行为,该研究运用关键事件访谈和半

① Huvila I. Analytical Information Horizon Maps[J]. Library & Information Science Research, 2009, 31(1): 18-28.

② Savolainen R, Kari J. Placing the Internet in Information Source Horizons. A Study of Information Seeking by Internet Users in the Context of Self-Development[J]. Library & Information Science Research, 2004, 26(4): 415-433.

③ Tsai T I. The Social Networks in the Information Horizons of College Students: A Pilot Study[J]. Proceedings of the American Society for Information Science and Technology, 2010, 47(1): 1-3.

④ Tsai T I. Coursework-related Information Horizons of First-generation College Students[J]. Information Research, 2012, 17(4): 542.

⑤ Tsai T. Source Use Behavior of First-Generation and Continuing-Generation College Students[D]. Madison, Wisconsin: University of Wisconsin-Madison, 2013.

⑥ 周文杰, 闫慧, 韩圣龙. 基于信息源视野理论的信息贫富分化研究[J]. 中国图书馆学报, 2015(1): 50-61.

⑦ Sinn D, Kim S, Syn S Y. Information Activities within Information Horizons: A Case for College Students' Personal Information Management[J]. Library & Information Science Research, 2019, 41(1): 19-30.

⑧ 代君, 郭世新. 协同信息搜索行为的触发情景因素探析——基于高校学生个人信息搜索失败情景[J]. 图书情报知识, 2016(5): 62-72.

结构化访谈，要求受访者绘出个人的信息视域并加以解释，发现学生以网络为进行信息寻求的首选，其次是家庭、教师、朋友。

Tsai(2010，2012)研究了威斯康星大学麦迪逊分校的中国台湾研究生的信息视域，发现他们的信息视域受资源的可访问性、感知质量以及学科差异的影响。Tsai(2013)研究大学生活、社会化对大学生信息视域扩展的影响。陈世娟和唐牧群发现中国台湾传播学领域的研究生的研究题目具有跨学科领域的特色，其主要困难在于缺乏对跨学科背景的了解、无法从检索中找到相关文献等，发现研究生的人脉资源一类的非正式渠道对研究有相当程度的影响，甚至改变在正式渠道上的寻求行为，而且信息寻求行为会随着时间演进在不同阶段而有所改变。Savolainen(2008)研究了环境领域研究者的信息行为，发现在面向问题的信息搜寻中人脉资源和互联网资源是很受喜欢的，尤其是在信息搜寻的早期，主要考虑信息内容的可用性和可访问性。纸质资源和组织资源在信息实施阶段使用较多，信息源偏好随着所面对的问题的不同而不同。Steinerová 研究发现：影响信息资源在个人信息视域中的位置的因素有：可访问性、提供社会和情感支持的能力。而对外部资源利用的程度取决于资源与信息视域的相似度。

Goggins 和 Erdelez(2010) 在研究在线群体中的协同信息行为(免费的开源软件组和维基百科)时，应用信息视域理论分析了在线群体成员使用的难以想象的多种多样的信息资源，描述了完全在线群体成员的信息实践、被作为信息资源的关键主题以及工具变化对在线协同信息行为的影响。

Chang 和 Lee 考察了博士学位论文研究的信息视域，确定了五种显著的信息行为(寻求、减少不确定性、学习、增值和传播)和九种特定活动(搜索、扫描、连锁、信息交换、定位、检查、测试、比较和组织)[1]。

---

[1] Chang S J L, Lee Y. Conceptualizing Context and Its Relationship to the Information Behaviour in Dissertation Research Process[J]. The New Review of Information Behaviour Research，2001(2)：29-46.

1.1.2　协同信息行为理论与方法

协同信息行为(Collaborative Information Behavior，CIB)属于跨学科研究领域，涉及信息搜寻、人机交互、计算机支持的协同工作(CSCW)等领域的研究。现有研究所探讨的 CIB 类型可归纳为以下几个方面：协同内容创作、协同信息质量控制、协同信息查寻与检索、计算机支持信息交流、协同信息综合以及协同意义构建等。对协同信息行为的研究经历了从以系统为中心向以用户为中心的演变，目前已把用户的心理和认知、动机、方式、结果评价等方面纳入研究范畴之中，其中协同信息搜寻行为的研究成果较丰富。

1.1.2.1　协同信息行为理论

协同信息行为理论是围绕解决这个领域的一些基本问题来建立的，包括用户激励、协同方法、协同工作的社会方面、个人和群体利益、用户角色、CIS 系统设计挑战，还有用户和系统评价等，还需要理解协同中发生的信息综合和意义构建。

(1)协同的概念。

对协同最简单的解释就是"一起工作"，但在信息密集的情景中有多种不同程度的一起工作的形式，例如沟通、贡献、合作、协调、协同等。其中，"沟通"是协同活动过程中的一部分。Taylor-Powell、Rossing 和 Geran(1998)增加了"信息贡献"这一类活动[1]。因为他们认识到，为了获得有效的协同，群体中的每个成员都应该为协同做出自己的贡献，可以通过在线支持群和问答系统作为贡献信息的工具。为了使贡献更有效，还可以采用会议等形式，这就需要"协调"。Malone(1988)将协调定义为"当多个角色一起追逐一个目标时需要完成的附加信息过程"[2]。Denning 和 Yaholkovsky

---

①　Taylor-Powell E，Rossing B，Geran J. Evaluating Collaboratives：Reaching the potential(Tech. Rep.)[R]. Madison，WI：University of Wisconsin-Extension，1998.

②　Malone T W. What Is Coordination Theory? [M]. Cambridge，MA：Massachusetts Institute of Technology，1988.

（2008）认为"协调"是较弱的共同工作形式，也要求与人共享一些信息①。如果协调中考虑了一些参与规则，例如在维基上，参与者不仅以一种沟通的方式做出贡献，还必须遵守一定的规则，这就是"合作"。而比"合作"更高层级的共同工作的形式就是"协同"，例如在合著完成论文的过程中，合著者不仅要做出自己的贡献，还需要与其他合著者协调，共同遵守一些整合贡献和交互的规则。Austin 和 Baldwin（1991）注意到尽管合作与协同这两个概念之间有着明显的相似性，但是前者涉及事先制定的目标而后者却是集体定义的目标。

以沟通、贡献、协调和合作作为实现协同的基本步骤，表明一个真正的协同要求怎样的一种整合形式的触发。协同是比协调和合作更高层次的集体行动，协同、协调和合作在交互、整合、承诺的深度及过程的复杂度上存在层级高低的差异。借用 Thomson（2001）的定义来界定协同：协同是一个过程，自主的参与者通过正式和非正式的谈判来互动，共同创建规则和结构来管理它们之间的关系和方式，为完成共同面对的问题而采取行动或决策，这个过程涉及共享规范和互惠互利的关系。Gray 指出协调和合作发生在协同的早期阶段，协同需要一个更长时期的整合过程。人们常用"走进别人的鞋子""氧原子与氢原子结合形成水"等通俗说法来隐喻协同。

Shah 和 Marchionini（2010）定义了协同的概念并将其应用于协同信息搜寻模型中，"在协同信息搜寻中，一小群人共享相同的信息需求并在相同的时间框架下共同寻找信息"②。Shah（2014）从前面的定义总结出：为了在搜寻信息的过程中实现成功的协同，有必要创造以下几种支持环境：①团队参与者拥有不同的背景和专长；②参与者有机会独立探索信息而不受其他人的影响，至少在整个信息搜寻过程中的部分期间内是这样的。③参与者应该可以评价所发

①　Denning P J, Yaholkovsky P. Getting to 'We'[J]. Communications of the ACM, 2008, 51(4): 19-24.

②　Shah C, Marchionini G. Awareness in Collaborative Information Seeking [J]. Journal of the American Society of Information Science and Technology, 2010, 61(10): 1970-1986.

现的信息而不总是咨询群体中的其他人；④不得不经过一个途径来整合个体的贡献来达成集体的目标①。

（2）协同信息行为模型。

大多数信息寻求行为理论是伴随着解释模型的发展而发展的，这些模型发挥着指导和指引的作用，其中多数模型针对不同环境下的信息行为而被提出，用来描述寻求信息的活动、原因、后果或者信息寻求行为各阶段之间的关系，也被用作分析信息行为的不同层级的情景及其动态特征。

Reddy 基于现实协同活动构建的实证模型探索了协同信息行为理论，分析了从个人信息行为（Individual Information Behavior, IIB）过渡到协同信息行为的触发因素：①缺乏专业知识是协同信息搜寻的主要原因；②传统的方法，包括面对面、电话和电子邮件是协同首选的沟通媒介；③协同信息寻求活动通常比单独寻求活动成功，能找到更有用的信息。这些结果凸显协作信息寻求所发挥的重要作用。Reddy 和 Jansen（2008）通过对两个医疗保健团队的协同信息行为的研究，验证了协同的驱动因素在于缺乏领域专家，进一步发现不同人之间的协同信息行为差别的原因在于个人与他人交互方式的差别、信息需要的复杂度和所应用的信息技术的差别。Reddy 等（2008）、Karunakaran 等（2013）提出了探讨特定情景下个人信息搜寻行为有助于理解个人信息行为向协同过渡的新视角②③，指出 CIB 的诱因以及沟通和信息检索所起的作用与 IIB 有本质的区别：①在沟通方面，IIB 中的沟通主要限于问答之间，而在 CIB 中，沟通起到了更中心的作用；②触发器方面，IIB 是由当前情景和未来

---

① Shah C. Collaborative Information Seeking[J]. Journal of the Association for Information Science and Technology, 2014, 65(2): 215-236.

② Reddy M C, Spence P R. Collaborative Information Seeking: A Field Study of a Multidisciplinary Patient Care Team [J]. Information Processing & Management, 2008, 44(1): 242-255.

③ Karunakaran A, Reddy M C, Spence P R. Toward a Model of Collaborative Information Behavior in Organizations [J]. Journal of the American Society for Information Science and Technology, 2013, 64(12): 2437-2451.

任务需求信息之间的差距所触发的，而 CIB 可能由以下原因而引起：信息需求的复杂性、信息资源的碎片化、缺乏领域专家、缺乏立即可以找到的信息；③信息检索技术方面，信息检索技术是 IIB 中搜索信息的主要媒介，在 CIB 中，信息检索技术起着支持作用，支持信息搜寻者之间的协调和协同。

还有一些文献探讨了以下影响协同行为发生的因素：①共同的目标和利益。Donath(1994)认为正是共同的目标和利益促使人们协同。②复杂的任务。Morris(2013)研究表明简单任务的协同的利益不多[1]；Denning 和 Yaholkovsky(2008)也承认当解决复杂问题时采取协同会带来更多的好处[2]。③高回报。通常一个简单的各个击破的策略可以使协同成功，然而这样一个过程可能有它的开销。London(1995)指出，如果这样的开销对于给定的情况下是可以接受的，在这种情况下才有可能协同。Pejtersen Cleal 等(2004)将协同产生额外的认知负荷称为"协作负载"。④不充足的知识和技能。协同的一个常见原因是个人拥有的知识或技能不足以解决一个复杂问题。在这种情况下，参与者可以协同。

(3)协同信息行为框架。

很少有协同信息搜寻研究是基于较早的理论框架构建的，更多的模型是为描述协同信息搜寻实践而开发的探索性的概念框架。Kuhlthau(1991)提出了一个信息搜寻过程(Information Search Process，ISP)模型[3]，该模型提供了一个完整的有关用户在六个阶段的信息搜索过程的视图：任务启动、选择、探索、重点制定、收集和报告。基于实证研究，这个模型包括了用户在每个阶段体验的

---

① Morris M R. Collaborative Search Revisited[C]//CSCW '13：Proceedings of the 2013 Conference on Computer Supported Cooperative Work. ACM，2013：1181-1192.

② Denning P J，Yaholkovsky P. Getting to 'We'[J]. Communications of the ACM，2008，51(4)：19-24.

③ Kuhlthau C C. Inside the Search Process：Information Seeking from the User's Perspective[J]. Journal of the American Society for Information Science，1991，42(5)：361-371.

物理、情感和认知方面。同样 Ellis 等(1993)也基于实证研究开发出一个处理用户在信息搜寻过程中的行为的模型,包括开始、链接、浏览、差异化、监视、提取、验证和结束①。

Kuhlthau 的信息搜寻过程模型被用作一些研究的基础。例如,Hyldegard 调查了该模型在学术群体中的适用性,得出的结论为:ISP 模型并不完全符合群体成员的问题解决流程和相关信息搜寻行为,基于群体的问题解决和信息搜寻行为进一步受情景和社会因素的影响,这些因素在传统的 ISP 模型中没有被涉及。Shah 和 Gonzalez-lbanez(2010)也试图将 Kuhlthau 的 ISP 的模型应用于构建协同信息搜寻(Collaborative Information Seeking, CIS)模型,通过对参与者的实验研究,调查了个人信息搜寻和协同信息搜寻过程之间的异同。与 Hyldgard 的研究类似,他们也发现在应用 ISP 模型研究协同信息行为时遗漏了社会因素的成分,很少有研究关注微观层面的协同搜寻过程。正如 Fidel 等所指出的:在某些工作情形下,CIS 是与工作交互的,不能被分离出来进行单独研究,CIS 应该更多地关注协同信息搜寻活动实际发生的情景和情形。

Foster 将用户协同查寻与检索过程中的信息任务分为三个阶段:协同信息查寻、协同信息检索和协同信息导航。协同信息查寻偏重信息任务的第一阶段,即信息采集、信息需求的形成和表示以及信息源的选择等;协同信息检索或搜索侧重信息任务的第二阶段,即信息系统选择、查询或检索式构造、查询重构、相关性判断等,协同查询和协同过滤是此阶段的具体操作步骤;协同信息导航处于信息任务的第三阶段,分为异步和同步社会性导航,而同步社会性导航的方式有协同浏览、在线聊天等。以上各个阶段之间界限模糊,并伴有交叠。

1.1.2.2　协同信息行为的实证研究

(1)网络环境中的协同信息行为。

---

① Ellis D, Haugan M. Modelling the Information Seeking Patterns of Engineers and Research Scientists in an Industrial Environment [J]. Journal of Documentation, 1997, 53(4): 384-403.

在线群体的协同信息行为类型主要包括：协同信息查寻与检索、计算机支持的社群信息交流、协同内容创作和协同信息质量控制。Morris(2008)研究了网络环境下的协同信息搜寻行为，调查了204个信息工作者关于什么时候使用协同网络搜寻工具和面临什么任务时与他人协同。Evans 和 Chi(2008)也调查了150人在搜索过程中使用的协同搜索战略，调查揭示出协同网络搜索是一个令人惊讶的共同的行为，但是，当前的网络工具还没能很好地支持协同网络搜索行为。Morris (2013)在一个调查报告中指出，参与日常网络协同信息搜寻的人数由 2006 年的 0.9%上升到 2012 年的 11%①。作者分析这是由于社交网站及智能手机的使用有所增加，研究也表明当前协同网络搜寻实践的困境在于，用户难以感知合作者的活动而导致冗余工作增加。Shah 和 Marchionini(2010)提出了一个研究协同信息搜寻中用户感知的研究②：探索式协同网络搜寻系统应用于用户研究的 3 个实例，涉及 3 个条件下的 14 对参与者，研究表明支持群体感知比支持个人行为和历史感知，对于有效的协同更有意义。

(2)学术环境中的协同信息行为。

信息技术改善了科研信息环境，为远程协同科研提供了可行的平台。美国在 20 世纪 90 年代就开始研究建设面向学科的协作研究体(Collaboratory)，重点研究分布式计算与数据资源的获取工具、学科化的分析工具、共享的工作空间和合作交流空间等，明确提出要建设为科研与教育提供新的知识环境的整合基础设施。英国启动了虚拟科研环境(Virtual Research Environment, VRE)建设项目。VRE 旨在集成科研团队涉及的各方面科研信息，并发现领域内外支持科研活动的各种需求。澳大利亚在 2005 年成立了 e-Research

---

① Morris M R. Collaborative Search Revisited[C]//CSCW '13: Proceedings of the 2013 Conference on Computer Supported Cooperative Work. ACM, 2013: 1181-1192.

② Shah C, Marchionini G. Awareness in Collaborative Information Seeking [J]. Journal of the American Society for Information Science and Technology, 2010, 61(10): 1970-1986.

协调委员会，开展相关的研究实践。在国内，中国科学院基于康奈尔大学的 Vitro 系统构建了专业领域知识环境 SKE，向领域内外的科研人员提供知识导航与研究合作支持；中国农科院国家农业图书馆面向专业研究所进行资源组织和服务探索，构建了研究所科研信息环境；中国科学院"地学 e-Science 应用示范研究——东北亚联合科学考察与合作研究平台构建"项目分析了地学研究对信息化科学环境的需求，提出了地学信息化科研环境的概念和技术架构，并构建了东北亚联合科学考察与合作研究示范系统。另外，华中师范大学、华东师范大学、北京邮电大学开始与开源虚拟学习软件 Sakai 合作，不过国内的 Sakai 研究还主要集中在课程管理和兴趣小组间的知识共享。总之，各国对于科研信息环境的研究和实践已经取得了一定进展，出现了一些可供借鉴的技术或工具，如基于本体的 VIVO 系统、基于 SOA 的体系架构、基于 Sakai 的虚拟科研环境以及哈佛大学 Harvard Catalyst、哥伦比亚大学的 Sciologer 等，这些技术、工具、系统等为跨学科协作研究提供了良好的基础。

学者之间的沟通和社会网络在数十年前就已经被研究者认识到并加以重视。在 20 世纪 60 年代到 70 年代间的学术交流研究表明：学者的社会联接和网络深刻地影响他们对文档文献的搜集、准备、感知和翻译（Talja & Hansen，2006）。但是，直到最近才有研究者开始关注学者的信息搜寻和检索过程中的协同。基于对跨人文、社会科学和科学学科的定性对比分析，Talja（2002）识别出 4 种信息共享实践：战略的、并行的、指令的和社会的信息共享①。Talja（2003）总结了现有的不同功能和不同种类的信息检索系统被应用于支持不同类型的信息共享。

在一个综合应用人类学和实验方法对物理学家的研究中发现，成功的科学协同要求搜集和使用大范围的团队成员当前活动状态的信息（Sonnenwald 等，2004）。这一研究论述了需要被共享来支持

---

① Talja S. Information Sharing in Academic Communities：Types and Levels of Collaboration in Information Seeking and Use[J]. New Review of Information Behavior Research，2002(3)：143-159.

情景感知的信息和知识的种类以及可以被用来促进信息共享的技术方式。

Blake 和 Pratt(2002)通过对 Cochrane 合作数据库进行系统的文献检索，观察了两个公共卫生和生物医学领域的科学家群，他们发现科学家在信息合成过程中的精炼检索、提取和分析阶段都十分积极地进行协作。根据信息合成时的用户行为特点，他们建议设计开发 METIS 工具来支持科学家的合作、迭代、交互的信息合成过程。

(3)其他环境中的协同信息行为。

研究者们还研究了其他领域中的信息搜寻中的协同，例如工业、医学、军事以及其他生活领域。Hansen 和 Jarvelin(2005)在专利领域做了一个信息搜寻和检索过程中的协作行为的实证研究，结果表明专利任务完成的整个信息搜寻和检索阶段包含了高度的协作①。他们将协作活动分为与文档相关的协作活动和与人相关的协作活动，最后提出了一个精练的涉及协作的信息检索框架。Poltrock 等(2003)做了一项关于两个软件设计团队的研究，主要研究团队成员如何协同搜寻和共享团队内部所要求的外部信息②。在研究中，他们识别了 5 种协同信息检索战略：协同识别需求；协同构建查询；协同检索信息；有关信息需求和共享检索信息的沟通；协调信息检索活动。

在对军队命令和控制团队的信息行为的研究中，Sonnenwald 和 Pierce(2000)研究了在伴随信息需求不断变化的信息交换的动态情景中的协同。他们发现命令者在识别关键信息需求中起着重要的作用，有 3 类协同信息行为表现突出：推荐的信息寻求、直接的提问、信息传播的路径。

---

① Hansen P, Järvelin K. Collaborative Information Retrieval in an Information-Intensive Domain [J]. Information Processing & Management, 2005, 41(5): 1101-1119.

② Poltrock S, Grudin J, Dumais S, et al. Information Seeking and Sharing in Design Teams [C]//The 2003 International ACM SIGGROUP Conference on Supporting Group Work. New York: ACM Press, 2003: 239-247.

　　在对日常生活信息搜寻(ELIS)的研究中，McKenzie(2003)发现人们经常互相帮助解决信息问题。例如，当他们自己作为信息搜寻者时，他们是积极的、警惕的和用心感受的，被其他喜欢他们的支持社群所包围。

　　Pirolli 的社会信息觅食模型①突出了搜寻者的作用，作为复杂搜索的群体集中效果，Pirolli 的模型预测多样性增加了任务解决的可能性。搜索专家的重要作用在 Chi(2009)的模型中被证明，作为整合了社会数据和反馈的系统，他们可能给搜索者提供更相关、更满意的经历。

　　Morris(2008)②、Reddy 和 Spence③ 对知识工作者和学者进行了协同信息行为实践的直接调查。在协同搜寻背景下，Morris 探索了协同搜寻的活动、频率和任务。大约 75% 的响应者表明每个月会参与协同信息活动，例如计划、购物、搜索文献或技术信息。应该注意到，随着协同的增加，创新挑战出现了，情景因素在一定范围内影响了协同的效果。

　　Elizabeth Meyers Hendrickson 研究了 CMC 研究的跨学科方法④；Richard Chalfen 研究了在医患合作治疗和研究中的有关疼痛信息的分享⑤；Pamela J. McKenzie 研究了在助产学诊所中的协作社会实践

---

①　Pirolli P. Information Foraging Theory [M]. NY, US: Oxford University Press, 2009.

②　Morris M R. A survey of Collaborative Web Search Practices [C]//The SIGCHI Conference on Human Factors in Computing Systems, New York. ACM, 2008: 1657-1660.

③　Reddy M C, Spence P R. Collaborative Information Seeking: A Field Study of a Multidisciplinary Patient Care Team [J]. Information Processing & Management, 2008, 44(1): 242-255.

④　Hendrickson E M. It Was Only Natural: A Cross-Disciplinary Approach to a CMC Study [M]//Collaborative Information Behavior: User Engagement and Communication Sharing, 2010: 160-179.

⑤　Chalfen R. Sharing Information about the Pain: Patient-Doctor Collaboration in Therapy and Research [M]//Collaborative Information Behavior: User Engagement and Communication Sharing, 2010: 180-196.

的追踪通知①；Jonathan Foster 研究了协同开发分析教育信息搜寻中的对等对话的编码指南②。

1.1.2.3 协同信息行为的研究方法

CIS 的研究本质上是描述性和探索性的，是出于学习的目的来采用多种方法进行研究，而不是为了做出具体的预测，因此研究者采用多种方法探讨在不同情境和设施下的协同，包括军事人员、卫生保健团队、设计团队、专利工程师以及学生等。当前较多研究采纳了实验方法，研究者提供搜索工具和协作工具，要求受试者去执行某一任务。

（1）数据采集方法。

传统来讲，信息搜寻研究者们认为通过多种方法收集数据才是克服研究方法中的缺陷和局限、增强对所研究现象理解的有效途径。同样的，CIS 研究者也采用了不同的数据收集方法来获得对 CIS 的综合视图，包括观察、记日志、访谈、实验等方法。其中，直接观察和深度访谈是被广泛应用的方法。观察法不仅可以获得具体的知识，可以获得不同方面的丰富的数据，而且允许实时搜集数据，但研究者需要花费相当多的时间。例如，Reddy 和 Dourish 花了 7 个月的时间观察目标群体。同样通过观察，Prekp 搜集了在线工作群体具体到分钟的会议数据，来识别协同交互的模式。另一种采集数据的方法是用日志来捕捉个人日常活动和经历。

事实上，观察和深度访谈的结合是 CIS 中用来识别具体的协同行为和实践的最经常采用的方法。在这种情况下，以开放式的问卷为基础的访谈法常常被随后采用。

实验方法是遵照一般的交互信息检索评估的设计，利用软件记

---

① McKenzie P J. Informing Traces: The Social Practices of Collaborative Informing in the Midwifery Clinic[M]//Collaborative Information Behavior: User Engagement and Communication Sharing, 2010: 197-218.

② Foster J. Collaboration as Co-Constructed Discourse: Developing a Coding Guide for the Analysis of Peer Talk During Educational Information Seeking[M]// Collaborative Information Behavior: User Engagement and Communication Sharing, 2010: 219-246.

录实验参加者在完成规定任务过程中留下的交互信息。但目前的实验研究给参与者设定了一定的实验要求和条件，应该给参与者更多的选择自由，例如允许他们选择自己喜欢的系统、开发自己喜欢的项目、选择协同对象等，以此来观察长期的协同效果。目前一些 CIS 系 统，例 如 Search Together（Morris & Horvitz，2007）[①] 和 Coagmento（Shah，2010）[②]提供了很多基本的可视化个人信息和共享信息的视图，但是在不同情景下的协同实验设计中如何选择合适的系统，还没有被分类比较研究。

（2）分析程度。

CIS 可以在许多层级上被分析，最基本的二分法是个人层和群体层的分析。从一个角度来看，所有的活动和行为都可以被看作个人的而群体层的观察可以从这个基本框架中推断出来。当然，群体信息搜寻一定要被看作超出个人行为之和。

大量对 CIS 的研究是从个人层面来收集数据的。访谈以一对一为基础，日志是个人完成的，只有很少的研究是寻求不同层级的协调，例如 Reddy 和 Jansen 将团队作为一个群来观察，但是访谈是针对信息搜寻实践中每个团队成员。搜索策略已经被当作研究桥接微观层面和宏观层面搜索过程的方法，Zhen Yue（2014）根据搜索策略的转换顺序，检查了个人网页探索式搜寻中的搜索过程。目前对宏观层面的协同信息搜索过程的调查还局限于在协同环境中应用 Kuhlthau 的 ISP 模型。对协同实验扩展分析的途径之一是考虑将团队而不是个人作为分析单元，允许任何规模大小的群体开展协同项目，研究群体动态程序。

（3）样本大小及代表性。

实证研究的样本大小影响结果的鲁棒性，样本的代表性也需要

[①]　Morris M R，Horvitz E. SearchTogether：An Interface for Collaborative Web Search[C]//The 20th Annual ACM Symposium on User Interface Software and Technology，Newport，Rhode Island，USA，October 7-10，2007.

[②]　Shah C. Coagmento-A Collaborative Information Seeking，Synthesis，and Sense-making Framework [C]//CSCW 2010，Savannah，Georgia，USA. ACM，2010.

严谨的检查。实际研究中的样本大小差别很大，采用问卷调查方法比访谈和观察的样本量大。例如，Spence、Reddy 和 Hall 获得了150 个潜在参与者中的 70 个人对调查访问的反馈信息，在 Shah 和 González-Ibáñez's 的研究中有 60 个随机挑选的学生参与。

①大群体中的协同信息行为研究。Andrew Wong 研究了基于移动电话的学习、共享和实验[①]；Anne Beamish 研究了在线专业社群的内容创造障碍[②]；Syvie Noel 和 Daniel Lemire 研究了协同数据处理的挑战。

②小群体中的协同信息行为研究。Madhu C. Reddy、Bernard J. Jansen、Patricia R. Spence 研究了信息搜寻和检索活动中的协作和协调；Nozomi Ikeya、Norihisa Awamura、Shinichiro Sakai 分析了协同任务管理中的信息共享原因；Sean Goggins、Sanda Erdelez 研究了在线群体的协同信息行为；Philip Scown 研究了如何建立学习社群；Chirag Shah、Rutgers 研究了支持协同信息行为的系统设计[③]。

1.1.3　跨学科个人信息行为

Price 在 1963 年出版了 *Little Science*，*Big Science*，书中指出："科研合作已成为当今科学发展的重要动力。"从人文科学的角度看，跨学科研究有着久远的历史。例如，有学者认为哲学应被看作跨学科的，因为它跨越了自然科学和社会科学。美国新墨西哥大学的哲学教授 A. J. Bahm 在其 1978 年撰写的文章《哲学和跨学科研究》中就谈道："哲学，就其综合功能而言，本质是跨学科。这个

---

① Wong A. Living with New Media Technology：How the Poor Learn，Share and Experiment on Mobile Phones[M]// Collaborative Information Behavior：User Engagement and Communication Sharing，2010：16-35.

② Beamish A. Contributors and Lurkers：Obstacles to Content Creation in a Professional Online Community [M]// Collaborative Information Behavior：User Engagement and Communication Sharing，2010：36-54.

③ Foster J. Collaborative Information Behavior：User Engagement and Communication Sharing[M]. Hershey，PA：Information Science Reference，2010.

事实已被大多数跨学科研究政策的科学家们所遗忘了。"

跨学科(Interdisciplinary)一词最早出现于 20 世纪 20 年代的美国，最初仅见于一次会议速记的记录文字，后为美国哥伦比亚大学心理学家伍德沃斯(R. S. Woodworth)率先公开使用，用于指称超过一个学科范围的研究活动，其主要任务为综合研究、发展两个或者两个以上学科。《英汉辞海》对"跨学科"一词的解释为："各学科之间的，多学科的，以一个或两个以上的学科或者研究领域的参与和合作为特征的。"《时代大辞典》中的解释为："涉及两门或更多的学术和艺术学科。"即"各学科间的、科际整合的"。对于跨学科的定义，国内外学者提出了许多观点，各有其侧重面。

刘仲林是国内最早将"Interdisciplinary"翻译为"跨学科"的学者。他认为可以从三个相互联系的层面来理解其内涵：①打破学科壁垒进行涉及两门或两门以上学科的科研和教育活动，通称"跨学科"；②包括众多交叉学科在内的学科群，通称"交叉学科"；③一门以研究跨学科规律和方法为基本内容的新兴学科，通称"跨学科学"或"科学交叉学"。此后国内关于跨学科研究的文献在进行概念界定的时候大多引用了刘仲林的解释。薛澜提出，对于各种不同类型的跨学科研究，可以从研究内容和研究的组织方式两个方面将其分成多学科研究(Multidisciplinary Research)和学科交叉研究(Interdisciplinary Research)。国内也有学者将 Interdisciplinary 翻译为"学科互涉"，并认为"学科互涉是指不同学科的交叉融合、边界跨越和知识整合"。

国内的相关文献使用"学科交叉"一词比较频繁，而"学科交叉是'学科际'或'跨学科'研究活动，其结果导致的知识体系，构成了交叉学科"。交叉学科是学科交叉研究经过不断发展而形成的独立学科。"交叉学科"不能用来表示与"跨学科"具有同等含义的实践活动，而"学科交叉"在很多文献中却比较具体地表达了"跨学科"的含义。

索尔特(I. Salter)和赫恩(A. Hearn)在他们 1996 年发表的著作中，将跨学科研究活动分为三种类型。第一种是基于知识的工具观点，即为了应对特殊的问题而借用其他学科的工具和方法，这类活动仅涉及工具和方法在学科之间的转移，而不直接产生综合的知识成果。第二种类型将跨学科视为概念性的，导向一种新的知识的综合，坚定地基于学科的基础，目的在于扩展学科的知识而并非挑战它们，这一类型可以称为"跨学科的学科的观点"（Disciplinary View of Cross—Disciplinarity）。第三种类型的跨学科是"通过跨学科（探索知识的统一理论）以公开挑战学科和批判性地进行了跨学科研究（寻求批判的、有改革能力的知识而非一致性）"，基于这一观点，跨学科的益处在于打破传统、瓦解正统性，以及开启新的探索主题。

人类的思维活动不是按照学科来进行的。Clark（1995）[①]曾经统计过，当时世界上有 8530 种可定义的知识领域，这个数字在几十多年中又有了很大的增长。伴随这种趋势，知识被划分成许多不同的领域，领域之间有着术语、方法、交流方式和文化等方面的差异。国内外学者们认为学科间的这种差异已经成为不同领域或者学科知识共享的壁垒（Palmer，1996）[②]。

跨学科研究就是试图整合多学科的观点来处理综合性的问题，以避免从单一学科出发作出解释所带来的片面性。事实上，一些文献指出随着时间的推移，跨学科研究将是学科发展的模式。对于什么是跨学科，由于文化背景的不同，中外学者就此问题的论述也有很大的差异。

G. Begrer（1972）在 OECD 出版的跨学科文集中对跨学科作了这样的解释：跨学科是两门或两门以上学科之间紧密的和明显的相互作用，包括从思想的简单交流到学术观点、方法、程序、认识、术语和各种数据的相互整合，以及在一个相当大的领域内组织的教育和研究。还有一些西方学者指出跨学科意味着参与学科间的互惠吸收，跨学科问题的存在是相互作用的基础，多学科人员协同工作是

---

① Cark B R. Places of Inquiry：Research and Advanced Education in Modern Universities[J]. British Journal of Educational Studies，1996，44(3)：345-347.

② Palmer C. Information Work at the Boundaries of Science：Linking Library Services to Research Practices[J]. Futures，2004(36)：515-526.

必要的①。Klein(1994)认为："在科学界面上的想法和方法增加了研究人员解决复杂问题的能力，参与跨学科研究的原因包括：制定复杂的研究查询，借用工具和方法，使用不同的范式，交叉施肥概念和协作解决问题。"②

Smith(1974)认为，跨学科研究的发展和机读数据库的扩散这两个趋势，要求应用新的技术和手段来促进利用科学和医学文献，以支持研究③；Russell(1991)④指出，跨学科的研究人员需要知道要问什么信息以及如何获得与给定问题相关的语言、概念和资讯，具有过程或现象分析的能力。跨学科研究所面临的第二大问题就是"信息过载环境下的跨多个源的扩展搜索"。

Repko 等总结出了与单一学科研究不同的跨学科研究过程整合模型⑤，认为在跨学科研究中存在以下过程：定义或陈述问题、识别相关学科、开展文献搜索、开发充足的相关学科知识、分析问题、从自己的学科评价对问题的看法、识别看法及其来源之间的冲突、创造或发现共同基础、整合看法，产生对问题的一个跨学科理解。这些研究过程要求参与者具有一系列的信息处理能力，例如：明确信息需求的范围和程度，高效、有效地寻找到需要的信息，评价信息和关键信息源并将选定的信息结合进自己的知识基础，有效使用信息来完成特定的任务等。

这些要求说明跨学科研究具有复杂性，对于跨学科问题，在没

---

① Organisation for Economic Cooperation and Development. Interdisciplinary：Problems of Teaching and Research in Universities[M]. Washington，DC：OECD Publications Center，1972.

② Klein J T. Finding Interdisciplinary Knowledge and Information[J]. New Directions for Teaching and Learning，1994(58)：7-33.

③ Smith L C. Student Paper Award 1974. Systematic Searching of Abstracts and Indexes in Interdisciplinary Areas[J]. Journal of the American Society for Information Science，1974，25(6)：343-353.

④ Russell M G. Interdisciplinarity：History，Theory，and Practice[J]. Interdisciplinary Science Reviews，1991，16(4)：299-300.

⑤ Repko A，Newell W，Szostak R. Case Studies in Interdisciplinary Research [M]. California，U S：SAGE Publications，Inc.，2012.

有明确问题所涉及的相关学科结构及熟悉相关文献的前提下，很难开展哪怕是很肤浅的研究。在一个具有跨学科性质的主题领域工作的研究者，比起在建立得很好的、边界清晰的主题领域工作的研究者，被认为会遇到更多的障碍，具有不同的信息搜寻行为模式和特征，而这是图书情报领域需要探索的重要问题。

目前，关于跨学科信息行为的专门研究比较分散，缺乏对于跨学科信息行为理论的系统研究与发展。因而，无论是从理论还是实践发展的需要来看，跨学科信息行为的系统研究势在必行。

1.1.3.1　跨学科信息行为障碍的理论

在跨学科研究中存在识别相关学科、参考工具、搜索策略、使用信息源等个人信息行为，影响这些行为的障碍主要来源于两个方面：一方面是信息搜寻障碍，另一方面是信息理解障碍。

(1)跨学科信息搜寻的障碍。

一些研究探讨了跨学科问题涉及的文献分布的分散性、主题的跨学性以及它们与学者信息搜寻行为的关系，这是两个被普遍认为对跨学科领域科学信息搜寻行为具有重要影响的因素。一个领域的跨学科性指的是一个领域的研究者使用其他学科文献的程度。领域的文献分散程度是指该领域某一主题的信息分布在多少不同的资源上。尽管这两个概念有些重叠，却是不同的。例如，物理学家会使用化学文献但并不意味所用的化学文献是分散的，他们可能只使用了一两种期刊中的文献。就是说他们的领域是跨学科的但文献相对集中(Bates，1996)。当代的跨学研究文献以越来越复杂的方式被创造和存储，大多数比较分散地分布在多种信息源上。

①信息分散理论。

马翠嫦和曹树金(2014)认为信息分散性影响着跨学科信息行为，信息分散理论为跨学科问题的来源提供了现象归纳和理论解释，信息分散不但被认为是整个图书情报学领域跨学科研究中一个突出的概念，更被认为是跨学科信息需求的来源①。

---

① 马翠嫦，曹树金．信息分散下的信息行为——基于国外图书情报学领域跨学科研究的回顾[J]．中国图书馆学报，2014(1)：60-72.

　　追根溯源，信息分散的概念源于文献集中与分散定律。根据研究领域的多属性及学科结构，可以将其分为高、中、低不同程度的分散性。分散被定义为主题的范围和有关主题的可能获得的资源的分散程度。低分散的领域被定义为潜在的原则被很好地开发，文献被很好地组织，主题宽度被相当好地定义。高分散领域的主题数量很多，而文献组织基本不存在。中等分散介于两者之间。Bradford 指出：用户所需信息存在着集中与分散分布的状态，即在学科领域、载体、语种等方面，用户常用的信息是集中的，而余下部分的信息又是分散的，为数不多的少用信息分布广泛①。

　　一个仅仅只有三个区域的模型显然不足以描述一个学者在高分散领域的信息收集行为，对于这类学者来讲，内容相关但不熟悉的知识于他更有价值。Bates 提出一个与 Bradford 相反的规律：核心区域是效用相关文章的贫瘠来源，因为它们是为学者们所熟知的内容，而探索外部区域将增加找到与内容相关但又不熟悉的文章的机会。该观点强调了弱连接、长尾资源的重要性，说明了知识分布的规律及其对信息行为的影响②。

　　跨学科领域被认为是高度分散的：主题的数量很多，要解决的问题有很大的不同，文献以更松散的结构来组织。跨学科资源分散在一个更广泛的、难以预测范围的地方，包括交叉学科期刊和专业论坛、会议论文、教材、项目报告、工作底稿和其他未发表的工作成果等，而且文献以不同的形式、主题、概念、标签在扩散。即使一个类别容易标识的问题，其相关文献也可能分散在另一个类别去了。关键字搜索是一个受欢迎的策略，因为可以使用一些基本术语确定一个很广的源，然而，跨学科的主题词是不统一的。Fiscella 和 Kimmel(1999)认为"跨学科比单一学科寻找信息的过程通常更

---

　　① 胡昌平，乔欢．信息服务与用户[M]．武汉：武汉大学出版社，2001：179-180．

　　② Bates B J. Distribution[C]// The International Encyclopedia of Communication. John Wiley & Sons, Inc, 2008：1383-1387.

长、更复杂"①。

信息分散对于跨学科信息查寻行为的影响主要来源于分类法、词表等固有知识组织体系。一些跨学科研究资料"被分割到预先设计好的分类体系中，以致不能反映当前学术研究的情况"。因而，有学者从具体领域跨学科人员面临的信息组织和信息过载障碍方面进行研究。

Mote(1962)②是第一个弄清楚高分散性主题与低分散性主题的区别的。在数字文献和服务普及之前的纸质文献时代，Packer 和 Soergel(1979)③的研究表明在高分散主题领域的学者倾向于使用当前感知的文献，花更多的时间用于信息搜寻。Packer、Soergel 和 Bates(2002)后来发现在高分散领域的学者经常使用链接和浏览作为他们主要的搜索方法，而直接的关键词搜寻是低分散领域学者发现相关文献更有效的方法。Janet Murphy(2001)研究表明在高分散领域从事研究的化学家在保持追踪最新信息方面效率较低；Talja和 Vakkari 和他们的同事调查了信息分散对用户信息搜寻行为的影响，关键的发现包括以下几个方面：

高分散性导致更集中地使用期刊和参考多种数据库，使用许多领域文献的学者比起主要从自己学科使用文献的学者来讲会使用更多的数据库。

文献分散性的增加，增加了将在参考数据库中搜寻作为信息搜寻方法的重要性。

资源的可获得性具有学科差异，在使用数字图书馆时，理解资源的可获得性比对用户学科的理解需要更强的预测。

对还不够成熟的学科，信息的高分散性增加了使用期刊数据库的数量，但对建立得好的学科影响不大。

---

① Fiscella J B, Kimmel S E. Interdisciplinary Education：A Guide to Resources [M]. NY, US：The College Board, 1999：293.

② Mote L J B. Reasons for the Variations in the Information Needs of Scientists[J]. Journal of Documentation, 1962, 18(4)：169-175.

③ Packer K H, Soergel D. The Importance of SDI for Currentawareness in Fields with Severe Scatter of Information [J]. Journal of the American Society of Information Science, 1979, 30(3)：125-135.

认为自己是跨学科研究者的学者，年龄在 36 岁以上的，更有可能跟随引文链接、科学专著和会议论文集。年老的学者喜欢使用自己积累的资源，年轻的学者喜欢使用 Web of Science。

尼古拉斯使用日志分析技术和在线调查，研究了 Science Director 用户的信息搜寻行为，物理学家更多的是浏览而不是搜索，通过期刊主页和期刊目录获得更多信息。

② 弱信息需求。

弱信息需求的概念源于 Palmer 等对于信息查寻过程中面临不利于信息获取情景时的信息需求状况的描述，处于信息分散环境下用户具有这种信息需求特点。Palmer 等对研究科学发现中的弱信息工作进行实证研究发现，科学研究中可能面临的具体不利条件，尤其是非结构化的问题空间、缺乏领域知识，无章可循的研究步骤等问题，因而是"非常困难和耗时的"[1]。由于这些活动是对脑力的巨大挑战，需要研究人员花费大量时间完成非常规化的任务，但这些活动同时也是可以激发和产生创新研究和新发现的。弱信息需求主要产生在跨学科研究中或新领域研究的初期，信息分散是弱信息需求的典型情景[2]。

跨学科研究比单一学科研究更具有挑战性的原因在于学术信息的碎片化和难以获得充足的关于研究方法的理解。具体表现为：数据库范围和综合性的局限（往往对用户还是隐蔽的）；对数据库提供者的不同定义导致信息重叠和信息隐藏；需要用户掌握多种搜索战略、战术来适应在多数据库环境下工作，这些数据库采用不同算法，在索引深度、文件组织逻辑和主权控制程度方面具有差异性（Weisgerber，1993）[3]。使用多数据库搜寻满足跨学科研究需求时，

---

① Palmer C L, Carole L, Neumann Laura J. The Information Work of Interdisciplinary Humanities and Scholars：Exploration and Translation[J]. Library Quarterly，2002，72(1)：85.

② Palmer C L. Navigating Among the Disciplines：The Library and Inter-disciplinary Inquiry[Special issue][J]. Library Trends，1996，45(2)：129-366.

③ Weisgerber D U. Interdisciplinary Searching：Problems and Suggested Remedies(A Report from the ICSTI Group on Interdisciplinary Searching)[J]. Journal of Documentation，1993，49(3)：231-254.

用户必须面对这种多数据库的令人混淆的指令策略、搜索引擎结构和不同格式的结果呈现。

③基于文献计量学方法的信息分散测度。

基于文献计量学的学科发展研究主要探讨学科领域内和不同学科领域之间的信息流动和知识关系，为信息分散提供证明和解释，因而可看作基于文献计量学方法的信息分散测度。文献计量方法早已被用于定量测度跨学科性及所面临的跨学科问题。

针对不同数据源，可以从不同角度来测度学科的结构和规模。国内目前已经有少数学者致力于从文献计量的角度对跨学科知识分布研究。杨良斌研究了以共现分析和共类分析为主要研究方法的跨学科交叉度指标体系[①]。李江(2014)提出根据跨学科发文和跨学科引用来测度跨学科性[②]。杨帆、李泽霞等提出跨学科合作多学科属性中的学科规模学科专属度交叉度等测度指标。张金柱、韩涛、王小梅(2012)[③]以图书情报领域为例，从学科分类的数量、分布以及差异性的角度分析图书情报领域的学科交叉性并以叠加图(Overlay Map)进行可视化。从三个层面来度量特定研究领域、机构或团体的学科交叉性：第一，学科分类的数量是最直接的度量指标，包含的学科分类数目越多，学科交叉性越强；第二，学科分类的平均分布程度，以信息熵(Shannon Entropy)表示，熵值越大时，学科分类的平均分布程度越高，学科交叉性越强；第三，学科分类间的差异性，即使学科分类数量较多，但它们间差异性较小，会造成学科交叉性的降低，学科分类间的差异性越大，学科交叉性越强，以Stirling 值表示。Shannon 值的测算在计算学科交叉性时考虑了学科分类间的平均分布程度，没有考虑学科分类的差异性，Shannon 值

---

① 杨良斌，金碧辉．跨学科研究中学科交叉度的定量分析探讨[J]．情报杂志，2009，28(4)：39-92．

② 李江．"跨学科性"的概念框架与测度[J]．图书情报知识，2014(3)：87-93．

③ 张金柱，韩涛，王小梅．利用参考文献的学科分类分析图书情报领域的学科交叉性[C]//2012 全国情报学博士生学术论坛论文集，武汉，2012．

越大，交叉性越强；而 Stirling 值的测算则综合考虑了学科分类间的均匀分布程度和差异性，Stirling 值越大，其学科交叉性越强。

代君、叶艳(2014)将学科规模定义为相应学科的论文数和其占所有论文的比例，反映了目标研究领域的多学科组成及不同分支学科对目标研究领域所起到的不同程度的支撑作用。项目合作中的学科数由于缺乏直接的学科信息而变得很难测度，从而针对重大项目的推荐文献以及这一小规模论文合作者的机构学科方向等信息进行学科识别统计。主要指标包括重大项目所涉及的学科数，主要学科在合作中出现次数的差别及其随时间的变化情况。

通过对美国 TREC1 跨学科团队的成果进行计量分析，以参考文献的分散情况测度三种不同协同模式下的信息分散性，对每种协同模式下科学家的论文涉及的参考文献进行收集和分析得出结论：不同的协同模式对应的问题的跨学科性和信息分散性是不同的，且信息分散性符合布拉德福定律，问题的跨学科性和信息分散性会影响学术研究者在进行跨学科研究时的信息搜寻行为[1]。

(2)跨学科信息理解的障碍。

①变革性学习。

科学学科的关键组件是深刻的、有凝聚力的、集体理解的和共享的概念，这些促使科学社群的形成和知识的审查。与以往单个科学家开展科研不同，现在的科学家嵌在复杂的知识网络中，由于对前沿发现的共享及共同知识的紧密耦合，引起科学社群的形成。科学社群在屏蔽噪音、厘清关键问题方面是非常高效的。来自不同学科的科学家对于导致噪音的相关数据及方法的意见分歧，是跨学科协同冲突的主要原因。

Deana 等(2013)认为参与与高优先级的问题相关的活动会产生变革性的学习，一个整合和综合跨学科知识的关键过程会导致全新的概念和潜在的科学变革。变革性学习理论强调了导致激进变革的

---

① 代君，叶艳.跨学科行动计划下的合作演进特征测度[J].图书情报知识，2014(6)：75-90.

三个关键阶段：困惑的困境、批判性反思和反思性对话①。

跨学科变革性学习高度催化了超出在单一学科范围内所能获得的创造性思维，变革性学习唤醒了重构研究者的脑力模型，促进他们以创新的方式思考自己的知识和研究。这些研究者接触到其他学科的深奥的知识，必须要通过自我定向和咨询协作者一些有关上下文的问题来加以理解。一旦当他们将这些新概念整合进自己的脑力模型，他们就以一种新的方式来思考这些现存的知识，转换后的视角使得他们萌生创新性的研究问题，设想新的研究路径，并且以一种新的方式将其他学科的方法和技术应用到自己的学科中，从而扩展了自己的学科。

参与变革性学习的研究者所走过的路径：首先是遭遇困惑难题，这一过程导致变革性学习的开始，最初所学习的概念是新学科中中低级别的概念，还没有与研究者自己学科的知识联系起来。通过批判性反思和与协作者反思性对话，他们将这些概念与自己的理解连接起来；修改自己的脑力模型，扩展自己学科的概念、数据和技术基础。这些学习环节在协作过程中持续发生。最后他们可以将获得的新的理解整合进一个统一的概念框架，这个框架融进了相关学科的更深的知识，为研究者提供了创造性研究的机会。

可见，跨学科研究中的变革性学习的关键环节是理解其他学科的概念并将其与自己的学科知识联系起来，而研究者的批判性反思和与协作者的反思性对话是理解的关键。

②非主题知识。

对于多学科团队而言，知识创造的优势在于由多样化的观点提供了创新的基础，与此同时，与单学科团队相比，多学科团队也因为多样性而陷入团队内部成员之间相互持异议，无法达成共识的困境。Carlie(2004)②指出，从团队内特定领域知识(domain-specific

———————————

① Pennington Deana D, Simpson Gary L, et al. Transdisciplinary Research, Transformative Learning, and Transformative Science [J]. BioScience, 2013, 63 (7): 564-573.

② Carlie P R. Transferring, Translating and Transforming: An Integrative Framework for Managing Knowledge across Boundaries [J]. Organization Science, 2004, 15(5): 555-568.

knowledge)到达成共同知识(common knowledge),需要经过转移、翻译和转换三个过程,并借助领域知识之间的共同基础。然而,对于这三个过程之间所借助的领域知识之间的共同基础的问题,该研究并没有进行深入讨论。王馨(2014)在研究重大科技工程中多学科团队的协同知识创造过程时,首次将哲学家哈贝马斯的非主题知识概念引入管理学研究中,构建了跨学科协同知识创造模型①。她认为知识是主体间性的,是个体之间通过交互表达和解释,在共同理解的基础上建立的普遍共识。非主题知识能让主题知识的有效性变得"令人信服",为主题知识的逻辑表达提供了基础,其中,主题知识是指与实现社会系统所规定的任务或者目的直接相关的学科知识。非主题知识是指与实现社会系统所规定的任务或者目的并非直接相关,而与生活世界的体验密切相关的知识。协同知识创造需要经历知识表述、知识解释、知识混沌、知识建构四个阶段。

1.1.3.2　跨学科个人信息行为模型

Qin、Lancaster 和 Allen 认为只有从多方面来满足跨学科研究者的信息搜寻需求,但前提是首先要理解当前跨学科科学家信息搜寻行为的特点。目前关于该领域的研究处于初步探索阶段,主要是通过观察描述、总结出某特定领域跨学科信息行为的特点,提供基本的认识。Julie Thompson Klein 和 William H. Newell(2002)定义了六类跨学科资源的传播渠道:①主要文献,②专业组织和相关出版物,③特殊文献,④网络,⑤电子数据库,⑥专业发展,而且认为在新兴领域,信息的传播渠道可能更难以捉摸②。因此,在搜寻跨学科资源中,保持灵活性、创造性、不断评估搜索结果和修改搜索策略是至关重要的(Kimmel,1999)。Allen Foster(2004)总结得出:跨学科个人信息寻求行为是在环境、个人及认知方法三层约束下的

---

① 　王馨. 跨学科团队协同知识创造中的知识类型和互动过程研究[J]. 图书情报工作,2014,58(3):20-26.

② 　Klein J T, Newell W H. Strategies for Using Interdisciplinary Resources across K-16[J]. Issues In Integrative Studies,2002(20):139-160.

多种核心过程的交互行为，具有非线性特点①。跨学科信息搜寻比在单一学科内的信息搜寻更面向社会，而且检索词汇、研究风格和基于学科的信息服务也不同（Klein，1996）②；人文背景的跨学科学者，常添加策略扩展信息搜寻范围，追逐脚注和人名搜索，信息来源包括了各式各样的非正式的和正式网络。马翠嫦和曹树金（2014）将跨学科信息行为的特征总结为：依赖人际渠道的信息获取；以知识融合和创造为目标的研究合作和知识构建；具有群体差异性，人文社会科学跨学科研究特性明显。

Palmer(1999)强调我们对跨学科研究者是如何收集和使用信息的了解十分有限，人们普遍认为科学信息搜寻行为具有学科差异性，但是不同学科科学家的信息行为也有共性。

（1）跨学科信息行为的种类。

在信息分散理论的基础上，Palmer 提出跨学科信息行为中两项较为显著的活动——探测和翻译。探测行为可发现信息，翻译则可将不同领域的术语、概念和想法联系起来③。

①探测行为。探测是确定分散或远程信息的战略性方法。研究人员探索他们专业以外的周边领域，以拓宽其专业视角，产生新思路或探索多种类型和来源的信息。探测式信息寻求可以被认为是一个有效的学习活动，但如果缺乏支持工具，就可能变为令人沮丧的活动。在一个跨学科的领域的信息寻求就是此类活动的一个例子，需要适当的支持才能保证行为的有效性。Brian Fisher 等提出了一个新的基于可视化的方法来寻求合作探测信息。

②翻译行为。跨学科科学家在搜集文献时所面对的首要障碍就

---

① Foster A. A Nonlinear Model of Information-Seeking Behavior[J]. Journal of the American Society for Information Science and Technology, 2004, 55(3): 228-237.

② Klein J T. Interdisciplinary Needs: The Current Context [J]. Library Trends, 1996, 45(2): 134-154.

③ Palmer C L, Cragin M H, Hogan T P. Weak Information Work in Scientific Discovery[J]. Information Processing & Management, 2007, 43(3): 808-820.

是语言障碍。每个学科都有自己的术语和行话。科学家跨越的主题领域越多，需要掌握的词汇量越大。除了掌握语言，科学家还必须能够解释文献，这需要了解历史、背景材料和相关的研究现状。鉴于这种沉重的负担，跨学科科学家们倾向于依赖人际联系来获取信息，而且作为补偿，跨学科科学家趋向于少精读多浏览（Palmer，1996）。

（2）非线性信息搜寻行为模型。

跨学科信息搜寻行为模型是在实证研究基础上对于跨学科信息行为的要素、关系和机理的抽象和概括，从而对跨学科信息行为进行解释和预测。英国学者 Foster 于 2004 年最早提出非线性信息搜寻行为模型，他通过定性研究的方法对整个大学所涉及的院系的跨学科研究人员进行调查，通过对搜集到的数据进行归纳和总结，最终构建了描述跨学科研究中信息搜寻行为的非线性模型（如图1.1.4）。

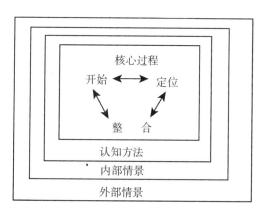

图 1.1.4　Foster 非线性信息搜寻行为模型①

由图 1.1.4 可知，该模型展示了非线性信息搜寻行为由开始、

---

① Foster A. A Nonlinear Model of Information-Seeking Behavior [J]. Journal of the American Society for Information Science and Technology，2004，55（3）：228-237.

定位和整合三个核心过程和认知方法、内部情景、外部情景三个层次构成。其中，开始、定位和整合三个核心过程可以相互转换，并非按线性顺序进行。认知方法、内部情景、外部情景三个层次的交互由若干个个体活动及特征组成，这种动态交互在实践上呈现出非线性特征。

从基本的构成要素来看，非线性信息搜寻行为模型开始、定位和整合阶段以及认知方法、内部情景和外部情景六个要素都是由多个子行为构成，如图 1.1.5。

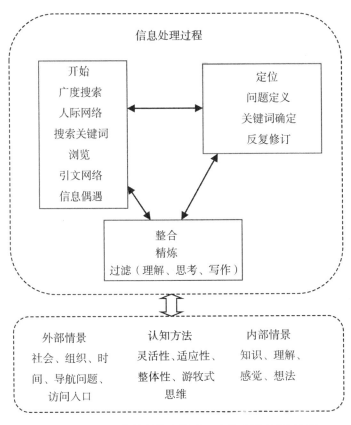

图 1.1.5　Foster 非线性信息搜寻行为模型要素的子行为

每个要素不是简单地等于多个子行为之和，而是可能出现不同于"线性叠加"的增益或亏损。任何一个子行为发生变化，都会对最后的搜寻结果产生难以预测的影响。

　　该模型是首个以跨学科研究为情景发展的信息行为模型，并提出了与传统以线性关系为主的信息查寻理论所不同的非线性特征和跨学科信息查寻中的特有行为，因而对于跨学科信息行为研究具有重要的参考价值。

　　（3）信息偶遇。

　　信息偶遇（Information Serendipity）是指非目的性的信息查寻过程中发现所需信息的行为过程，是信息分散情境下信息发现和知识创新的重要组成部分之一。潘曙光在对国内外信息偶遇研究进行回顾的基础上提出信息偶遇是一种信息获取行为，既不是计划内的，也不是预料之中的，当用户并不是有意地要查找某（有用或有趣）信息时，却获得了它①。

　　Foster 通过访谈的方法研究跨学科人员在信息查寻情境下的信息偶遇行为，将偶遇作为信息查寻和相关知识获取中的目的性和非目的性的组成部分，重新理解偶遇作为现象而产生的条件和策略。他指出，在信息查寻的情境中，偶遇一方面被认为是有价值的，但同时也是被排斥的，不可预测的，且第一感觉是对于理解和结果控制等清晰的信息查寻策略毫无帮助的。在艺术和人文科学、社会科学和科学领域，偶遇被认为是创造性整体过程中不可缺少的一部分，也被认为是跨学科信息查寻用户经常遇到的情况②。

　　王知津等提出信息偶遇具有非线性特征。信息偶遇受到机遇、用户的个性、用户的动机、用户的情绪、用户的人际网络、信息获取策略等众多因素的影响。而这些众多影响因素在不同情景下对于信息偶遇者有着不同的影响且相互交叉，采取线性的思维难以准确分析这些因素对信息偶遇的影响机理③。

---

①　潘曙光.信息偶遇研究［D］.重庆：西南大学，2010.

②　Foster A，Ford N.Serendipity and Information Seeking：An Empirical Study［J］.Journal of Documentation，2003.59（3）：321-340.

③　王知津，韩正彪，周鹏.非线性信息搜寻行为研究［J］.图书馆论坛，2011（6）.

1.1.4 跨学科协同信息行为

综上所述，目前对跨学科用户信息行为的研究主要侧重于信息分散下用户个人信息搜寻行为过程的特点，在信息搜寻行为的低效方面的研究主要有信息分散理论、弱需求理论。在翻译行为方面的研究主要有类比认知、隐喻、非主题知识、信息偶遇及信息视域，主要用于解释异质知识的转移，采用非线性、协作性、偶然性来描述跨学科信息行为特征。

个人跨学科信息搜寻行为的特征表明，人际搜索是一个重要途径，人际合作是更主要的途径。跨学科协同信息搜寻与个人信息搜寻存在相互促进的关系。一方面，协同帮助跨学科信息搜寻，用来解决对个人来讲太困难和复杂的问题，跨学科信息搜寻也可能是这样的一个问题。另一方面，个人信息搜寻也有助于跨学科协同，因为个人信息搜寻是协同信息搜寻中的一部分，个人信息搜寻的质量和效率会影响到协同的过程和效果。

2008 年以前的虚拟科研环境注重工具协作，而当前用户信息环境的概念更加宽泛，目前对此没有统一的定义，但科研信息环境建设的目的都是通过支持科研人员（跨）领域的发现从而实现彼此的合作。面向用户的信息环境有多种表现方式：由科学家组成的大型科研社区网（VIVO WEB）帮助科学家确定现有的项目并开展新的合作；可视化工具帮助科研人员通过更加直观清晰的方式了解科学界中的专家和合作者、出版物、热门研究主题等；在线集成工具帮助科研人员管理项目；数字简历（Digital Vita）实现用户对科研履历（Curriculum Vitae）的管理；强大的搜索引擎和资源丰富的数据库，帮助科研人员寻找所需要的信息；在线实时交流和协作平台，在网页上实现即时通信、社会化网络与项目管理的结合等，解决不同地域的研究者之间相互合作的问题；此外，虚拟图书馆、虚拟工作环境、机构仓储等也可以被归入知识环境的范围。

1.1.4.1 跨学科协同信息行为模型

（1）个人信息行为过渡到协同信息行为。

Madhu C. Reddy 和 Patricia Ruma Spence 提出从个人信息行为

过渡到协同信息行为的模型①，受到情景中事件的触发，个人信息行为向协同信息行为过渡，越复杂的问题越采纳人际互动的方式。这些交互行为也进一步受到其他干预因素的影响，例如交互模式、交互主体和问题领域。

（2）PMEST 概念框架。

一般科研合作的影响因素包括信息行为要素和科学研究过程。科学合作过程可分为四个阶段：基础、启动、实施和结论以及八个子阶段。影响科学合作过程的因素可以分为 Ranganathan（1957）确定的、Sonnenwald 和 Livonen（1999）阐述的五个方面：人格、物质、动力、空间和时间。空间方面的因素，特别是跨学科合作的因素，在整个过程中都是障碍和促进因素，空间方面包括工作、任务、空间，以及组织和更大的社会政治经济背景。这方面的因素包括：接近性、研究中心、学科特征和语言/词汇。

Ranganathan（1957）曾提出了信息行为协作的五个侧面模型：个性、物质、动力、空间、时间（PMEST），Sonnenwald 和 Iivonen（1999）在此基础上通过文献分析、观察及对不同跨学科研究者的访谈，做出了对每个侧面的详细解释并指出了信息行为的重要组成部分②。

PMEST 是一个概念框架，它的优点是将协作中的事件和行为因素放在环境中讨论。这些因素与人格、物质、动力、空间和时间等相关并且在协作过程中同时起着作用。人们凭着经验、社会网络、信任、个人的相容性、共同的特性在一个空间工作，既可以是面对面的，也可以在不同的物理位置。他们拥有多种物质，如不同的技术和信息资源。参与者受需要达到目标和任务等因素的激励，将物质元素整合在一起，经历一段时间的协作后，将汇集这些资源

① Reddy M C, Spence P R. Collaborative Information Seeking: A Field Study of a Multidisciplinary Patient Care Team[J]. Information Processing & Management, 2008. 44(1): 242-255.

② Sonnenwald D H, Iivonen M. An Integrated Human Information Behavior Research Framework for Information Studies [J]. Library & information science research, 1999, 21(4): 429-457.

以达到目标，产生新的物质(例如新的技术)、信息和信息资源、扩展的社会网络、协作者的个人经验。Maglaughlin 的概念性框架对于跨学科协作来讲有着重要意义，它成功地解释了社会网络的形成以及双向受益对于跨学科知识共享的重要性。

(3)远程科学协同。

Olson 等于 2000 年提出的"距离问题"一直是远程协同研究的理论基础，他们将十多年的研究发现精炼为四个概念：共同基础、工作耦合、协同意愿及技术准备，认为这些是远程科研协同成功的重要影响因素。

共同基础——参与者共有的知识，参与者所知道的他们所拥有的共同之处。共同之处越多，多学科研究团队的生产率越高。

耦合——工作性质上要求参与者相互沟通的种类和程度。紧密耦合的工作要求参与者有频繁的、复杂的沟通，耦合度越高的工作越适合集中协同处理。

协同意愿——参与者必须有一个共享信息和因为贡献信息而得到某种奖励的愿意。不应该为没有共享和协作文化的组织引进群件和远程沟通技术。

技术准备——在工作习惯，技术支持和基础设施方面必须做好接纳新技术的准备，应该不断引进先进技术。

Olson、Hofer 等(2008)所著《远程科学协同》在以上四个概念的基础上增加了"管理、计划和决策"，认为协同的正式管理，领导质量也是成功的关键。

(4)多学科团队协同知识创造。

跨学科科研团队是以学科发展或现实问题为导向，由技能互补、不同学科背景的人员组成，致力于合作研究的组织。跨学科科研团队作为复杂、多边界的集合体，其成员需要跨越活动、知识和社会等多重边界，在异质性很强的"网络"中协同构建知识，面对沟通与分享的多重困难。国内学术界对多学科科研团队的研究并不多，对多学科科研团队知识创造过程的探讨更少。国外学者对多学科团队表现出长期的关注，相关成果在国际顶尖级管理学期刊上发表。然而，与之相关的三个学派，无论是以野中郁次郎显性知识和隐性知识转化、创造为代表的知识管理学派、多学科团队学派还是团队创造力学派都没有就一个关键问题得出有公信力的解释。

我国重大科技工程多学科团队中，与实现社会系统所规定的任务或目的非直接相关，而与生活世界的体验密切相关的非主题知识起到了建立不同知识领域间共同基础的作用(王馨，2013)。王馨认为多学科协同知识创造过程可以分为知识表述阶段、知识解释阶段、知识混沌阶段和知识建构阶段，可以通过营造沟通的氛围、培养达成共识的意愿、克服双重障碍，注重启发、反思、争鸣，来激发主题知识和非主题知识的涌现，实现知识的转移，为协同知识创新打下基础。

(5)组织中的信息协同行为。

尽管 CIB 也是其他情境下的主要现象，例如网络搜索和浏览，但是许多研究者都把实证研究的重点放在组织中的 CIB 上，尤其是信息密集环境下的组织中。

在信息密集环境下的组织是一个存在许多可见和不可见的相互依赖的复杂系统，为了有效地支持在这种环境下的协同工作，需要考虑复杂的促进个人、团体、工件、工作实践、信息技术整体交互的模式。Karunakaran 和 Reddy(2013)的模型把构成 CIB 活动的边界概念化，并镶嵌在组织的情景下，将协同过程分为问题识别、协同信息寻求和信息使用三个阶段。每个阶段由具体的活动组成，也有活动贯穿在所有的阶段，通过这个模型可以解释这些活动集合是怎样关联的。这一模型为理解组织中的协同信息行为提供了一个起点，也是一个适合描述短期协同情景的模型，没有考虑长期协同的问题。

1.1.4.2　跨学科协同信息行为类型

在进行研究跨学科信息搜寻时，有三个很重要的行为要素，包括跨学科协同信息搜寻行为、跨学科信息共享和协作意义构建。

(1)跨学科协同信息搜寻。

跨学科协同信息行为是围绕信息需求表达开展的跨学科协同信息搜寻，从信息搜寻的对象来看，包括依靠检索系统进行信息搜寻活动和与依靠社会人进行的信息搜寻活动，与检索系统进行交互表示跨学科研究者依靠检索系统如搜索引擎或电子数据库进行信息搜寻；与社会人进行交互表示跨学科研究者向同事或朋友进行信息搜寻的行为。从交互的及时性来看，包括同步协同搜寻和异步协同搜寻，同步协同指的是协同参与者通过计算机可以支持的协同技术完成信息搜集过程中的实时交流，主要包括面对面交流、IM 即时通信、电子邮件。发帖咨询等协同决策；异步协同是指协同参与者通过 Facebook、微博获取其他参与者创造的经验信息和分享信息来完成协同信息行为。

（2）跨学科信息共享。

信息共享和协作意义建构是在跨学科信息行为过程的三个阶段共同常用的活动。例如，在问题构建阶段中，由于团队成员不确定从什么地方开始，所以在一开始的实践中问题会变得很复杂，协同参与者需要共同分享和精炼手边的问题，然后在进入下个阶段之前评估他们对问题的理解。类似地，在协同信息搜寻阶段，通过分配搜寻任务，他们开始协同起来尽可能多地收集信息，对这些不同的碎片化的信息进行评估，然后合成起来。

其他研究者也提出相类似的观点，认为信息分享在协同信息行为中扮演着核心的角色。Gorman 等（2000）在对重症监护单位的团队成员是怎样共同努力寻求和共享所需的信息进行研究时，发现为解决特定的问题，分享和整合不同的信息来源是非常重要的[①]。Poltrock（2003）在对两个设计团队进行研究时，强调为了完成设计工作，在两个团队成员间不断分享和检索信息非常重要[②]。

（3）跨学科意义构建。

除了信息分享外，协同意义构建在协同信息行为中扮演着重要的角色，尽管"意义构建"是跨越几个学科的广泛研究领域，大部分的研究集中在个人信息行为上。"意义构建"理论是一个用于个

---

① Gorman P, Ash J, Lavelle M, et al. Bundles in the Wild: Managing Information to Solve Problems and Maintain Situation Awareness[J]. Library Trends, 2000, 49(2): 266-289.

② Poltrock S G J D. Information Seeking and Sharing in Design Teams[Z]. Sanibel Island, 2003.

人在情境和理想情况之间创建桥梁的过程。Weick(1995)描述了在组织情境中的"意义构建"，探索了人们在模棱两可的情况下怎样组织自己的世界变得有意义，人们怎样使用这种组织创建一种秩序感①。

1.1.4.3　协同信息行为实证研究

陈伟(2012)识别出在跨学科科研情境下影响信息搜寻行为的四个科研情境变量，分别是：问题认知程度、任务结构、学术生态环境和领域知识；研究了高校学术用户的信息行为，实证分析得出问题认知程度、任务结构及领域知识与信息搜寻行为呈正相关关系的结论②。

Madhu C. Reddy 和 Patricia Ruma Spence 研究了一个多学科的病人护理团队来识别团队的信息需求和触发协作信息寻求活动的情况，强调面对面沟通的重要性，讨论了组织和技术方面的如何支持团队 CIS 行为，例如使用无线电通话以及部门布告。

P. Hansen 通过研究发现，在专利处理过程中直接使用由他人提供的信息，如向同事征求建议与专业知识等。Spence 和 Reddy 调查科研人员在进行信息检索活动时，利用 Email 和视频会议等各种通信软件进行交流，以支持他们的协同检索活动。

王凤彬、陈建勋(2010)根据基于知识结构的划分按照成员间知识结构的相似程度，把成员间知识结构区分为相似知识结构与互补知识结构两类③。叶艳(2015)按照成员间信息视域的相似程度，把成员间视域知识结构区分为相似信息视域与互补信息视域两类，以跨学科研究团队 TREC 为例，对其项目关系网络和合著关系网络进行分析，发现有三种不同关系模式，对应的三种协作模式分别是：人—系统跨学科协作模式、主—从式跨学科协作模式、主—主

————————

①　Weick K E. The Collapse of Sensemaking in Organizations-The Mann Gulch Disaster[J]. Administrative Science Quarterly, 1993, 38(4): 628-652.

②　陈伟. 科研情境下学术用户信息搜寻行为研究[D]. 南京：南京农业大学，2012.

③　王凤彬，陈建勋. 跨层次视角下的组织知识涌现[J]. 管理学报，2010(1): 17-23.

式跨学科协作模式①。

吴丹(2013)通过文献分析认为，目前关于科学研究领域的协同信息检索行为研究较少，研究揭示：支持科学研究领域环境认知的信息类型主要包括：情境信息、任务过程信息、情感信息，这三种信息对于协作完成复杂的科研任务具有重要意义；同时，方便快捷的交流和沟通软件是支持科研人员在协同活动中高效交流与协作的重要工具。

1.1.5 评述

1.1.5.1 基于信息视域的信息行为理论框架与分析方法

目前大多数应用信息视域的应用研究主要是针对特定情景下人们的信息源种类、偏好的静态分析，较少采集信息行为的过程数据，例如信息资源的交互，顺序和进化的信息，缺乏对信息视域变化及原因的分析；在分析方法方面较少采用网络分析等方法，很少进行多层情景及其相互交互对信息行为影响的研究，很少有做不同情境下信息视域的对比研究，难以识别出导致信息视域变化的关键情景因素。

1.1.5.2 协同信息行为理论与方法

协同信息行为的研究还存在以下需要进一步研究的问题：①目前的研究对为什么要协同有了很好的理解，但是在不同情景下的协同发生的激励因素却很少被识别出来，需要进一步研究协同的激励因素。②文献给我们指出了一系列的工具和方法可应用于协同，但还需要对如何提高用户的协同程度，作进一步的实证研究。③虽然有许多文献致力于理解人们与协同系统(例如 Search Together)协同工作的行为以及在线社群和社会网站中人们的行为，但是这两者之间连接的研究却被遗漏了，也就是说，如何利用参与社交网站来提升协同或者用协同系统来支持各种社会活动的问题还很少被研究。④尽管当前一些协同信息行为模型综合了过去协同信息行为的研究

---

① 叶艳. 基于信息视域的跨学科协同信息行为研究[D]. 武汉：武汉大学，2015.

发现，但它们仍然没有被后续的实证研究所应用和验证，也没有对模型作对比研究。⑤怎样扩展个人信息搜寻、个人信息综合和个人感知模型为协同模型，是需要进一步研究的问题，例如从个人信息搜寻过渡到协同的条件有哪些？如何测度？同时因为在这样的一个协同信息搜寻过程中也可能会发生一定形式的协同信息综合和协同意义构建，协同信息综合和协同意义构建的框架也需要被开发出来。⑥从样本的代表性来说，目前文献中的很多研究是针对特定的人群——大学生、社会科学专家和知识工作者。因此，需要进一步扩展调查研究的范围。

1.1.5.3　跨学科个人信息行为

①跨学科信息行为理论和模型的提出大都基于特定的情境和少数用户群体的经历，其理论的普遍适用性尚待检验，尚处于现象概括和模型发展为主的阶段，经典模型和理论尚未出现；②对于跨学科信息行为的障碍的测度标准研究还有待于完善，例如缺乏对跨学科性、分散性、协作紧密度等指标的测度及其对研究者的信息行为影响的研究；③对于改善跨学科信息行为效率的解决方法的研究不多，对现实的指导意义不强。④目前有关跨学科个人信息行为的研究主要关注信息的获取、沟通与共享维度，对于信息的理解维度鲜有涉及，但是跨学科信息使用最大的障碍在于如何理解搜寻到的信息或者知识，只有理解了才能转移、应用所获得知识，完成一个完整的信息行为周期。以上需求是值得在设计信息搜寻系统时考虑的。

1.1.5.4　跨学科协同信息行为

跨学科协同信息行为的研究还存在以下需要进一步研究的问题：

①情景对跨学科协同信息行为影响的研究。情景是人类信息行为背后的重要原因，信息行为情景是各类信息行为发生条件和环境的总和，包括技术、认知和社会等因素。情景可以"动态"地影响社会成员的物理、认知和情绪，在特定情景中，群体成员有着相似的认知体验。处于特定情景中的人，既可以共享物理空间，也可以共享概念空间，在信息共享中理解彼此的关系。跨学科情景多样，

目前仅有很少的关于跨学科团队组织中和在线社群中的协同行为的分析。

②基于信息视域的协同信息行为过程模型及实证。在跨学科协同中，学科间差异和冲突导致难以找到所需要的共同基础。从信息视域视角来看，就是不同成员的信息视域差异大，导致难以理解嵌在不同信息视域中的知识的含义，因此需要致力于寻找填充信息视域缺口的途径。综观国内外相关研究发现，目前国内外以跨学科为协同信息行为背景的理论研究很少见，基于信息视域的信息行为研究主要集中于个体对象而较少涉及群体交互性的研究。

③围绕跨学科用户的需求，优化协同信息服务系统的设计。信息服务环境深刻地影响着用户的信息视域和信息协同的效果和效率。一个好的跨学科协同信息服务平台应该支持跨学科搜索中的信息探测、信息翻译，信息共享、沟通、协调、意义构建等行为，不仅要支持用户快速找到信息，也包括帮助他们理解和利用搜寻的结果，这需要围绕跨学科研究者的信息需求来进行优化设计。

1.2 基于信息视域的跨学科协同信息行为研究框架

联合国教科文组织 1976 年出版的《文献术语》一书将信息源定义为：个人为满足其信息需要而获得信息的来源。信息源可分为非文献信息源(包括口头信息源、实物信息源等)和文献信息源两大类型。随着信息服务环境的变化，信息服务工具/物对人的辅助作用越来越大，个人利用外界工具/物来满足自己信息需求的能力不断增强。

跨学科研究是以创新性任务为目标，以学科发展或重大社会问题为导向，由技能互补、不同学科背景的人员通过整合相异知识结构和认知，为了解决跨学科的问题而开展的研究①。复杂科研问题

---

① 华小琴，邢文明. 基于文献分析的跨学科研究及协作行为探析[J]. 图书馆建设，2017(8)：21-26，35.

的跨学科性及信息分散性对研究者的信息素养提出了挑战。在跨学科研究中，需要搜寻、组织、利用的信息资源和通道，往往与不同学科内的资源和具有不同学科背景的人联系在一起，跨学科协同是当下在面向重大需求时的创新模式，这种模式要求人与外界信息源的合作边界从个人—工具(物)，向个人与工具(物)—他人与工具(物)的方向扩展，由与自己擅长的学科内资源合作向与自己学科边界外的其他学科范围内的资源合作扩展。

1.2.1 文献综述

1.2.1.1 协同信息行为的研究现状

协同信息行为包括信息需求的协同识别、协同信息查询与检索、协同内容创作，涉及计算机支持的信息交流、共享、综合与利用。协同是从需求识别开始到解决的完整过程中的群体行为，包括群体直接参与的信息查寻、内容创造活动和起支持作用的依靠技术实现的信息交流、共享等活动。

(1)过程视角。

协同信息行为的过程与个人信息搜索过程相似，但需要考虑社会和情境因素。Kuhlthau(1991)提出的任务启动、选择、探索、重点制定、收集和报告六阶段信息搜索过程的模型(Information Search Process, ISP)是许多协同信息行为研究的基础，Kuhlthau 发现在个人信息检索过程中，前期的"选择"阶段较之后期更需要协同，主要通过与同学、老师或其他人的交流，合作利用他人的经验来选择信息源[1]。Shah 等(2010)[2]认为群体协同信息检索过程模型与 Kuhlthau 的信息检索过程模型虽没有本质的区别，但在协同信息检索行为研究中需要考虑社会因素和情景因素的影响，具体的信息行

---

① Kuhlthau C C. Inside the Search Process: Information Seeking from the User's Perspective [J]. Journal of the Association for Information Science and Technology, 1991, 42(5): 361-371.

② Shah C, Marchionini G. Awareness in Collaborative Information Seeking [J]. Journal of the American Society of Information Science and Technology, 2010, 61(10): 1970-1986.

为过程可视为在一定的环境与情境下信息搜寻/搜索/检索、信息组织、信息利用三类子环节的循环。目前在三类协同信息行为中，协同信息检索研究文献较多。

（2）时空环境视角。

时空环境从信息环境—组织环境—社区—任务逐层嵌套对协同信息行为产生影响。信息环境是指在人类生命周期下的整体信息环境，主要是从人的出生到死亡期间信息行为外在的、与信息相关的外界状况的表述。信息场所也可以称为信息集聚地，主要从信息行为发生场所的角度予以表述。此处的信息场所更加注重"社区"，是一种区域性的信息交流倾向的体现①，社交网络软件、维基百科、开源软件等"社区"收到学者关注。Colleen Cool 与 Amanda Spink 将信息搜寻与检索环境划分为四个层次：①信息环境层，包括机构、组织或工作任务环境；②信息搜寻层，包括搜寻的目标/意图和与问题解决相关的任务构成的环境。③交互信息检索层，指交互空间本身；④检索术语层②。李月玲认为环境是一个较之情境更宽泛的概念，即宏观环境，而情境则是由包括工作任务的各要素及其他要素在内的微观环境③。这些因素综合作用影响着人的信息行为。

（3）认知视角。

个人的专业知识、信息素养对信息环境的感知和任务的认知有影响，进而对信息行为有影响。在面临环境复杂性时，尤其是当任务超出了个人的学科范围时，用户的心理机制休现出通过隐喻的实例化，来帮助他们应对面临的知识鸿沟，信息行为呈现出非线性和

---

① 王知津，韩正彪. 信息行为集成化研究框架初探[J]. 中国图书馆学报，2012，38(1)：87-95.

② 张新民. 转折：在情境中集成信息查寻与检索[M]. 北京：科学技术文献出版社，2007.

③ 李月琳，胡玲玲. 基于环境与情境的信息搜寻与搜索[C]//北京大学情报与信息管理论坛，北京：北京大学，2010：74-82.

多任务性①。Reddy 等亦认为当缺乏专业知识、信息需求的复杂性、信息的立即访问性、信息分散会导致个人信息搜寻行为向协同过渡②。吴丹等亦认同信息需求复杂性的影响，除此之外还提出了认知复杂性、任务复杂性和环境背景复杂性③。

（4）群体行为视角。

协同是以交流为基础，比协调和合作更高层次的集体行动。需要发展更深层次的默契才能实现。①国内学者对协同信息检索行为的研究多为行为模式、行为特征和影响因素的研究④。国外的相关研究可以总结为从认知、检索过程、社会因素和隐私保护这几个维度⑤。②协同内容创作与协同信息质量管理。知乎、豆瓣、虚拟社区、百度贴吧等用户行为特点、动机、互动模式等是研究的热点。③协同信息交流。孙文媛分析了社交网络用户协同信息交流的特点、要素和模式⑥。赵康探讨了在协同科研环境中，科研团队的属性、学科领域及任务属性的差异对科研人员的信息交流行为的影响⑦。

1. 2. 1. 2　跨学科协同信息行为研究现状

（1）信息环境视角。

信息资源分散是跨学科研究的信息环境特征。跨学科研究成果

---

① 王知津，韩正彪. 信息行为集成化研究框架初探[J]. 中国图书馆学报，2012，38（1）：87-95.

② Reddy M C, Spence P R. Collaborative Information Seeking: A Field Study of a Multidisciplinary Patient Care Team [J]. Information Processing & Management，2008. 44（1）：242-255.

③ 吴丹，邱瑾. 国外协同信息检索行为研究述评[J]. 中国图书馆学报，2012，38（6）：100-110.

④ 邓胜利，付婷. 协同理论在中国图情领域的应用研究述评与展望[J]. 情报理论与实践，2018，41（9）：148-153.

⑤ 金燕，李昱瑶. 科研团队成员的协同信息行为模型[J]. 情报理论与实践，2015，38（9）：86-90.

⑥ 孙文媛. 基于 SECI 模型的社交网络协同信息交流研究[D]. 武汉：华中师范大学，2018.

⑦ 赵康. 协同科研环境下学术交流模式的前景探析[J]. 情报资料工作，2017（4）：45-54.

文献被分割到预先设计好的分类体系中出版，导致分布分散。跨学科学者或因对其他学科术语不熟悉，对学科交叉领域成果组织形式不熟悉等原因，感到搜索失败，需求得不到满足①。

（2）任务情景视角。

基于学术研究或工作需要解决的跨学科问题可能是一种巨大的挑战。Palmer 等对研究科学中的弱信息工作进行实证研究发现"科学研究可能面临具体不利条件，尤其是非结构化的问题空间、缺乏领域知识、无章可循的研究步骤等问题，因而是非常困难和耗时的"②。这些活动需要研究人员花费大量时间实现非常规化的任务。跨学科研究人需求包含信息、信息源、信息渠道、信息服务等多方面的支持。

（3）认知视角。

学科知识差异、知识匮乏带来的认知鸿沟，迫使研究者借助已有的背景知识、视域知识、生活经验等找到从不同视角理解问题的桥梁，从而向其他相关学科拓展。认知特点是隐喻的实例化，即类比③。

（4）个体行为视角。

在跨学科情境下，更多地发生探测行为、翻译行为和信息偶遇。认知方面的特点是多视角类比，提取共性找到泛化的检索词，启动检索、翻译以学习理解不同专业和学科的思维方式和解释机制，扩大自己的知识范围。

（5）群体行为视角。

单一学科群体具有共享的学科知识，在信息环境中资源集中程

---

① Foster J. Collaborative Information Seeking and Retrieval [J]. Annual Review of Information Science and Technology, 2006, 40(1).

② Palmer C L, Cragin M H, Hogan T P. Weak Information Work in Scientific Discovery[J]. Information Processing and Management, 2007, 43(3): 808-820.

③ 王馨. 跨学科团队协同知识创造中的知识类型和互动过程研究——来自重大科技工程创新团队的案例分析[J]. 图书情报工作, 2014, 58(3): 20-26.

度、易理解程度和易检索程度上都具有优势，群体成员间表现出更多的信息和知识的分享，进行协同信息组织和内容创造跨学科团队成员来自不同学科，有不同的知识结构和理解基础，多样性知识的共享和整合面临更多挑战，需要不断充实有关的背景知识，向各自更广的社会网络寻求与项目有关的知识帮助和建议，以及更多的沟通，才能跟其他学科研究者找到对问题理解的连接和共同之处。

综上所述，从协同信息行为到跨学科协同信息行为，都受到从宏观信息环境、任务情景，个人层面的主观认知，集体层面的认知等多层次、多维度因素的综合影响，目前大多数研究是从某一要素或某一层级分别开展研究，这些成果只能展示某一研究视角，不能反映整体的情况，没有揭示外部信息环境、情景、认知、信息行为之间的关系和相互作用。因此需要从多个角度整合信息行为研究框架，目的是给出一个分析信息行为的认知、社会和环境的复合视角，从全局出发来研究影响信息行为的内在机制。

1.2.2 基于信息视域的协同信息行为影响因素模型构建

协同信息行为研究困难的地方是要考虑十分复杂的情景因素和个人因素，这些因素之间的作用关系也难以厘清。协同行为模型构建较多的文献基于对概念的理解和实证来构建描述性或解释性理论模型。有的侧重于识别协同信息行为的种类、活动，活动间逻辑关系等即过程模型；有的侧重于识别影响因素中的关键因素及其影响，即要素模型。本书按照两种角度分别构建跨学科协同信息行为影响因素模型和过程模型，为以后的实证分析做基础。

本书之所以引入信息视域理论(准确界定是基于 Savolainen 的信息源视域理论)，来构建协同信息行为影响因素模型的原因在于：

(1)根据协同理论，自组织理论是理解群体协同信息行为多样化现象的理论基础。自组织是指系统在不受外界控制的情况下，内部各要素之间自发进行竞争与合作交互，从而实现从简单到复杂，从无序到有序的演化过程。"自发生成"和"自主突现"是自组织过程的两大特征。"自发生成"表明了行为的能动性和随机性。"自主突现"即为自组织的"涌现"，是指经由局部层次间的要素相互作用而产生作用于全局的新质，该新质是突现的结果，不能仅仅迪过组成单位的行为或特征进行理解和预测。运用自组织涌现机理来解释复杂系统的突现，是理解自然界和人类社会多样性的重要基础。

以个人参与为出发点开展协同信息行为研究是运用自组织理论的结果，识别影响信息行为的个人属性就十分关键。但是人的因素有很多，陈伟在研究科研情景下学术用户信息搜寻行为时，对个人因素进行梳理后发现有 20 多种①，难以识别最关键的因素。同时，协同信息行为的影响因素研究也因为缺乏全局理论模型的指导，容易陷入无序的罗列或主观臆测。

信息视域作为一种隐性的心理模型，是内在的、隐性的边界对象。它与别人的信息视域的重叠部分，是共享的心智模型部分，决定了与合作对象能否走向协同，因此它是影响协同的最主要的人的属性。同时，作为人的一种属性，较其他属性更具有思维惰性和习惯依赖性，具有一定的稳定性，这一特性十分重要。正如克罗克特和弗里德曼(1980)所指出的那样，关系达到平衡稳定，它们就可以用线性关系来建模，在理论上优先于其他元素。因此，信息视域这个概念对表征协同的持久性质的静态、结构特性十分重要。

同时，信息视域也是行为的直接依据，该模型可以测度和借由形式化的语言描述，打开了隐藏在人心里的影响协同信息行为的"黑箱"。

因此，信息源视域提供了将群体协同信息行为理解为一个涌现现象的核心概念，以信息视域作为个人属性，描述了个人处在特定情景、情况和社会网络之下，获取外部信息的局限和使能。

(2)理解参与跨学科协同的人(群)的多样性。根据信息视域可以将具有不同信息行为的人及群进行分类，识别出不同学科的人群

---

① 陈伟.科研情境下学术用户信息搜寻行为研究[D].南京：南京农业大学，2012.

信息视域的不同；不同岗位、角色、社会地位的人群的信息视域的不同；识别出信息视域边界狭窄的信息贫穷者，识别出学生中的工具偏好者、人际偏好者以及偏好中立者等。

（3）信息视域具有学科性，这一点用于描述跨学科协同问题十分吻合。可以解释协同是拥有不同信息视域的主体基于技术社会系统的自组织涌现，正是因为个体的信息视域不同导致了多样化的协同信息行为。

（4）有助于理解跨学科协同中寻找合作对象和资源的困难性。跨学科协同面临的问题复杂程度高，信息资源分布分散度高和信息视域有限的矛盾，因此寻找有效的合作对象十分困难。

（5）有助于理解跨越学科和个人认知边界的困难性。学科信息视域壁垒导致集体思维惰性，个体信息视域差异导致思维碎片和缺乏共同语言，从而导致跨越学科和个人认知边界的困难。

（6）信息视域的五命题认为：人类的信息行为理论上可被视为个人与信息资源间的协作，因此只有纳入了个人信息视域的信息源才有可能成为协作对象，为考察协同对象提出了依据。

（7）信息视域具有个体间性，是阻碍与他人协同的因素，克服信息视域的个体间性是考虑促进协同因素的方向；

（8）信息视域是变化的，信息行为过程中所形成的人与情境之间的相互影响是塑造信息视域的一个重要因素，有助于从信息视域变化视角来研究协同形成到完成的过程。

（9）信息视域概念框架纳入了信息环境、个人、任务情景等必须综合考虑的要素，信息视域理论包含的五个命题揭示了这些要素之间的基本关系。信息视域作为分析信息行为的关键要素，聚合了个人外部的社会关系、环境因素和个人内部的认知和情感因素，为分析信息行为化解了复杂性。

1.2.2.1 单一学科协同信息行为影响因素概念模型

本书在考虑协同信息行为影响因素时除了信息视域理论框架中涉及的信息环境、个人、任务情景等因素外，引入了认知维度的意义建构因素的影响，从"环境"—"关系"—"心理"—"行为"的层次来考虑影响因素。

　　本书中的信息视域采纳的是 Savolainen 提出的信息源视域概念，理论基础是舒茨的社会现象学（Phenomenology）①。阿尔弗雷德·舒茨的基本构想是以胡塞尔的现象学为基础，以韦伯的理解社会学为起点，探究社会科学的性质与方法，从而为之规划出一个基本合理的理论框架，在其理论框架中，对理解方法的阐释又是重中之重。阿尔弗雷德·舒茨在他的《社会世界的现象学》等著作中奠定了现象学社会理论的研究基础。社会现象学研究方法论的两个互相关联的核心思想：①社会世界是一个有意义的世界，对社会世界的研究必须考虑人对意义的理解和社会世界的意义建构；②对社会世界应采取现象学的研究方法，要用现象学的意向性理论阐明社会世界的意义，要用现象学的生活世界的理论阐明社会世界的意义的明见性起源以及建构的层次②。

　　单一学科研究者嵌在所在专业学科信息视域背景中。萨沃莱宁的信息源视域说明个人有各种偏好和能力来影响他们的行为。因为个人对空间、能量和物质各个方面有不同程度的控制或权力，对他人也有不同的合作意识。信息源视域中的信息源之间的距离，表示了个体的社会关系远近以及使用信息源偏好的远近。

　　单一学科研究者也嵌在物理环境中。本书考虑的物理环境主要是信息资源环境和组织环境（在本书第二章和第五章分别加以研究）。物理因素是塑造信息视域的稳定因素。

　　单一学科研究者也嵌在任务情境中。任务驱动是影响信息视域的动态因素，随着时间的推移，人们如何塑造信息视域，不仅决定了他们对一般组织问题的了解，而且还决定了当他们接收到任务时，促使他们如何寻求更有目的性的信息。

　　因为信息视域具有动态变化性，并随社会地位层级的不同而不同，因此从梯度的角度来讲，信息视域具有层级性。

---

　　①　Savolainen R. Everyday Information Practices: A Social Phenomenological Perspective[M]. Lanham, MD: Scarecrow Press, 2008.
　　②　张庆熊. 现象学社会研究方法论——以舒茨为中心的探究[J]. 浙江社会科学, 2022(8): 96-105.

认知复杂性是一个直接将个体的认知能力与个体的不同信息环境联系起来的概念，并可能与个体对组织中特定位置的偏好有关。认知与人们如何识别信息来源有关，也决定了一个个体可以处理的信息的数量、种类和多样性。一个人的认知结构受到个人获取的信息的影响。人类寻求、处理和正确解释信息的能力是有限的，在面对超出自己信息处理能力的任务时往往需要被动地拓宽认知范围。

意义建构是人类认知与信息行为过程的有机结合。当处于特定时空环境中的个人，由于个人的认知而遭遇行为障碍时，可以通过自身认知与外部环境的共同作用达成解决方案。Dervin 将此解释为："允许个人建构和设计自身时空运动的内部（即认知的）和外部（即程序上的）行为。"[①]意义建构从认知维度上影响信息视域的变化。

根据以上理论和信息视域的五个命题，将信息环境、任务、认知、信息行为和个人信息视域有机联系起来建立如图 1.2.1 所示的模型。不同于目前其他信息行为多元视角模型，基于信息视域的信息行为影响因素概念模型将信息视域视为个人的一种属性，它对任务、环境、认知产生影响，也在与其他外部要素的交互作用下发生着改变，为协同创造条件，因此这是一个动态模型。一个学术任务执行如下：

在单一学科研究情境下，任务驱动个人基于信息视域对任务和信息环境进行理解、感知，判断需求，开展意义建构，增加新的信息源到信息视域，进一步形成信息源使用策略，引导利用信息环境中的信息资源开展信息搜索、信息组织和再创造，产生的成果补充到信息环境中。因为个人与信息视域中的外部资源和对象为协作联盟，可以获取对方推荐的信息源和知识，随着这个过程的不断循环，协作者的信息视域在不断变化，协作关系也在不断变化，双方信息视域相似的成分越多，协作关系越紧密。

随着检索系统、社交媒体、维基百科和开源软件等功能的平台

---

① 　Dervin B. An Overview of Sense-Making Research: Concepts, Methods, and Results to Date[Z]. Dallas, TX: 1983.

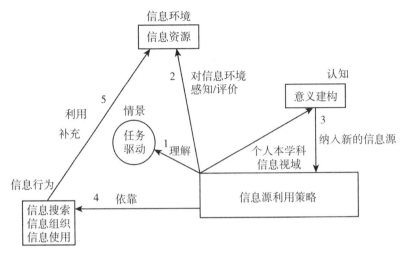

图 1.2.1 基于信息视域的单一学科个人信息行为影响因素概念模型

被个人采纳，投入个人信息行为中的资源和对象能力越来越强，个人的信息活动被外界分担得越来越多，完成信息行为的模式也由封闭的人—机(信息服务系统)走向开放的、依赖他人的信息源和知识的模式。

1.2.2.2 基于信息视域的跨学科协同信息行为影响因素概念模型

跨学科协同与单一学科内协同的不同之处在于跨学科研究者嵌在不止一个学科的信息视域形成的边界中，这些视域约束相互作用，多面向的学科信息视域棱镜在空间和时间上描绘了一系列的"可能性边界"，这些边界对应于(或绘制出)一个潜在的、不断发展的"逻辑"或"结构"，交义点决定了交流相遇的机会。在跨学科协同信息行为影响因素中需要特别关注的是个人内在的不同学科信息视域之间的相互作用以及信息行为对信息视域的依赖和作用。

(1)寻找跨学科合作对象的行为依赖信息视域。依赖信息视域发现信息，建立协作关系连接。

(2)跨学科沟通行为需要借助个人内在的不同学科信息视域之间的相互作用，甚至于非学术信息视域之间的相互作用。跨学科协同对象之间存在更大的来源于学科差异的信息视域差异，例如术语及解释、学习还有有针对性的出版物。单一学科内团队成员只需要信息共享就能迅速达成默契，但是跨学科团队成员需要更多的沟通、交流、学习才能找到共同的语言。本书之所以基于 Savolainen 的信息源视域来构建协同信息行为影响因素模型的原因。①信息视域具有学科间性，根源于不同学科研究者间研究视角差异，是阻碍跨学科研究者全体产生深层次默契、实现协同、发挥集体智慧优势的关键原因，克服信息视域的学科间性是寻找协同正向影响因素的方向。②根据跨学科创新和信息共享方面的研究文献，结合信息视域理论得出，个人非学术情景的信息视域和交叉学科情景的信息视域，有助于单一学科信息视域向其他学科信息视域方向扩展，因此，这些因素被识别出来纳入模型中。

由于个人信息视域受学科壁垒、学术交往圈，所使用的工具以及信息追踪等习惯的局限，面对跨学科任务会感到知识贫乏，按照本学科的常规方法解决问题遭遇障碍，因此需要寻找填充知识缺口的途径。王馨提出非主题知识是跨学科团队实现知识创造的基础，非主题知识是创新主体的共同基础，它更有利于揭示不同学术背景的成员的知识创造模式①。陈向东也考虑了隐喻和类推在跨学科信息搜索中的使用。基于此，纳入非学术情景的信息视域和交叉学科情景的信息视域的相互作用因素，来描述研究者借助非主题知识、生活经验等非学术情景的信息视域中的信息源，或交叉学科信息视域中的信息源来进行类比和发散思考，找到学科间信息视域的桥梁，纳入跨学科新的信息源的认知过程②。本书构建了如图 1.2.2 所示的基于信息视域的跨学科信息行为影响因素概念模型。

(3)学习、信息沟通行为以及信息组织和使用行为重新塑造个人的信息视域。个人信息视域具有动态变化性，在任务情境下，在一系列的信息行为发生的过程中，内在的信息视域得以扩展、变化

---

① 王馨. 跨学科团队协同知识创造中的知识类型和互动过程研究——来自重大科技工程创新团队的案例分析 [J]. 图书情报工作，2014，58(3)：20-26.

② 陈向东. 网络环境下的跨学科知识共享 [D]. 上海：华东师范大学，2005.

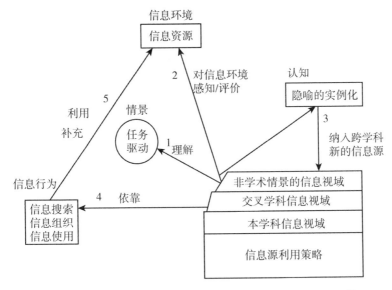

图 1.2.2 基于信息视域的跨学科个人信息行为影响因素概念模型

和重塑了。

因此，在模型中可以看到随着任务的执行、信息环境中的知识分布和个人的信息视域及认知在不断地变化。

1.2.3 基于信息视域的跨学科协同信息行为过程模型框架

索纳沃德的信息视域理论也定义了它受到哪些因素的影响，构成解释人类在特定情境中采取信息寻求行为的一般性概念架构①。据此，本书将跨学科协同信息行为分析要素分为角色、情景、过程、行为，如图 1.2.3 所示。

1.2.3.1 角色

应用跨学科科研合作理论，分析跨学科科研团队组织模式、任

① Sonnenwald D H. Evolving Perspectives of Human Information Behavior：Contexts，Situations，Social Networks and Information Horizons［C］// Exploring the Contexts of Information Behavior Proceedings of the Second International Conference in Information Needs，1999.

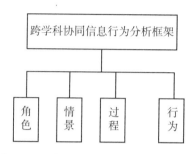

图 1.2.3　跨学科协同信息行为分析框架

务。将参与协同的角色分为协同发起者、协同参与者和信息使用者。

角色理论和工作角色的概念偶尔在有关信息文献的信息系统和工作中被提到，工作角色的概念指的是在工作中一组不同的活动。Turner 提出了一个相互影响的角色理论，强调角色是动态的、模糊性①。Clifford 认为角色是一个有着抽象和具体概念的资产，而不是一个单独的理论②。工作角色不是职位的描述③。一个人可以在多个工作角色中同时执行，并与他人分享工作角色。

（1）协同发起者。

当学术研究者在进行研究时，遇到相关跨学科的问题而自己又解决不了的情况下，需要找其他资源进行协助，我们把这类寻求帮助的个体叫作协同发起者。协同发起者会根据不同的问题，利用最小化成本的原理，在自己的信息视域中找寻他人进行协助，这时他们参与进来成为协同参与者，譬如老师或者同事。如果他们都解决不了的话，他们可能会在自己的信息视域中搜寻自己认识的其他人来帮助，通过自己直接去寻找或者推荐协同发起者自己去寻找。

① 　Turner R H. Role Theory in J. Turner（Ed），Handbook of Sociological Theory［M］. Berlin：Springer，2001：233-254.

② 　Clifford C. Role：A Concept Explored in Nursing Education［J］. Journal of Advanced Nursing，1996，23（6）：1135-1141.

③ 　Huvila I. Work and Work Roles：A Context of Tasks ［J］. Journal of Documentation，2008，64（6）：797-815.

(2)协同参与者。

角色是动态的、模糊的，相互之间互相影响。如果协同参与者自己主动去寻找其他人帮助的情况，协同参与者就在一定程度上变成了协同发起者，而协同发起者在解决问题的过程中，也变成了协同参与者。相对来说，协同发起者是发现问题的学术研究者，而协同参与者是指为了解决这个问题，协同发起者寻求帮助的对象，是致力于解决这个问题付出努力的科学研究者。

(3)信息使用者。

目前对信息使用的研究主要在信息技术和信息系统的接受度等方面，即对某种信息科学技术的有用性、易用性的研究，对跨学科学术研究者的信息使用研究较少。在跨学科信息搜寻的过程中，协同发起者和协同参与者多次通过自己检索和学习，并相互之间进行知识的交流和碰撞，最终解决问题。解决问题的过程，是信息搜寻、使用、吸收和转化过程。本章所讲的信息使用是指在问题解决的过程中，协同发起者和协同参与者利用搜寻到的有效信息来解决问题时的信息使用行为。如果利用搜寻到的信息不能解决问题，那么就需要重新判断问题，重新搜寻信息，利用搜寻到的新信息来解决问题，循环往复，直到问题圆满解决。这时角色的模糊性更加明显：协同发起者和协同参与者同时也是信息使用者。

1.2.3.2 情景

参考 Allen Foster 的跨学科信息行为的非线性模型，将协同信息行为情景划分为外部环境、内部情景和认知方法情景构成三层空间。Foster 对某大学跨学科研究科研工作者进行调查，构建了描述跨学科研究中信息搜寻行为的非线性模型[1]。该模型展示了信息搜寻行为开始、定位和整合三个主要范畴，围绕着这三个范畴发展出来的三个情景交互层次，有认知方法、内部情景和外部情景，这六个要素都是由多个子行为构成，并且可以动态交互，呈现出非线性

---

① Foster A. A Nonlinear Model of Information-Seeking Behavior[J]. Journal of the American Society for Information Science & Technology, 2010, 55(3): 228-237.

的特征。

（1）外部环境。

信息行为和情景不是孤立存在的，信息搜寻者是在一定情境下进行信息搜寻行为。主要的外部因素被归为社会和组织、时间、项目、导航问题和资源的可获得性。跨学科经验中，社会网络这一方面是最重要的因素。社会网络被定义成一种开放的资源，既可以减少为了获取信息资源的努力，也可以对这些信息资源起支撑作用。从社会层面来说，跨学科信息搜寻取决于拥有不同背景学科和地位的个人之间好的网络。周围的组织环境同样影响基金资助和获取信息的途径，例如跨学科的期刊。

对于跨学科研究者来说，在解决问题的过程中可能受到时间和财政的限制，我们把这种因素叫作时间和项目因素。受时间和项目的影响，学术研究者可能会转变搜寻方式和策略。

导航和资源的可获得问题，指的是信息的组织和跨学科研究者从一个自己熟悉的学科领域向其他学科不同信息环境的转变所产生的问题。这种问题带来的影响随着相关因素的改变而不同，例如和所属学科的距离以及先前的经验，这也是外界情景的一部分。

（2）内部情景。

内部影响主要是信息搜寻者的经验知识。主要的影响被归类为感觉和思想、相关性、知识和理解。每个在分析中代表复杂的概念，包括内部的不确定性、自我认知、自我效能、复杂性和注意力分散。知识和理解包括经验、信息需求和知识水平。每个信息搜寻者自己的个体特征决定了内部情景的独特性。

（3）认知方法。

认知方法描述了跨学科参与者识别和利用可能和跨学科问题有关的信息的意愿。跨学科研究者描述了四个认知方法。

①灵活性和适应性的方法。这种方法强调了思维的敏捷性和适应跨学科领域不同信息和固有学科文化的意愿性。

②开放的方法是思维开放性的方法。在这种方法中，没有事先判断相关性的现实框架。在这种方法中，所有资源、学科和灵感都被认为是可行的，直到它们被证明并非如此。

③游牧思维。它包含了用不同的方法发现信息需求，以及对于观点的思考过程，关键要素包括放弃著名和偏爱的学科和资源，去搜寻新资料的观点。

④整体性方法。该方法在最早的时候被高度强调过，它的概念是把握或整合不同地区的观念，并把它们聚到一起。它和答案、产生新问题和信息搜索方向一样重要。

上述三类要素吻合了 Foster 非线性信息搜寻行为模型，结合主客观环境、集体与个人认知等要素，同时更加强调了三者的交互作用。而在传统模型中，个人属性只是考虑一些人口统计属性，或者一些信息技能等分散的属性，而在此框架中，将信息视域视作个人属性而成为影响信息行为的因素，更反映了信息行为的发出者的本质特性，从信息视域更能解释个人信息行为发出的原因以及某一类人具有某种信息行为特征的根本原因。

1.2.3.3　过程

Reddy 等的模型把构成 CIB 活动的边界概念化，并镶嵌在组织的情景下，将协同过程分为问题识别、协同信息寻求和信息使用三个阶段[①]。每个阶段由具体的活动组成，也有活动贯穿在所有的阶段，通过这个模型可以解释这些活动集合是怎样关联的。在此基础上本书参考 Allen Foster 的模型扩大情境引进认知方法、内部情景、外部情景三个层次构成跨学科协同信息行为过程模型。

本研究将信息视域理论框架与分析技术和协同信息行为以及跨学科信息行为模型结合起来，构建跨学科协同信息行为研究框架（图 1.2.4），从个人跨学科信息寻求行为入手，以"协同触发—协同开始—协同终止"为逻辑进路，深入研究跨学科合作背景下的协同信息行为诱因、过渡期和协同循环期的交互行为特征。该框架将协同信息行为描述为任务驱动的、以快速组织团队、协同应对到任务完成结束为一个生命周期的多次循环迭代的过程。

---

① Reddy M C, Spence P R. Collaborative Information Seeking: A Field Study of a Multidisciplinary Patient Care Team [J]. Information Processing & Management, 2008, 44(1): 242-255.

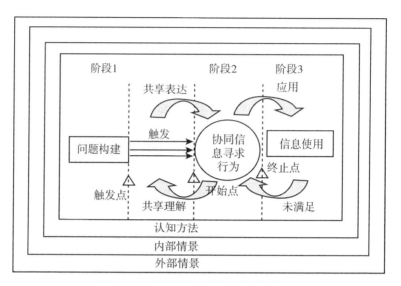

图 1.2.4　协同信息系行为的进程框架

（1）问题构建。

阶段 1 是问题构建阶段，理解并构建问题是信息搜寻行为的前提，是接下来协同信息寻求行为阶段要阐述的问题表达、问题解释、意义构建、信息冲突的基础。个体在安排自己的工作活动过程中发现与完成任务有差距才会意识到问题的所在。于是问题构建阶段开始于个人信息寻求的级别。在这个时候协同发起者开始意识和猜测问题究竟是什么，并转向协作水平，在协同过程中他们会有目的地合作并就问题达成一致看法。

共享表达在问题构建中扮演了重要的角色，特别是它在参与者构建问题的循环迭代过程中缩小了问题范围，让问题构建变得简单。这种信息共享的表达方式包括通信、口头谈话、通过工具如邮件和 Facebook 的交流。共享表达精炼了构建的问题，这反过来又可以阐述和调整信息共享的表达方式，表达方式和问题的复杂性触发参与者的协同信息搜寻行为，协同信息搜寻过程同时也丰富参与者的共同理解，使问题的界定更加清晰。

（2）协同信息搜寻。

协同信息搜寻的定义是两个或多个个体为了满足同一个目标一

起工作搜寻所需信息的活动，问题构建阶段中从个人信息搜寻行为到协同信息搜寻行为的触发点将会导致协同信息寻求行为的发生[1]。

协同信息搜寻包括三个微观层面的活动——信息搜索、信息检索、周期性的信息分享。也就是说在被触发到协作阶段后，行动者从能接触到的各种各样的资源中搜索信息、检索信息、互相分享信息，直到他们觉得评估和使用已找到的信息的机会到了才会停止搜索信息。当行动者和其他人或者各种系统同步或异步交互时，这些微观层面的行为才会表现出来。这些同步或异步的交互既可以在同一位置面对面交流的情景中，也可以在信息系统媒介的分布式情景中展现出来。而且，这些情景中的交互者既可以是同一个团队的，也可以来自不同的团队，他们在协同的同时，可以组成临时的专业团队去解决手头的问题。

（3）信息使用。

一旦需要的信息被搜寻到，就会被信息搜寻者在使用此信息的时候评估和合成。这个阶段被称为"信息使用"阶段。

信息使用包含物理的、精神的和沟通的行为，这些行为在协同信息搜寻的早期阶段牵涉到评估、合成和合并被发现的信息。也就是说，早期阶段的输出信息是协同参与者一起评估、协同合成的，这些输出的信息一旦可行，就被立刻投入使用。尽管信息的使用可能是个人的行为，但是信息的评估与合成是协同行为。当手边的问题解决以后。信息需求就被满足了。如果没有满足信息需求，那么我们就会跳转到阶段2中进行协同信息搜寻活动。

过程信息视域理论不同于一般信息源偏好的研究，它揭示了个体对环境、情况和情景的感知和频繁的协同需求。信息视域也是一种脑力模型，是个人对外部信息空间中信息组织结构的主观映射的图形。外部信息资源距离信息视域越近，被利用的程度越高。将信息视域框架结合个人信息源知识库就可以构成一个决策支持过程。

---

① 吴丹，邱瑾. 国外协同信息检索行为研究述评[J]. 中国图书馆学报，2012，38（6）：100-110.

1.2.4 协同循环阶段的协同行为

在研究跨学科信息搜寻时，有三个很重要的行为要素，即跨学科协同信息搜寻、跨学科信息共享和协同意义构建。如图 1.2.5 所示。

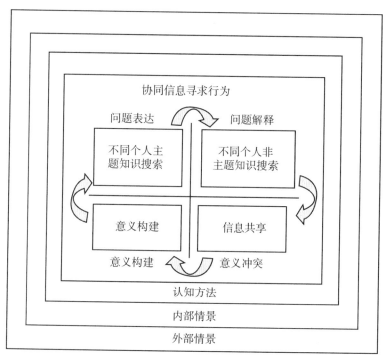

图 1.2.5　循环阶段的协同信息行为

1.2.4.1　跨学科协同信息搜寻

跨学科协同信息行为是围绕信息需求来开展的。从搜寻的对象来看，它包括依靠检索系统进行信息搜寻活动和与依靠社会人进行的信息搜寻活动，与检索系统进行交互表示跨学科研究者依靠检索系统如搜索引擎或电子数据库进行信息搜寻，与社会人进行交互表示跨学科研究者向同事或朋友进行信息搜寻的行为。从交互及时性来看，它包括同步协同搜寻和异步协同搜寻，前者指的是协同参与者通过计算机可支持的协同技术完成信息搜集过程中的实时交流，主要包括面对面交流、IM 即时通信、电子邮件、发帖咨询等协同决策①；后者是指协同参与者通过 Facebook、微博获取其他参与者创造的经验信息和分享信息来完成协同信息行为。

1.2.4.2　跨学科信息共享

信息共享是在跨学科信息行为过程的三个阶段中所共有的活动。例如，在问题构建阶段中，由于团队成员不确定从什么地方开始，协同参与者需要共同分享和精炼手边的问题，然后在进入下个阶段之前评估他们对问题的理解。类似地，在协同信息搜寻阶段，通过分配搜寻任务，成员开始协同起来，尽可能多地收集信息，对这些碎片化的信息进行评估，然后合成起来。

其他研究者也有相类似的观点。Gorman 在对重症监护单位的团队成员是怎样共同努力寻求和共享所需的信息进行研究时，发现为解决特定的问题，分享和整合不同的信息来源是非常重要的②。Poltrock 在对两个设计团队进行研究时，强调为了完成设计工作，在两个团队成员间不断分享和检索信息非常重要③。

1.2.4.3　跨学科意义构建

协同意义构建在协同信息行为中扮演着重要的角色。"意义构建"理论是一个用于个人在情境和理想情况之间创建桥梁的过程。Weick 描述了在组织情境中的"意义构建"，探索了人们在模棱两可的情况下怎样组织自己的世界变得有意义，人们怎样使用这种组织

---

①　Sonnenwald D H, Maglaughlin K L, Whitton M C. Designing to Support Situation Awareness across Distances: An Example from a Scientific Collaboratory [J]. Information Processing & Management, 2004, 40(6): 989-1011.

②　Gorman P, Ash J, Lavelle M, et al. Bundles in the Wild: Managing Information to Solve Problems and Maintain Situation Awareness[J]. Library Trends, 2000, 49(2): 266-289.

③　Poltrock S G J D. Information Seeking and Sharing in Design Teams[Z]. Sanibel Island: 2003.

来创建一种秩序感①。

　　本书在协同层面来分析"意义构建"的概念。假定协同意义构建发生在特定的情形，即当多个协同参与者交互式地理解那些被他们搜寻到的并且分散和混乱的信息时，协同意义构建就发生了。尽管在理解的过程中一些错误的信息由于疏于细节被通过和接受。这些意义构建的过程使事实和经验变得有意义，使基础的信息变得更有黏性、更加突出，同时这既能带来积极的影响也能带来消极的影响。协同信息构建为了解决手边的问题会通过对信息的情境化和再情境化输出有意义的事实。

1.2.5　不同阶段的研究问题

　　信息视域这个概念的引入符合跨学科情景。跨学科研究的意义就在于对每一个原有学派的思路加以超越。跨学科研究只有在原有学科知识的极限处才能发现新的东西，在视野能达到的极限处不断地发出追问直到找到根源。因此，跨学科研究将促进两个或多个专业学科或来源的信息、数据、技术、工具、观点、概念和理论的整合，促进基本理解或解决其解决方案超出单一学科或研究领域范围的问题的知识。

　　参照 Sonnenwald(1999)以及 Sonnenwald、Wildemuth 和 Harmon (2001)信息视域的五个命题，根据跨学科研究是向学科壁垒极限外的主动探索的特点，本书提出在任务驱动下，个人主动探测信息视域边界、内部调动知识对理解问题、再到对外部环境的利用这样一个从内到外的阶段性研究问题。

1.2.5.1　感知个人失败情景，研究触发协同意愿的情境因素

　　研究目的：感知问题域与个人信息视域差距，识别从个人到协同意愿的触发情境因素。面对信息搜寻任务时：感知任务的难度；探测自身信息视域边界(学科差距和信息获取差距)；感知个人信

　　①　Weick K E. The Collapse of Sensemaking in Organizations：The Mann Gulch Disaster[J]. Administrative Science Quarterly, 1993, 38(4)：628.

息搜寻失败情景；感知任务的重要性和时间紧迫性；感知环境中社会网络及技术工具资源离自身信息视域的远近。

（1）问题域与个人信息视域的差距。

根据 Ford 和 Mansourian 的网络信息可见性模型，若在学术研究的过程中遇到跨学科问题，则可以根据自己的感知和实际的问题域的比较，来判断自己遇到的跨学科研究的问题落在什么区域。与自己的信息视域相比较，看看哪些是自己能解决的，哪些是自己不能解决的，从而更好地制定跨学科的信息搜寻行为策略。如图1.2.6 所示。

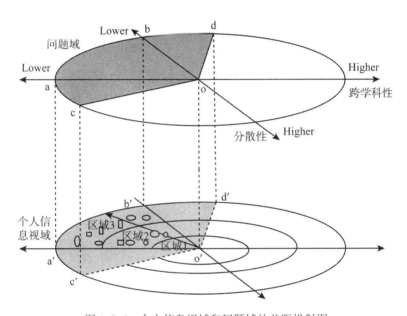

图 1.2.6　个人信息视域和问题域的差距投射图

个人信息视域的具体范围（扇形 a′o′b′）是在遇到此问题之前就存在用户的信息来源的想象空间区域。当学术研究者在进行学术研究中遇到跨学科问题时，明确了问题域的具体范围（扇形 cod）之后，就会在信息视域中搜寻需要的信息来解决此问题，当然有些问题是用户无法解决的。即当投射到个人的信息视域（扇形 a′o′b′）

时，就会产生一些盲区（扇形 b′o′d′ 与扇形 a′o′c′），这些盲区可能是光明区、折射区、隐蔽区，也有可能是黑暗区，这些盲区导致研究学者遇到的跨学科问题无法解决，为了克服这些盲区，促使问题得到更好的解决，研究学者不得不进行信息的协同搜寻行为。

（2）四种跨学科情境的设定。

学术研究者在平时的学习和科研过程中，遇到一些需要其他学科的知识才能解决的问题是不可避免的，可能是需要借用其他学科的研究理论或工具，也可能是需要其他学科的实验方法，也可能是其他学科的系统知识，导致自己无法解决，需要寻找其他资源辅助完成。面对这些科研问题时，每个学术研究者的解决方式会因为个体特征而有所不同。面对同一个情景，我们可以收集并总结出相同群体的信息资源偏好。

我们把问题域与个人信息视域的偏差所在的区域抽象化为 4 个不同情境下的问题，这样在进行访谈或调查问卷的时候，能够让被采访者或被调查者更容易理解，且迅速地进入情境，回答相关问题。

情境 1 的搜寻任务假设如下：我们假设问题域和个人信息视域的偏差落在光明区时的搜索任务是：当你进行跨学科研究时，遇到与本专业相关度很高，而且自己很熟悉的，很具体的未知问题时，你会选择哪种方式去解决它？例如：如：钻研相似/近学科的理论和方法。

情境 2 的搜寻任务假设如下：假设问题域和个人信息视域的偏差落在光明区时的搜索任务是：当你进行跨学科研究时，遇到与本专业相关度很低，但是你知道这需要其他学科的专业知识就可以轻松解决的未知问题时，你会选择哪种方式去解决它？例如：钻研其他学科的理论、方法或工具。

情境 3 的搜寻任务假设如下：假设问题域和个人信息视域的偏差落在隐蔽区时的搜索任务是：当你进行跨学科研究时，遇到与本专业相关度很高，但是自己很不熟悉，没有遇到过的未知问题时，你会选择哪种方式去解决它？例如：探索本领域的科学前沿。

情境4的搜寻任务假设如下：假设问题域和个人信息视域的偏差落在黑暗区时的搜索任务是：当你进行跨学科研究时，遇到与本专业相关度很低，而且需要多种学科的知识相结合才能解决很复杂的未知问题时，你会选择哪种方式去解决它？例如：本领域的知识可以和其他多种跨学科领域的知识结合才能解决的问题，有可能一种伟大的科学创新。

根据这四个不同的情境，我们可以设计访谈问题和调查问卷，并收集相关的数据，绘制在四个不同情境下的个人信息视域偏好图，并分析在四个情境下用户的搜寻行为都有什么样的特点。

1.2.5.2 感知个体信息视域间差异，研究结成合作关系的影响因素

研究目的：探测个体间信息视域关系，促成从协同意愿到协同关系的结成发生的条件。

根据 Olson 提出的远程科研协作的五个必要条件共同基础、工作耦合、信息共享和获取需求及技术准备。王馨提出非主题知识是跨学科团队实现知识创造的基础，来弥补学科间差异和冲突导致跨学科协同障碍。基于信息视域理论，就是成员之间的信息视域不同，从而无法理解嵌在不同信息视域中的知识的内涵，所以，寻找填充信息视域缺口的途径非常重要。

①探测自己可以利用的外部人际资源。

②探测自身信息视域与社会网络中其他人的信息视域的相似度和差异。

③探测感知信息视域中的共同基础，例如学科距离如何？是否有共同学术圈，是否关注同种期刊或者报告、是否关注外文期刊、是否用同样的词汇检索文献并阅读相同的文献等。

④探测工作耦合度，即是否有相同的研究兴趣，目标是否一致。

⑤感知信息共享可能性，即是否彼此信任。

1.2.5.3　研究不同协同模式中的信息行为特征

结成不同协同模式的主体间信息视域差异不同，协同过程中的行为特征也不相同。根据理论基础提出假设，研究这些模式中主体信息探测行为、信息分享行为、信息评价行为和信息构建行为及其信息视域的变化，分析协同的过程特征。

"信息域"（Domain of Information 或 Body of Information）是夏佩尔科学哲学理论体系中的核心。按照夏佩尔的说法：信息域是由许多项联结而成的信息群。科学发现是以"信息域"为基础的推理过程，也可以说信息视域既是信息行为策略的基础也是信息内容理解的基础，是进一步问题推理的基础。

"主—从"式协同。处于特定情景中的人，既可以共享物理空间，也可以共享概念空间，在信息共享中理解彼此的关系。具有相似度高的信息视域的个体之间容易结成"主—从"式协同模式。在这个过程中拥有低级且狭窄信息视域的"从"方个体，要学习拥有高级和宽广信息视域的"主"方个体的信息视域中的文献和其他资源，学习以这样信息视域为基础的思考和推理。在这个过程中伴随大量"主"方主体的信息分享、决策行为和"从"方的学习、执行和聚合的行为。信息视域向着相似的方向改变体现了跨学科研究的一种路径，即建立在认知一致的基础上，有默契地相互配合的思维基础上的协同。

"主—主"式协同。信息视域差异大的，需要借助非主题知识为主题知识的逻辑表达提供基础，能起到在不同知识领域间建立共同基础的作用，从而结成"主—主"式协同。不同学科研究者克服信息视域的学科间性后，在原来多学科边界之外的新区域开展开创性的研究。在这个过程中会发生大量学科边界的探测行为和对处于结构洞位置的主题成果的搜寻行为、信息评价和信息构建的行为。从信息视域的变化可以看出跨学科研究者个人认知路径演变，关键要素包括放弃著名和偏爱的学科和资源，去搜寻新资料的观点。这倾向于否定局限在已知学科和陈腐资源的传统理念，它包含了用不同的方法发现信息需求，以及对于观点的思考过程，体现了跨学科研究需要游牧、变革、批判、反思等思维特征。

1.2.5.4 研究通过改善外部环境来持续优化信息视域，促成个体间的协同

研究如何利用环境培养新的面向跨学科研究的信息行为习惯，重构信息视域或扩展信息视域，找到与其他学科人在信息视域上的更多的共同基础，跨越学科间性和个体间性障碍，促成协同发生。

沟通、贡献、协调和合作作为实现协同的基本步骤，协同代表一个更长时期的整合过程。当个体间信息视域存在较大的学科间和个体间的差异时，还不能达成协同，需要借助环境的改善和借助新环境下的长期学习过程，来形成习惯和重构新的信息视域，促进协同。

首先简单开发跨学科信息资源导航功能，实验测试信息视域环境改变对个体信息视域的影响及信息行为的影响。此实验测试的是短时间内特定任务情景下的信息视域，是动态信息视域。

开发新的跨学科信息服务系统，研究环境变化对用户日常学术追踪行为的影响，观察性信息追踪行为习惯的形成，获取稳定的信息视域；观察阶段性信息视域对个体间协同关系的影响及协同发生的时机。

假设对跨学科研究者提供以下不同的信息服务支持：

①同一主题不同学科交叉视角研究文献的导航功能。

②学科间结构洞位置的专家的信息源知识推荐。

③基于对重要跨学科研究文献的跨学科思维模式的学习，开展渐进引导式检索服务。

④群体感知功能服务。

1.2.6 结语

目前对跨学科协同信息行为、跨学科研究环境(协同支持工具、跨学科信息资源)的研究大多是各自独立展开的。但是根据信息视域理论分析，不同学科研究者信息视域的学科间性和个体间性

是阻碍协同的主要障碍，因此协同支持工具重要的不是技术而是符合协同的需求，是要帮助研究者克服基于信息视域的差异。本研究提出的基于信息视域的跨学科协同信息行为研究框架将跨学科研究的外部环境/情景、信息视域模型、行为整合起来，将学术情景下的信息视域及非学科情景下的信息视域的相互作用，以及行为与信息视域之间的相互作用纳入跨学科协同信息行为的影响因素中，论述了跨学科协同中参与的角色、过程、行为要素，给出"环境/情景—信息视域—协同"形成的控制系统以及在此系统中的研究命题，使得协同支持环境改善与跨学科协同行为的研究有机地结合起来，有助于探讨在这些因素的影响下，跨学科个人信息行为以及协同信息行为表现和特征和对绩效的影响，并提出更有针对性的环境改善对策。

第2章　跨学科学术信息资源环境

　　跨学科信息资源分散分布在企业、高校、研究院所、公共管理机构、其他组织。研究问题越来越复杂，解决方法也越来越复杂，仅靠单一学科的知识往往难以解决，研究视角不断扩大，信息需求不断变化。跨学科研究者被置于环境中，信息环境—组织环境—社区—任务逐层嵌套对信息行为产生影响。信息环境是指人的整体信息环境，主要是与人的信息行为相关的外界状况的表述。信息场所也可以称为信息集聚地，主要从信息行为发生场所的角度予以表述。此处的信息场所更加注重"社区"，是一种区域性的信息交流倾向的体现①，社交网络软件、维基百科、开源软件等"社区"受到学者关注。Colleen Cool 与 Amanda Spink 将信息搜寻与检索环境划分为四个层次：①信息环境层，包括机构、组织或工作任务环境；②信息搜寻层，包括搜寻的目标/意图和与问题解决相关的任务构成的环境。③交互信息检索层，指交互空间本身；④检索术语层②。李月玲认为环境是一个较之情境更宽泛的概念，即宏观环

---

　　① 王知津，韩正彪. 信息行为集成化研究框架初探[J]. 中国图书馆学报，2012，38(1)：87-95.

　　② Cool C，Spink A. Issues of Context in Information Retrieval(IR)：An Introduction to the Special Issue[J]. Information Processing & Management，2002，38(5)：605-611.

境，而情境则是由包括工作任务的各要素及其他要素在内的微观环境①。这些因素综合作用影响着人的信息行为。

本章首先研究学科交叉的研究任务对研究视角的影响，进一步分析跨学科领域的研究视角演化带来的信息需求变化；另一方面帮助跨学科研究者认识信息环境是不断变化的，伴随着学科交叉演进，研究视角不断变化，这些跨学科研究成果以会议论文等形式不断补充到信息环境中，较之单一学科研究成果更能有效地为研究者提供有新颖性的信息源，帮助扩大信息视域，是值得引起重视的信息源。最后，计量分析跨学科领域的信息资源环境的特征，以了解资源的客观可访问性。

2.1　学科交叉演进中研究视角的变化
——以"恢复性环境"领域为例

随着科学技术的不断发展和学术交流的深化，知识的边界得到拓展，原有学科的边界日益模糊。同时，人类面对且急需解决的问题所涵盖的范围越来越广，解决方法也越来越复杂，仅靠单一学科的内容往往难以解决，例如气候变化、不平等、贫困、腐败、污染等问题。因此，现代学术研究也日益走上综合化、融合化的发展道路，其结果就是各学科之间的交叉现象越来越普遍，知识的创新也越来越依赖于多元学科间知识、方法的相互借鉴。在这个背景下，跨学科这个概念于 20 世纪 30 年代应运而生。

当一个跨学科的概念为了解决某一社会问题被提出后，围绕这一概念形成的跨学科领域往往会在发展中拓展其外延，并将更多的问题涵盖进去，形成单独的体系，例如生物特征识别、环境艺术设计等。这些学科脱胎于传统学科，因技术发展和社会需求而出现并

---

①　李月琳，胡玲玲. 基于环境与情境的信息搜寻与搜索[C]//北京大学情报与信息管理论坛，北京：北京大学，2010：74-82.

得到充分的发展。刘仲林曾总结道，跨学科研究不仅仅是一种实践行为，更包括对这种行为的条理化和规范化[①]。为了帮助这些新兴的交叉学科建立清晰的学科体系、进一步打破传统学科壁垒，开展厘清其概念、梳理其脉络、揭示其主题的相关跨学科研究工作意义非凡。本书旨在探索、构建一种对新兴交叉学科发展与演进过程的分析方式，通过主题演化识别等方法对学科内研究视角发展轨迹进行研究，从而促进新学科体系的建立和研究方法的互相借鉴。

2.1.1 相关研究现状

2.1.1.1 跨学科研究

当前，关于跨学科的国内外研究主要集中在跨学科测度、跨学科演化、跨学科建设这三个方面。

在跨学科测度方面，研究主要聚焦在新的测度算法和指标的构建上。黄颖等构建了基于参考文献、目标文献、合作机构三个维度进行考察的测度指标，对传统单一维度的测度方式做出了改进[②]。王璐等则对论文产出的规模进行分析，从学科交叉的规模和难度两方面出发，提出了一种用于计算学科实体跨学科程度的算法[③]。

在跨学科演化方面，研究者主要关注学科领域的形成和学科间知识的扩散和迁移。代君等通过对综述文献的分析构建了机器学习领域的信息源地图，以可视化的形式展现了领域发展脉络和知识体系，促进了相关领域发展过程的梳理和重点信息的识别[④]。操玉杰等人在分析学科来源结构的基础上识别了各学科的知识模型，分析

---

① 刘仲林. 交叉科学时代的交叉研究[J]. 科学学研究，1993，11(2)：9-16.

② 黄颖，张琳，孙蓓蓓，等. 跨学科的三维测度——外部知识融合、内在知识会聚与科学合作模式[J]. 科学学研究，2019，37(1)：25-35.

③ 王璐，马峥，潘云涛. 基于论文产出的学科交叉测度方法[J]. 情报科学，2019，37(4)：17-21.

④ 代君，李岱壕，秦岩，等. 基于综述型文献的跨学科领域信息源地图绘制[J]. 图书情报知识，2018(6)：61-74.

了医学信息学领域跨学科知识流动的特点①。在知识流动视角下，张瑞等构建了一种学术名词迁移模型，从微观层面揭示了学科流动的客观规律②。梁镇涛等采用引文分析的方式分析了眼动追踪领域从独立到线性再到网状的学科发展路径③。叶春蕾等则基于关键词与学科的共现关系从学科类别和学科知识内容两个角度对"都市农业"这一交叉领域的发展态势进行了分析④。

在跨学科建设方面，当前研究主要关注的是跨学科团队的构建和跨学科协同信息行为方面的问题。吕黎江等通过对浙江大学高校实例的研究分析了跨学科团队创建、发展过程中可能遇到的障碍和解决策略⑤。叶艳等通过访谈和问卷调研的方式研究了跨学科团队信息协同行为，揭示了研究者面对跨学科问题时信息协同行为发生原因、条件、特点方面的规律⑥。曾子明等则提出了一套面向跨学科研究团队的知识服务流程，旨在补足当前相关知识服务的不足，为跨学科团队建设提供知识保障⑦。

2.1.1.2　主题演化

当前关于主题演化方面的研究主要集中在科技类文献和公共舆论两类研究对象上。

关于科技类文献的主题演化，研究的主要目的基本可以分为两

---

①　操玉杰，梁镇涛，毛进 . 知识模因视角下跨学科研究领域的学科结构分析[J]. 图书馆论坛，2019，39(7)：84-90.

②　张瑞，赵栋祥，唐旭丽，等 . 知识流动视角下学术名词的跨学科迁移与发展研究[J]. 情报理论与实践，2020，43(1)：47-55.

③　梁镇涛，巴志超，徐健 . 基于引文的跨学科领域发展路径分析——以眼动追踪领域为例[J]. 图书情报工作，2019，63(23)：65-78.

④　叶春蕾 . 基于 Web of Science 学科分类的主题研究领域跨学科态势分析方法研究[J]. 图书情报工作，2018，62(2)：127-134.

⑤　吕黎江，陈平 . 高校跨学科团队合作的障碍及其对策研究[J]. 中国高等教育，2019(18)：53-55.

⑥　叶艳，代君 . 跨学科情境下协同信息行为诱发因素分析——基于信息视域的视角[J]. 情报科学，2017，35(5)：20-24.

⑦　曾子明，周知 . 面向跨学科团队创新过程的嵌入式知识服务研究[J]. 情报资料工作，2016(6)：85-90.

大类。第一类是改进当前的提取算法,例如蒋甜等构建了关键词关联度指标,通过对噪声主题的筛除实现了对现有 LDA 算法的改进①,岳丽欣等构建了一种将领域核心主题与演化过程进行可视化展示的方法②。第二类则是综合应用当前算法梳理具体学科的发展过程,例如钱旦敏等基于现有 LDA 模型实现了对信息服务领域发展脉络的梳理③。

关于公共舆论的主题演化,研究的主要目的是通过对新闻或社交媒体上的短文本内容进行分析,结合情感分析等技术实现对舆论话题进行追踪与识别。例如,安璐等基于词向量模型、K-means 聚类算法和 ARIMA 时间序列模型对微博数据进行了分析,探究了公共安全事件引起的舆情变化规律④。

2.1.1.3　论文主要研究内容

在许多新兴的跨学科领域,进行研究内容的实践过程容易存在对具体文献是否属于该领域的判别困难,主要原因是:

①由于涉及学科较多许多概念来自传统学科,难以单从概念上对其进行判别;

②领域形成不久,少有专门的期刊,难以单从文献来源上对其进行判别;

③领域边界模糊,许多文献与领域的相关程度难以度量。

考虑到这些因素,本研究希望探究出一种对跨学科交叉演进过程的研究方式,即通过主题提取的方式对收集到的相关语料库中的资料进行降维,在主题的层次上对学科的研究内容进行更为清晰、

---

① 蒋甜,刘小平,刘会洲.基于关键词关联度指标(KRI)进行 LDA 噪声主题过滤的方法研究[J].图书情报工作,2020,64(3):92-99.

② 岳丽欣,周晓英,陈旖旎.期刊论文核心研究主题识别及其演化路径可视化方法研究—— 以我国医疗健康信息领域期刊论文为例[J].图书情报工作,2020,64(5):89-99.

③ 钱旦敏,郑建明.基于 LDA 主题模型的信息服务文献主题提取与演变研究[J].数字图书馆论坛,2019(10):16-22.

④ 安璐,代园园,周亦文.公共安全事件衍生舆情形成与演化研究——基于话题与时间序列分析[J].公安学研究,2020,3(1):14-31.

直观的识别，并将得到的内容以学科视角分析的方式进行归纳总结，从而得到对特定新兴跨学科领域的洞见，同时对其他的跨学科研究提供借鉴。

2.1.2　相关概念与理论基础

2.1.2.1　跨学科研究中研究视角的概念

在分析、讨论和解决一个问题时，不同的研究者可能有不同的研究视角。例如有学者从社会学出发讨论了应对新冠疫情的国家和地方战略，有学者从经济学视角研究危机期间的基金业绩和资金流动，有学者从医学视角研究成人免疫性血小板减少症等。一个视角就是一种观察方法，是一种分析特定现象的有利位置或视点。在研究一个对象时，仅从一个视角看可能是不全面的，通过尽可能多的视角去看待，认识就会越全面。在科学研究中，研究视角已经成为研究者展开研究很重要的方面。因此，厘清研究视角的具体内涵、维度，可以帮助研究者更加清晰地看到一个问题、一个对象的全貌。

研究视角概念的定义目前还没有一致的界定。国内学者张先治等认为研究视角是指某类学科研究人员共同接受和认同的一系列假设、概念、价值目标和实现方式，在他们看来，研究视角属于"思路导向"，决定了科学研究的"广度"和"高度"，影响着研究人员看待问题的角度和思维方式，对于学科发展和建设尤为重要[①]。杨雅芬看来，研究视角是人们观察和分析研究对象的特定立足点，代表了人们切入问题的一种角度[②]。张瑞等提出，研究视角指的是文献总体的方法论、理论依据、学科基础或者目标导向[③]。

[①]　张先治，张晓东. 会计学研究视角与研究领域拓展——基于国际期刊的研究[J]. 会计研究，2012(6)：3-11.

[②]　杨雅芬. 电子政务研究的主要学派及其述评[J]. 情报理论与实践，2016，39(8)：126-132.

[③]　张瑞，闫智勇，陈沛富. 现代职业教育体系研究的现状、困境与展望[J]. 西南交通大学学报(社会科学版)，2013，14(6)：114-121.

从国内学者的观点可以总结出决定研究视角的因素有四个维度：学科、理论、方面、思维方法等。①有的学者认为视角即为学科。许俊松用统计和归纳的方法将图书馆文化研究视角总结为社会学、历史学、管理学、比较学、文化学和哲学等①；王宜强等通过梳理和总结能源资源流动相关文献将其研究视角归纳为经济地理学、交通地理学、物流学、产业经济学和产业生态学②；郑剑飞运用内容分析法对信息政策研究文献进行分析，总结出科技情报、法学、产业经济、信息资源管理和公共政策共 5 个研究视角③。②有的学者的观点是研究视角为理论视角，张绿漪等在文献阅读和梳理的基础上，将反生产工作行为研究视角总结为特质取向、社会交换、社会认知和挫折—攻击理论④。③一些学者认为研究视角就是研究的不同方面，刘波维等用扎根理论的分析方法将网络舆情研究视角分为舆情构成要素、舆情功能或手段、研究理论或方法等五个视角⑤；郑祁等通过文献梳理发现零工经济文献研究视角主要包括零工经济给企业和劳动者双方带来的机遇和优势，技术进步带来的劳动者被替代风险等几个方面⑥；韦忻伶等通过文献梳理将开放政府数据评估体系研究视角 总结为技术、公共管理、传播学、信息资源管理等多种视角⑦。④有一些学者有其他的观点，马海群等将信息法学的研究视角总结为科学研究原理视角、不同学科研究视

---

① 许俊松 . 图书馆文化研究述评［J］. 图书馆学研究：应用版，2010（5）：20-22.

② 王宜强，赵媛，郝丽莎 . 能源资源流动的研究视角、主要内容及其研究展望［J］. 自然资源报，2014，29（9）：1613-1625.

③ 郑剑飞 . 我国信息政策研究视角探析［J］. 情报探索，2011（4）：5-9.

④ 张绿漪，黄庆，蒋昀洁，等 . 反生产工作行为：研究视角、内容与设计［J］. 心理科学进展，2018，26（2）：306-318.

⑤ 刘波维，曾润喜 . 网络舆情研究视角分析［J］. 情报杂志，2017，36（2）：91-96.

⑥ 郑祁，杨伟国 . 零工经济的研究视角——基于西方经典文献的述评［J］. 中国人力资源开发，2019，36（1）：129-137.

⑦ 韦忻伶，安小米，李雪梅，明欣，余维健 . 开放政府数据评估体系述评：特点分析［J］. 图书情报工作，2017，61（18）：119-127.

角、法学理论视角、信息法律体系结构视角、信息活动相关领域视角和研究方法视角①；有学者将研究视角分为三个方面，一是理论视角，包括学科视角、学派视角和新概念视角，二是思维视角，其中有异同关系、因果关系以及对立统一关系；三是批判视角，涵盖新观点、新材料、新方法三点。

进一步辨析"视角"一词有多层含义。一般意义上，视角是指人们观察物体时光线的夹角、摄像时的视角、观察物体的角度等。研究视角是指在科学研究中观察问题、研究问题的角度。Kellner D 和 Best S 认为，一个视角就是一种观察方法，是一种分析特定现象的有利位置或视点②。视角就是我们在看待问题、解释特定问题时的一个立足点、一个切入点、一个观察点、一个位置甚至是一组位置。尼采认为，越是通过尽可能多的视角去观察世界，认识就越具有客观性③。在科学研究中，对待一个现象、一个问题，不同研究者会从不同的视角切入研究，丰富对该问题的认识，得出不同的有价值的结论。

《后现代理论》一书对视角进行了详细的解释与说明。"视角"一词代表我们每一个人所持有的观点或者用来分析问题的框架，个人看问题不能完全反映真实的现象，总是会有所取舍，并且总是会受到研究者自身已有的假设、理论、价值观等因素的影响。也就是说，任何一种单一现象都有其特有的复杂性和丰富性，视角这一概念意味着没有一个人的观点和想法能够完全充分地说明这种复杂性和丰富性。因此，所有的关于现实的知识都来源于某一个特定的观察点，所有的事实也全部来自大家所建构的解释，所有的视角都是

---

① 马海群，周丽霞. 信息法学的研究视角与重点研究领域分析[J]. 图书情报工作，2004(9)：38-40.

② 斯蒂文·贝斯特，道格拉斯·凯尔纳. 后现代理论[M]. 北京：中央编译出版社，1999.

③ 刘念. 论尼采的视角主义[D]. 成都：四川外国语大学，2015.

有限制的、不充分的、不完全的①。说明视角具有个体的主观差异。

视角也具有学科差异。在某种情境下，用经济学中的学科观点去解释特定的问题，而有时候却从经济学与哲学的交叉观点去进行阐发，或者有时需要将经济学与政治学结合来对现象进行说明。既然知道每个学科都有一定的局限性，那么对某种现象或问题提出综合性的观点时，从多种不同的主体立场进行观察、实践是十分有益的，有助于提出更深刻的解释和洞见，能够对现象或问题有一个更为透彻的分析。

托马斯库恩曾在其著作《科学革命的结构》中提到，学科形成与发展的过程实际上是学科范式的确定与演进，即学科应该解决哪些问题、用到哪些方法②。而在新的问题涌现，并且它们难以被划分到单一学科来用该学科的方式解决时，学科交叉成为一种必然选择，而新的范式也基于研究者们对这些问题和解决方法的共识被确立。随着新兴交叉学科的发展，越来越多传统学科的研究者参与新兴领域的研究，造成领域边界的扩大和相应学科研究方法的引入，从而形成学科的交叉演进。本研究认为，在这一过程中，这些新兴的研究焦点和从传统学科引入的研究方法即可被视为这些学科对交叉领域的影响，即该学科的研究视角。

这样的观点符合许多跨学科研究者的共识。例如，Alexander 等在对跨学科研究的价值的论述中提到，传统学科在各自演进过程中发展出自身独有的概念与方法，形成学科与学科之间的壁垒，而跨学科研究的核心则是通过从多种学科自身的视角去审视问题，即汇总多种学科话语体系中问题的重心、运用多种学科的方法解决问题，从而带来创新和突破③。

---

① 道格拉斯·凯尔纳，斯蒂文·贝斯特. 后现代理论［M］. 张志斌，译. 北京：中央编译出版社，2011.

② 托马斯·库恩科学革命的结构［M］. 北京：北京大学出版社，2012.

③ Alexander J，Bache K，Chase J，et al. An Exploratory Study of Interdisciplinarity and Breakthrough Ideas［C］// Technology Management in the It-Driven Services，Picmet. IEEE，2013：2130-2140.

2.1.2.2 基于 LDA 模型的主题识别

LDA 模型的全称是 Latent Dirichlet Allocation，即隐含狄利克雷分布，由 Blei 等于 2003 年提出[1]，如今已被广泛用于各领域文献主题的识别与挖掘工作中。LDA 是一种由"文档、主题、词"的三层结构组成的贝叶斯概率模型，它通过将文档重新分解为词并对其进行分析来提取隐含的主题内容，是一种无监督式的学习算法。

2.1.2.3 跨学科领域中学科的构成

对于各时期文献学科组成的提取，我们主要依托的数据是 Web of Science 对每一个文献来源(期刊等)的研究方向分类(SC)。该分类兼具规范性、权威性、与易用性，因此在跨学科研究中多用于对学科归属的判定，例如和晋飞、房俊民等曾在跨学科指标的构建中引用这一分类标准作为具体文献学科归属的判别依据[2]。

在此，为了量化衡量学科对领域的影响力，本次研究提出交叉领域文献影响力指数，如公式(2.1.1)所示，以及和交叉领域学科影响力指数，如公式(2.1.2)所示。前者用来分析特定文献对各学科的贡献程度，后者用来分析特定时期内的特定学科对该领域的影响程度。

$$I(p, S) = \frac{1}{N_p} \qquad (2.1.1)$$

$$C(S, Y) = \frac{\sum_{p \in Y \wedge p \in S} I(p, S)}{\sum_{p \in Y} I(p, S)} \qquad (2.1.2)$$

在公式(2.1.1) 中，$I(p, S)$ 表示特定文献 p 对其在 Web of Science 核心集研究方向分类中所属学科领域之一的学科 S 的影响力程度，N_p 指的是文献 p 在该分类方法中所属学科的总数量。在公式(2.1.2) 中，$C(S, Y)$ 表示特定学科 S 在时期 Y 中的影响力程度。

---

[1] Blei D M, Ng A Y, Jordan M I. Latent Dirichlet Allocation [J]. The Journal of Machine Learning Research, 2003, 3(Jan): 993-1022.

[2] 和晋飞，房俊民. 一个跨学科性测度指标：作者专业度[J]. 情报理论与实践，2015，38(5)：42-45.

上述所基于的假设是，期刊涵盖的学科范围一定程度上可以体现其内容所涉及学科的特点，且为了模型的简化忽略了不同文献的引证情况不同而造成的影响力差异。

2.1.3　数据获取与处理

2.1.3.1　文献数据的采集与筛选

本次研究的研究对象是 Restorative Environment，即恢复性环境。这个概念由 S. Kaplan 等在 1983 年提出。他们的这项研究揭示了自然环境对人类身心健康的重要影响。之所以选择这个领域作为研究对象，是因为该领域起源相对较晚，有相对全面、可利用的文献数据支持相关主题分析。并且该学科涉及的学科较多：不仅涉及心理学、公共治理等人文科学，也涉及生态环境学、森林科学、声学等自然科学，跨学科性较强，是学科交叉演进过程中合适研究对象。

本次研究的数据来源是 Web of Science 核心合集。之所以选择它作为数据来源，既是因为它收录全面，代表性强，同时也考虑到它的题录信息收集得相对完整，且对旗下的期刊有明确且统一的学科划分，相应的数据格式易于导出和处理，具有较强的可操作性。

本次处理用到的题录信息包括：TI（文献标题）、SO（出版物名称）、DE（作者提供的关键词）、ID（Web of Science 核心集提供的关键词）、AB（摘要）、PY（出版年）、SC（研究方向）。

本次研究所用检索式为 TI = restorative environment，以"语言：English""文献类型：Article"进行过滤，得到 315 条数据，导出后对题录信息不完全、无法满足分析要求的数据进行了剔除，最终保留了 294 篇文献。图 2.1.1 展示了文献的出版年份信息。

关于主题演化阶段的划分，本研究采用唐果媛等总结出的等距离定长法和科技文献增长规律法[1]，将文献量较少的 1983—1999 年划分为时期 1，并将 2000—2019 年以 5 年为固定间隔进行划分，

---

① 唐果媛，张薇. 基于共词分析法的学科主题演化研究进展与分析[J]. 图书情报工作，2015，59(5)：128-136.

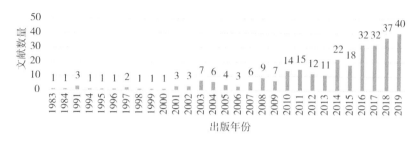

图 2.1.1 论文数量及出版年份分布信息

得到如表 2.1.1 中所示的划分结果。

表 2.1.1 交叉领域演化时期划分

时期	年份(年)	文献数量(篇)
1	1983—2000	12
2	2000—2004	20
3	2005—2009	29
4	2010—2014	74
5	2015—2019	159

2.1.3.2 文献主题的提取

根据关鹏等人对 LDA 模型抽取效果的分析，在摘要、关键词以及摘要和关键词的组合这三者中，对"关键词+摘要"进行主题抽取能获得粒度相对较细的主题①。考虑到本次研究样本数量不大且相对集中的特点，我们决定应用这一结论并结合实际数据收集情况做出改进，将 TI(文献的标题)+DE(作者提供的关键词)+ID(Web of Science 核心集提供的关键词)+摘要(AB)结合形成的文本作为主题抽取对象，以此更好地表达主题的特点。

本次抽取采用 Python 的 gensim 工具中的 LDA 对每一年的文献

---

① 关鹏，王曰芬，傅柱. 不同语料下基于 LDA 主题模型的科学文献主题抽取效果分析[J]. 图书情报工作，2016，60(2)：112-121.

集进行单独建模以探究每一年该领域的核心主题构成,同时采用 nltk 工具包中的英文停用词表对文本进行预处理并进行分词。

关于参数的确定,本次抽取建模采取了经验与定量相结合的做法。即,模型的训练次数依经验设置为 30 次,而每个模型生成的主题数则根据 coherence 参数(该参数由 David Mimno 等提出,而本次研究中我们直接用 gemsim 包中的 Topic Coherence 加以计算)确定大致范围后结合可视化图谱(该图谱由 pyLDAvis 工具包绘制)的直观分析进行细微调节。表 2.1.2 展示了各时期提取出的主题数量。

表 2.1.2　各时期文献主题提取数量

时期	年份(年)	主题数量
1	1983—1999	4
2	2000—2004	9
3	2005—2009	16
4	2010—2014	20
5	2015—2019	20

在训练完成后,我们导出每个模型对应主题以及每个主题所对应的前 10 个下位词以辅助分析,手工对主题进行命名标注,从而得出恢复性环境领域每一年对应的主题。表 2.1.3 展示了每个阶段的前 5 大核心主题,表 2.1.4 展示了各主题涉及的学科类别(其中时期 1 因为文献数量较少,一共只提取了 4 个主题)。

表 2.1.3　不同时期的主题与对应关键词列表

	主题	关键词
1	畜牧业发展	grass; pasture; native; perennial; role; increase; legume; land; effect; low
	生态治理	site; measure; study; ecosystem; management; assess; treatment; structure; possible; restoration
	心理治疗	set; fascination; reflection; entertainment; recovery; goal; effectiveness; attention; evoke; ordinary

续表

	主题	关键词
	服务场景	servicescape; wilderness; framework; experience; natural; part; theme; communicative; integretive; turn
2	土壤状态	soil; restorative; rating; attention; effect; intervention; setting; measure; potential; land
	身心健康 1	view; preference; build; experience; potential; scene; affective; fascination; urban; participant
	身心健康 2	tree; size; site; population; world; distribution; interaction; health; stress; spatial
	畜牧业发展	specie; graze; grassland; pasture; abandon; abundance; intensity; experience; natural; management
	沙化治理	dryland; soil; land; include; total; soc; practice; sequestration; management; desert
3	水土流失	soil; landscape; forest; field; erosion; map; tree; water; base; urban
	生态危机	crisis; stress; influence; experience; state; mood; rehabilitation; preference; affect; individual
	心理治疗	elderly; people; urban; build; age; group; adolescent; contact; range; study
	身心健康	mediate; screen; presence; therapeutic; landscape; restoration; mental; self; immersion; report
	生态研究	mussel; marsh; demissum; site; source; soil; estunarine; translocate; matter; foodweb
4	心理治疗	urban; landscape; study; scene; stress; dimension; walk; predictor; perceive; evaluate
	城市生态	health; factor; exposure; urban; effect; cognitive; morality; level; park; present
	城市绿化	forest; quality; urban; dimension; affective; study; high; flow; perception; positive

	主题	关键词
	噪音治理	experience；sound；people；bird；nature；skin；parent；interaction；recovery；participant
	虚拟自然	experience；anxiety；lense；create；space；cave；awareness；people；virtual；health
5	城市生态	urban；perceive；study；benfit；qualiy；health；effectiveness；preference；stress；response
	庭院空间	garden；space；community；social；place；experience；make；role；area；need
	监狱环境	complexity；building；cognitive；self；experience；paper；prison；function；impact；mood
	公共空间	positive；preference；landscape；green；chinese；relaxation；space；visit；physiological；human
	可持续发展	design；approach；center；justice；article；practice；regenerative；concept；resilience；shopping

表 2.1.4　不同时期的主题与涉及学科的列表

时期	主题	学科
1	畜牧业发展	农业；生态环境
	生态治理	公共治理；城市研究；生态环境
	心理治疗	心理学；
	野外服务场景	商业与经济；
2	土壤状态	农业；化学
	身心健康 1	心理学；生态环境
	身心健康 2	心理学；生态环境
	畜牧业发展	农业
	沙化治理	生态环境
3	水土流失	地理；生态环境；公共治理；城市研究；地球物理学
	生态危机	地理；生态环境；公共治理

续表

时期	主题	学科
	心理治疗	心理学
	身心健康	心理学；社会问题研究；生态环境
	生态研究	海洋学；生物学；生态环境
4	心理治疗	心理学；社会问题；城市研究；林业学；生态环境
	城市生态	社会问题研究；公共治理；城市研究；心理学；犯罪与刑罚；精神疾病
	城市绿化	林业；植物学；城市研究；公共治理；生态环境；
	噪音治理	心理学；城市研究；林业；公共治理；生态环境；
	虚拟自然	计算机科学 工程 光学
5	城市生态	公共事业、环境与职业健康；城市研究；心理学；光学；社会政策数学方法；公共治理；生态环境；
	庭院空间	公共事业、环境与职业健康；城市研究；心理学；公共治理；植物学；生态环境；建筑学；林业；老年医学；商业与经济；地理；人类学；生命科学
	监狱环境	犯罪与刑罚；宗教；公共事业、环境与职业健康
	公共空间	公共事业、环境与职业健康；城市研究；心理学；公共治理；植物学；建筑学；林业；声学；生态环境；其他社会科学
	可持续发展	哲学；国际关系；教育学；犯罪与刑罚；文化研究；其他人文科学；生态环境；其他社会科学

2.1.3.3　文献涉及学科组成的提取

由于从 Web of Science 中直接导出的题录信息里，文献所属期刊的研究方向（SC）信息是以如"Plant Sciences；Environmental Sciences & Ecology；Forestry；Urban Studies"的形式给出的，因此需要对其进行如下处理：

①对所有每篇文献赋予编号 TEXT ID，再通过 Excel 的分列功能以分号为界对每篇文献的 SC 信息进行分列并去除首尾空格符号；

②将所有被单独提取出的研究方向汇总并统计，得出本次研究共涉及 67 个不同的学科，并对其赋予编号 SC ID；

③对每篇文献统计其涉及的学科对应的 SC ID，从而以"每篇文献与每个学科领域是否存在对应关系"为行向量建立稀疏矩阵；

④按照之前定义的影响力指数计算公式计算得出各学科在不同时期对总体的影响力指数，结果如图 2.1.2 所示。

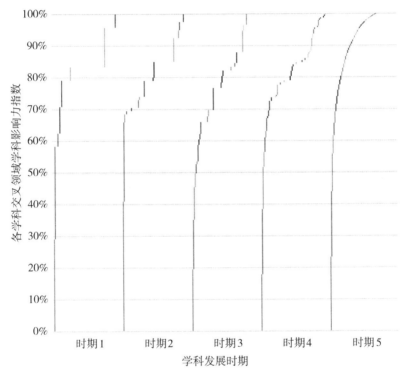

图 2.1.2 各时期各学科交叉领域学科影响力指数百分比堆积柱形图

2.1.4 数据分析

2.1.4.1 对主题识别中领域外主题的分析

考虑到恢复性环境主要的研究内容是关于环境对身心健康的恢复性作用，从各主题对应的主题词及对应的学科组成中看，时期 1 中畜牧业发展、时期 2 中土壤状态和沙化治理主题、时期 3 中水土流失和生态危机主题显然与恢复性自然环境无关。从中我们不难发现，他们之所以被纳入最初的语料库中并成为核心研究主题被提取出来，主要是因为其分别与"恢复性"和"自然环境"挂钩。

但同样存在一些难以直观判断是否与领域相关的文献主题，例如生态环境管理、虚拟自然和可持续发展等。通过对代表文献的关键词和摘要的进一步判读，我们可以得知这些主题实际上是在研究对象范围内的。例如，通过对生态环境管理主题下文献的研判，我们发现人与自然的和谐共生、自然对人类心态的积极影响也是很重要的研究内容。通过类似的研判，本次研究认为这些主题与研究对象是相关的，而这些主题的存在也恰恰是交叉学科领域学科边界模糊性的体现。

2.1.4.2 研究视角学科来源分析

从文献的分布的总体情况来看，1983—2019 年中恢复性环境领域所涉及的学科数量不断增多，领域的跨学科性不断增强，逐渐从其原生的生态环境学和心理学向外延伸。但在这个过程中，随着林业、植物学等自然科学和公共治理与城市研究等人文学科对该领域研究的不断增多，每个时期的学科分布均呈现出不同的特点。下面通过对各个时期的核心主题与其中具有代表性文献的分析阐述两个主要研究视角的发展变迁。

(1)心理学视角。

作为该学科的发源视角，心理学视角一直在该领域的发展中起到主导作用。从相关主题的关键词中，我们可以提取出 fascination（吸引）、attention（注意力）、stress（压力）、experience（体验）等核心词汇（尤其应注意到，时期 2 的核心主题中，心理学主题形成了身心健康 1 和身心健康 2 两个不同的主题，attention、stress 分列其中）。通过对相应文献的梳理，我们发现恢复性环境领域的心理学视角研究主要包括两大框架：Attention Restoration Theory（注意力恢复理论）和 Stress Recovery Theory（压力减少理论）。

恢复性环境这一概念的提出者 Kaplan 认为，柔和的自然环境对人类存在特殊的吸引力，会通过一种巧妙的机制影响人类处理信息过程中的定向注意力（Directed Attention）的恢复过程，产生恢复性体验（Restorative Experience），并以此为基础提出了注意力恢复理论。

压力减少理论的提出者 Ulrich 则认为，个体情绪会对环境做出迅速而直接的反映，这个过程中并不需要认知过程的参与(这也是压力减少理论和注意力恢复理论的核心区别)，且山水草木自然环境的刺激能显著减少个体的压力，从而达到恢复的效果。这两大理论框架都是在时期 1 提出，在后续时期得到广泛发展与讨论，形成了该领域的主要心理学视角。

(2)公共卫生与城市研究等应用视角。

在恢复性环境理论得到广泛认可后，该理论在公共事业、环境与职业健康、城市研究、公共治理等学科得到了广泛的应用。需要注意的是，虽然在学科组成分析中可以看到生态环境这一学科从时期 1 开始就对领域有极高的贡献度，但它主要是作为心理学视角与应用视角的背景出现的。同样，植物学、林业学与建筑学等时期 3、时期 4、时期 5 所占比例逐渐上升的学科则主要是作为应用视角的一部分出现的。

应用视角的核心是城市。随着恢复性环境心理学视角理论的提出与不断完善，城市心理问题研究者们逐渐将目光转向这一新兴跨学科领域，相关学科的应用视角也随之切入。其中包括从植物学、建筑学等角度对城市规划的思考，也有对监狱等心理问题高发的特殊设施建设的讨论分析。在 2010 年之后，这些学科的视角交叉越发紧密，同时也出现了诸如通过计算机仿真模拟自然环境解决城市心理问题、城市噪声环境对身心健康影响的研究、城市老年人群心理健康等更细分的主题，这体现了这一交叉学科在与更多学科的融合中边界扩大、知识扩散的过程。

2.1.4.3 研究视角变化分析

为了更具体地说明该领域的研究视角是如何随着相关学科的不断加入发生改变的，本研究对"身心健康"这一在恢复性环境贯穿始终的研究主题进行多研究视角的剖析。

该主题的相关文献在时期 1 的时候首次出现(Kaplan 和 Ulrich 提出各自的理论框架)，并且经过其他心理学和环境学研究者的讨论和发展，在时期 2 的时候初具规模，形成了从心理学视角下两种不同框架的身心健康主题分支并且被识别出来。

随着该领域的不断发展和其他学科研究视角的切入，在相同粒度的识别下，身心健康在时期 4 和时期 5 不再被作为一个单独的研

究视角被识别出来，但通过对新兴主题的对比分析可以看出，虽然
attention、fascination 等词汇不再更多出现，但由 health、stress、
experience、mood、positive、cognitive、relaxation 等相关词汇可以看
出，城市生态、城市绿化、虚拟自然、噪音治理、庭院空间、监狱
空间、公共空间这几个主题实际上是对身心健康主题从应用视角进
行的发展和延续，通过对其研究方法和学科来源的总结，可归纳为
两大视角：公共卫生视角和心理治疗视角，这两个视角由于学科组
成以及学科分支的不同，在解决问题的侧重点与研究方法上也有较
大差异。心理学视角、公共卫生视角和心理治疗视角之间的关系如
图 2.1.3 所示。

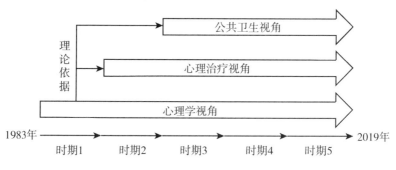

图 2.1.3 身心健康主题的研究视角变化

　　公共卫生视角对恢复性环境的应用主要体现在公共空间的设计
规划与居民身心健康的关系上，包括绿化组成、绿化面积、绿化易
接触性、声音环境等对居民精神健康、生理健康等方面的影响，采
用的方法多来自地理学、森林学、植物学、社会学、声学等，通过
问卷调查以及对城市公开数据的分析实现对影响因素的评估。例
如，Watts 通过对城市绿地、声音环境质量等内容进行量化统计后，
运用 TRAPT(Tranquil Rating Prediction Tool)模型评估了公园等城市
绿地对居民平静感、愉悦感等心理学指标的影响[①]；Nordh 等结合
斯堪的纳维亚半岛的微缩公园实例设计了一套调查方案，通过问卷

---

　　① Watts G. The Effects of 'Greening' Urban Areas on the Perceptions of
Tranquillity[J]. Urban Forestry & Urban Greening, 2017, 26: 11-17.

调查等方式评估了城市中的微型公园对人们的精力恢复效果，总结了微型公园的设计要素①。

心理治疗视角与传统心理学视角的差别主要在于：前者主要探究恢复性环境对人体的影响机制，而后者更关注森林疗法、庭院疗法等具体治疗方式对人类的治疗效果。新林治疗视角以治疗实践为出发点，融合职业健康、森林学、植物学、建筑学等领域的知识，实现对特定人群（城市居民、青少年、心理疾病患者、囚犯等）治疗方案的评估和改进。例如，Asano 等通过对 Kansai Rosai 医院附属的康复庭院对病人心理和生理两方面康复的辅助治疗效果进行了分析，最终总结了康复性庭院在治疗流程中的作用、组成的要素和配套的管理机制②；Bielinis 等以一批波兰青少年为对象，研究了短期森林疗法对他们身心状态的影响，评估的依据包括 POMS（Profiles of Mood States）、PANAS（Positive and Negative Affect Schedule）、ROS（Restorative Outcome Scale）、SVS（Subjective Vitality Scale）等心理学量表和脉搏、血压等生理学指标③。

对于"身心健康"这一核心主题，学界对其研究视角由纯粹的心理学研究转向各应用学科的过程，体现出理论指导实践、实践与反馈进一步完善理论、多学科研究方法和相关问题交叉融合的跨学科发展趋势。

2.1.5 结论与展望

在梳理了跨学科领域和主题演化分析领域近年来的研究进展的基础上，提出构建一种对新兴交叉学科发展与演进过程的分析方式以研究这个过程中研究视角的变化。利用 LDA 算法和对领域学科组成的文献计量学分析，同时构建了用于本次研究的两个测度指标

---

① Nordh H, Ostby K. Pocket Parks for People-A Study of Park Design and Use[J]. Urban Forestry & Urban Greening, 2013, 12(1): 12-17.

② Asano F. Healing at a Hospital Garden: Integration of Physical and Non-Physical Aspects[J]. Acta Hortic. 2008(775): 13-22.

③ Bielinis E, Bielinis L, Krupińska-Szeluga S, et al. The Effects of a Short Forest Recreation Program on Physiological and Psychological Relaxation in Young Polish Adults[J]. Forests, 2019, 10(1): 34.

（交叉领域文献影响力指数和交叉领域学科影响力指数）。还记录了研究对象（恢复性环境）的 Web of Science 核心集相关数据的采集、处理、分析工作，得到了领域发展时期的划分、各时期的核心主题、各主题对应的关键词和相关学科、各学科在各时期对该领域贡献等内容。对获得的信息进行了解读，同时对恢复性环境这一交叉领域发展过程中的主要研究视角的结构和发展变化进行了梳理。

（1）学科交叉演进中研究视角变化的分析框架。

对学科交叉演进中研究视角变化的分析包括四个阶段。

第一阶段是数据的采集与筛选，这一阶段的内容是确定研究对象、获取领域文献数据并对这些数据进行预处理（包括学科发展时期的划分）；

第二阶段是文献主题与学科成分的提取，主要内容是通过相应的主题提取算法获取语料库中不同时期的领域主题，同时通过文献计量的手段结合前文提出的交叉领域文献影响力指数和交叉领域学科影响力指数计算得到不同时期领域文献的学科组成情况；

第三阶段是主题分析，这一阶段主要目标是分析主题与研究对象之间的关系并排除无关主题的影响；

第四阶段是视角分析，这一阶段的内容是结合学科组成情况随时间推移发生的变化总结出对应的学科研究视角，再结合各时期文献主题的演进和代表性文献总结出该交叉学科领域中研究视角的演进情况。

（2）恢复性环境领域研究视角的变化。

恢复性环境领域最早出现的视角是心理学视角。心理学视角的两个主要的研究框架是 Kaplan 提出的注意力恢复理论和 Ulrich 提出的压力减少理论。该视角关注的核心问题是解释自然环境对人类身心健康状态起到的积极作用。该视角在随后的几十年间逐渐得到完善，同时为后续应用视角的出现提供了理论基础。

1983—2019 年中恢复性环境领域所涉及的学科数量不断增多，领域的跨学科性不断增强，逐渐从其原生的生态环境学和心理学向外延伸。在这个过程中，随着林业、植物学等自然科学和公共治理与城市研究等人文学科对该领域研究的不断增多，出现了应用注意力恢复理论和压机减少理论解决实际问题的应用视角。该视角以城市问题的研究为主并可被进一步归纳为公共卫生视角和心理治疗视角：前者主要关注公共空间规划对公民身心健康的影响，后者主要关注恢复性环境理论在心理学治疗和辅助治疗实践中的应用。

恢复性环境领域的发展以身心健康主题为主轴，以心理学理论为基础，在四十年间其研究重心逐渐转向理论框架的建设到实际应用的探索，涉及学科的多样性逐渐增加。

未来还可以在如下方面做出更多探索和改进：①主题演进的展现方面，可以通过更具有连续性的方式加以整理，从而表现出不同时间主题与主题之间的联系和变化；②主题提取的算法可以得到优化，从而在更细的粒度上得到可以解读的主题，细化对研究视角的描述；③本书提出用于测度各学科在交叉领域影响力的指标可以将影响因子等因素纳入其中，从而更准确地反映学科对领域的影响力。

2.2　学术会议论文新颖性测度
——以"计算机学科人工智能"领域为例

学术会议作为学术交流的重要形式，在推广前沿技术、传播新颖思想、促进学科发展、培养科学人才等方面发挥着巨大的作用。为提升国家科研创新能力，促进科研成果在实践中快速、直接的利用，学术交流活动被频繁举办，各学科领域科研成果数量急速增长。与期刊论文不同，会议论文有着新颖性、时效性、前瞻性等独特的优势，在计算机科学以及电子工程领域中，会议论文常是科研学者获取前沿信息的重要渠道。然而，对于会议论文的评价却没有相对成熟的标准体系，会议论文的学术价值难以直接且客观地进行评判。学术论文评价的本质是学术价值的评价，新颖性测度是学术价值评价的重要方面。与传统学科相比，计算机学科是一门新兴学科，发展迅速，其重要的研究一般都首先发表在重要会议上，对会议论文的重视程度更高，因此对于其新颖性的测度具有重要意义。本研究以计算机学科中人工智能领域重要会议为例，将会议论文的新颖性分为吸收新颖性和产出新颖性，通过对会议论文的吸收新颖性指标与产出新颖性指标的测度，将论文分为不同的吸收/产出新颖性类型，进而分析不同类型新颖性论文与会议等级的关系，使得对会议论文新颖性研究更为全面，为学术会议评价提供新思路。

2.2.1 相关研究

2.2.1.1 学术会议评价研究

国内外有不少学者对学术会议评价进行研究，主要可以分为定性与定量两大类。定性研究主要是同行评议的方法，如评级系统CORE(Computer science conference ranking)最初是依据大量领域专家的意见将计算机科学领域中的 1505 个会议分为 A*、A、B 和 C四个等级①；CCF(China Computer Federation)发表的《中国计算机学会推荐国际学术会议和期刊目录》第 1 版和第 2 版主要依靠专家定性评价。定量研究主要有基于引文分析的会议评价和基于学术会议特征的会议评价。基于引文分析的方法主要有会议影响因子CIF、会议引文影响 CCI、组合会议因子 CCF、会议因子和会议 h指数②等。基于学术会议的特点，学者们也提出了许多评价会议的指标，有会议论文的提交率与录取率，会议举办的届数，会议组委会的成员③、作者同行声誉④、会议接受的论文类型⑤、对新作者

① CORE Rankings. Computer Research & Education [EB/OL]. [2019-3-14]. http://www.core.edu.au/.

② 王倩. h 指数及其衍生指数在评价学术会议中的应用研究[J]. 图书情报导刊，2015(15)：135-139.

③ Sakr S, Alomari M. A Decade of Database Conferences：A Look Inside the Program Committees[J]. Scientometrics，2012，91(1)：173-184.

④ Loizides O S, Koutsakis P. On Evaluating the Quality of a Computer Science/Computer Engineering Conference[J]. Journal of Informetrics，2017，11(2)：541-552.

⑤ Souto M A M, Warpechowski M, José Palazzo M De Oliveira. An Ontological Approach for the Quality Assessment of Computer Science Conferences [C]// Conference on Advances in Conceptual Modeling：Foundations & Applications. Springer-Verlag，2007.

的开放性①和专家审定②等。

现有评价方式存在一些问题，同行评议具有主观性，咨询费用巨大，新的会议繁多导致会议评价列表更新不及时等问题。而基于引文分析进行定量分析的方法，虽然一直是国内外会议质量及其影响力评价研究的主流方法，但由于引用时滞、引用动机、施引文献质量参差不齐等原因，无法对论文的质量及其影响力进行及时、客观合理的评价，且定量分析的方法虽然较客观、有效率，但是其不直接针对论文内容，可能会被人为操纵。因此，从会议论文的内容出发进行论文评价更具有客观性，本书研究会议论文新颖性测度方法，丰富了会议论文评价方法。

2.2.1.2　论文新颖性测度方法研究

新颖性的探测可被认为是对新颖性进行测度，新颖度表示的是新颖性程度的一种状态，新颖度的研究起源于1996年9月美国国防部发起的话题检测与跟踪项目，其中有个子项目的任务是在数据流中检测首次讨论某个话题的报道。2002年，文本检索领域权威国际评测会议 TREC 也开展了以文本内容新颖性探测为主题的研究。从此，国内外学者开展了丰富的新颖性测度研究，主要包括基于引文分析和基于文本内容两个方面。文献计量领域从引文分析的角度来衡量文献新颖性程度，有基于同被引、基于文献耦合以及网络结构等方法来判断文献新颖度。魏瑞斌基于自引网络和主路径分析研究论文主题创新，表明利用主路径分析可以从自引网络中发现由于引用而产生联系的论文，进而进行主题创新分析③。基于文本内容的新颖性测度方法主要包括三种：①基于文献相似性和距离的

①　Vasilescu B，Serebrenik A，Mens T，et al. How Healthy Are Software Engineering Conferences？［J］. Science of Computer Programming，2014，89：251-272.

②　孙乐民，谢永强，施燕斌. 用 ISTP 统计评估国际学术会议的等级［J］. 高校图书馆工作，2008，28（5）：44-45.

③　魏瑞斌. 基于自引网络和主路径分析的论文主题创新实证研究［J］. 图书情报工作，2018，62（3）：64-70.

方法，基于文献的相似性方法有向量空间余弦相似度①、Jaccard 相似度方法②等。基于距离的方法有 K 近邻法③、语义距离法④等。②基于词计算的方法。许丹等利用自然语言词对法对医学领域特定主题的新颖度进行测度，并通过与 F1000 推荐文献和引文指标进行比较，验证了新颖度指标的可行性⑤。任海英等抽取题目、摘要和关键词中的主题词，构建领域主题共现网络，并为文献设计指标，进而识别新颖性文献类型⑥。③基于机器学习的方法。禄万辉等基于 Doc2Vec 和 HMM 构建了文本内容特征因子计算模型，通过该内容特征因子构造文档的主题新颖性测度指标函数⑦。王平等首先利用 Doc2Vec 语言模型构建文本向量，之后利用递归张量神经网络的方法构建文本新颖度测度模型，通过模型训练求解并量化评估文章的新颖度⑧。

可见，已有研究在新颖性测度方面做了很多探索，但大多基于

①　Allan J，Wade C，Bolivar A. Retrieval and Novelty Detection at the Sentence Level［C］//The 26th annual international ACM SIGIR Conference on Research and Development in Information Retrieval. ACM，2003：314-321.

②　Kouris I N，Makris C H，Tsakalidis A K. Using Information Retrieval Techniques for Supporting Data Mining［J］. Data & Knowledge Engineering，2005，52(3)：353-383.

③　Hautamaki V，Karkkainen I，Franti P. Outlier Detection Using K-Nearest Neighbour Graph［C］//The 17th International Conference on Pattern Recognition，2004. ICPR 2004. IEEE，2004，3：430-433.

④　Zhang H P，Sun J，Wang B，et al. Computation on Sentence Semantic Distance for Novelty Detection［J］. Journal of Computer Science and Technology，2005，20(3)：331-337.

⑤　许丹，徐爽，陈斯斯，等. 基于自然语言词对法的文献主题新颖性探测研究[J]. 图书情报工作，2018(8)：130-138.

⑥　任海英，王德营，工菲菲. 主题词组合新颖性与论文学术影响力的关系研究[J]. 图书情报工作，2017，61(9)：87-93.

⑦　逯万辉，谭宗颖. 学术成果主题新颖性测度方法研究——基于 Doc2Vec 和 HMM 算法[J]. 数据分析与知识发现，2018，2(3)：22-29.

⑧　王平，侯景瑞，吴任力. 基于递归张量神经网络的微信公众号文章的新颖度评估方法[J]. 情报学报，2019，38(2)：159-169.

引文和文本内容，本书将论文的参考文献和主要内容纳入新颖性测度的研究。依据编辑信息理论和知识生产的概念，将论文的新颖性产生过程看作一个二阶过程。第一阶段是吸收阶段，主体通过阅读大量文献，吸取文献中的知识内容完成主体自身的知识积累，学习的知识主要来源于参考文献；第二阶段是产出阶段，主体通过知识的吸收整理进而产生新的想法来进行知识创作，完成论文写作，主要内容概括为标题、摘要等文本内容要素。具体过程如图2.2.1所示。

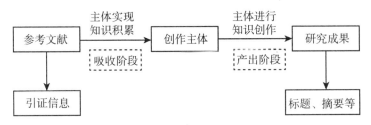

图 2.2.1　新颖性产生过程

通过新颖性产生过程的分析，本书将会议论文新颖性产生分为吸收阶段和产出阶段，从而将会议论文新颖性的测度划分为吸收新颖性指标和产出新颖性指标，通过对吸收和产出新颖性指标的计算，将论文分为高吸收/高产出新颖性、高吸收/低产出新颖性、低吸收/高产出新颖性、低吸收/低产出新颖性四种类型，进而探究不同类型论文与会议等级之间的关系。

2.2.2　研究方法

2.2.2.1　吸收新颖性测度指标

已有研究表明，一篇论文的参考文献的数量和被引频次与其被引频次之间存在显著的相关关系[1]，此外也有研究考虑了时间因

① Didegah F，Thelwall M. Which Factors Help Authors Produce the Highest Impact Research? Collaboration，Journal and Document Properties [J]. Journal of Informetrics，2013，7(4)：861-873.

素，如被引半衰期和普赖斯指数被用来描述和衡量文献老化的速度。对于发展迅猛计算机领域来说，更新较快，文献老化现象更为明显，出版时间新的文献研究内容较新。本书中的吸收新颖性指标主要从时间维度出发，认为对于计算机领域来说，参考文献的新旧能够体现出研究成果吸收新颖性程度。吸收新颖性指标的具体计算流程如图 2.2.2 所示。

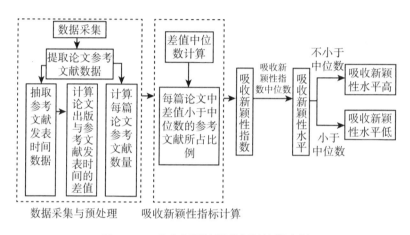

图 2.2.2　吸收新颖性测度指标计算流程

通过 Web of Science 获取某一领域、同年度的会议论文记录集合，对每篇论文的参考文献进行解析，得到每一条参考文献记录的出版年份，计算其与会议论文发表年份的差值。然后按从小到大的顺序，对所有差值进行排序，得到中位数 N，并由此判断参考文献的新旧程度。当参考文献的发表时间与本论文发表时间的差值小于等于 N，则该参考文献记为新，否则记为旧。通过计算新旧参考文献在论文参考文献数量中的比例，判断会议论文的吸收新颖性指标。令：

$$I(i)_{new} = \frac{a}{W_i} \tag{2.2.1}$$

其中 W_i 是会议论文 i 的参考文献数量，a 是会议论文 i 的参考文献发表时间与本论文发表时间差值小于等于 N 的论文数量，

$I(i)_{\text{new}}$ 指会议论文 i 的吸收新颖性指数。再通过对所有会议论文的 I_{new} 按从大到小的顺序进行排序，计算这一数值组合的中位数 H_{new}，将 H_{new} 视为评价 I_{new} 高低的阈值。若一篇会议论文的 $I_{\text{new}} \geqslant H_{\text{new}}$，则表示论文的吸收新颖性水平高，$I_{\text{new}} < H_{\text{new}}$，则表示论文的吸收新颖性水平低。

2.2.2.2 产出新颖性测度指标

论文中的标题和摘要包含了作者的主要研究内容、方法和结果，可以代表一篇论文的产出。计算会议论文产出的新颖性，就要与已有研究成果进行比较，如果内容比较相似，则该论文不具有新颖性。提取论文主要内容(标题+摘要)并将其与已有研究进行相似度计算，将产出新颖性的计算建立在已有研究集合与新论文的相似度分析基础上。

基于 TF-IDF 的向量空间模型文本相似度计算方法是使用广泛的文本相似度计算方法，其可以很好地表征词的权重，可通过计算向量的余弦相似度来计算文本相似度。但是其忽略了文本中词项的含义，且在处理较大的文本集时，维度很高且极度稀疏，导致计算效率很低。基于词典的语义相似度计算无法解决未登录词的意义问题，对于更新较快的计算机领域缺乏完备的语义词典。LSI 假设文本中存在某种潜在的语义结构，其隐含在文本中词语的上下文使用模式中。核心思想是通过奇异值分解，将文档向量和词向量投影到一个低维语义空间，从而去除原始向量中的一些"噪音"，已有研究表明 LSI 方法比常规的向量空间检索方式更有效[①]。因此，本书首先将已有研究集合转换为 TF-IDF 向量空间，降维获得 LSI 模型，将文本特征空间转化为文本概念空间，利用文本概念向量的夹角余弦计算得到文本相似度，再由文本相似度计算得到新论文的产出新颖性指数。具体计算流程如图 2.2.3 所示。

----

① Papadimitriou C H, Tamaki H, Raghavan P, et al. Latent Semantic Indexing：A Probabilistic Analysis[J]. Journal of Computer and System Sciences, 2000, 61(2)：217-235.

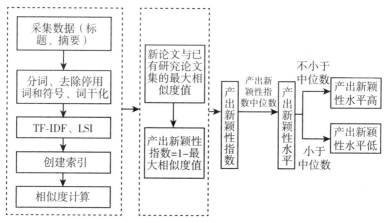

文本预处理与相似度计算产出新颖性测度指数计算

图 2.2.3 产出新颖性测度指标计算流程

第一步，构建已有研究数据集，通过数据库检索和网络爬虫获得；第二步，相似度计算，对文本进行分词、去除停用词、词干化等预处理，通过 TF-IDF 算法、LSI 方法创建索引，进而计算相似度；第三步，计算产出新颖性指数，找出新论文与已有研究数据集计算相似度后最大的值，用 1 减去最大值即为产出新颖性指数；第四步，确定产出新颖性水平，找出所有新论文的产出新颖性指数的中位数，以此来确定产出新颖性水平，即不小于中位数则产出水平高，小于中位数则产出水平低。

2.2.3 计算机学科人工智能领域实证分析

2.2.3.1 数据收集

2019 年中国计算机学会（CCF）完成了新版《中国计算机学会推荐国际学术会议和期刊目录》，将计算机科学划分为了十个领域，并将每个领域中的期刊和会议划分为了 A、B、C 三类①。本书以

---

① 中国计算机学会. 中国计算机学会推荐国际学术会议和期刊目录[EB/OL].［2019-10-04］. https：//www.ccf.org.cn/xspj/gyml/.

人工智能领域的三类会议论文为例进行研究，人工智能领域共 40 个会议，A 类会议 7 个，B 类会议 12 个，C 类会议 21 个，部分会议名称和类别等级可见表 2.2.1。

表 2.2.1　部分 CCF 人工智能领域会议类别及目录

类别	会议简称	会议全称	地址
A	AAAI	AAAI Conference on Artificial Intelligence	http：//dblp. uni-trier. de/db/conf/aaai/
A	ICCV	International Conference on Computer Vision	http：//dblp. uni-trier. de/db/conf/iccv/
A	ICML	International Conference on Machine Learning	http：//dblp. uni-trier. de/db/conf/icml/
B	COLT	Annual Conference on Computational Learning Theory	http：//dblp. uni-trier. de/db/conf/colt/
C	IROS	IEEE \ RSJ International Conference on Intelligent Robots and Systems	http：//dblp. uni-trier. de/db/conf/iros/
C	AISTATS	Artificial Intelligence and Statistics	http：//dblp. uni-trier. de/db/conf/aistats/

本书选取 2015—2017 年 40 个会议的会议论文数据作为已有研究数据集。通过 Web of Science(WOS)、EI 数据库进行检索以及自编 python 爬虫程序的方式，获取会议论文的题目及摘要信息。对于摘要信息缺失的会议论文，在产出新颖性指标计算时只考虑题目。最终已有研究数据集共有数据 31454 条(A、B、C 三类会议分别为 12339 条、6803 条、12312 条)。

由于一些会议论文无法获得参考文献信息，本书选择 2 个 A 类会议(CVPR、NIPS)、3 个 B 类会议(ICRA、AAMAS、PPSN)、6 个 C 类会议(ICTAI、IROS、ICANN、FG、ICPR、PRICAI)2018 年的会议论文作为新论文数据集，共得到 5973 条数据(A、B、C

三类会议分别为 2295 条、1302 条、2376 条）。从 WOS 中导出的 NR、CR 数据字段，分别包含了会议论文引用的参考文献数量和参考文献详情，其中参考文献详情包括了参考文献的作者、参考文献的出版时间、出版物名称等信息。通过剔除摘要字段为空或参考文献详情收录不全的记录，以确保计算结果的准确性。最终共采集到记录 5903 条，其中 A 类会议 2276 条，B 类会议 1268 条，C 类会议 2359 条。

2.2.3.2　吸收新颖性指标

首先，对新论文数据集中的不同会议参考文献数量情况进行统计，结果如表 2.2.2 所示。可见，A 类会议参考文献数量最多，C 类参考文献数量最少。从参考文献平均数量可以看出参考文献的多少大致可以反映论文质量的高低，符合以往的研究结论①。从参考文献数量标准差来看，A、B、C 三类会议的参考文献数量的离散程度依次减小。

表 2.2.2　不同类别会议参考文献数量情况

	参考文献数量平均值（mean）	参考文献数量标准差（ste.d）	参考文献数量极大值（max）	参考文献数量极小值（min）
A 类会议	38.42	13.78	107	4
B 类会议	24.57	11.02	141	2
C 类会议	23.68	8.51	85	3

通过计算，所有会议的参考文献出版时间与论文发表时间之间的差值中位数为 4，差值小于等于 4 则表明参考文献是新颖的，反之则表明参考文献是非新颖的。统计每篇会议论文中新颖的参考文献数量，使用公式（2.2.1）分别计算每篇会议论文的吸收新颖性指

---

① 姜磊，林德明. 参考文献对论文被引频次的影响研究［J］. 科研管理，2015(1)：121-126.

数，进而得到吸收新颖性指数频次分布及正态分布曲线如图 2.2.4 所示。横坐标指的是每篇会议论文的吸收新颖性指数。吸收新颖性指数是一个 0 到 1 的自然数，因此以 0.01 为步长，将 0~1 划分为 100 组，统计每个组中吸收新颖性指数出现的频次，绘制新颖性指数直方图，并绘制了总体的吸收新颖性指数正态分布图和不同类别的会议的吸收新颖性指数正态分布图。可以看出，吸收新颖性指数符合正态分布，且吸收新颖性指数在 0.5 左右的会议论文数量最多。相对于整体来说，A 类会议论文的吸收新颖性指数普遍要高于整体，而 B、C 类会议论文的吸收新颖性指数则普遍低于总体水平。使用 SPPS 软件对吸收新颖性指数和会议类别进行单因素 ANOVA 分析，研究不同会议等级类别与吸收新颖性指数的关系，具体结果可见表 2.2.3 和表 2.2.4。

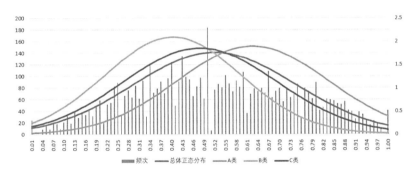

图 2.2.4　吸收新颖性指数频次统计与正态分布

表 2.2.3　吸收新颖性指数统计描述

| | N | 均值 | 标准差 | 标准误 | 均值95%置信区间 | | 极小值 | 极大值 |
					下限	上限		
A 类会议	2276	0.6251	0.2100	0.0044	0.6165	0.6337	0.00	1.00
B 类会议	1268	0.4039	0.1904	0.0054	0.3934	0.4144	0.00	1.00
C 类会议	2359	0.4790	0.2247	0.0044	0.4703	0.4877	0.00	1.00
总数	5903	0.5192	0.2259	0.0029	0.5134	0.5250	0.00	1.00

表 2.2.4　会议等级类别与吸收新颖性指数多重比较

(I)会议类别	(J)会议类别	均值差 (I-J)	标准误	显著性	95%置信区间	
					下限	上限
A 类会议	B 类会议	0.22122*	0.00729	0.000	0.20693	0.23550
	C 类会议	0.14611*	0.00611	0.000	0.13413	0.15808
B 类会议	A 类会议	-0.22122*	0.00729	0.000	-0.23550	-0.20694
	C 类会议	-0.07511*	0.00724	0.000	-0.08930	-0.06092
C 类会议	A 类会议	-0.14611*	0.00611	0.000	-0.15808	-0.13413
	B 类会议	0.07511*	0.00724	0.000	0.06092	0.08930

*. 均值差的显著性水平为 0.05。

从均值来看，A 类会议的吸收新颖性指数均值高于整体，而 B、C 类会议的吸收新颖性指数均值低于整体。显著性的值为 0，则三类会议在吸收新颖性指数上都具有显著的差异。说明吸收新颖性指标在不同等级类别的会议中区分度明显。但从不同类别等级会议中吸收新颖性指数的极值来看，A 类等级会议中也会有吸收新颖性指数为 0 的会议论文存在，C 类等级会议中也会有吸收新颖性指数为 1 的会议论文，因此吸收新颖性指数只能在一定程度上表征会议论文质量，并不是决定会议论文质量的决定性因素。

通过计算得出，吸收新颖性指数的中位数为 0.512，即吸收新颖性指数大于 0.512 的论文为吸收新颖性水平高。统计三类会议不同吸收新颖性水平论文占比情况，如表 2.2.5 所示。只有 A 类会议中高吸收新颖性水平的文献占比超过了 50%，而 B、C 类会议中高吸收新颖性水平的文献占比明显低于 A 类会议，吸收新颖性水平能够区分 A 类会议与 B、C 类会议。不同级别的会议中，质量高的会议的论文具有高吸收新颖性水平的概率也越大。

表 2.2.5 三类会议不同吸收新颖性水平论文占比情况

	A 类会议	B 类会议	C 类会议
吸收新颖性水平高的论文数	1596(70.1%)	341(26.9%)	1016(43.1%)
吸收新颖性水平低的论文数	680(29.9%)	927(73.1%)	1343(56.9%)

2.2.3.3 产出新颖性指标

将新论文数据集中的每一篇论文与已有研究数据集全部文档进行相似度计算。采用 python 的 gensim 包进行相似度分析。在 LSI 算法中主题数 m 值是一个重要的参数。Bradford 研究发现 m 值在 300~500 之间会出现"稳定岛"状态[1]，有学者在文档量为 37600 时使用的主题数为 250[2]。本书根据文献量选择主题数分别为 300、250、200、100 进行分析，结果表明主题数为 250 时效果最好。因此设置 LSI 主题数为 250 进行计算得到相似度。再找出每篇新论文的最大相似度值，进而得出其产出新颖性指数。运用 SPSS 单因素 ANOVA 分析方法，研究不同会议等级类别与产出新颖性指数之间的关系。具体结果如表 2.2.6、表 2.2.7 所示。

表 2.2.6 产出新颖性指数统计描述

	N	均值	标准差	标准误	均值95%置信区间		极小值	极大值
					下限	上限		
A 类会议	2276	0.3267	0.0982	0.0021	0.3227	0.3308	0.0379	0.5849
B 类会议	1268	0.3146	0.1045	0.0029	0.3088	0.3203	0.0285	0.5552

① Bradford R B. An Empirical Study of Required Dimensionality for Large-Scale Latent Semantic Indexing Applications [C]//The 17th ACM Conference on Information and Knowledge Management, CIKM 2008, Napa Valley, California, USA, October 26-30, 2008. ACM, 2008.

② Kanerva P, Kristoferson J, Holst A. Random Indexing of Text Samples for Latent Semantic Analysis[C]//The 22nd Annual Conference of the Cognitive Science Society, 2000: 103-106.

续表

	N	均值	标准差	标准误	均值95%置信区间		极小值	极大值
					下限	上限		
C 类会议	2359	0.3118	0.1007	0.0021	0.3078	0.3159	0.222	0.5945
总数	5903	0.3182	0.1008	0.0013	0.3156	0.3207	0.222	0.5945

表 2.2.7　会议等级类别与产出新颖性指数多重比较

(I)会议类别	(J)会议类别	均值差(I-J)	标准误	显著性	95%置信区间	
					下限	上限
A 类会议	B 类会议	0.01216*	0.00352	0.001	0.00525	0.01907
	C 类会议	0.01492*	0.00296	0.000	0.00913	0.02072
B 类会议	A 类会议	-0.01216*	0.00352	0.001	-0.01907	-0.00525
	C 类会议	0.00276	0.00350	0.431	-0.00411	0.00963
C 类会议	A 类会议	-0.01493*	0.00296	0.000	-0.02072	-0.00913
	B 类会议	-0.00276	0.00350	0.431	-0.00963	0.00411

*．均值差的显著性水平为 0.05。

可以看出，产出新颖性指数总体均值为 0.318，A 类会议均值为 0.327 高于整体，B、C 类会议均值分别为 0.315 和 0.312，低于整体水平。A 类会议与 B 类会议、C 类会议的显著性分别为 0.001 和 0，说明在 0.05 显著性水平上，A 类会议与 B 类会议、C 类会议存在显著性差异。而 B 类会议和 C 类会议显著性水平为 0.43，不具有显著性。产出新颖性指数与会议等级之间存在正相关关系，即会议等级越高，其产出新颖性指数相对越高。一定程度上说明产出新颖性指数越高的论文，发表在顶级会议的可能性越大。

为衡量会议产出论文新颖性水平，计算得出产出新颖性指数的中位数为 0.3279，以此确定每篇论文的产出新颖性水平，三类会议不同产出新颖性水平论文占比情况如表 2.2.8 所示。只有 A 类会议的高产出新颖性水平的论文占比超过一半，进一步说明顶级 A 类会议更偏好于表现出较高新颖性内容的论文。

表 2.2.8　三类会议不同产出新颖性水平论文占比情况

	A 类会议	B 类会议	C 类会议
产出新颖性水平高的论文数	1196(52.5%)	630(49.7%)	1126(47.7%)
产出新颖性水平低的论文数	1080(47.5%)	638(50.3%)	1233(52.3%)

2.2.3.4　新颖性类型与会议等级关系

通过对新论文数据集中所有论文吸收新颖性指数与产出新颖性指数的计算，确定了其吸收新颖性和产出新颖性水平，根据产出/吸收新颖性水平的高低，将会议论文分为四种类型：高吸收新颖性/高产出新颖性(HA/HO)、高吸收新颖性/低产出新颖性(HA/LO)、低吸收新颖性/高产出新颖性(LA/HO)、低吸收新颖性/低产出新颖性(LA/LO)，如表 2.2.9 所示。

表 2.2.9　会议论文新颖性类型

吸收新颖性水平	产出新颖性水平	会议论文新颖性类型
高	高	高吸收新颖性/高产出新颖性(HA/HO)
高	低	高吸收新颖性/低产出新颖性(HA/LO)
低	高	低吸收新颖性/高产出新颖性(LA/HO)
低	低	低吸收新颖性/低产出新颖性(LA/LO)

进一步统计各类型论文中不同等级会议论文的比例，结果如图 2.2.5 所示。可以看到 HA/HO 型论文成为 A 类会议论文的比例最高，为 55.97%，其次为 HA/HO 型论文，占比 51.95%，LA/HO 型和 LA/LO 型论文成为 A 类会议论文的比例最低。

通过上述结果分析可以得出：①一篇会议论文，如果吸收新颖性水平比较高，同时产出新颖性水平也比较高，更容易得到 A 类会议的认可，说明优秀的论文都注重吸收知识的新颖性以及研究内

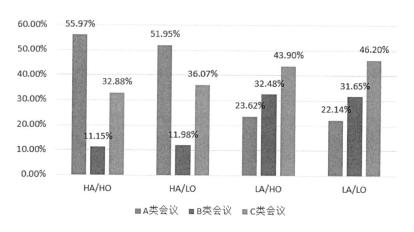

图 2.2.5　不同类型的论文中发表在不同等级会议的比例

容的新颖性，善于吸收最新的研究成果，进而创新。②对于吸收新颖性水平和产出新颖性水平都较低的会议论文来说，较难得到 A 类会议认可。

2.2.4　总结

本书将会议论文的新颖性测度分为吸收新颖性指标和产出新颖性指标，吸收新颖性指标基于参考文献的新旧程度进行测度，产出新颖性指标从与已有研究相似度比较的角度进行测度，进一步探究了论文不同新颖性类型对于其发表的会议等级的影响。设计了新颖性测度方法，对会议论文的自动评审以及会议评价具有一定的参考意义。

本研究存在一些不足，针对计算机的人工智能领域开展研究，具有一定的领域局限性，其研究结果对于其他领域的适用性有待考证。在产出新颖性指标测度中，仅选择了"题目+摘要"作为论文的主要内容进行相似度比较。另外，在进行的相似度计算没有考虑到公式等内容，但是其对表示论文主要内容的意义重大，这也是一个很有意义的研究方向。

2.3 跨学科领域文献分布分析
—— 以"机器学习"领域为例

　　跨学科研究领域是一个知识成果高度分散的领域，知识被分散于许多学科中的文章里，跨学科文献的分散性给跨学科研究带来了文献搜索的困难，为了寻找和追寻现实问题的解决方案，要求跨学科研究者对多学科有个成熟的了解，不然研究者要么只能找到很少的信息，要么则会被太多信息所淹没。弄清信息源分散分布规律及原因，有助于提出解决方案。Linda G. Ackerson 通过分析跨学科领域，找到了一些跨学科领域信息源分布分散的共同原因①。

　　一方面跨学科领域的历史与发展依赖中介文献、会议和组织。由于只由两个母领域很难创造诞生出新的领域，一些跨学科领域需要利用数个学科的知识，技术和工具来发展他们自己所从事的研究。Ackerson 阐释了在大部分研究领域，美国联邦文件一直是很重要的信息来源。大气化学领域的学者们依赖环境保护机构以及能源部门收集的数据。生物伦理学中的很多相关信息存在于被当作书面、行动、决策原则的美国司法文献中。专利信息以及工程创业实践的关键信息都能在美国专利商标局找到。跨学科领域也通过专业化的社会团体或者协会组织来持续，然而领域的研究其实是先于专业化团体的建立，它在母学科的讨论会议中就已经出现了。领域研究的早期工作也都是从会议开展的，这些会议吸引了多学科的科学家，并为他们针对共同兴趣点进行讨论提供机会。例如，计算生物学家出席了由计算机协会与美国医疗信息协会共同发起的会议。计算生物学国际协会起源于20世纪90年代早期，是在智能系统分子生物学举行的会议上提出的。对于一个处于发展中的新领域，它的研究总是首先出版在会议报告中，然后才出现在同行评议的期刊

　　① Ackerson L G. Literature Search Strategies for Interdisciplinary Research [M]. NY, US：Scarecrow Press，2007.

上。因此，会议记录在许多领域中，都是意义重大的信息源。在跨学科研究中，成立研究中心是很常见的事。Hastings 中心对于生物伦理学研究的成长就起到了关键作用。因为它设立的目的，就是为科学家提供交流生物伦理学观点的场所。Hastings 中心也出版了生物伦理学领域的第一本期刊。还有一些中心机构，比如"远见"机构，它在纳米技术领域充当了一个情报交换所的角色，在那里可以收集、传播信息。此外，这些中心机构也为大学和企业提供了一个合作的平台，有利于发展创新性产品。

另一方面跨学科领域研究成果的传播导致信息源分布分散。跨学科领域在发展过程中涉及很多的学科，研究视角在不断变化，主题在不断演化，研究成果从粗粒度到细粒度的内容发表在可能的分支学科或者交叉学科的期刊、会议或其他形式的载体上。比如，人因工程学的相关信息，既能在工程领域出版物找到，也能在心理学领域出版物中找到。为这个领域找到一个检索策略是复杂的，因为人因工程领域和心理学领域的文献结构是十分不同的。心理学的重要文献形式是期刊文章，而工程学的主要文献能以期刊文章这样的形式出现，还能以技术性或政府报告以及统计报告等形式出现。因此，就进行跨学科文献检索来说，从多个信息源搜集信息是必要的。跨学科检索中没有中心主题索引，只在各学科之间有它们自己的主要索引。当文献检索涉及的是一个结合了自然科学与社会科学的领域时，检索的多元化就是必要的。搜寻者还必须非常熟悉次要信息源的检索策略。次要信息源检索策略是基于以下变量来刻画的：主题、引用年限范围、检索资源材料类型、地理区域覆盖。一些领域都有超过一种主要索引，所以所有信息源都得被搜寻。

本节选取具有发展前景的跨学科机器学习领域，根据领域发展阶段的特点不同将其分为萌芽期、发展期和成熟期三个时期分别研究。选取领域重要数据库 CNKI、IEEE Xplore 等，检索主题词（或关键词）"机器学习"，检索时间截至 2022 年，利用 Excel 工具统计相关数据（期刊、机构、学科、作者等），再运用布拉德福定律分区理论研究得出了领域的核心期刊、核心机构和核心学科，用洛特卡定律和普赖斯定律研究得出领域的核心作者，并对会议论文、学位论文、书籍等多种信息传播媒介作了计量分析。

2.3.1 领域选择与分析方法

2.3.1.1 领域选择

机器学习是一个深深扎根于计算机科学范畴的研究领域，涉及概率论、统计学、逼近论、凸分析、算法复杂度理论等多门学科，同时还包含人工智能、机器人技术、自然语言处理及其他知识。人工智能和认知科学形成于 20 世纪 50 年代，作为其核心的机器学习在 20 世纪 80 年代开始成熟，除了理论基础外，这一时期大量实际应用得到发展。人工智能是研究使计算机模拟人的思维过程和智能行为的学科，自诞生以来，取得了大量成果，现已成为国家一国科技实力的重要体现，正从服务、医疗、娱乐互动等多方面改变着我们的生活，智能机器人、智能汽车、智能生产线等层出不穷。广受关注的 Alphago 与柯洁围棋对弈就是突出的人工智能案例。对机器学习领域文献进行研究，有助于了解领域发展背景和方向，为人工智能的日后发展趋势带来思考。

2.3.1.2 文献离散与集中分布分析方法

布拉德福定律是著名的描述文献分散规律的经验定律，中外学者都用其进行了大量的信息资源分布研究。跨学科文献存储和传播的媒介及其分布随学科发展阶段不同而具有不同的特征。

国外这方面的研究较深较广，除了涉及测定核心出版物，在网络计量学、国际科技评价、数字图书馆、单个科学家的论文分布中都有应用。H. Behrens 和 P. Luksch(2006)对 ISCD(无机晶体结构数据库)中晶体学领域的文献进行了统计分析，验证其是否符合布拉德福分散定律[①]；Judith Licea De Arenas、Heriberta Castaños-Lomnitz 和 Judith Arenas Licea(2002)选取具有高影响因子的期刊上发表的

---

① Behrens H, Luksch P. A Bibliometric Study in Crystallography [J]. ActaCrystallogr B, 2006, 62(6): 993-1001.

墨西哥重要的卫生科学领域的论文进行了布式分析，以此衡量该学科的国际影响①；Garg 等（1993）研究了太阳能发电领域文献的期刊分布，发现领域成熟阶段，其分布符合布拉德福曲线，并用数学模型支撑了理论②。

国内的布式定律相关研究也涉及测度核心刊物、图书馆核心出版社、网络计量学应用、专利文献分析等多方面，与国外研究现状相比，存在着学科界限划分不明，测定手段单一，对分布长尾关注不足等缺陷。赵玉珍（2000）搜集了 1985—1996 年多种农业类期刊中的沙棘文献 1110 篇，利用布拉德福区域法、图形法等确立了中国沙棘文献的 10 种核心期刊③。王知津和李博雅（2016）选取 9 种情报学核心期刊为数据来源，利用关键词统计和布式定律分区理论研究了 2010—2014 年我国情报学研究热点的动态变化④；张丽园（1998）收集《Biological Abstracts》在 1989 年 1 月到 1996 年 9 月间收录的关于杀虫剂、杀菌剂、除草剂、乳腺癌和环境污染等五个学科的文献信息，用布式分析法揭示了各学科的信息在这 7 年内的动态变化⑤。

目前学术文献分布的研究主要聚焦于期刊，没有对会议、书籍及其他存储和传播的媒介的分布进行对比研究，专门针对跨学科领域文献分布的研究也不多见。

本书主要运用布拉德福定律的区域法研究机器学习领域的文

---

①　Arenas J L D, Lomnitz H C, Licea J A. Significant Mexican Research in the Health Sciences: A Bibliometric Analysis[J]. Scientometrics, 2002, 53(1): 39-48.

②　Garg K C, Sharma P, Sharma L. Bradford's Law in Relation to the Evolution of a Field. A case Study of Solar Power Research[J]. Scientometrics, 1993, 27(2): 145-156.

③　赵玉珍. 运用布拉德福定律研究中国沙棘文献的核心期刊[J]. 情报科学, 2000(5): 462-464.

④　王知津, 李博雅. 近五年我国情报学研究热点动态变化分析——基于布拉德福定律分区理论[J]. 情报资料工作, 2016(3): 45-48.

⑤　张丽园. 不同学科的文献信息分布规律的比较研究[J]. 中山大学学报（自然科学版）, 1998(S1): 13-15.

献，得到核心期刊、核心机构和核心学科，并统计相关类型文献，为领域发展提供参考。

2.3.1.3 文献生产者分布分析方法

洛特卡定律又称"倒数平方规律"，由美国学者 A. J. 洛特卡在20 世纪 20 年代率先提出，被认为是第一次揭示了作者与数量之间关系的经验规律，用以得出科学生产率、作者的重要程度。

著名科学家、科学史学家普赖斯（Price）在其著作《小科学，大科学》中描述：在同一主题中，半数的论文为一群高生产能力作者所撰，这一作者集合的数量约等于全部作者总数的平方根。这便是普赖斯定律。

国内外运用这两种定律对核心作者进行分析的研究有不少。Gian Singh、Rekha Mittal 和 Moin Ahmad（2007）从 LISA Plus 收集了1998—2004 年的超过 1000 篇文章，用洛特卡定律研究作者生产力[1]；Gian Singh、Moin Ahmad 和 Mohammad Nazim 收集了 Pub Med、药用和芳香植物摘要、印度科学摘要和生物学摘要等数据库的 332 篇有关植物酸藤果信筒子的文献，运用 Lotka 定律测定核心作者[2]；丁震一（2013）运用这两个定律研究出了 1994—2011 年中文体育类核心期刊上发表的论文的作者群，并给出激励研究者高产的建议[3]；邱均平和余凡（2011）以科学网博客信息为基础，利用最小二乘法、K-S 检验算法对博文作者分布进行洛特卡定律拟合，最后发现并不一致[4]。

① Gian Singh, Rekha Mittal, Moin Ahmad. A Bibliometric Study of Literature on Digital Libraries[J]. The Electronic Library, 2007, 25（3）：342-348.

② Sıngh G, Ahmad M, Nazim M. A Bibliometric Study of Embelia Ribes[J]. Library Review, 2008, 57(4)：289-297.

③ 丁震一. 中文体育类核心期刊作者群洛特卡分布及普赖斯定律研究[J]. 当代体育科技, 2013(33)：2-4.

④ 邱均平, 余凡. 网络学术信息作者分布规律研究——以科学网博客为例[J]. 图书情报工作, 2011(20)：15-18, 35.

2.3.2　分析内容和数据获取

本书运用这两种定律分别分析领域萌芽期、发展期和成熟期的文献生产者分布，并进行 K-S 检验。

2.3.2.1　本书的分析内容

时间维度：跨学科信息资源的分布与其对母学科及其他相关学科资源的利用深度、广度以及时间有关，因此按照领域萌芽期、发展期和成熟期分别进行分布分析。

分析内容：领域文献在存储及传播主要媒介上的分布；领域文献的作者、机构分布；领域文献的学科分布。

2.3.2.2　数据采集

主要的中文期刊样本数据选择：中国知网(CNKI)全文数据库。

主要的外文期刊数据库选择：EI 数据库。

其他媒介(期刊以外的)数据库选择：外文数据 SpringerLink、Proquest Dissertations & Theses Open(PQDT Open)、中文 CNKI 博硕士论文全文数据库、读秀学术搜索数据库。

本书的计算值除帕欧公式里的 c 值保留到小数点 6 位数外，都保留到小数点 4 位数。

2.3.3　机器学习领域文献分布分析

2.3.3.1　区域法

布拉德福区域法将期刊按文献刊载量以递减顺序排列得到核心区和其他区域，每一区域文献量和核心区相当，核心区和相关区期刊数呈 $1:n:n^2$ 的关系，这个 n 称为布拉德福离散系数，根据此定律列出机器学习领域文献统计情况。

根据文献综述，本文将机器学习领域分为萌芽期、发展期和成熟期三个阶段。选择外文数据库 EI，中文数据库 CNKI。

①1950 年以前(萌芽期)：EI 上检索到 3 篇文献，全是会议论文，CNKI(关键词)上搜索到 0 篇文献。

这一时期信息源数量少，机器学习领域属于萌芽阶段，在 EI 上查到 3 篇文献，全部是会议论文，没有期刊文献，说明这一时期机器学习相关知识还未形成理论。

　　高价值的文献有 1943 年麻省理工学院神经心理学家兼精神病学家沃伦·麦卡洛克（Warren McCulloc）和数理逻辑学家沃尔特·皮茨（Walter Pitts）合作的论文 *A logical calculus of the ideas immanent in nervous activity*，1763 年英国神学家、数学家、数理统计学家和哲学家，概率论理论的创始人托马斯·贝叶斯（Thomas Bayes）的 *An essay towards solving a problem in the doctrine of chances*。

　　②1950—1985 年（发展期）：EI 上检索到 202 篇期刊文献，CNKI（关键词）上搜索到 1 篇期刊文献，如表 2.3.1 所示。

表 2.3.1　期刊文献统计表（发展期）

期刊数量	文献数量	载文累积量	期刊数累积数	期刊累积数对数值
1	31	31	1	0.0000
1	21	52	2	0.3010
1	20	72	3	0.4771
1	18	90	4	0.6021
3	10	120	7	0.8451
1	9	129	8	0.9031
1	8	137	9	0.9542
3	7	158	12	1.0792
1	6	164	13	1.1139
3	5	179	16	1.2041
2	3	185	18	1.2553
5	2	195	23	1.3617
7	1	202	30	1.4771

　　根据载文量把期刊分为大致相同三个区，每区载文量近似为 68 篇，把载文量在 20 篇以上的 3 种期刊定为核心区，载文量 8 篇以上 20 篇以下的 6 种期刊为相关区，载文量 1~7 篇的 21 个期刊为离散区，如表 2.3.2 所示。

表2.3.2　期刊文献离散状况表（发展期）

	期刊数量	期刊总数占比	载文量	论文总数占比	平均载文密度
核心区	3	10.00	72	35.64	24
相关区	6	20.00	65	32.18	10.83
离散区	21	70.00	65	32.18	3.10
合计	30	100.00	202	100.00	

三个区域期刊数之比为3：6：21，近似为1：2：7，近似为1：2：4，符合布拉德福分布，系数为2，平均载文密度为24、10.83和3.10，核心效应相对突出。

这一时期的核心期刊有人工智能领域顶级学术刊物 *IEEE Transactions on Pattern Analysis and Machine Intelligence*（IEEE T-PAMI），计算机系统结构领域的权威国际学术期刊 *IEEE Transactions on Computers* 和 *IEEE Transactions on Systems, Man, and Cybernetics*。重要期刊有 *IEEE Transactions on Electronic Computers*，*IEEE Transactions on Automatic Control*，*IEEE Transactions on Systems Science and Cybernetics*，*Proceedings of the IEEE*，*IEEE Transactions on Education*，*IEEE Transactions on Information Theory*，*Journal of the ACM*（JACM）（美国计算机学会学报），*The Annals of Statistics*，*Journal of Anthropological Research* 等。

③1986—2022年(成熟期)：EI上检索到130825篇外文文献，CNKI(关键词)上搜索到14034篇中文文献，如表2.3.3所示。

表2.3.3　期刊文献统计表（成熟期）

期刊数量	文献数量	载文累积量	期刊数累积数	期刊累积数对数值
1	4783	4783	1	0
1	2764	7547	2	0.3010
1	2311	9858	3	0.4771

期刊数量	文献数量	载文累积量	期刊数累积数	期刊累积数对数值
1	2163	12021	4	0.6021
1	2114	14135	5	0.6990
1	1783	15918	6	0.7782
2	1569	19056	8	0.9031
…	…	…	…	…
1	197	47033	160	2.2041
1	196	47229	161	2.2068
2	195	47619	163	2.2122
1	194	47813	164	2.2148
2	192	48197	166	2.2201
…	…	…	…	…
8	59	93839	669	2.8254
10	58	94419	679	2.8319
19	57	95502	698	2.8439
6	56	95838	704	2.8476
10	52	96358	714	2.8537
12	51	96970	726	2.8609
…	…	…	…	…
317	7	129190	2804	3.4478
264	6	130774	3068	3.4869
579	5	133669	3647	3.5619
726	4	136573	4373	3.6408
842	3	139099	5215	3.7173
1127	2	141353	6342	3.8022
3506	1	144859	9848	3.9933

　　根据载文量把期刊分为大致相同三个区，把载文量在 192 篇以上的 166 种期刊定为核心区，载文量 51 篇以上 192 篇以下的 560 种期刊为相关区，载文量 1～50 篇的 9122 个期刊为离散区，如表 2.3.4 所示。

表 2.3.4　期刊文献离散状况表（成熟期）

	期刊数	期刊总数占比	载文量	论文总数占比	平均载文密度
核心区	166	1.68	48197	33.27	290.34
相关区	560	5.69	48773	33.67	87.09
离散区	9122	92.63	47889	33.06	5.25
合计	9848	100.00	144859	100.00	

　　三个区域期刊数之比为 166∶560∶9848，近似为 200∶1400∶9800，简化为 1∶7∶49，基本符合布拉德福分布，系数为 7，平均载文密度为 290.34、87.09 和 5.25，核心效应显著。可以看出离散区有大量的期刊。

　　Journal of Machine Learning Research，*Machine Learning* 是机器学习领域的顶级国际权威期刊，自然算领域核心期刊，在此不纳入分析。经过分析领域核心期刊有 *IEEE Access*，*Sensors*，*Scientific Reports*，*Applied Sciences-Basel*，*IEEE Transactions on Pattern Analysis and Machine Intelligence*，*Plos One*，*Remote Sensing*，*Expert systems with Applications*，*Neurocomputing*，*Neural Computing & Applications*，*Multimedia Tools and Applications*，*IEEE Transactions on Neural Networks and Learning Systems* 等；重要中文期刊有《计算机研究与发展》《软件学报》《计算机学报》《自动化学报》《计算机应用》等。

2.3.3.2　其他类型文献统计

　　除期刊文献外，机器学习领域还有较多其他类型的文献，例如会议论文、学位论文和书籍这三种。分别统计三个时间段的文献数量，按照主题词或关键词"机器学习"进行检索。

会议论文：在外文数据库 IEEE Xplore、中文数据库 CNKI 上选定"会议（All Proceedings）"一栏进行检索。萌芽期检索到外文 0 篇，中文 0 篇；发展期检索到外文 19 篇，中文 0 篇；成熟期检索到外文 146629 篇，中文 795 篇。

学位论文：在外文数据库 PQDT 学位论文全文库、中文 CNKI 博硕士论文全文数据库检索。萌芽期共检索到外文 9 篇，中文 0 篇；发展期检索到外文 131 篇，中文 1 篇；成熟期检索到外文 52942 篇，中文 16764 篇。

书籍：在外文数据库 SpringerLink、中文数据库读秀学术搜索上选择"图书（All Books）"一栏进行检索。萌芽期共检索到外文书籍 0 本，中文书籍 0 本；发展期检索到外文 9 本，中文 0 本；成熟期检索到外文 27086 本，中文 740 本。

综合领域萌芽期、发展期和成熟期的信息源统计数据，发现三个阶段都是外文文献多于中文。其中，萌芽期中文各种类型文献几乎没有，外文各类型文献也较少，这表明外国在机器学习领域方面起步较早，且除了技术报告、书籍外其他类型都有，已经有较丰富的信息源种类；发展期，中外文文献都有了一定增长，但总体数量都较少，中文类型仍少于外文类型；成熟期，中文类型文献发展较快，各类型都有了明显增长，像期刊文献达到了 1 万多篇，但各类型文献和外文数量仍旧差距很大，如外文期刊文献有 13 万多篇，远远高于中文的 1 万多篇，表明中文在该领域的研究发展还有待进一步深化。

2.3.3.3 文献的机构分布分析

外文数据库选择 EI，中文数据库选择 CNKI，选择高级检索，关键词"机器学习"，选定"机构（Affiliation）"一项。

①1950 年以前（萌芽期）：检索到中文机构发表 0 篇，外文机构 American Telephone and Telegraph Company，NY，USA（美国电话电报公司）发表 1 篇，Detroit（Mich.）Edison Company（底特律爱迪生公司）发表 1 篇。检索结果如表 2.3.5 所示。

表 2.3.5 机构文献统计表(萌芽期)

机构数量	文献数量	载文累积量	机构数 累积数	机构累积 数对数值
1	1	1	1	0.0000
1	1	2	2	0.3010

②1950—1985 年(发展期):检索到外文机构发文共 786 篇,中文机构发文 1 篇。检索结果如表 2.3.6 所示。

表 2.3.6 机构文献统计表(发展期)

机构数量	文献数量	载文累积量	机构数累积数	机构累积数对数值
2	4	8	2	0.3010
2	3	14	4	0.6021
26	2	66	30	1.4771
721	1	787	751	6.6214

发表最多的是 4 篇,有 2 个机构,分别是 Bell Laboratories(贝尔实验室)、The University of Manchester (United Kingdom)(英国曼彻斯特大学);发文 3 篇的有 2 个机构,分别是 Department of Chemistry, University of Washington(美国华盛顿大学化学系),Faculty of Engineering Science, Osaka University(日本大阪大学工程科学学院);其余发文 2 篇的机构有 Biogenetics Research Corp, Cambridge, Ma, Usa(美国马萨诸塞州剑桥生物遗传学研究公司),Carleton Univ, Ottawa, Ont, Can(加拿大卡尔顿大学)、Chinese Univ of Hong Kong, Dep of Computer Science, Hong Kong(香港中文大学香港计算机科学系)、Dalle Molle Institute for Semantic and Cognitive Studies, University of Geneva(瑞士日内瓦大学 Dalle-Molle 语义与认知研究所)、Department of Chemistry, University of North Carolina(美国北卡罗来纳大学化学系)、Department of Electrical Engineering, Kyoto University(日本京都大学电气工程系)等。

③1986—2022 年(成熟期):检索到外文机构发文共 483202 篇,中文机构发文 32149 篇。检索结果如表 2.3.7 所示。

表 2.3.7　机构文献统计表(成熟期)

机构数量	文献数量	载文累积量	机构数累积数	机构累积数对数值
1	2550	2550	1	0.0000
1	2314	4864	2	0.3010
1	2106	6970	3	0.4771
1	2040	9010	4	0.6021
1	1722	10732	5	0.6990
1	1572	12304	6	0.7782
1	1149	13453	7	0.8451
1	1116	14569	8	0.9031
1	975	15544	9	0.9542
1	974	16518	10	1.0000
…	…	…	…	…

根据上述统计表,重要机构有 University of California(美国加利福尼亚大学),Carnegie Mellon University(美国卡内基梅隆大学),Microsoft Research(微软研究院),Stanford University(美国斯坦福大学),Google Research(谷歌研究),University of Chinese Academy of Sciences(中国科学院大学),IBM Research(IBM 研究),Massachusetts Institute of Technology(美国麻省理工学院),Eth Zurich(苏黎世 ETH),Georgia Institute of Technology(美国乔治亚理工学院),School of Electrical and Electronic Engineering, Nanyang Technological University, Singapore(新加坡南洋理工大学电气与电子工程学院),Department of Electrical and Computer Engineering, National University of Singapore, Singapore(新加坡国立大学电气与计算机工程系)等;中文重要机构还有北京邮电大学、清华大学、哈尔滨工业大学、电子科技大学、上海交通大学等。International, Association For

Computing Machinery(计算机协会)在领域发展的不同阶段一直是核心机构,致力于领域发展,因此也应该涵盖在内。

2.3.3.4 文献的学科分布分析

数据库选择 CNKI 和 EI,高级检索关键词"机器学习",选定"学科"一项。

1950 年以前(萌芽期):

检索到 4 条外文结果和 0 条中文结果。涉及学科包括哲学、数学、生物物理、计算机科学。

1950—1985 年(发展期):

检索到 7 条中文结果和 1 条外文结果。涉及学科包括数学、机械学、力学、计算机科学、神经生物学、统计学、人类学。

1986—2022 年(成熟期):

检索得到载文量最多的 20 条结果,列出表 2.3.8。

表 2.3.8 学科载文统计表(成熟期)

学科数量	载文数量	载文累积量	学科数累积数	学科累积数对数值
1	16096	16096	1	0.0000
1	9160	25256	2	0.3010
1	6616	31872	3	0.4771
1	5861	37733	4	0.6021
1	5076	42809	5	0.6990
1	4655	47464	6	0.7782
1	3964	51428	7	0.8451
1	3784	55212	8	0.9031
1	3459	58671	9	0.9542
1	3277	61948	10	1.0000
1	3107	65055	11	1.0414
1	2956	68011	12	1.0792
1	2954	70965	13	1.1139

学科数量	载文数量	载文累积量	学科数累积数	学科累积数对数值
1	2944	73909	14	1.1461
1	2735	76644	15	1.1761
1	2714	79358	16	1.2041
1	2504	81862	17	1.2304
1	2454	84316	18	1.2553
1	2448	86764	19	1.2788
1	2370	89134	20	1.3010

选取载文量前十名学科认为是核心、重要学科，有自动化技术、计算机软件及计算机应用、计算机科学、数学、力学、人工智能、电信技术、互联网技术、金融、电力工业。机器学习领域文献涉及学科广泛，体现出跨学科性。

2.3.3.5　生产者分布分析

洛特卡定律认为作者数量与文献数量之间的关系可以用下列公式来表达：

$$f(x) = c/x^n \quad x: 1, 2, 3, \cdots, m \qquad (2.3.1)$$

$$f(x)x^n = c \qquad (2.3.2)$$

其中 x 是文献数，$f(x)$ 是写了 x 篇文献的作者占所有作者数的百分比。

n 表示 x 与 y 之间直线关系的斜率，c 是主题领域待定常数。

两边取对数值：

$$\ln f(x) + \ln x^n = \ln c \qquad (2.3.3)$$

外文数据库选择 EI，中文数据库选择 CNKI，高级检索关键词"机器学习（Machine Learning）"。由于文献数量较大，本书只统计第一作者，不考虑合著，检索作者结果为去除匿名后结果。

①1950 年以前（萌芽期）：检索到 10 条"作者"外文结果和 0 条中文结果。

这一时期发文量都很少，未形成作者群，重要作者有美国神经

科学家和控制论学者沃伦·麦卡洛克(Warren McCulloc),美国数
理逻辑学家沃尔特·皮茨(Walter Pitts),英国神学家、数学家、数
理统计学家和哲学家,概率论理论的创始人托马斯·贝叶斯
(Thomas Bayes),英国数学家阿兰·图灵(Alan Turing),美国计算
机科学家马文·明斯基(Marvin Lee Minsky)等。

②1950—1985 年(发展期):检索到 678 条"作者"外文结果和
1 条中文结果。根据结果绘制表 2.3.9。

表 2.3.9 作者发文统计表(发展期)

文献数量	作者数量	作者数占比
5	4	0.63
4	1	0.15
3	17	2.67
2	89	13.97
1	526	82.58
合计	637	100.00

表 2.3.10 n 值计算表(发展期)

x	y	ln$x$	ln$y$	ln$x$ln$y$	$(\ln x)^2$
5	4	0.699	0.6021	0.4209	0.4886
4	1	0.6021	0	0	0.3625
3	17	0.4771	0.301	0.1436	0.2276
2	89	0.301	1.9494	0.5868	0.0906
1	526	0	2.721	0	0
合计		2.0792	5.5735	2.1513	1.1693

(1) 估计参数 n。运用最小二乘法:

$$n = \left(\sum \ln x\right)\left(\sum \ln y\right) - N\sum (\ln x \ln y) / N\left[\sum (\ln x)^2\right] - \left(\sum \ln x\right)^2$$

$$(2.3.4)$$

n 为上述结果的绝对值，N 为考察的数据对的数量，由表 2.3.8 得出 $N = 5$，算出 $n = 0.5461$。

(2) 估计参数 c。美国情报学家帕欧提出一种 n 不等于2时的估算 c 值的方法：

$$c = \frac{1}{\sum_{x=1}^{\infty} x_n^1} \tag{2.3.5}$$

$$\sum_{x=1}^{\infty} \frac{1}{x^n} \approx \sum_{x=1}^{p-1} \frac{1}{x^n} + \frac{1}{(n-1)p^{(n-1)}} + \frac{1}{2p^n} + \frac{n}{24(p-1)^{(n+1)}} \tag{2.3.6}$$

取 $p = 5$，将 $n = 0.5461$ 代入上式，算出 $c \approx -1.661025$。

得出机器学习领域成熟前作者数的洛特卡分布：

$$f(x) = -1.661025/x^{0.5461}。$$

(3) K-S 检验。为了验证实际分布是否和理论分布一致，需要进行检验，利用软件 SPSS，得到表 2.3.11。

检验结果基本符合正态分布，能通过 K-S 检验。

(4) 确定核心作者。

普赖斯定律在洛特卡定律的基础上形成，认为文献量在 N 篇以上的为杰出研究者，$N = 0.749(n_{max})^{0.5}$，n_{max} 为最高发文量，由表 2.3.9 知 n_{max} 为5，算得 $N \approx 4$，以此划分机器学习领域萌芽期文献作者群。理论认为，在一个成熟的著作群中，最合理的作者率比为 $1:3:6$，发文率比为 $5:3:2$，如表 2.3.12。

表 2.3.11　单样本 K-S 检验(发展期)

		x	y
N		5	5
正态参数[a,b]	均值	2.500	158.250
	标准差	1.291	248.136
峰度		-1.200	1.863
偏度		0.000	3.489

续表

	x	y
K-S Z	0. 151	0. 360
渐近显著性（双侧）	0. 988	0. 077

表 2. 3. 12　作者群划分表（发展期）

作者群	发文范围	作者数	作者率		发文数	发文率	
			理论值	实际值		理论值	实际值
高产者	4~5	5	10. 00	0. 79	24	50. 00	3. 08
多产者	2~3	106	30. 00	16. 64	229	30. 00	29. 40
低产者	1	526	60. 00	82. 57	526	20. 00	67. 52

在领域发展期，著作者发文量都较少，相差不大，与理论值相比，相对高产者数量少，相对低产者数量庞大，作者群并不成熟，相对高产者发文率也不高，说明领域发展潜力巨大。

机器学习在 20 世纪 50 年代开始形成自己独特的领域，期间重要作者和文献有：1958 年卢恩（H. P. Luhn）的 *The automatic creation of literature abstracts*，Baxendale P B 的 *Machine-made index for technical literature：an experiment*。

机器学习于 20 世纪 60 年代形成理论基础，期间重要作者和文献有：1962 年，美国神经生物学家大卫·休伯尔（David Hunter Hubel）和托斯登·威塞尔（Torsten N. Wiesel）发表了 *Receptive fields, binocular interaction and functional architecture in the cat's visual cortex*；1963 年，诺维科夫（Novikoff A B）发表了 *On convergence proofs on perceptrons*；1969 年，人工智能研究先驱者马文·明斯基（Marvin Minsky）和西摩尔·派普特（Seymour Aubrey Papert）出版了对机器学习研究具有深远影响的著作 *Perceptrons*。

机器学习于 20 世纪 70 年代形成了计算科学范围内带有机器学习特点的实用算法，在此期间重要作者和文献有：1971 年乌克兰数学家伊万科夫（Ivakhnenko A G）的 *Polynomial theory of complex* systems，他提出了一个8层的深度学习网络；1974 年，Antoniak C E 的 *Mixtures of Dirichlet processes with applications to Bayesian nonparametric problems*。

1980 年，在美国卡内基梅隆大学举行第一届机器学习国际研讨会，标志着机器学习研究在世界范围内兴起，增强学习成为热点问题，期间重要作者和文献有：1980 年，日本科学家福岛邦彦在论文 *Neocognitron：A self-organizing neural network model for a mechanism of pattern recognition unaffected by shift in position* 中提出了一个包含卷积层、池化层的神经网络结构；1983 年，"人工智能之父"、世界唯一诺贝尔奖图灵奖人工智能终生成就奖得主、美国心理学家西蒙（Simon H A）的 *Why should machines learn?*；Michalski RS 的 *MachineLearning：An Artificial Intelligence Approach*；1984 年 Breiman，L. 的 *Classification and Regression Trees* 等。

③1986—2022 年（成熟期）：检索到 357354 条"作者"外文结果和 16357 条中文结果。根据结果绘制表 2.3.13。

表 2.3.13　作者发文统计表（成熟期）

文献数量	作者数量	作者数占比
473	1	0.00
452	1	0.00
360	1	0.00
304	1	0.00
291	1	0.00
271	1	0.00
258	1	0.00
...	...	...
6	153	0.0004
5	217	0.0006
4	487	0.0013
3	563	0.0015

续表

文献数量	作者数量	作者数占比
2	1724	0.0046
1	373711	98.95
合计	377682	100.00

表 2.3.14　n 值计算表(成熟期)

x	y	$\ln x$	$\ln y$	$\ln x \ln y$	$(\ln x)^2$
473	1	2.6749	0	0	7.1551
452	1	2.6551	0	0	7.0496
360	1	2.5563	0	0	6.5347
304	1	2.4829	0	0	6.1648
291	1	2.4639	0	0	6.0708
271	1	2.433	0	0	5.9195
258	1	2.4116	0	0	5.8158
...	...	...	...	...	...
6	153	0.7782	2.1847	1.7001	0.6056
5	217	0.6990	2.3365	1.6332	0.4886
4	487	0.6021	2.6875	1.6181	0.3625
3	563	0.4771	2.7505	1.3123	0.2276
2	1724	0.3010	3.2365	0.9742	0.0906
1	373711	0	5.5725	0	0
合计		21.7278	19.3739	8.1696	52.7274

(1)再次运用上文公式(2.3.4)(2.3.5)(2.3.6)计算,考察的数据对的数量 N 为121,算出 $n=0.0961$。

取 $p=473$,将 $n=0.0961$ 代入上式,算出 $c \approx -206.877523$。

得出机器学习领域成熟前作者数的洛特卡分布: $f(x) = -206.877523 / x^{0.0961}$。

（2）为了验证实际分布是否和理论分布一致，需要进行 K-S 检验。利用软件 SPSS，由于数据量太多，只分析前 100 条，得到表 2.3.15。

表 2.3.15 单样本 **K-S** 检验（成熟期）

		x	y
N		100	100
正态参数[a,b]	均值	104.370	4.520
	标准差	74.015	2.897
峰度		5.709	1.607
偏度		2.015	1.082
K-S D		0.153	0.160
渐近显著性（双侧）		0.000**	0.000**

峰度绝对值小于 10 并且偏度绝对值小于 3，检验结果基本符合正态分布，可通过 K-S 检验。

（3）划分作者群。

$$n = 0.749(n_{max})^{0.5}$$

由表 2.3.13 知 n_{max} 为 473，算得 $n \approx 16$，以此划分作者群，如表 2.3.16 所示：

表 2.3.16 作者群划分表（成熟期）

作者群	发文范围	作者数	作者率		发文数	发文率	
			理论值	实际值		理论值	实际值
高产者	16~473	485	10.00	0.13	35046	50.00	8.32
多产者	4~15	1199	30.00	0.32	7191	30.00	1.71
低产者	1~3	375998	60.00	99.55	378848	20.00	89.97

机器学习领域成熟后，作者群形成，有核心区，与理论值相比，低产区作者数集中，发文率很高，低产者比例巨大，说明该领

域贡献者很多，这一学科发展势头足。从庞大的文献量也能看出这一点，这与当前人工智能的快速推进趋势是吻合的，但多产者比例低，发文率低，说明领域还需要突出贡献者。

根据发文量，得出领域的核心及重要作者有：

加州大学伯克利分校电气工程与计算机科学系和统计系教授，统计人工智能实验室（SAIL）主任、统计系主任迈克尔·乔丹（Michael I. Jordan），在机器学习领域深耕近 40 年，为该领域奠定了理论基础，是领域的开拓者。他的研究涉及机器学习、统计学的理论、方法与系统研究等诸多方面，对贝叶斯网络、概率图模型等方向的诞生，以及机器学习与统计学的交叉融合等方面做出了极大的贡献。

杰弗里·辛顿（Geoffrey Hinton），被誉为"深度学习之父"，在过去的 30 余年间，对神经网络和深度学习的发展做出了极大贡献，促使深度学习从不被看好的边缘课题，成为各科技巨头所仰赖的核心技术，让图像识别、语音识别等人工智能任务能够真正投入实用。

Zoubin Ghahramani，Michael I. Jordan 的学生，剑桥信息工程学教授，伦敦 Gatsby 计算神经科学团体的创始人，艾伦·图灵研究院、英国国家数据科学研究院的创始导师之一。主要研究领域为机器学习和概率模型，在研究领域内拥有极高的地位，是机器学习领域最具影响力的学者之一。

戴维·麦凯（David J. C. MacKay），英国剑桥大学教授，英国国家工程部皇家学者，著有《信息论、推理与学习算法》——一本将贝叶斯数据建模、蒙特卡罗树、聚类算法等主题融汇在统一框架下的经典机器学习教材。Mackay 曾将贝叶斯概率用于人工神经网络，由此设计出的新型控制器已被广泛应用于发电站中。

美国工程院、艺术与科学院院士 Tom Mitchell，他还是国际机器学习大会（ICML）的创始人。在机器学习、认知神经学科等方面都有极高的建树，是全球最顶尖的机器学习专家之一。

微软亚洲研究院互联网搜索和数据挖掘组（MSRA Web Search and Mining Group）高级研究员和主管李航，主要研究领域是信息检索、自然语言处理和统计学习。近年来，主要与他人合作使用机器学习方法对信息检索中排序、相关性等问题进行研究。

还有微软人工智能研究顾问，深度学习先驱 Yoshua Bengio 和深度学习权威 Aaron Courville，吴恩达，卡耐基梅隆大学计算机科学学院教授邢波；提出生成对抗网络（GAN），被誉为"GAN 之父"的 Ian Goodfellow；强化学习领域专家 David Sliver；清华大学智能产业研究院副研究员、副教授刘洋，拥有 20 余项国际国内授权专利，超过 100 件专利申请，并在 *Nature*、*AAAI*、*IJCAI*、*USENIX*、*ACM TIST* 等知名学术期刊发表科研成果，总引用数超过 3000，是 *Federated Learning* 的主要作者之一；中国科学院软件研究所研究员、博导，中国科学院大学岗位教授王伟，主要研究方向为分布式系统、大数据与机器学习系统，在 *VLDB*、*ICSE*、*ASE*、*ISSTA*、*ICDCS*、*CIKM*、*Cluster*、*ICWS*、*Computing* 等国内外重要学术期刊和会议发表论文 70 余篇，申请发明专利 30 余项，相关成果被 IBM、Intel、SAP、VMWare、CA 等企业及研究机构关注和引用；北京国际数学研究中心博雅特聘教授，北京大学定量生物学中心、国际机器学习中心研究员张磊，他在计算数学领域和生命科学研究领域都卓有成果，在数学与生物、材料科学的交叉研究方面颇有建树；东北大学信息科学与工程学院计算机科学系教授、硕士生导师张伟，研究方向是数据挖掘和机器学习，曾任中国机器学习学会理事、中国高校计算机教育研究会理事，在《中国科学》《计算机学报》《自动化学报》、*Engineering Applications of Artificial Intelligence* 等期刊和国际会议上发表论文 40 余篇；中科院计算所研究员、博士生导师陈薇，曾任微软亚洲研究院计算学习理论组负责人，长期从事机器学习方面的科研工作，研究兴趣包括机器学习基础理论和算法、可信机器学习、分布式机器学习等，2012 年荣获微软亚洲研究院科技突破奖，2021 年入选福布斯中国科技女性榜；香港理工大学人工智能与计算机学院副教授、硕士生导师李伟，研究方向是深度学习、数据挖掘、模式识别；信息检索、自然语言处理、机器翻译方面的专家，ACL 的副主席，百度高级科学家王海峰；

Facebook 人工智能研究部门钱童心（Yann LeCunn）；Deep Mind 创始人 Demis Hassabis；谷歌云计算机器学习负责人李飞飞；南京大学的杰出青年，国内机器学习和数据挖掘方面的领军人物周志华；香港科技大学教授、迁移学习的国际领军人物杨强；分布式数据库的领军人物李建中；清华大学副教授、图挖掘方面专家唐杰等人。

2.3.4 结论与启示

（1）在机器学习领域的萌芽期、发展期和成熟期三个阶段中，信息资源在媒介上的分布呈现不同特点。萌芽期，外国已经有相关理论，领先于中国，中国还未起步。发展期，外国领域多种媒介种类已形成，期刊分布符合布拉德福定律，但因文献少核心效应不强，只是相对突出。成熟期，中国领域发展迅猛，形成了多样化的媒介种类和丰富的研究成果，但在研究数量上与外国还有一定差距，发展潜力巨大。会议论文数量差距尤其突出，这一阶段期刊资源分布大致符合布氏定律，效应极为显著。

（2）在机器学习领域发展的三个阶段中，机构发文都是美国处于领先水平。萌芽期，American Telephone and Telegraph Company，NY，USA（美国电话电报公司）和 Detroit（Mich.）Edison Company（底特律爱迪生公司）研究起步早；发展期，Bell Laboratories（贝尔实验室），The University of Manchester（United Kingdom）（英国曼彻斯特大学），Department of Chemistry，University of Washington（美国华盛顿大学化学系），Faculty of Engineering Science，Osaka University（日本大阪大学工程科学学院），Biogenetics Research Corp，Cambridge，Ma，Usa（美国马萨诸塞州剑桥生物遗传学研究公司），Carleton Univ，Ottawa，Ont，Can（加拿大卡尔顿大学）等为重要机构，其中包括中国香港中文大学计算机科学系，研究领先于中国内地，这一时期领域研究还是以发达国家和地区为主；成熟期，重要机构既有 International，Association For Computing Machinery（计算机协会），University of California（美国加利福尼亚大学），Carnegie Mellon University（美国卡内基梅隆大学），Microsoft

Research(微软研究院)，Stanford University(美国斯坦福大学)，Google Research（谷歌研究），IBM Research（IBM 研究），Massachusetts Institute of Technology（美国麻省理工学院），Eth Zurich(苏黎世 ETH)，Georgia Institute of Technology(美国乔治亚理工学院)等欧美发达国家机构，也有中国科学院大学、北京邮电大学、清华大学、哈尔滨工业大学等内地机构，亚洲表现突出的还有新加坡南洋理工大学，它的电气与电子工程学院、电气与计算机工程系、计算机科学与工程学院等发文较多。

（3）机器学习领域的研究在三个阶段都体现出跨学科性。萌芽期，涉及哲学、数学、生物物理、计算机科学等；发展期涉及数学、机械学、力学、计算机科学、神经生物学、统计学、人类学等；成熟期涉及上百个广泛的学科，不仅有与技术相关的自动化技术、互联网技术、电信技术等学科，还有数学、生物学等基础学科以及人工智能等新兴学科。跨学科信息资源分布不仅稀疏分散，而且是在很多相对孤立的学科岛屿上面，导致搜索和理解的障碍。

（4）机器学习领域萌芽期、发展期和成熟期中著作者的分布都符合洛特卡定律。萌芽期尚未形成作者群，发展期的洛特卡分布符合 $f(x) = -1.661025/x^{0.5461}$，成熟期的洛特卡分布为 $f(x) = -206.877523/x^{0.0961}$，经过 K-S 检验，都基本符合正态分布，但因成熟阶段样本量大，检验精度有待考证。领域在 20 世纪 50 年代开始形成独特的领域，在 70 年代形成了计算科学范围内带有机器学习特点的实用算法，在 80 年代，以在美国卡内基梅隆大学举行的第一届机器学习国际研讨会为标志，领域研究在世界范围内兴起，增强学习成为热点问题。发展期，著作者发文量都较少，相差不大，与理论值相比，相对高产者数量少，相对低产者数量大，作者群并不成熟，相对高产者发文率也不高，领域发展潜力巨大。成熟期，领域发文量增多，最高的发表可达到 400 多篇，中外著作者数量也达到了 37 万多，说明领域发展势头迅猛，拥有巨大活力，中外方面都涌现了大量的专家，涉及机器学习的方方面面。

2.4　跨学科领域文献分布分析
—— 以 "计算生物学" 领域为例

2.4.1　不同层级粗粒度信息源调查

2.4.1.1　领域选取

计算生物学将数据分析相关理论和方法、数学建模及计算机仿真技术用于生物学或社会群体的研究。大数据时代，生物学要统计的数据量大规模增长，单纯的观测、实验已难以处理随着基因研究的推进而不断产生的海量数据，研究者必须要依靠计算机技术来处理、分析数据。研究计算生物学，是研究者在大数据时代高效提取信息、智能化处理数据的重要补充。基于计算生物学的重要性，本书选取这一前沿跨学科领域进行研究。

2.4.1.2　计算生物学历史

计算生物学领域有着更久远的根源，它被认为开始于 20 世纪 60 年代，最初被用于为了研究蛋白质进化的生物学序列比对算法的发展中。Needleman-Wunsch 全局比对算法发布于 1970 年，Smith-Waterman 局部比对算法随后发布于 1981 年，二者都是经典的计算生物学工具。The Needleman-Wunsch 算法的发布标志计算生物学作为清晰领域的诞生。比较合理的观点是认为计算生物学领域在 1970 年左右诞生，在 1990 年左右趋于成熟。

2.4.1.3　领域信息源逻辑关系

《文献术语》中 "信息源" 的定义为个人为满足信息需要而获取信息的来源。生产、加工、传播信息的源泉都算作信息源。信息的粒度则指信息的一种组织维度，表现为信息的详细程度。高程度概括的信息为粗粒度信息源，具体、精确的信息为细粒度信息源。

按照信息源定义，生产信息的文献作者及贮存、传播信息的出版机构、项目等也是信息源。则粗粒度信息源主要包括研究机构、研究项目、作者、数据库和文献资源，其中计算生物学文献资源又主要包含期刊、会议论文、学位论文、技术报告和书籍。细粒度信息源指文献的微观单元，主题词或关键词，本书选取具体文章中的关键词作为细粒度信息源，对粗粒度文献资源和生产、传播它们的作者、机构信息源和细粒度信息源均进行计量分析。

2.4.1.4 领域主要信息源调查

信息源是承载信息的特定节点/位置，类似于传统网络方法中的实体，可以是产生信息的个人或机构，或提供信息的人或地方。信息源比信息所包含的信息类型更重要。

计算生物学领域在 20 世纪 90 年代的多学科交叉热潮中，已成为各领域密切合作研究的一门学科，包括计算机科学、数学和统计学、生物学、遗传学、医学、工程等，各式各样的机构、项目、专家、数据库、文献等不同领域的许多不同的数据载体、科学知识和计算基础设施层出不穷。主要信息源总结如下：

（1）主要机构：美国斯坦福大学 X-Biology 中心、电气和电子工程师协会（IEEE）、美国计算机学会（ACM）、国际计算生物学会（ISCB）、ISMB 会议、国家生物医学计算中心（NCBCs）、美国国家生物技术信息中心（NCBI）、欧洲生物信息学研究所（EBI）、欧洲分子生物学组织 EMBO、美国医学信息学协会（AMIA）、美国得克萨斯州大学电气与计算机工程系、美国乔治亚州立大学计算机科学系、美国弗吉尼亚州费尔法克斯乔治梅森大学计算机科学系、新加坡南洋理工大学电气与电子工程学院、美国加利福尼亚州洛杉矶南加州大学牛物医学工程系、中国科学院—马普学会计算生物学伙伴研究所、复旦大学计算系统生物学中心、香港城市大学计算机系、上海交通大学 Bio-X 研究所、北京林业大学计算生物学中心、中国香港城市大学计算机系、北京大学、山东大学、军事医学科学院情报研究所等。

（2）主要项目："人类基因组计划""多模态脑语言、运动功能图谱构建及其在脑胶质瘤手术中的应用"国家"十三五"规划的"脂代谢可塑性调控的分子与细胞机制""面向功能构筑的新型响应性高分子材料""代谢物及细胞感受代谢物异常与肿瘤发生发展""生物大分子药物高效递释系统"等重大项目；CSB（Computational & Systems Biology），CBB Program（Computational Biology & Bioinformatics），耶鲁大学的计算生物学 & 生物信息学项目，BIG（Bioinformatics & Integrative genomics Training Program），哥伦比亚大学的 C2B2 Program 等。

（3）主要作者：Russ B. Altman，加藤正丸（Katoh Masaru），Florian Markowetz，唐继军，迈克尔·沃特曼（Michael Waterman），埃雷兹·艾登（Erez Lieberman Aiden），Richard Michael Durbin，Dan Gusfield，Eugene Myers，杨力，王泽峰，Martin Vingron，David Baker，王军，蔡煜东等。

（4）主要数据库：MEDLINE，BIOSIS，SciFinder Scholar，Inspec，GenBank，RefSeq，Protein Data Bank，Online Mendelian Inheritancein-Man，the European Molecular Biology Laboratory Data Library，the DNA Data Bank of Japan，IEEE Xplore，ACM Digital Library 等。

（5）主要期刊：*Bioinformatics*，*Plos computational biology*，*BMC Bioinformatics*，*Briefings in Bioinformatics*，*Genome biology*，*Genome research*，*Current bioinformatics*，*International Journal of Data Mining and Bioinformatic*，*Protein：Structure*，*Function*，*Computational Biology and Chemistry*，*Journal of Computational Biology* 等。

将这些领域主要信息源与后续通过计量得到的核心信息源对比，探讨分析的准确性和定律的合理性，既是对计量分析结果的检验，也是补充，为研究人员提供更多参考。

2.4.2 信息源分布计量分析框架

本书以文献学术信息资源为计量对象，分析框架如图 2.4.1 所示。对粗粒度信息源进行多视角的分析，包括时间维度、载体维度、学科维度和来源维度，对细粒度信息源的分布进行齐夫定律拟合，并由细粒度信息源的分布回归到对粗粒度信息源的分布分析上去。

　　另外，将粗粒度计量结果运用可视化工具得到领域信息源分布的知识图谱，比较学科的信息源分布指标及知识图谱的差异，帮助研究者更好地了解信息的多样传播途径。

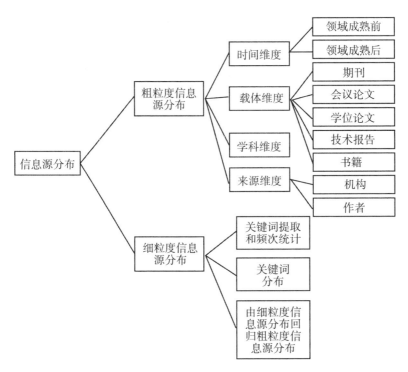

图 2.4.1　信息源计量分析框架图

2.4.3　粗粒度信息源的多维度分布分析

2.4.3.1　时间维度

　　学术文献资源的集中与分散随着学科发展阶段不同而呈现出不同的特点和规律，若不顾学科的发展史讨论其信息源分布则有失准确性。本书依据计算生物学的发展历程，将其划分为成熟之前（1970—1989 年）和成熟之后（1990—2016 年）两个阶段，分阶段进行数据采集、统计、分析，描述计算生物学的信息源在不同阶段的分布情况。后续的计算除帕欧公式的 c 值保留到小数点后面六位数外，其余都保留到小数点后面四位数。

2.4.3.2　载体维度

(1)信息源的期刊分布。

1)区域法：利用布拉德福定律将检索得到的期刊文献进行分区，列出计算生物学期刊文献统计表。

外文数据库选择 MEDLINE，按主题词检索"computation-al biology"，中文数据库选择 CNKI，按关键词检索"计算生物学"。

①1970—1989 年：领域成熟前，统计结果如表 2.4.1 所示。

表 2.4.1　期刊文献统计表(领域成熟前)

期刊数量	文献数量	载文累积量	期刊数累积数	期刊累积数对数值
2	2	4	2	0.3010
8	1	12	10	1

领域成熟前，计算生物学领域发表期刊文章较少，在 MEDLINE 上查到期刊 *Nucleic Acids Research* 和 *Science(New York, N. Y.)* 分别发表了 2 篇文献，发表 1 篇文献的期刊有 8 个，分别是 *Cognition*，*Computer applications in the biosciences*：*CABIOS*，*Computers in Biology and Medicine*，*Enzyme*，*Journal of Biomechanical Engineering*，*Journal of Computer-Aided Molecular Design*，*Journal of research of the national institute of standards and technology*，*Proceedings of the national academy of sciences of the United States of America*，这一阶段还未形成核心期刊。

②1990—2016 年：领域成熟后，检索到 52952 篇外文文献，163 篇中文文献，统计结果如表 2.4.2 所示。

表 2.4.2　期刊文献统计表(领域成熟后)

期刊数量	文献数量	载文累积量	期刊数累积数	期刊累积数对数值
1	3101	3101	1	0.0000

期刊数量	文献数量	载文累积量	期刊数累积数	期刊累积数对数值
1	2592	5693	2	0.3010
1	2408	8101	3	0.4771
1	1980	10081	4	0.6021
1	1617	11698	5	0.6990
…	…	…	…	…
1	66	34962	123	2.0899
4	65	35222	127	2.1038
2	64	35350	129	2.1106
…	…	…	…	…
149	4	51017	1199	3.0788
215	3	51662	1414	3.1504
347	2	52356	1761	3.2458
759	1	53115	2520	3.4014

根据载文量把期刊分为大致相同的三个区，把载文量在 670 篇以上的 10 种期刊定为核心区，载文量 67~670 篇的 112 个期刊定为相关区，载文量 1~66 篇的 2398 个期刊定为离散区。统计结果如表 2.4.3 所示。

表 2.4.3 期刊文献离散状况表（领域成熟后）

期刊数	期刊总数占比	载文量	论文总数占比	平均载文密度
10	0.40	16558	3.17	1655.8
112	4.44	18338	34.53	163.73
2398	95.16	18219	34.30	7.60

三个区域期刊数之比为 10：112：2398，近似为 1：11：239，大致符合布拉德福 分布，系数为 11，平均载文密度为 1655.8、163.73、7.60，核心效应特别显著，离散区广泛。

经分析，计算生物学领域核心期刊有 10 种，分别是 *Plos One*，
Bioinformatics （ *Oxford*， *England* ）， *BMC Bioinformatics*， *PLoS*
Computational Biology， *BMC Genomics*， *Methods in molecular biology*
（ *Clifton*， *N. J.* ）， *Nucleic Acids Research*， *Proteins*， *Proceedings of the*
National Academy of Sciences of the United States of America， *Genome*
Research。

2）图像法：描绘布拉德福分散曲线，取期刊累积数 N 的对数
值 $\lg N$ 为横坐标，载文累积量 $R(N)$ 为纵坐标绘制图形。1970—
1989 年的图形如图 2.4.2 所示，1990—2016 年的图形如图 2.4.3
所示。

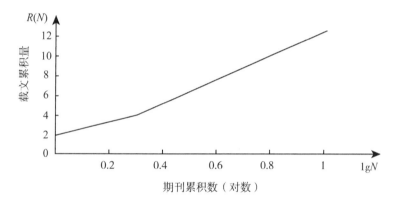

图 2.4.2　期刊分布的图形描述（领域成熟前）

图 2.4.2 中为折线，没有弯曲部分，样本量小，折线的两段直
线斜率相差不大，与上述区域分析结论一致，没有形成核心区域。

在图 2.4.3 中，B（1，1 6558），C（2.0864，34896）将曲线划
分为三段，AB 近似为一条向下弯的曲线，BC 近似为一条直线，
CD 近似为向上弯的曲线。经过图形分析，发现与上述区域分析法
得出结论一致，AB 段，即前 13 种期刊代表核心区，载文密度大，
127 个期刊以后的期刊集合为离散区，平均载文密度小。

（2）信息在其他载体的分布。

①会议论文。

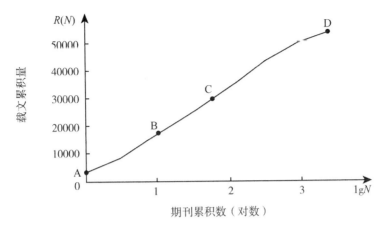

图 2.4.3　期刊分布的图形描述(领域成熟后)

领域成熟前，在外文数据库 IEEE Xplore、中文数据库 CNKI 上选定"会议(All Proceedings)"一栏，按主题词检索到外文 80 篇，中文 0 篇；成熟后，搜到外文 10109 篇，中文 8 篇。

②学位论文。

领域成熟前，在外文数据库 PQDT 学位论文全文库(关键词)、中文 CNKI 博硕士论文全文数据库(主题词)上共检索到外文 0 篇，中文 0 篇；成熟后，搜到外文 324 篇，中文 35 篇。

③技术报告。

领域成熟前，在外文数据库 MEDLINE、中文万方数据库上选择"科技报告"一栏，按关键词检索，未搜索到文献；成熟后，共检索到外文 4 篇，中文 2 篇。

④书籍。

领域成熟前，在外文数据库 SpringerLink、中文数据库读秀学术搜索上选择"图书(All Books)"一栏，按主题词检索，共检索到外文书籍 124 本，中文书籍 0 本；成熟后，搜到外文 1070 本，中文 0 本。

2.4.3.3　学科维度

外文数据库选择 MEDLINE，按主题词检索"computational biology"，中文数据库选择 CNKI，按关键词检索"计算生物学"，选定"学科"。

①1970—1989 年(领域成熟前):检索到 12 条学科结果(合并中英文同义词统计),如表 2.4.4 所示。

表 2.4.4　学科载文统计表(领域成熟前)

学科数量	载文数量	载文累积量	学科数累积数	学科累积数对数值
6	2	12	6	0.7782
6	1	18	12	1.0792

载文量为 2 的学科有:Biochemistry,Molecular Biology,Biotechnology Applied Microbiology,Chemistry,Crystallography,Engineering。

②1990—2016 年(领域成熟后):检索到 166 条结果(合并中英文同义词统计),选取载文量最多的 40 条结果列出,如表 2.4.5 所示。

表 2.4.5　学科载文统计表(领域成熟后)

学科数量	载文数量	载文累积量	学科数累积数	学科累积数对数值
1	3337	3337	1	0
1	3229	6566	2	0.3010
1	2186	8752	3	0.4771
1	1436	10188	4	0.6021
1	1296	11484	5	0.6990
1	1034	12518	6	0.7782
1	892	13410	7	0.8451
1	571	13981	8	0.9031
1	549	14530	9	0.9542
1	1296	11484	5	0.6990
1	1034	12518	6	0.7782
1	892	13410	7	0.8451

学科数量	载文数量	载文累积量	学科数累积数	学科累积数对数值
1	571	13981	8	0.9031
1	549	14530	9	0.9542
1	532	15062	10	1
1	498	15560	11	1.0414
1	431	15991	12	1.0792
1	429	16420	13	1.1139
1	341	16761	14	1.1461
1	223	16984	15	1.1761
1	195	17179	16	1.2041
1	174	17353	17	1.2304
1	150	17503	18	1.2553
1	137	17640	19	1.2788
1	134	17774	20	1.3010
1	131	17905	21	1.3222
1	119	18024	22	1.3424
1	116	18140	23	1.3617
1	113	18253	24	1.3802
1	111	18364	25	1.3979
1	109	18473	26	1.4150
1	105	18578	27	1.4314
2	101	18780	29	1.4624
2	86	18952	31	1.4914
1	84	19036	32	1.5051
1	78	19114	33	1.5185
1	76	19190	34	1.5315
1	56	19246	35	1.5441

续表

学科数量	载文数量	载文累积量	学科数累积数	学科累积数对数值
2	54	19354	37	1.5682
1	53	19407	38	1.5798

选取载文量前十名学科为核心、重要学科，包括：Biochemistry，Molecular Biology，Computer Science，Methematical Computational，Biotechnology Applied Microbiology，Mathematics，Engineering，Science Technology Other Topics，Chemistry，Cell Biology &Genetics Heredity。计算生物学领域文献涉及学科广泛，体现出跨学科性。

2.4.3.4　来源维度

该部分选择方便采集数据、计量的机构和作者两类信息源来源进行统计。

外文数据库选择 MEDLINE，按主题词检索"computational biology"，中文数据库选择 CNKI，按关键词检索"计算生物学"，选定"机构"。

(1)信息源的机构分布。

①1970—1989 年(领域成熟前)：检索到 286 条外文结果和 0 条中文结果。结果如表 2.4.6 所示。

表 2.4.6　机构文献统计表(领域成熟前)

机构数量	文献数量	载文累积量	机构数累积数	机构累积数对数值
1	4	4	1	0
1	3	7	2	0.3010
18	2	43	20	1.3010
243	1	286	263	2.4200

Department of Biomedical Engineering, Duke University, Durham,
NC, USA(杜克大学生物医学工程系，美国北卡罗来纳州达勒姆)
发表4篇；Department of Electrical Engineering, University of Tolctlo
and Eötvös Lárand University, Toledo, OH, USA(Eötvös Lárand)发表
3篇；Department of Electrical Engineering, Democritus University of
Thrace, Xanthi, Greece(希腊赞西色雷斯德谟克利特大学电气工程
系)，Department of Cardiological Sciences, Saint George's Hospital
Medical School, London, UK(英国伦敦圣乔治医院医学院心内科)，
Bioengineering Group, Department of Electrical Engineering, Rice
University, Houston, TX, USA(美国得克萨斯州休斯敦莱斯大学电
气工程系生物工程组)，Thayer School of Enginccring, Dartmouth
College, Hanover, NH, USA(Thayer工程学院，达特茅斯学院，美
国新罕布什尔州汉诺威)等18个机构发表2篇，还有243个机构发
表1篇。

②1990—2016年(领域成熟后)：检索到16217条外文结果和
276条中文结果。选取发文量最多的部分结果如表2.4.7所示。

表2.4.7 机构文献统计表(领域成熟后)

机构数量	文献数量	载文累积量	机构数累积数	机构累积数对数值
1	47	47	1	0
1	46	93	2	0.3010
2	42	177	4	0.6021
1	33	210	5	0.6990
1	25	235	6	0.7782
1	23	258	7	0.8451
2	21	300	9	0.9542
1	20	320	10	1
6	19	434	16	1.2041
…	…	…	…	…

前十名为核心、重要机构，有 Department of Electrical and Computer Engineering, Texas A and M University, College Station, TX, USA（美国得克萨斯州大学电气与计算机工程系）, School of Computer Engineering, Nanyang Technological University, Singapore（新加坡南洋理工大学计算机工程学院）, Computational Biology Division, Translational Genomics Research Institute Phoenix, Phoenix, AZ, USA（美国亚利桑那州凤凰城转化基因组研究所计算生物学部）, Department of Computer Science, Georgia State University, Atlanta, GA, USA（美国佐治亚州亚特兰大乔治亚州立大学计算机科学系）, Department of Biomedical Engineering, University of Southern California, Los Angeles, CA, USA（美国加利福尼亚州洛杉矶南加州大学生物医学工程系）, Department of Biomedical Engineering, Johns Hopkins University, Baltimore, MD, USA（美国马里兰州巴尔的摩约翰斯·霍普金斯大学生物医学工程系）, School of Electrical and Electronic Engineering, Nanyang Technological University, Singapore（新加坡南洋理工大学电气与电子工程学院）, Department of Computer Science, George Mason University, Fairfax, VA, USA（美国弗吉尼亚州费尔法克斯乔治梅森大学计算机科学系）, Machine Intelligence Unit, Indian Statistical Institute, Kolkata, India（印度加尔各答印度统计研究所机器情报室）, Department of Computer Science, City University of Hong Kong, Hong Kong, China（中国香港城市大学计算机系）等；重要的中文机构有山东大学、解放军总医院、军事医学科学院情报研究所、上海第二医科大学附属瑞金医院、北京大学等。

（2）信息源的作者分布。

本书采用合著者贡献度均等的原则统计所有作者（包括第一作者和合著者）的发文情况，利用洛特卡定律和普赖斯定律分析作者的分布，测定核心作者。

1）1970—1989 年（领域成熟前）：作者发文统计表如表 2.4.8 所示。

表 2.4.8 作者发文统计表(领域成熟前)

文献数量	作者数量	作者数占比
2	5	38.46
1	8	61.54
合计	13	100.00

表 2.4.9 n 值计算表(领域成熟前)

x	y	$\ln x$	$\ln y$	$\ln x \ln y$	$(\ln x)^2$
2	5	0.6931	1.6094	1.1155	0.4804
1	8	0	2.0794	0	0
合计		0.6931	3.6888	1.1155	0.4804

①估算参数 n。运用最小二乘法,其中, N 为考察的数据对的数量,由表 2.4.8 得出, $N=2$,算出 $n=0.6780$ 。

②估算参数 c 。

取 $p=2$,将 $n=0.6780$ 代入上式,算出 $c \approx -0.393519$,进而得出 计算生物学领域成熟前作者数的洛特卡分布: $f(x) = -0.393519/x^{0.6780}$ 。

③ $K\text{-}S$ 检验。为了验证实际分布是否和理论分布一致,需要进行检验,利用软件 SPSS25.0,得到表 2.4.10。

表 2.4.10 单样本 $K\text{-}S$ 检验(领域成熟前)

		x	y
N		2	2
正态参数[a,b]	均值	1.5000	6.5000
	标准差	0.70711	2.12132
最极端差别	绝对值	0.260	0.260
	正	0.260	0.260
	负	-260	-0.260

153

	x	y
检验统计	0.260	0.260
渐近显著性（双侧）	0.000 **	0.000 **

检验结果为正态分布，能通过 K-S 检验，权重总和小于 5，无法计算显著性。

④确定核心作者。

根据普赖斯定律公式：$n = 0.749 (n_{max})^{0.5}$，可知 n_{max} 为 2，算得 $n \approx 1$，以此划分计算生物学领域成熟前文献作者群。领域成熟前，文献量较少，发文量相差不大，发文 2 篇及以上的算作高产作者，因有大量发文 1 篇的作者，作者群还未形成，高产作者也只是相对的高产，这也和学科处于起步阶段有关。这一阶段的相对高产作者有 Bash P A、Kollman P、Langridge R、Lesk A M 等 13 位。Saul B. Needleman 和 Christian D. Wunsch 也是领域的先驱者，他们于 1970 年发明了基于生物信息学的知识来匹配蛋白序列或者 DNA 序列的算法尼德曼—翁施算法（Needleman-Wunsch Algorithm）。

2）1990—2016 年（领域成熟后）：检索到中文 276 篇，外文 11221 篇，31211 条"作者"结果。如表 2.4.11 所示。

表 2.4.11　作者发文统计表（领域成熟后）

文献数量	作者数量	作者数占比
40	1	0.00
36	1	0.00
29	1	0.00
28	1	0.00
26	3	0.01
25	1	0.00
24	3	0.01

文献数量	作者数量	作者数占比
23	1	0.00
22	8	0.03
21	2	0.01
20	3	0.01
19	4	0.01
18	7	0.02
17	4	0.01
16	7	0.02
15	9	0.03
14	17	0.05
13	17	0.05
12	18	0.06
11	32	0.10
10	39	0.12
9	64	0.21
8	67	0.21
7	120	0.38
6	177	0.57
5	335	1.07
4	615	1.97
3	1339	4.29
2	4031	12.92
1	24284	77.81
合计	31211	100.00

表 2.4.12　n 值计算表 (领域成熟后)

x	y	$\ln x$	$\ln y$	$\ln x \ln y$	$(\ln x)^2$
40	1	3.6889	0	0.0000	13.6080
36	1	3.5835	0	0.0000	12.8415
29	1	3.3673	0	0.0000	11.3387
28	1	3.3322	0	0.0000	11.1036
26	3	3.2581	1.0986	3.5793	10.6152
25	1	3.2189	0	0.0000	10.3613
24	3	3.1781	1.0986	3.4915	10.1003
23	1	3.1355	0	0.0000	9.8314
22	8	3.0910	2.0794	6.4274	9.5543
21	2	3.0445	0.6931	2.1101	9.2690
20	3	2.9957	1.0986	3.2911	8.9742
19	4	2.9444	1.3863	4.0818	8.6695
18	7	2.8904	1.9459	5.6244	8.3544
17	4	2.8332	1.3863	3.9277	8.0270
16	7	2.7726	1.9459	5.3952	7.6873
15	9	2.7081	2.1972	5.9502	7.3338
14	17	2.6391	2.8332	7.4771	6.9648
13	17	2.5649	2.8332	7.2669	6.5787
12	18	2.4849	2.8904	7.1824	6.1747
11	32	2.3979	3.4657	31 04	5.7499
1 0	39	2.3026	3.6636	8.435 8	5.3020
9	64	2.1 972	4.1589	9.1379	4.8277
8	67	2.0794	4.2047	8.7433	4.3239
7	120	1.9459	4.7875	9.31 60	3.7865
6	177	1.7918	5.1761	9.2745	3.21 05
5	335	1.6094	5.8141	9.3572	2.5902
4	615	1.3863	6.4216	8.9023	1.921 8

x	y	lnx	lny	lnxlny	$(\ln x)^2$
3	1339	1.0986	7.1997	7.9096	1.2069
2	4031	0.6931	8.3018	5.7540	0.4804
1	24284	0	10.0976	0.0000	0.0000
合计		75.2335	86.7780	150.9461	210.7876

①再次运用相关公式,计算得到 n 值计算表,如表 2.4.12,进而考察的数据对的数量 N 为 30,算出 $n=3.0144$。

②取 $p=40$,将 $n=3.0144$ 代入上式,算出 $c \approx 0.000003$,进而得出机器学习领域成熟前作者数的洛特卡分布:$f(x) = 0.000003/x^{3.0144}$。

③为了验证实际分布是否和理论分布一致,进行 K-S 检验。利用软件 SPSS,结果如表 2.4.13 所示。检验结果为正态分布,能通过 K-S 检验,这阶段著作者数量庞大,有待进一步更精确地检验。

表 2.4.13 单样本 K-S 检验(领域成熟后)

		x	y
N		30	30
正态参数[a,b]	均值	16.1333	1040.3667
	标准差	10.02319	4456.03882
最极端差别	绝对值	0.066	0.438
	正	0.063	0.438
		−0.066	−0.408
	负	0.066	0.438
检验统计		0.066	0.438
渐近显著性(双侧)		0.200	0.000**

④划分作者群。

$$n = 0.749 (n_{max})^{0.5}$$

n_{max} 为 40，算出 $n \approx 5$。依此划分作者群如表 2.4.14 所示。领域成熟后，作者群形成，开始成熟，有核心区。与理论值相比，核心区作者数很少，发文数少，低产者比例最高，说明该领域突出贡献者数量较少，绝大部分作者发表文献少，对该领域研究较浅，但这同时也表现出了该领域的蓬勃发展趋势，大量的研究者应进一步向多产、高产行列迈进。

表 2.4.14　作者群划分表（领域成熟后）

作者群	发文范围	作者数	作者率		发文数	发文率
			理论值	实际值	理论值	实际值
高产者	5~40	942	10	3.02	7232	50	15.71
多产者	2~4	5985	30	19.17	14539	30	31.57
低产者	1	24284	60	77.81	24284	20	52.72

发文 5 篇以上的作者有 942 人，均算是领域的核心作者，结合两个数据库，根据发文量，得出领域的核心重要作者（发文 5 篇以上）有：加藤正丸（Katoh Masaru），日本国家癌症中心组学网络部教授，致力于研究肿瘤；著名美国生物物理学家 Guochen Zhou（周国城）；华盛顿大学蛋白质设计研究所所长大卫·贝克（David Baker），提出从头设计蛋白质序列；西班牙国立癌症中心（CNIO）基础研究副主任和结构计算生物学团队负责人 Alfonso Valencia，将人类蛋白质编码基因数目更新到了 19000 个；中科院微生物所教授王军，致力于数学、生物信息和计算生物学研究，通过一系列微生物基因组数据和宿主基因学数据等多组学的数据挖掘和分析挖掘生物学规律及意义，所在的研究组研究内容涵盖进化生物学、数量遗传学、微生物生态和功能分析等；上海大学生命科学学院博士生导师蔡煜东，从事生物信息学研究；中国科学院精密测量科学与技术创新研究院董旭，贝勒医学院教授、应用数学科学家 Erez Lieberman-Aiden，KATOH MASUK 等人；唐继军，曾任美国南卡罗来纳大学工程和计算学院教授（终身教职）并兼任天津大学智能与

计算学部特聘教授，主要研究领域为面向多尺度生物医学大数据挖掘的算法和人工智能方法开发；Russ B. Altman(斯坦福大学生物工程学、遗传学、医学、生物医药数据学教授)也是发表了很多成果的领域核心专家，主要研究领域是应用计算机和信息技术解决医学相关问题。广大发文1篇的作者形成领域的低产作者区，发文2~4篇的作者是多产者。

2.4.4 由细粒度信息源到粗粒度信息源的分布分析

2.4.4.1 关键词提取及频次统计

分别选取计算生物学领域成熟前后的一篇经典文献，利用词频统计工具统计文中出现频率最高的一部分专业词汇(去掉非专业词汇和合并近义词)将其定为关键词，对此细粒度信息源分布进行分析。

①1970—1989 年(领域成熟前)：选择 Saul B. Needleman 和 Christian D. Wunsch 在 1970 年发表的 *A general method applicable to the search for similarities in the amino acid sequence of two proteins*，根据文章字数和主题词频次选取频次前 17 位为关键词，统计状况如表 2.4.15 所示。

表 2.4.15 关键词词频分布表(领域成熟前)

序号(r)	词名	频次(f)
1	Match(匹配)	82
2	Proteins(蛋白质)	63
3	Amino Acids(氨基酸)	55
4	Sequences(序列)	50
5	Cell(细胞)	37
6	Pathway(路径)	31
7	Array(阵列)	29
8	Homology(同源性)	15
9	Bases(碱基)	15

续表

序号(r)	词名	频次(f)
10	Codons(密码子)	13
11	Hemoglobin(血红蛋白)	13
12	Mutations(突变)	12
13	Myoglobin(肌红蛋白)	11
14	Evolution(进化)	10
15	Genetic(基因)	8

②1990—2016 年(领域成熟后):选择 Russ B. Altman 在 1995 年发表的 *A Probabilistic Approach to Determining Biological Structure: Integrating Uncertain Data Sources*,该文献篇幅较长,选取前 20 名高频词汇为关键词,统计状况如表 2.4.16 所示。

表 2.4.16　关键词词频分布表(领域成熟后)

序号(r)	词名	频次(f)
1	Constraint(约束)	145
2	Structure(结构)	144
3	Variance(方差)	89
4	Atoms(原子)	87
5	Algorithm(算法)	72
6	Distance(距离)	64
7	Component(成分)	62
8	Data(数据)	56
9	Order(秩序)	43
10	Molecule(分子)	43
11	Solution(解决)	42

序号(r)	词名	频次(f)
12	Position(位置)	39
13	Information(信息)	34
14	Cycle(循环)	32
15	Matrix(矩阵)	29
16	Gaussian(高斯)	27
17	Vector(矢量)	23
18	Distribution(分布)	13
19	TRNA(转移 RNA)	13
20	Biological(生物学)	12

2.4.4.2 关键词的齐夫分布

齐夫定律是文献计量学基本定律。具体描述为：把一篇较长文章中每个词出现的频次从高到低进行递减排列，其数量关系特征呈双曲线分布，一个单词出现的频率与它在频率表里的排名成反比，关键词的齐夫分布表如表 2.4.17 所示。

文献中关键词最能反映计算生物学领域知识，将这些词的分布与齐夫定律拟合，观察其分布状态。

表 2.4.17 关键词齐夫分布表(领域成熟前)

序号(r)	lnr	频次(f)	lnf
1	0	82	4.4067
2	0.6931	63	4.1431
3	1.0986	55	4.0073
4	1.3863	50	3.9120
5	1.6094	37	3.6109

序号(r)	$\ln r$	频次(f)	$\ln f$
6	1.7918	31	3.4340
7	1.9459	29	3.3673
8	2.0794	15	2.7081
9	2.1972	15	2.7081
10	2.3026	13	2.5649
11	2.3979	13	2.5649
12	2.4849	12	2.4849
13	2.5649	11	2.3979
14	2.639 1	10	2.3026
15	2.708 1	8	2.0794
16	2.7726	6	1.7918
17	2.8332	4	1.3863

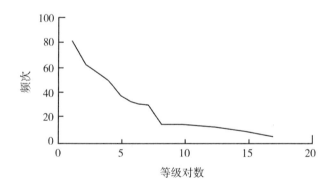

图 2.4.4 关键词齐夫分布曲线(领域成熟前)

齐夫分布的表达式为: fra = C(C 为常数) (2.4.1)

两边取对数值,$\log f + a\log r = \log C$ (2.4.2)

令 $\log f = y$,$\log r = x$,$C = b$,则 $y = -ax + b$ (2.4.3)

用最小二乘法计算，绘制图 2.4.5，列出下式：

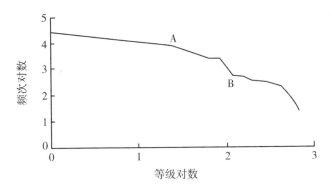

图 2.4.5 关键词齐夫分布曲线对数图（领域成熟前）

$$a \sum_{i=1}^{n} x_i^2 + b \sum_{i=1}^{n} x_i = \sum_{i=1}^{n} x_i y_i \qquad (2.4.4)$$

$$a \sum_{i=1}^{n} x_i + nb = \sum_{i=1}^{n} y_i \qquad (2.4.5)$$

领域成熟前，关键词的齐夫分布曲线如图 2.4.4 所示，齐夫分布曲线对数图如图 2.4.5 所示，观察图 2.4.5 可看出，图中三个点 A(1.3863, 3.912)、B(2.7081, 2.0974) 近似地将曲线分为三条直线段，因 $\ln f$ 与 $\ln r$ 是线性关系，所以分三个区讨论关键词的分布。结合表 2.4.17 的数据，利用 SPSS 工具进行求解，求出

$r \leqslant 4$ 时，$a = -0.357$，$b = 4.401$；词的分布为 $fr^{0.357} = 4.401$

$5 \leqslant r \leqslant 15$ 时，$a = -1.350$，$b = 5.782$；词的分布为 $fr^{1.350} = 5.782$

$16 \leqslant r \leqslant 17$ 时，$a = -6.691$，$b = 20.344$；词的分布为 $fr^{6.691} = 5.782$。

按照上述计算方法得到领域成熟后关键词齐夫分布表如表 2.4.18 所示。领域成熟后关键词的齐夫分布曲线和齐夫分布曲线对数图分别如图 2.4.6 和图 2.4.7 所示。图 2.4.7 中近似为一条直线，用 SPSS 进行回归方程求解，求出 $a = -0.824$，$b = 5.485$，领域成熟后关键词的齐夫分布为 $fr^{0.824} = 5.485$。

表 2.4.18　关键词齐夫分布表 (领域成熟后)

序号 (r)	ln r	频次 (f)	ln f	序号 (r)	ln r	频次 (f)	ln f
1	0	1 45	4.9767	11	2.3979	42	3.7377
2	0.6931	1 44	4.9698	12	2.4849	39	3.6636
3	1.0986	89	4.4886	13	2.5649	34	3.5264
4	1.3863	87	4.4659	14	2.639 1	32	3.4657
5	1.6094	72	4.2767	15	2.708 1	29	3.3673
6	1.7918	64	4.1589	16	2.7726	27	3.2958
7	1.9459	62	4.1271	17	2.8332	23	3.1355
8	2.0794	56	4.0254	18	2.8904	13	2.5649
9	2.1972	43	3.7612	19	2.9444	13	2.5649
1 0	2.3026	43	3.7612	20	2.9957	12	2.4849

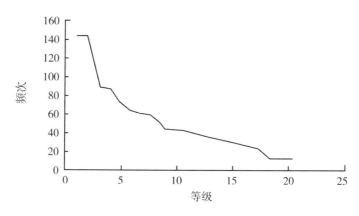

图 2.4.6　关键词齐夫分布曲线 (领域成熟后)

2.4.4.3　由细粒度信息源分布回归粗粒度信息源分布

根据上文中列出的关键词, 分别检索计算生物学领域成熟前后的各类型文献, 与按 "计算生物学" 一词检索到的结果对比, 从细

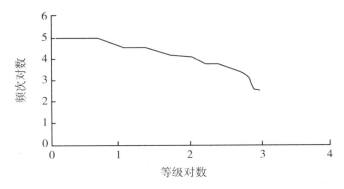

图 2.4.7 关键词齐夫分布曲线对数图(领域成熟后)

粒度信息源的分布回归到粗粒度信息源的分布上。

检索遵循上文步骤和数据库,期刊选择 CNKI、MEDLINE,会议论文选择 CNKI、IEEE Xplore,学位论文选择 PQDT、CNKI,技术报告选择 MEDLINE、万方,书籍选择 SpringerLink、读秀学术搜索。

①1970—1989 年(领域成熟前):检索结果如表 2.4.19 所示(中英文合并)。

表 2.4.19 提取的关键词和计算生物学检索结果对比表(领域成熟前)

关键词 \ 文献类型	期刊	会议论文	学位论文	技术报告	书籍	合计
Computational Biology (计算生物学)	12	80	0	0	124	216
Match(匹配)	35506	2791		4	5	38306
Proteins(蛋白质)	472818	309	114		134	473375
Amino Acids(氨基酸)	138405	90	22		12	138529
Sequences(序列)	128369	2306	24		26	130725
Cell(细胞)	947988	3386	268		806	952448

文献类型 关键词	期刊	会议论文	学位论文	技术报告	书籍	合计
Pathway（路径）	74765	57	3		13	74838
Array（阵列）	8909	6246	11		8	15174
Homology（同源性）	18201	2	1		7	18211
Bases（碱基）	300800	17845	18		246	318909
Codons（密码子）	2449	3	1	2		2455
Hemoglobin（血红蛋白）	41147	43	5		5	41200
Mutations（突变）	68989	49	7		5	69050
Myoglobin（肌红蛋白）	3961	3				3964
Evolution（进化）	35786	923	27		178	36914
Genetic（基因）	163069	1 72	34		100	163375
Ribonuclease（核糖核酸酶）	5433	2			1	5436
Lysozyme（溶菌酶）	7023	6	4		1	7034

结合表 2.4.19，发现以"主题"检索后，"计算生物学"得到的结果最少，其他关键词都与生物学有关，这也表明计算生物学作为新兴领域，在 1990 年之前成果不多。在各类文献中，以细胞、蛋白质、碱基、基因等关键词为主题的最多。由于选取的关键词来源于计算生物学成熟之前最经典的文章，关于 Needleman-Wunsch 算法，因此可依据综合检索结果量，认为前十名为领域热点，它们分别是：细胞、蛋白质、碱基、基因、氨基酸、序列、路径、突变、血红蛋白、匹配等。

②1990—2016 年（领域成熟后）：检索结果如表 2.4.20 所示（中英文合并）。

表 2.4.20　提取的关键词和计算生物学检索结果对比表（领域成熟后）

关键词 ＼ 文献类型	期刊	会议论文	学位论文	技术报告	书籍	合计
Computational Biology（计算生物学）	57891	10117	359	6	1070	69443
Constraint（约束）	154255	111868	50405	333	171	317032
Structure（结构）	3065644	467120	832568	197	5162	4370691
Variance（方差）	337871	23458	21502	44	11	382886
Atoms（（原子）	198086	17622	37803	2490	342	256343
Algorithm（算法）	760824	611432	346753	78	4297	1723384
Distance（距离）	303106	98817	60436	25	56	462440
Component（成分）	938752	225585	74037	143	200	1238717
Data（数据）	4787055	757078	649517	466	7827	6201943
Order（秩序）	851370	368710	11303	96	522	1232001
Molecule（分子）	832294	45620	134136	88	449	1012587
Solution（解决）	656202	246377	70445	109	695	973828
Position（位置）	538041	141990	92695	18	80	772824
Information（信息）	2446766	741492	555614	144	15946	3759962
Cycle（循环）	686427	78079	57791	82	303	822682
Matrix（矩阵）	489068	136532	83797	49	551	709997
Gaussian（高斯）	40961	54613	12013	0	15	107602
Vector（矢量）	247414	155323	26604	144	152	429637
Distribution（分布）	1251406	233478	230743	6961	1077	1723665
TRNA（转移 RNA）	22150	33	483	9	1	22676
Biological（生物学）	991363	92032	29015	144	2764	1115318

　　按检索结果总量排序，"计算生物学"得到的结果排在第 7 名，说明领域成熟后阶段，计算生物学的文献成果大大增加，已达到一定数量，发展迅速，按照检索量，认为前十个研究热点是：信息、

数据、结构、算法、生物学、分布、解决、矩阵、秩序、分子。

2.4.5 "计算生物学"领域信息资源分布的可视化分析

可视化是利用计算机图像处理技术,将数据转换成图形或图像,对其进行交互处理的理论、方法和技术,现已成为研究数据处理、决策分析等问题的综合性技术。文献可视化是计量学的新兴研究领域,主要利用引文分析、聚类分析、共被引分析、词频分析等方法获取领域的发展趋势和研究热点。采取分计算生物学成熟前后,将中外文数据合并统计的原则,利用 CiteSpace 工具,对其机构、作者、地区和学科分布进行可视化绘图,做一个特征分析,对文献的关键词进行可视化分析,描绘知识图谱,得到研究热点。

由于图谱复杂,本节选取部分清晰的图片来分析。

(1)计算生物学的特征分析。

①作者分布。

1970—1989 年(领域成熟前)计算生物学作者分布知图谱如图 2.4.8 所示。

图 2.4.8 计算生物学作者分布知识图谱(领域成熟前)

可以看出合作网络少,Lipton R J、Marr G 和 Welsh D 就存在

合作关系。核心的作者有 Bash P A、Kollman P、Langridge R、Lesk
A M、Singh U C 等，与前面用普赖斯定律确定的核心作者的结论
一致。这时期主要都是外国学者发文。

1970—1989 年(领域成熟前)的图谱将图中最密集的一部分放
大后分析，结果如图 2.4.9 所示。图 2.4.9 中节点众多，合作网络
众多。核心作者有加藤正丸(Katoh Masaru)、大卫·贝克(David
Baker)、王军、Alfonso Valencia、唐继军、Erez Lieberman-Aiden、
Katoh Masuk、Russ B. Altman 等。中外学者都有一定比例，整体还
是外国学者偏多。

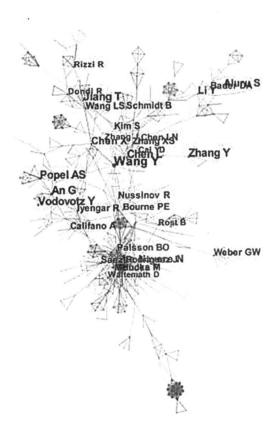

图 2.4.9　计算生物学作者分布知识图谱放大图(领域成熟后)

②地区分布。

1970—1989 年(领域成熟前)计算生物学地区分布主要是美国和英国, 图谱网络稀疏。

1990—2016 年(领域成熟后)计算生物学地区分布知识图谱按阈值 36 显示如图 2.4.10 所示。

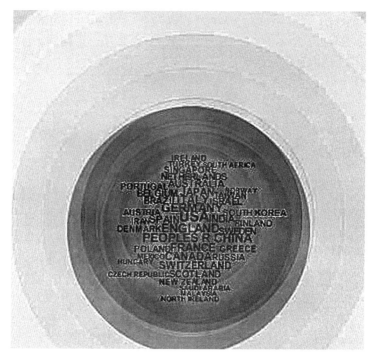

图 2.4.10　计算生物学地区分布知识图谱(领域成熟后)

文献分布地区增多, 有德国、美国、英国、中国、韩国等, 表明计算生物学研究在世界各地开展频繁。

③学科分布。

1970—1989 年(领域成熟前)计算生物学学科分布知识图谱稀疏, 文献主要涉及生物化学、分子生物学、应用微生物学等学科。

1990—2016 年(领域成熟后)计算生物学学科分布知识图谱按阈值 305 得到部分核心学科如图 2.4.11 所示。

图 2.4.11 计算生物学学科分布知识图谱(领域成熟后)

可以看出,较为集中的有计算机科学、生物化学、分子生物学、数学、应用微生物学等学科。

(2)计算生物学的热点分析。

文献的关键词共现分析可以得出文献集中词汇对关键词共同出现的情况,来确定文献集合所代表的学科中关键词之间的关系,从而分析出某学科领域的核心关键词。

1970—1989 年(领域成熟前),文献数量少,在 MEDLINE 上检索到 286 篇文献,没有出现共现关键词。

1990—2016 年(领域成熟后),计算生物学热点分布知识图谱如图 2.4.12 所示。

Computational Biology(计算生物学)、Algorithm(算法)、Biology(生物学)、Gene Expression(基因表达)、Simulation(模拟)、Systems Biology(系统生物学)等专业性强的词汇是计算生物学领域的核心关键词(热点),领域成熟后热点众多,研究者可根据这些热点寻找领域相关文献。

2.4.6 总结

本节以跨学科领域——计算生物学为例,在分析跨学科领域信息视域现状与问题的基础上,将文献学术信息分为粗粒度信息源和

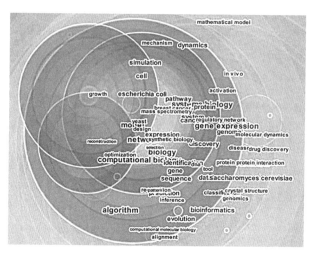

图 2.4.12　计算生物学热点分布知识图谱(领域成熟后)

细粒度信息源,并分别对其进行分析,从机构、作者、地区、学科和热点几个方面对计算生物学进行可视化分析。根据研究结果提出相关的研究建议:

(1)基于计量结果:本文对所选取信息源的粗粒度分布多维度指标计量结果、可视化分析结果和细粒度分布分析结果与计量前搜集到的信息源结论基本吻合。研究者可结合本文得到的计算生物学核心信息资源进行信息搜寻,拓展信息域,进行优化,为以后的研究做准备。学习计算生物学的同时,应加强、巩固与之相关的生物、医学、计算机等学科知识,关注相近的生物信息学等领域,加强对这些领域的兴趣,促进领域持续发展。中国的计算生物学专门数据库、期刊、出版机构还应加强打造,为科研人员提供良好的信息搜集和学习平台,国家应鼓励、促进中国计算生物学专业学者、学生的研究活动,缩小与国外研究的差距。

(2)基于计量结果的个性导航建设构想:将粗粒度信息源的时间、载体、学科、机构和作者分布及细粒度信息源关键词的分布融入导航信息源组织设计,设置一个名为关键词的时间菜单,后面是信息检索框,检索框右侧是"学科"菜单,最右侧是"检索"按键,检索框上部分导航栏为四块，从左到右分别是时间、载体、来源，其中点击"时间"有成熟前和成熟后两个选项，点击"载体"有全部文献、期刊、会议论文、学位论文、书籍、技术报告等选项，点击"来源"有出版机构和作者两个选项，用户输入检索词后，点击"检索"，到了检索结果页面后，系统检测到检索词，会使关键词菜单和学科菜单变成下拉菜单，再次点击关键词菜单，会出现与检索词相近的一列学科关键词，再次检索，出现检索结果，学科菜单变成下拉菜单后，点击会出现一列检索词涉及的各个学科，点击每个学科，超链接到那个学科的所有文献，在导航栏底部一行会出现时间、载体、来源等分类，依次点击查看想看的分类文献。

本研究仍存在一些不足，只选取了部分重要数据库，结果可能不够全面，但是基本可以代表该领域的文献。另外，在分析作者的分布时，因样本量大，采取合著者第一作者贡献度均等的原则，更为准确的方法是按署名顺序以贡献程度不同加权计算。另外，没有对作者名去重等也会导致偏差。导航工具信息组织构想是以计算生物学领域的一些信息源分散指标为基准，还有更多分布指标可用于导航建设，可根据学科特点来选择指标，比如信息源的地区分布、传播者分布、数据库分布等。

本章总结

跨学科信息资源保存在不同的平台数据库、机构数据库、纸质报告、人的头脑和社会结构中，信息系统也只能检索到其中很少的一部分，大量的信息需要通过人的合作来建立沟通渠道，尤其是关于研究情景的隐性知识，人际渠道以及情景知识是关系到找到合适的跨学科信息并理解这些信息的基础。

第3章 跨学科信息视域与个人信息搜寻行为

    跨学科研究的意义在于，从不同学科的角度，超越各自原有学派的思维，对同一个问题进行不断的追问。跨学科研究只有在原有学科知识的极限处不断地追问，才能够发现新事物，最终"跨越"过去。跨学科协同面临的问题复杂程度高，信息资源分布分散度高和信息视域有限的矛盾，因此寻找有效资源十分困难。另一方面学科信息视域壁垒导致集体思维惰性，个体信息视域差异导致思维碎片和缺乏共同语言，从而导致跨越学科和个人认知边界的沟通困难。本章在调查研究跨学科信息搜寻失败情景类型，我国大学生个体跨学科领域信息视域特点以及群体信息视域与个体信息视域差别的基础上，讨论个人在跨学科信息匮乏的情况下通过探索式搜索等行为，以扩大信息视域并跨越学科边界的表现。

3.1 跨学科个人信息视域特点

3.1.1 我国大学生跨学科领域信息视域现状

    跨学科的信息搜寻的障碍来源是多方面的，它涉及跨学科信息的多维度分布。①学科内容，研究者往往很少了解本学科外的专业术语；②时间，对有些年代久远的文献，研究者在搜寻时会存在困难；③语言，假设所需搜寻的信息主要来源于外文，研究者对外文的理解也存在一定难度；④信息分散程度，跨学科信息一般分散性高，分布在许多不同的学科里，且这些学科界限不明显，研究者在搜寻时存在很大难度；⑤人际交往，研究者不熟悉跨学科领域的主要作者、出版机构等，不清楚人际交流的准确方向。代君和郭世新①首先构建了个人信息搜索失败后的弥补行为影响因素模型，用网上发放问卷方式收集99份数据资料，从信息源视域、搜索策略分布、搜索策略变化幅度等方面进行数据分析。邵洁②调查了北京交大、河北大学、湘潭大学、西安交大的24名的文科生、理科生和艺术生，对他们遇到与课程相关问题时获取信息源的顺序进行采访，并根据采访结果绘制信息域图，得到不同科类学生的信息源偏好。王华③通过问卷方式调查，对河北省理工、农业、医学、经管等各类大学的不同年龄、学历、性别、专业的学生进行调查，获取不同个体的信息环境、信息需求和信息行为及其对高校图书馆信息服务的评价，了解他们的信息源，分析信息素质。王会景④以wilson信息寻求模型为基础，针对理、工、文、农、医五专业的研究生，从学生的专业、性别和层次三个层面构建网络信息获取行为差异分析模型，利用问卷、访谈形式对研究生的网络信息行为进行数据采集。

通过以上对国内大学生跨学科信息视域的调查研究的总结可以看出：从社会网络来看，异质性低，大多首选自己本专业的专用数据库和单一的电子信息源（百度等），较少选择其他学科领域的数据库、杂志、报纸、会议论文等；人际信息源存在局限，他们主要选择同专业的老师、同学或身边的朋友亲戚，很少主动从领域的核

① 代君，郭世新. 协同信息搜索行为的触发情景因素探析——基于高校学生个人信息搜索失败情景[J]. 图书情报知识，2016(5)：62-72.

② 邵洁. 基于信息域理论的大学生信息获取行为研究[D]. 保定：河北大学，2014.

③ 王华. 河北省高校图书馆用户信息服务研究——学生用户调查统计分析[D]. 保定：河北大学，2010.

④ 王会景. 研究生网络信息获取行为的差异研究[D]. 保定：河北大学，2016.

心专家、机构等获取信息；不清楚跨学科领域核心的信息源，大多依赖本专业的文献信息源或人际信息源，加上对跨学科领域的陌生，从而较少主动去获知有哪些核心作者、出版机构和领域期刊、报纸等。综上，国内大学生的信息视域普遍狭窄，对跨学科信息源的获取大多限制在本专业之内，信息检索的方式单一，以最简单的网络搜索为主，对跨学科领域的核心信息源不熟悉，在较繁琐的检索方式和外文文献资源使用方面存在惰性或抵触。

3.1.2 我国高校研究人员个人信息源偏好

本书对信息行为情景的研究，根据信息视域的静态特征，通过访谈法和调查问卷法进行资料的搜集与分析。利用访谈法获取不同个体在不同的任务假设下的个人信息资源偏好。因为受访者个人的感受和生活经验都不相同，且问题设置的情景比较抽象，所以我们采用访谈法采集不同个体在不同情境下获取信息资源的顺序，并且对访谈的内容进行分析和统计，绘制出不同情境下的不同个体的信息资源偏好。

3.1.2.1 访谈问题设计

我们选取武汉大学、华中师范大学、华中科技大学共 20 名师生进行访谈，20 名学生中自然科学和社会科学各占一半，院系涉及生命科学学院、信息管理学院、文学院、计算机学院等。三所大学的选择主要是考虑地域性、便捷性。对他们在进行研究时遇到不同情景时所选取资源的偏好、选取获取信息资源的顺序进行采访，了解情境、状况对于获取的顺序的影响。在访谈之前，做了自我介绍，并说明了自己的研究课题和访谈目的，并向他们简单地介绍了信息域和跨学科问题域的内容。

由于主要的研究内容是关于不同个体获取信息资源的顺序，我们设置了四种不同的情境假设，不同的个体都会进入相同的情境。这样做的主要目的是确定在对每个人采访的过程中问的问题基本相同。而且在访谈时，尽量口语化，用他们听得懂的语言进行交谈。在此基础上得到不同层次的研究者在面对不同情境的问题时，自身更倾向的获取信息的各种途径的顺序。

根据个人经验及向同学请教，假定将百度、google、google 学术、wiki、纸质书籍、知网、NCBI、SCI、RSS 订阅论坛、师兄/师姐、相近专业其他同学、导师、该领域的同学、该领域的老师设定为获取信息的途径。

3.1.2.2　跨学科协同信息行为的情境设定

(1)跨学科问题域。

跨学科问题的研究是比较复杂的，它在普通研究问题的基础上增加了一种跨学科性质，又由于跨学科的问题涉及两个及以上的学科，所以跨学科问题可能分布在不同的区域。我们把跨学科的问题域分为两个维度，即跨学科维度和分散性维度。

Ford 等(2006)对"看不见的网站"进行实证研究中，要求采访者描述一个成功和一个失败的搜索案例，然后总结出反复出现的主题并把这些主题划分为四个区域：光明区、折射区、隐蔽区和黑暗区。"看不见的"在此被定义为用户无论什么原因(例如不合适的搜索关键词)都找不到的信息资源，于是，对于一个搜索用户看不见的信息资源，可能对另一个用户是可见的。我们在此基础上借鉴 Ford 和 Mansourian(2006)的模型，把跨学科的问题域分别对应光明区、折射区、隐蔽区和黑暗区四个区域。

以跨学科性为水平坐标轴，从左向右表示跨学科度由较低向较高的变化趋势，变化范围从 Lower 到 Higher，而不是从 Low 到 High，是因为人们对跨学科度的感知随着时间的变化而变化，是由实际的跨学科程度和用户感知到的跨学科程度共同决定的。另外我们以分散性为垂直坐标轴，从上到下表示学科分散程度由较低向较高的变化趋势，人们对问题域的分散度的感知随着时间的变化而变化，这种较高或较低的定义是学科分散程度和用户感知到的学科分散程度共同决定的。这两条线把二维平面分割成 4 个象限。如图 3.1.1 所示。

在光明区，用户的搜索是很成功的。用户确定需要的信息被使用的渠道和搜寻工具指引，他们很确定能够找到这些信息，达到他们的搜寻目标。于是他们已经在搜寻任务中预见到成功了，用户之前的经验是一个影响他们预见成功的因素，如果他们已经进行过相

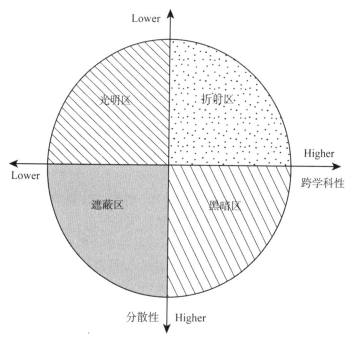

图 3.1.1 跨学科问题域

似的搜索，他们能够感知到他们检索所需要的信息。例如：这个信息搜索已经很明显，我有一个很有效和迅速的答案。在光明区，用户在进行相关信息检索时没有遇到一点困难，这个区域是完全明亮的，因为搜索是完全可达的，没有一点障碍。

在折射区，用户搜索的成功是偶然的，尽管用户不确定他需要的信息是否是可得到的，但是他成功找到了。搜索者找到相关的信息方式不只是通过搜索引擎，而且通过网站书签、朋友和同事给的链接。尽管不代表搜索失败，但是这些经历表明他们已经绕过搜索引擎。是否信息搜寻能够通过搜索引擎被检索出来是不知道的。这时需要借助信息偶遇来发现信息。

在隐蔽区，跨学科程度低，信息分散程度高。这个区域问题的特点是用户确定能找到相关的信息，但是感觉自己定位不到所需信息。这个区域好像蒙上了一层面纱，因为感觉信息就在那里，但是某种程度上又隐藏在视线之外。用户知道信息肯定就在某个地方，而且必须花费一些时间来搜寻，如果进行合适的搜索才能发现它，例如修改关键词进行检索，或者咨询领域其他人，从而能获得相关信息。

在黑暗区，被采访者不确定信息是否在那，用了很大的精力去搜寻，却没有搜到相关信息。所以他们很疑惑查不到信息是因为信息根本不存在还是因为搜索方法不合适。这个时候时间成本是巨大的。所以，要先判断信息在不在那里，如果信息不在的话，就要重新制定搜索策略，转移搜索路径。

(2)四种跨学科情境的设定。

若在学术研究的过程中遇到跨学科问题，则可以将自己的感知和实际的问题域进行比较，来判断自己遇到的跨学科研究的问题落在什么区域。与自己的信息视域比较，看看哪些是自己能解决的，哪些是自己不能解决的，从而更好地制定跨学科的信息搜寻行为策略。

我们把问题域与个人信息视域的偏差落在的区域抽象化为四种不同情境下的问题，这样在进行访谈或调查问卷的时候，能够让被采访者或被调查者更容易理解，且迅速地进入情境，回答相关问题。

情境1的搜寻任务假设如下：假设问题域和个人信息视域的偏差落在光明区时的搜索任务是当你进行跨学科研究时，遇到与本专业相关度很高、而且是自己很熟悉的，很具体的未知问题时，你会选择哪种方式去解决它？例如：钻研相似/近学科的理论和方法。

情境2的搜寻任务假设如下：假设问题域和个人信息视域的偏差落在光明区时的搜索任务是当你进行跨学科研究时，遇到与本专业相关度很低，但是你知道这需要其他学科的专业知识就可以轻松解决的未知问题时，你会选择哪种方式去解决它？例如：钻研其他学科的理论、方法或工具。

情境3的搜寻任务假设如下：假设问题域和个人信息视域的偏差落在隐蔽区时的搜索任务是当你进行跨学科研究时，遇到与本专业相关度很高，但是自己很不熟悉、从没遇到过的未知问题时，你会选择哪种方式去解决它？例如：探索本领域的科学前沿。

情境 4 的搜寻任务假设如下：假设问题域和个人信息视域的偏差落在黑暗区时的搜索任务是当你进行跨学科研究时，遇到与本专业相关度很低，而且你知道这需要多种学科的知识相结合才能解决的很复杂的未知问题时，你会选择哪种方式去解决它？例如：本领域的知识和其他多种跨学科领域的知识结合才能解决的问题，有可能是一种科学创新。

根据这 4 种不同的情境，我们可以设计访谈问题和调查问卷，并收集相关的数据，绘制在 4 种不同情境下的个人信息视域偏好图。

3.1.2.3　信息资源偏好图的绘制

在对所选取的 20 位师生做完访谈以后，我们获得了 4 种不同的情境下他们信息资源获取的先后顺序。分析总结出不同学科不同层次的个体在不同情境下获取信息资源的偏好图。

采访过程中发现一个很有趣的现象：社会科学领域的学术研究者在遇到问题时一般都是自己先通过非交往圈获取信息，如果这种方法获取失败，那么再通过交往圈的人际关系来搜寻；自然科学的学术研究者一般先通过自己亲密的交往圈来获取信息资源，如果获取资源失败，再寻找其他资源来帮助。究其原因有两点，一是两个领域同源团队的人数相差较大。自然科学领域同源团队的人数较多，一个师门平均有 15 个硕博士生。社会科学领域硕博士生不多，同源团队中一个师门平均只有 5 个学生，博士生更很少见。在对社会科学领域的科学研究者进行采访时，很多都表示自己的师兄/姐已经毕业或者根本没有，这样使得他们大部分人在进行信息搜寻的时候缺少师兄/姐的帮助。二是两个领域所跨学科的难度不同。社会科学领域的学术研究者都觉得自己所跨学科离自己的学科较近，通过自己都可以搜寻到想要的信息，不需要别人的帮忙；而自然科学领域中的学术研究者所跨学科大部分离自己的学科相差甚远，需要借助该跨学科人员的力量完成。

整体来看，在纸质书籍的使用上，硕、博士使用的频率要高于科研教师，一般情况下，老师都不太使用纸质书籍。在社会科学领域，硕士使用纸质书籍的频率要高于博士研究生；在自然科学领域，硕、博士研究生使用纸质书籍的频率是一样的。

在搜索引擎的使用上，硕、博士一般偏爱百度搜索，科研教师偏爱 google 搜索。因为百度搜索的是中文的相关期刊和网站，一般都能读懂和看懂，但是 google 搜索出的英文结果，会有很多专业术语，阅读需要花费的时间太长。但是对于老师来说，google 学术搜索可以获取国外比较先进的研究成果，而且英文的阅读对老师来说不是难题。

在数据库的使用上，自然科学研究者不管是硕士、博士或者老师都会用外文数据库 NCBI 来进行检索，而社会科学研究者中，硕士和博士用中文数据库(中国知网)查阅的居多，即使使用外文数据库也只涉及 SCI。相对来说，社会科学老师查阅外文数据库种类繁多如 SCI、Springer、Proquest 等。在分散度较高的区域，社会科学领域的老师会利用外文数据库进行报告、博士论文和综述性文章的搜索，并跟踪项目和机构的动态和成果；自然科学领域的老师会选择浏览自己专业内的杂志，例如 *Nature*、*Science*、*Cell* 等，或与其他科学家进行交流等方式获取信息，相对来说社会科学领域的老师在信息处理方面的工作占的比重较大。

在采访过程中，自然科学和社会科学领域的老师都表示不会去浏览论坛，硕、博士研究者大多都表示不会专门去浏览论坛和博客，只有在用搜索引擎进行搜索的时候，有相关链接才会点击进入查看。也有硕、博士学术研究者表示会去浏览论坛，自然科学类的一般会浏览丁香园、小木虫等论坛，社会科学研究者一般浏览小木虫或 CSDN。

下面我们将不同的情境下，不同层次的研究者在跨学科研究中遇到问题进行搜寻的信息资源偏好绘制出来。如图 3.1.2、图 3.1.3、图 3.1.4、图 3.1.5 所示。三个圆圈中的信息资源表示用户在搜寻的过程中用到的信息资源。位于小圆圈的信息资源表示自己首先找寻的资源，位于中圆的资源表示自己其次用到的信息资源，位于大圆圈的资源表示自己最后才会使用的资源。

由上面 4 种情境下的 6 种不同层级研究者的信息视域图的结构

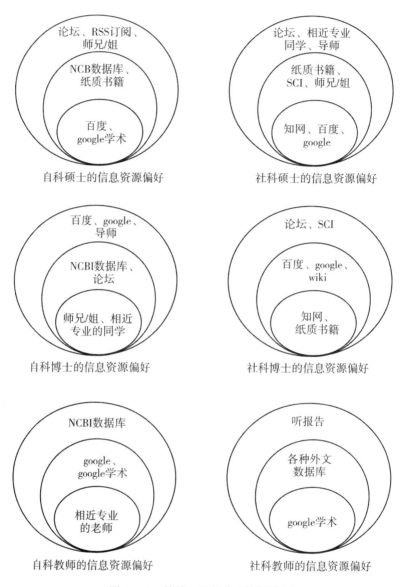

图 3.1.2　情境 1 下的信息资源偏好

和信息源种类可以看出，同一类研究者，在不同情境下，信息视域不同；在同一情境下，不同层次的研究者的信息视域不同；在同一情境下，不同学科研究者的信息视域不同。

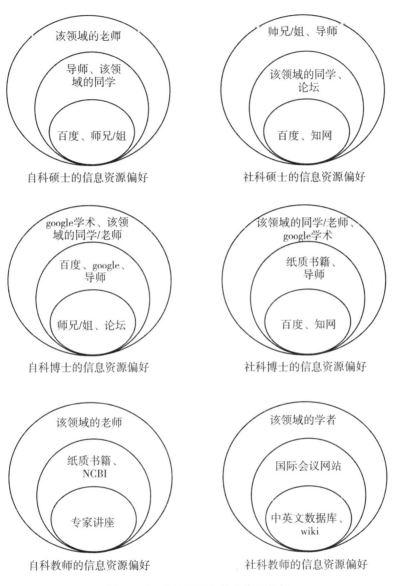

图 3.1.3 情境 2 下的信息资源偏好

(1)个人信息视域揭示了个人对信息寻找和使用的控制。信息视域中节点间的距离定义了人际关系远近和信息源偏好远近。

(2)同一类研究者在不同情境下的信息视域变化,揭示了社会

183

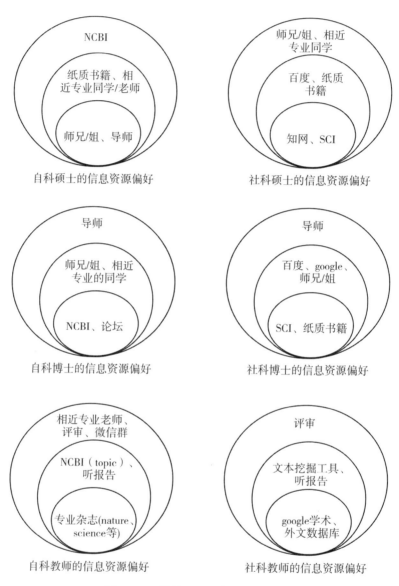

图 3.1.4　情境 3 下的信息资源偏好

接触和信息源访问选择受所感知的信息搜寻失败情境的影响。同一类研究者在判断会遭遇不同失败情境时，所依据的信息视域不同。当问题领域与个人信息搜寻能力差距越大时，越往不可预见的失败

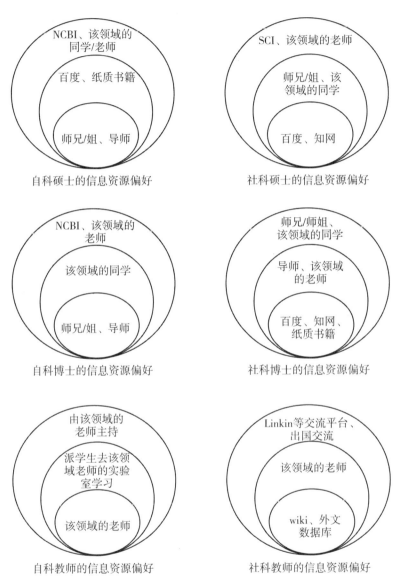

图 3.1.5　情境 4 下的信息资源偏好

情景发展，搜寻的偏好越趋于人脉、灰色资源、功能更强大的工具（不同的信息技术深刻地影响了跨物理空间的通信活动）或者以更松弛、更长远的、偶遇的态度对待信息搜寻。

（3）在同一情境下，不同层次的研究者的信息视域的差异揭示了人际关系地位差异。在同一情境下，不同层次的研究者的信息视域不同。硕、博士和教师在学术地位上有很大的差别，这种差别也表现在科研教师拥有很多硕、博士生所没有的人脉资源和信息资源，硕、博士在遇到自己不能解决的跨学科问题时，一般都会去找师兄/姐或者导师帮忙；而对于老师来讲，遇到这样的问题时，就会找到相关专业的同事或老师，同他们进行探讨和交流，这样问题就很容易解决。对于科研教师来说，他们主要做的事情是发现研究前沿和创新点，然后交给学生并指导学生完成相关研究。

（4）在同一情境下，不同学科研究者的信息视域的不同揭示了学科差异。同一学科的人群信息视域相似性大，不同学科研究者的信息视域不同，主要表现在信息搜寻所使用的工具、数据库和人际节点上。在对自然科学领域的一名生化老师进行访谈时，在情境1中，他说自己曾遇到过用需要用病毒学的知识来解决的问题，自己之前上过这节课但是很简单解决不了问题，这个时候会首先与该专业同事交流，在交流的基础上，再进行协同信息检索，如google搜索会更加准确和精炼。在情境2中，他表示遇到需要用到生物信息学的知识才能解决的问题，涉及计算机编程，而且这种知识以后都会用到，所以首先就邀请相关的专家来做讲座，普及相关知识，然后查阅相关书籍，请教该领域的老师，然后分派一个学生去到该老师实验室学习。在情境3(追踪科学前沿)中，该老师表示会有重点的浏览由学校订阅，以E-mail alert的形式定期发送到老师邮箱的电子期刊，重点浏览文章的Topic和Review等，也会去听其他专家讲的学术报告，和熟悉的科学家面对面或电话聊天寻找灵感的碰撞，而且刚刚发现一个比较好的途径就是微信群，在群里进行多人讨论和对话交流。该老师还说评审自然科学基金、博士论文、招标的过程中会借鉴别人的观点，这也是寻找科学前沿的一大途径。在情境4中，该老师表示自己有一个idea，但是难度比较大，因为所跨学科是物理，表示可能会找到物理学院的专家一同主持项目或者直接由该专家主持。

在对社会科学领域的一名老师进行访谈时，他说一般都会自己搜索，很少与其他同事交流或沟通，因为觉得所跨学科比较近，大部分通过自己搜寻都可以解决。在情境 1 中，自己会用 google 来进行搜索，然后进入外文数据库检索，再就是听报告来寻找解决方式；在情境 2 中，该老师表示会用 wiki 和中文数据库进行简单检索，然后是英文数据库和国际会议网站，变化不同的关键词进行检索，如果过还是检索不到才会与该领域的学者交流；在情境 3 中，该老师说借鉴国内方法追踪国外前沿，首先会用 google 搜索相关报告和项目的信息，并使用各种外文数据库(如 Proquest)进行报告的搜集，并参加学术会议听取报告，该老师最后也指出在参加评审的过程中会借鉴其他人的观点，也会在学术带头人对他人的建议中吸取主要观点。在情境 4 中，该老师表示自己首先还会进行 wiki 和中英文数据库的搜索，但是重点放在博士论文的搜索方面，因为英文的博士论文是博士几年来的心血，内容新颖且含金量比较高。其次就会和该领域的其他老师交流，利用跨学科交流平台(如 Linkin)进行资源的寻找，如果有机会可以出国和国外该领域的专家交流。由此可以看出，自然科学领域的学术研究者较社会科学领域的研究者在进行跨学科学术研究时，学术氛围较开放，协同信息行为频率较高。

(5)信息视域揭示了人们认知事物的角度差异。信息视域的相似性揭示了共享相同信息视域空间的人员较多机会处在相同的环境刺激下，从而提供了一个共同的经验基础和共同解释事件的可能，例如使用相似的术语、符号和推理逻辑；信息视域的差异揭示了人们之间的环境不同看待事物有不同的视角和解释。

总结起来有以下结论：

(1)社会科学领域的学术研究者在遇到问题时一般是自己先通过非交往圈获得所需信息，如果这种方法获取失败，那么再通过交往圈的人际关系来搜寻，社会科学领域的学术研究者信息视域中的信息源更多样化(或者说异质性更强)，且社会科学领域的学术研究者信息视域网络链接更松散，更容易随情境变化而改变。(2)数据库和检索工具可以极大地扩大信息搜寻的范围，是学生和教师都依赖的信息源，但文科教师使用的工具更多样和灵活。在搜索引擎的使用方面，硕、博士一般偏爱百度搜索，科研教师偏爱 google 搜索；在数据库的使用上，自然科学研究者不管是硕士、博士或者老师都会用外文数据库 NCBI 来进行检索，而社会科学研究者中硕士和博士用中文数据库(中国知网)查阅的居多，即使使用外文数据库也多数只涉及 SCI，相对来说，社会科学老师查阅外文数据库种类繁多如 SCI、Springer、Proquest 等；在论坛的使用上，科研教师表示不会浏览论坛和博客，自然科学的硕、博士研究生有些会主动浏览丁香园等论坛，社会科学的研究生有些会主动浏览小木虫等论坛。(3)在纸质书籍的使用上，硕、博士使用纸质书籍的频率要高于科研教师。(4)在分散度较高的区域，需要依赖更多不同的数据库和更强大搜寻工具。社会科学领域的老师会利用外文数据库检索报告、博士论文和综述性文章，并跟踪项目和机构的动态和成果；自然科学领域的老师会选择浏览自己专业内的杂志，例如生物学的老师会浏览 *Nature*、*Science*、*Cell* 等，并与其他科学家进行交流等方式获取信息。相对来说社会科学领域的老师在信息处理方面的工作占的比重较大，工具和人际范围也更广。

　　以往关于情境因素对信息行为影响的研究主要集中在物理空间的邻近性、社会密度和可及性等方面，很少在一个内在的心智模型整体网络层面上来研究。以上研究在调查影响我国大学生和高校研究者信息行为的人口属性之外，还分析了一个较稳定的属性——信息视域的特点，为后面探讨这些学科个人跨学科信息行为表现及特点打下基础。

3.2　跨学科研究群体与单一学科研究群体间信息视域差异

3.2.1　研究对象

　　本节研究群体信息视域，因此采用了胡维拉解析信息视域图观点：捕捉的是集体的信息活动和资源而不是个人的。解析信息视域图是数据分析的工具而不是用于数据收集，通过这一过程制作的图表并没有按照资源的相关性在图形空间中定位。因此，由分析者采集跨学科研究群体和单一学科研究群体的研究文献数据，利用研究文献的参考文献绘制文献信息源集合；利用研究群体合著者数据绘制合著者社会网络。主要是研究长期从事本学科研究的群体与从事跨学科研究的群体信息视域上的分布特点和差异，由于现有的学科研究种类纷杂多样，所以选择以国家生态分析和综合中心（NCEAS）上涉及生物学与地理学的跨学科研究团队，以及 Scopus 数据库中研究生物学或地理学的单一学科研究学者及其合著者作为范例进行研究，在此基础上得到具备一定普适性的规律并进一步推广验证。

3.2.2 数据获取

传统的信息视域研究方法是对活动主体发放调查问卷，通过个体的主观回答绘制可视化树状图或雷达图构建信息视域完成实验，这种方法的准确性很大程度上依赖于样本的代表性和问卷设计，因此本书选择从更为客观的角度出发收集有关群体信息视域的数据。一般而言，群体信息视域包括人际关系、文献、工具、系统等各种渠道，而人际关系与文献渠道可以通过引文网络与合著网络收集到客观准确数据，因此选择从这两个角度出发以雷达图的形式可视化展示研究群体的部分信息视域，通过收集来自参考文献与合著学者的研究主题词作为雷达图的数据基础，研究群体成员对参考文献与合著作者的选择，识别出学术研究情境下的不同学科研究群体的信息视域差异。

3.2.2.1 跨学科研究群体数据获取

国家生态分析和综合中心（NCEAS）于 1995 年成立于美国，研究人员涉及传染病、海洋生态学、数据分析等各种领域。NCEAS 创立的目的是集合现有的数据集，开发高效的数据分析工具，建立模型解决现实世界中一系列的生态问题[1]。科研项目小组的成员往

---

① Hackett E J, Parker J N, Conz D, et al. Ecology Transformed: NCEAS and Changing Patterns of Ecological Research [M]//G Olson et al. Scientific Collaboration on the Internet, Cambridge, MA: MIT Press, 2008: 277-296.

往来自不同的科研机构，不同的地区甚至不同的国家，他们借助通信工具进行远程沟通，也会组织科研活动进行面对面的交流。NCEAS 的管理者将项目的活动记录，成员的联系方式，科研团队的研究成果在 NCEAS 的网站（https：//www.nceas.ucsb.edu/projects）上公布。

可见 NCEAS 平台上的研究具备鲜明的跨学科特性，结合宏观研究方向筛选关键词，选取出数据记录完备的 16 个涉及生物学与地理学的跨学科研究团队作为研究对象，得到其产出的学术文献共138 篇。

3.2.2.2 单一学科研究群体数据获取

Scopus 数据库是全世界最大的摘要和引文数据库之一，涵盖了15000 种科学、技术及医学方面的期刊，相比于 Web of Science 数据库，Scopus 数据库不仅为用户提供了收录文章的引文信息，还包含了其参考文献的详细信息，更加符合本研究对于信息导航工具的需求。

在 Scopus 数据库中对应单一学科研究主题下，通过 H 指数及G 指数排行，筛选出排名靠前的学者，分别获得其产出的生物学与地理学单一学科研究文献各 239 篇与 269 篇。

3.2.3 数据处理

3.2.3.1 重要参考文献识别

利用以引文出版年光谱分析为理论基础的可视化工具CRExplorer 进行文献集合中使用的重要参考文献判断，CRExplorer中设置了 6 类统计指标，包括：参考文献被引频次（N_CR），参考文献被引频次占同年参考文献总被引频次的比例（PERC_YR），参考文献被引频次占所有参考文献总被引频次的比例（PERC_ALL），参考文献涉及施引年份的数量（N_PYEARS），参考文献涉及施引年份的数量占同一出版年份下所有参考文献涉及施引年份数量的比例（PERC_PYEARS），每一施引年份中参考文献被引频次排序前50%、25%、10%的数量（N_TOP50，N_TOP25，N_TOP10）。本研究采用非参数统计方法，将各参考文献的被引频次、施引年份数量和排序前 TOP10%指标数值按递减顺序排列，将三个指标排序均在前 10%位置的参考文献，作为研究群体引用的重要参考文献进行后续的分析，如图 3.2.1 所示。

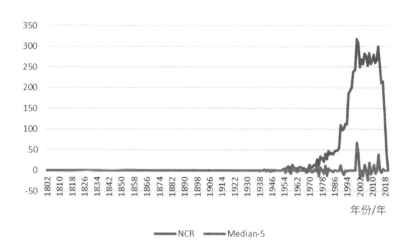

图 3.2.1　地理学研究群体学术论文的引文出版年光谱(1802—2020 年)

3.2.3.2　主题内容提取

在对识别出的相似重要参考文献数据进行进一步合并清洗后，得到跨学科或单一学科研究群体引用的重要文献；利用 VOSviewer 软件绘制重要参考文献之间的共被引网络图谱，可视化展现它们之间的知识关联，揭示参考文献的内容特征，并按照不同主题进行分类对应，得到主题—参考文献—期刊源—关键词的表格，作为引文网络信息视域可视化的数据基础。

3.2.3.3　合著网络分析

常用的社会网络分析工具包括 Ucinet、Pajek、NetDraw 等，其中 Ucinet 由 Borgatti、Everett 和 Freeman 合作开发，容纳了常用的社会网络分析方法，提供了较为全面的社会网络分析所需要的功能。而合著网络属于社会网络的一种，因此选择使用 Ucient 与 NetDraw 软件根据采集到的全部学术论文数据构建合著网络，进行中心性分析，以判定合著网络中每一个著者节点的重要性①。

中心性包括点度中心性、中间中心性和接近中心性，分别从节点关联次数、节点路径数量与节点距离三个角度描述节点在网络中所处的地位；以这三者作为评判指标按递减顺序排列，三个指标排序均在前10%位置的著者节点，被视为合著网络中的重要节点；再对这些学者的研究方向关键词进行收集，得到主题—作者—研究方向的表格(此处主题沿用引文网络中的分类主题)，作为合著网络信息视域可视化的数据基础。如图3.2.3所示。

3.2.3.4 信息视域可视化

根据所得的两份数据集，分别绘制引文网络与合著网络角度下，不同主题情境中的跨学科研究群体与单一学科研究群体的信息源关注度以及在距离单一学科相应远近的雷达图，将信息视域可视化。

首先需要对地理学及生物学学科本身下属分支进行粗粒度分布分析。例如，按照距离本学科的远近排列，将参考文献或著者研究方向关键词对应于所属分支学科，由此确认每个关键词与地理学学科的距离远近，通过综合计算每篇参考文献或每位著者研究方向下的关键词平均距离，将参考文献或著者位于地理学维度的位置量化；其次，据此得到每一主题情境下跨学科研究群体与单一学科研究群体在相应单一学科上的距离，绘制相应的信息视域雷达图，作为后续的主要分析对象，如图3.2.2所示。

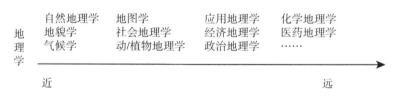

图3.2.2 地理学分支学科粗粒度分布远近图

---

① 李亮，朱庆华. 社会网络分析方法在合著分析中的实证研究[J]. 情报科学，2008(4)：549-555.

3.2.4　结果分析

3.2.4.1　引文网络角度下的群体信息视域

（1）地理学学科研究群体。

经过数据处理后得到地理学研究群体使用的重要参考文献共 15 篇，合计被发表的 89 篇论文引用，占其总论文数的 34.4%，其中有 65 篇论文引用重要参考文献的数目不少于两篇；参考文献涉及的主题可细分为自然地理、生态环境、人类行为、理论研究、实际应用五个类别，每一篇参考文献分属于一类或多类主题下，通过期刊与关键词进一步揭示参考文献的具体内容，如表 3.2.1 所示。

表 3.2.1　地理学研究群体部分重要参考文献主题分类

主题	参考文献	期刊	参考文献关键词
自然地理	A fifteen year record of global natural gas flaring derived from satellite data（2009）	Energies	Carbon emissions；Gas flaring；Nighttime lights
	Night-time imagery as a tool for global mapping of socioeconomic parameters and greenhouse gas emissions（2000）	Ambio	Carbon dioxide emissions；Metropolitan areas；Urban populations；Socioeconomics，Datasets；Population estimates
	Foreshock sequence of September 26th, 1997 Umbria-Marche earthquakes（2000）	Journal of Seismology	Dilatancy model；Foreshock；Vp/Vs variation
	…	…	…
生态环境	…	…	…
…	…	…	…

单就数量而言，群体最为关注的信息资源主要属于自然地理与

理论/技术研究方面，通过对自然要素与规律的研究逐步拓展地理学研究深度，相对而言生态环境与人类行为两类主题下的信息源关注度稍低；同时所涉及的期刊源也呈现一定的集中趋势，多为地理学科下的核心期刊，以及诸如 Science 的综合性权威学术期刊。

(2)生物学学科研究群体。

经过数据处理后得到生物学学科研究群体使用的重要参考文献共 29 篇，合计被发表的 119 篇论文引用，占其总论文数的 49.8%，其中有 49 篇论文引用重要参考文献的数目不少于两篇；参考文献涉及的主题可分为生物结构、生态分布及演化、生物技术、交叉应用四个类别，如表 3.2.2 所示。

表 3.2.2　生物学研究群体部分重要参考文献主题分类

主题	参考文献	期刊	参考文献关键词
生物结构	Performance comparisons of co-occurring native and alien invasive plants：implications for conservation and restoration(2003)	Annu Rev Ecol Evol Syst	biological invasion；competition（ecology）；competitive ability；ecological impact；fecundity；growth rate；introduced species；native species
	Toward a causal explanation of plant invasiveness：Seedling growth and life-history strategies of 29 pine（Pinus）species（2002）	The American Naturalist	biological invasion；growth rate；leaf area；life history
	…	…	…
生物技术	…	…	…
…	…	…	…

研究群体最为关注的信息资源主要属于生物结构研究方面，生物学作为自然科学六大基础学科之一，研究生物(包括植物、动物

和微生物)的结构、功能、发生和发展规律,同时也会关注生态学、生物分布演化等与生物交互息息相关的问题,随着时代的发展,现代生物技术学也愈加成熟,生物学被更多地应用于改造自然,为农业、工业和医学等实践服务。

(3)跨学科研究群体。

经过数据处理后得到跨学科研究群体使用的重要参考文献共16篇,合计被发表的68篇论文引用,占其总论文数的43.0%,其中有41篇论文引用重要参考文献的数目不少于两篇。

由于跨学科科研情景需要包含异质性较强的信息源的信息视域,并且与所涉及的单一学科信息视域密不可分,因此选择将跨学科研究下的重要参考文献分别在地理学与生物学重要参考文献主题下进行分类,得到相关的主题展示如表 3.2.3、表 3.2.4、表 3.2.5所示。

表 3.2.3 跨学科研究群体部分重要参考文献在地理学相关分类主题下的分类

主题	参考文献	期刊	参考文献关键词
自然地理	Application of kriging to estimating mean annual precipitation in a region of orographic influence(1988)	Journal of the American Water Resources Association	hydrology; meteorology-atmospheric precipitation; water resources; kriging; mean annual precipitation estimation; rainfall
	Evaluating uncertainties in the prediction of regional climate change(2000)	Geophysical Research Letters	Regional Climate; General Circulation Models
	...	...	...
生态环境	...	...	...
...	...	...	...

表 3.2.4　地理学学科与跨学科研究群体部分重要合著者

在生物学相关主题下的分类

主题	地理学学科研究群体		跨学科研究群体	
	著者	研究方向	著者	研究方向
自然地理	Zhou C	Earth and Planetary Sciences；Computer Science；Environmental Science；Agricultural；Biological Sciences；Physics；Astronomy；Materials Science；Mathematics；Engineering；geomatics	Gerrard, Ross A.	Environmental Science；Agricultural；Biological Sciences；Decision Sciences；Mathematics；Computer Science；Econometrics；Earth and Planetary Sciences
	Cheng W	Earth and Planetary Sciences；Environmental Science；Engineering Computer Science；Physics and Astronomy Agricultural；Biological Sciences；Mathematics	Stine, Peter	Agricultural；Biological Sciences Environmental Science；Earth and Planetary Sciences
	…		…	…
…	…		…	…

通过分类结果可知，跨学科研究群体最为关注的地理学信息资源主要涉及生态环境、实际应用及理论/技术研究方面，最为关注的生物学信息资源也涉及生态分布演化方面。相对而言，对于单一学科的基础性理论知识利用较少。跨学科研究群体通过对所涉及的单一学科之间的交叉内容进行提取，并将其已有的经过检验的先行实践性内容应用于本身的新兴学科，以更好地助力新领域的探索与

发展。

表 3.2.5　生物学学科与跨学科研究群体部分重要合著者
在地理学相关主题下的分类

主题	生物学学科研究群体		跨学科研究群体	
	著者	研究方向	著者	研究方向
生物结构	Peng S L	Agricultural；Biological Sciences；Environmental Science；Biochemistry；Genetics；Molecular Biology；Medicine；Earth and Planetary Sciences；Materials Science；Chemistry；Immunology；Microbiology；Chemical Engineering	Jetz Walter	Environmental Science；Agricultural；Biological Sciences；Biochemistry；Genetics；Molecular Biology；Immunology；Microbiology；Medicine；Earth and Planetary Sciences；Neuroscience；
	Ren H	Environmental Science；Agricultural；Biological Sciences；Biochemistry，Genetics；Molecular Biology；Engineering Earth and Planetary Sciences；Medicine	Tuanmu，Mao Ning	Environmental Science；Agricultural；Biological Sciences；Earth and Planetary Sciences；Biochemistry；Genetics；Molecular Biology；Medicine；Physics and Astronomy；Neuroscience
	…	…	…	…
…	…		…	…

3.2.4.2　合著网络角度下的群体信息视域

首先通过对合著网络本身进行数据分析，发现在网络密度、中心性等方面跨学科研究群体均比单一学科研究群体的数值表现更大，也就是跨学科研究群体内部成员之间联系会更加紧密，群体成员之间互相影响的程度和可能性会更大。

之后筛选出研究群体中的重要合著者，按照已有主题分类标准进行分类，分别得到不同研究群体比较关注的合著者研究方向，将结果汇总。根据表中的内容，整体而言，从合著网络的角度来看，不同学科研究群体的信息源关注主次程度与引文网络下的结果相似，但相较而言，合著网络下所包含的信息视域更加广阔，所感知与使用的信息资源内容更加多样；同时合著者在不同主题下的重复出现的频率高于其参考文献在不同主题下出现的频率，推测是由于合著网络是群体成员之间双向选择的结果，每个成员在研究中起到的作用自然是高于所选择的每篇参考文献，因此成员在群体信息视域中出现的次数也更多。

3.2.4.3　跨学科研究群体与本学科研究群体信息视域比较分析

对表格数据进行更细一步的指标量化后，利用雷达图综合性地可视化了研究群体的信息视域，从广度与深度方面表示了群体对信息源的感知情况。

结合图 3.2.3 与图 3.2.4，可以发现相较于地理学研究群体，跨学科群体与生态环境、人类行为与实际应用主题下的参考文献与合著者协作的占比更高，并且所获得的信息距离更靠近地理学本身，利用此类信息的跨学科群体可以更好地分析生物所处环境的变化及其影响因素，并应用已有的地理学技术于新的领域，为解决生态问题提供支撑。而地理学研究群体则对涉及基础知识或是相关技术要素的研究信息更为关注，尤其是自然地理主题下的信息，广度与深度都超越了跨学科群体信息视域。这些差异之处可能成为促进跨学科研究发展的关键要素之一。借助信息视域的差异对比，帮助完善跨学科信息视域，更好地筛选所需的信息资源以支持信息行为。尽管两类群体的信息视域在不同主题下展现出了不同的形状，但仍然存在很大的交叉部分，如参考文献中便存在被双方引用的情况，此类信息可以认为起到了打通学科壁垒的作用，成为跨学科与地理学研究群体之间的联系纽带，通过对此类文献的分析可以得到更加细致的群体共性的分析。

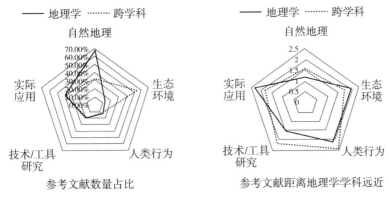

图 3.2.3 引文网络角度地理学与跨学科研究群体信息视域

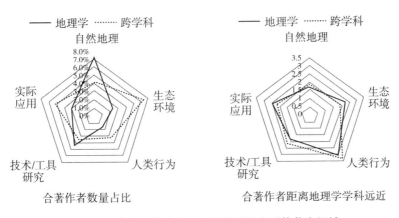

图 3.2.4 合著网络角度地理学学科研究群体信息视域

同时发现合著网络下的信息视域雷达图尺寸相较于引文网络下的尺寸较大，推测这一点是由于参考文献的选择比合著者的选择更具有针对性，因此平均水平下，参考文献的整体内容与地理学维度更加贴近，而合著者由于研究方向多样，所得到的数据结果将被稀释。因此对于合著者的选择优化也会在一定程度上提高信息视域内信息资源的精确度。

结合图 3.2.5 与图 3.2.6，也会得到与图 3.2.3 与图 3.2.4 分

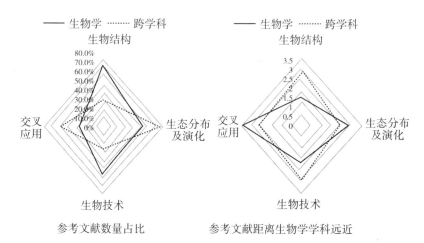

图 3.2.5　引文网络角度生物学与跨学科研究群体信息视域

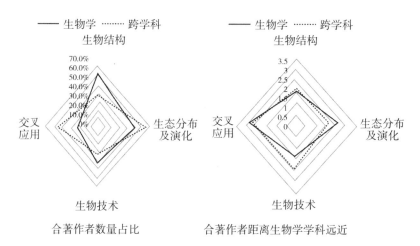

图 3.2.6　合著网络角度地理学与跨学科研究群体信息视域

析类似的结果。相较于生物学研究群体,跨学科群体与生态分布及演化、交叉应用主题下的参考文献与合著者的协作占比更高,并且所获得的信息维度距离更靠近地理学本身,利用此类信息跨学科群体可以更好地分析生物本身的特性以及所处环境的分布与演化情况,并将其与地理学知识相结合进行交叉应用,更好地研究生物与其环境之间的相互关系。而生物研究群体则对涉及生物结构基础知识或是生物技术要素的研究信息更为关注。另外生物学在交叉应用方向非常活跃，所研究的跨学科领域仅为其中的一部分，其他诸如生物物理、生物医学等交叉研究领域在现代也得到了很大的发展。

对以上内容进行综合分析可知：

(1)科研环境对群体信息视域的影响。

从雷达图大小出发整体对比，跨学科群体信息视域相较于本学科群体信息视域而言更加广阔，推测一部分是由于跨学科本身覆盖知识面更加广阔，需要关注的信息范围自然更广，另一部分是所选择的跨学科组织所带来的影响，本研究选取的数据均来源于开放跨学科生态研究平台 NCEAS，面向来自全球不同科研机构的专业人员或者政府人员，涉及传染病、海洋生态学、数据分析等多种研究领域，这种平台上的成员自主参与、组成研究项目团队，来源广泛，因此其合作规模和范围都很广，也间接造成跨学科群体信息视域范围更加广阔。

(2)研究群体内部信息视域比较。

在同一学科情境下，信息视域具有群体间性，这是由所属成员的研究倾向、信息素养、学术经历等因素所造成的。

通过对群体内部信息源的区分，发现处于同一研究领域下的不同群体之间也会存在一定的信息视域差异，以地理学学科研究群体为例，研究地震等自然现象时，群体内部部分会注重对于地理基础知识和规律信息，也有部分会更关注于现象的预测、技术与应用信息。

从另一个角度出发，每幅信息视域雷达图都对应研究群体在引文网络与合著网络两种不同信息源下群体的信息感知与使用情况，同一研究群体在不同信息源下的雷达图形状轮廓相似，表明了研究群体在不同信息源下仍然会保持一致的活动模式，也说明了研究群体信息视域下的内容对项目活动均有着同等的价值；但其大小也会在一定程度上存在差异，由于合著作者的研究方向比较多元化，所涉及的信息层次更多且交互更为频繁，因此合著网络下的信息视域会更加宽广。

引文网络下信息视域				
学科维度远近	自然地理	生态环境	人类行为	技术/工具研究	实际应用
地理学	1.2	2.126	2.151	1.485	2.33
跨学科	1.577	1.878	2.435	2.142	1.89
数量占比	自然地理	生态环境	人类行为	技术/工具研究	实际应用
地理学	66.70%	13.30%	13.30%	20%	40%
跨学科	31.25%	56.25%	12.50%	18.75%	37.50%
学科维度远近	生物结构	生态分布及演化	生物技术	交叉应用	
生物学	1.22	2.333	1.685	2.89	
跨学科	2.364	1.92	2.435	2.142	
数量占比	生物结构	生态分布及演化	生物技术	交叉应用	
生物学	72.40%	51.70%	58.60%	34.50%	
跨学科	31.25%	75%	25%	56.30%	

合著网络下信息视域				
学科维度远近	自然地理	生态环境	人类行为	技术/工具研究	实际应用
地理学	1.67	2.375	3.115	1.885	2.33
跨学科	1.8335	2.014	3.425	2.246	2.09
数量占比	自然地理	生态环境	人类行为	技术/工具研究	实际应用
地理学	80.00%	25.00%	20.00%	50%	35%
跨学科	46.70%	70.00%	36.70%	40.00%	56.70%
学科维度远近	生物结构	生态分布及演化	生物技术	交叉应用	
生物学	1.72	2.667	1.86	2.78	
跨学科	1.863	2.126	2.56	2.542	
数量占比	生物结构	生态分布及演化	生物技术	交叉应用	
生物学	70.00%	55.00%	45.00%	30.00%	
跨学科	43.30%	70%	70%	60.00%	

图 3.2.9　雷达图所对应数据全览

群体信息视域则是在对这些差异与近似点的综合整理下所形成的，从宏观的角度概括了对应学科研究群体的信息视域。

（3）单一学科研究群体的信息视域比较。

不同的单一学科研究群体之间的信息视域也会由于研究内容的差异而不同。

对于单幅雷达图而言，不同主题下信息处理利用程度均存在不同峰值，使得每幅雷达图内部尺寸差别较大，也就是说，某些主题信息对某一学科研究活动似乎很重要，但对其他学科研究活动就不那么重要。每个研究群体形成了自己独特的信息视域范围，就单一学科研究群体而言，它们都会更注重所在学科基础知识与技术相关的信息，在此基础上将信息视域会延伸至知识的应用研究与学科间交互研究，因此二者的信息视域存在较大的差异，但也会在学科交界处的领域表现出一定的重叠。地理学研究群体与生物学研究群体的信息视域在生态环境与交叉应用领域有一定的重合，但对于同类信息表现出了不同程度的感知与使用，而在离本学科更近的知识信息上，两研究群体需要的信息异质性极大，也就使得信息视域相交甚少。

（4）跨学科研究群体与单一学科研究群体之间的信息视域比较。

跨学科与所涉及单一学科研究群体之间的信息视域由于研究内容的部分相似会存在一定的交叉空间，但由于对于相关信息关注的广度与深度不同，也会存在差异。

对于跨学科与木学科研究群体的信息视域雷达图进行比对分析，会发现在宏观角度上本学科群体在不同主题下的信息取舍倾向于均衡，而跨学科群体，在信息感知与使用上会更偏向于涉及交叉学科以及应用向的信息内容。

从细粒度的信息视域出发，对单一学科与跨学科研究群体参考文献主题词集合进行比较，也会得到与宏观角度下类似的结果。由于群体的细分研究方向多样，主题词之间的直接重合度较低，但在对主题词进行整合归类后，单一学科下的主题词表现出鲜明的相应学科色彩，多为学科研究中备受关注的对象或现象等，而跨学科下的主题词一部分与单一学科下词汇属于同一细分类别，另一部分则可归纳为新兴的跨学科词汇一类，如 geographic variation, environmental resource corridor 等词。跨学科群体一方面吸收单一学科的知识积累，另一方面又不断实践创新出相关的交叉知识，通过对这两类信息的结合利用与更新，跨越学科之间的壁垒将两个不同的基础学科连接在一起，不断完善与发展自身的跨学科知识体系。

无论宏观还是微观上，不同学科的研究群体信息视域存在差异的原因与同一群体内部信息视域差异原因类似，都是由整体研究方向差异所决定的，这些差异又会成为群体研究活动的重要影响因素。因此跨学科研究群体在本学科基础知识信息上的部分疏漏可能会对研究活动的进展带来不利影响，需要对单一学科信息视域中自身所忽视的部分进行合理的吸纳，拓展与完善自身信息视域，促进跨学科研究进步。

(5)跨学科研究对单一学科研究的影响。

单一学科研究跨学科研究的影响是毋庸置疑的，跨学科研究信息视域中的许多内容便继承于单一学科研究，同时也为新兴跨学科研究提供了信息来源；但在对引文网络下的信息视域进行深度分析时发现，单一学科论文所引用的文献中，跨学科研究成果占20%~30%，这说明跨学科的研究成果在一定程度上起到了反哺本学科的作用，该单一学科的研究群体的信息视域也越来越广阔，并不是局限于单一学科的视野下。跨学科与单一学科研究群体之间的信息视域在理想情况下更像是处于一个协同空间下，互相借鉴吸收，拓展彼此的信息视域，更好地完成相应的研究活动。

总的来说，这些图显示了不同研究群体的信息视域特征及差异，表现了出于不同研究目的与研究性质的研究群体对于信息源的偏好及其利用行为的特点和规律。

3.2.5 结论与启示

3.2.5.1 研究结论

本书的研究对象是跨学科与单一学科的研究群体，团队成员在学术背景、专业知识与技能、研究方向等具有差异性，而跨学科研究群体涉及多类学科知识的了解与应用,并且需要对这些分属于不同领域的知识进行合理的交互整合以创造出属于跨学科的新知识。为了更加清晰地表现出跨学科与本学科研究群体之间的差异,本书选择采用信息视域作为描述手段,信息视域理论以前多被用来研究个人的信息景观,这里拓宽了信息视域的界限,用引文网络与合著网络共同从更加客观的角度界定了研究群体的信息视域。

(1)群体信息视域的形成与改进。

信息视域是一种脑力模型,由社交网络、情境和情况所塑造,因此在研究群体中通常关注的信息协作对象包括引文、合著者以及相关信息检索工具等。主体对用于情景的感知和态势判断、对信息资源的关注、解读和评价等活动,以及主体的学习都可能改变信息视域。

(2)群体与群体信息视域的相互作用。

群体中的成员借助群体信息视域中的可用资源,通过对它们的理解与运用,完成研究任务。在这个过程中,成员并不只是被动地依赖于已有信息视域中的信息资源,还会利用活动过程中群体内部以及群体间的交互协作,吸收和创造信息知识,扩大群体资源范畴,不断补充和更新群体信息视域。

(3)基于信息视域角度的不同学科研究群体间的差异及影响。

科研情境与内部成员的影响,导致了不同群体间信息视域的差异,展现出了与自身研究特质相符合的信息偏好。平均而言,跨学科群体相比单一学科群体的信息视域宽度更广;在更贴近学科交叉边界的知识上,跨学科研究群体表现出了更多的关注与使用。针对群体信息视域的构成,我们也许可以找到机会与方向系统地帮助群体进行信息视域管理,比如结合单一学科信息视域,帮助跨学科研究群体突破当前信息视域局限,吸收以往被忽略的信息源,并协助其更好地融入当前信息空间;同时反过来也可以利用跨学科群体的信息视域尝试从全新的角度对本单一学科研究进行不同的阐述与研究设计,互相学习与参考,拓展群体信息视域,促进学科研究发展。

3.2.5.2　研究局限

首先，本文研究者对于地理学与生物学学科了解有限，仅根据可查阅资料对学科远近进行量化不可避免存在偏颇，可能会影响到关于信息维度雷达图的最终形状。

其次，由于针对群体信息视域的研究论文相对较少，且目前多数对于个体信息视域的研究主要以问卷调查等偏向主观的研究方式展开，本书采取的从引文网络与合著网络角度出发去构建学科研究群体的信息视域仍然可能因为可参照资料较少而导致群体信息视域的不完全。

最后，本书仅从引文网络与合著网络两个客观角度描述群体信息视域的构成，这两部分只是完整信息视域的一部分，并没有关注来自于其他工具类的信息渠道的信息源，如搜索引擎、信息服务平台等，也会降低群体信息视域的完整度，影响实验分析结果。

以上可能会对最终结果的准确起到负面影响，需要通过提高对学科的认知程度以及对信息视域理论的继续探索来完善研究设计。

3.2.5.3　研究启示

通过运用信息视域理论研究方法识别跨学科与单一学科研究群体的信息视域，从新的角度对群体信息视域进行了定义，对信息视域理论有了更加深刻的认知。从跨学科与单一学科群体的信息差异分析中，明晰了研究情境—信息视域—信息行为之间的控制链，不同的研究情境塑造了差异化的信息视域，在信息视域的支配下，研究群体采取相应的信息行为完成研究任务。

3.3　跨学科情景下用户信息获取渠道及行为表现

在科学、文化、经济、社会相互交融的背景下，人类面对着越来越多单一学科所不能解决的复杂课题，跨学科研究已经演变成科学研究的重要实践之一。跨学科研究获得了世界各国政府部门的政策倾斜和各研究机构的经费资助，呈现快速发展趋势。跨学科研究的开始和发展，让学科领域用户的信息需求与信息行为呈现出与单学科背景下所不同的特征和规律，需要加以研究。

信息搜寻行为是信息行为研究的重点问题之一，主要是研究人们发现以及获取所需信息资源的多种方式。在进行跨学科研究的过程中，学术用户需要获取、理解和利用大量的其他学科的资源。

由于信息源分散，而且不断变化，使跨学科研究者进行问题的前沿追踪和信息觅食较单学科遇到更多的障碍，能识别信息来源并能有效综合信息来源是取得科研成功的基本保证。如何解决这些相互冲突的要求是跨学科研究面临的一个关键问题或核心挑战。本节通过调查分析，揭示学术用户跨学科信息搜寻行为的特点，有利于高校和机构提供面向跨学科科研的信息服务，也有利于高校图书馆面向跨学科研究展开深层次的服务，提高学术用户进行跨学科信息资源获取的效率，有效地进行跨学科研究工作。

3.3.1 跨学科情景下用户信息获取研究模型构建

结合现有的研究，对跨学科领域的用户信息行为进行归纳，得出跨学科信息搜寻的情景下，用户采纳的信息获取渠道以及各渠道下的信息行为。

3.3.1.1 跨学科情景下用户信息获取渠道分析

(1)基于直接人际交往的信息获取。

跨学科学者依赖人际渠道进行知识获取。Westbrook 探究了妇女学研究学者在涉及多学科信息搜索情景下的搜索过程，发现被调查者依赖于同事推荐的相关资料。通过社会关系还能更好地理解信息或降低使用信息查找工具的难度[①]。由于学科的交叉与重叠，学术人会建立非正式跨学科小组，小组间的互动能使学术人对彼此的学术思想相互了解，以不同的视角看问题。人际交流有助于信息偶遇。Foster 在信息偶遇的实证研究中对跨学科学者进行访谈，许多学者表示在交流的过程中出现信息偶遇。

人际交流有助于翻译。翻译可以帮助研究人员熟悉、了解非专

---

① Westbrook L. Information Needs and Experiences of Scholars in Women's Studies：Problems and Solutions[J]. College & Research Libraries，2003，64(3)：192-209.

业领域的概念和术语。在人文科学中的跨学科研究的学者在其与领域外的资源和学者进行交流和开展研究时，都需要翻译，可通过内部同事或外部专家的帮助进行非专业领域内的观点理解和写作材料。

社会网络节点的影响。Foster 指出跨学科信息搜寻依赖于好的社会网络，主要指由来自不同学科背景与地位的学者组成的关系网络。于汝霜在对高校教师的跨学科交往进行研究中指出，教师在不同学科及不同学者等级呈现有不同的交流圈子，圈子的大小对学术研究有一定影响①。

（2）基于社会化媒体的信息获取。

网络环境下的非正式交流对于跨学科知识共享起到正面作用。Blog、百科、问答系统等社会化媒体在科学信息交流中得到广泛运用，它不但具有非正式交流中直接、速度快、反馈及时、针对性强、连续性强等特点，并有强大的网络关系做支撑，使共享知识的宽度更广。这也使跨学科信息搜寻这种信息分散性强的活动在社会化媒体的信息获取渠道上有广泛的利用，如在学术论坛中进行问答、关注某学者微博或博客以追踪行业消息、利用博客及视频在网上进行协作学习等。

在学术研究中，论文发表者和阅读者多个用户之间进行探讨和互动所取得的效果要比与少数专家进行交流好②。

（3）基于非人际交往渠道的信息获取。

非交往渠道的信息获取指从纸版的信息源获取信息或从网络搜索引擎或图书馆电子资源数据库检索信息。在跨学科信息搜索的情境下，用户独立查找信息进行信息获取的信息搜寻行为有一定的特征，也有一系列障碍。

①行为特征。

广度搜索。广度搜索是一种有意识的搜索扩展行为，它增大了

---

① 于汝霜．高校教师跨学科交往研究［D］．上海：华东师范大学，2013.
② 陈伟．科研情境下学术用户信息搜寻行为研究［D］．南京：南京农业大学，2012.

探索的空间，让用户接触更多的资源类型、概念及学科领域。在Foster 的跨学科实证研究中，受访者表示，研究开始阶段的广度搜索是为了在缩小范围的过程中得到更符合研究的结果，广度搜索为确认关键词和信息源起到重要作用[①]。

浏览行为。进行广度搜索之后，为了在广泛的信息源当中获取有用的信息，学术用户经常采取浏览的策略。Murphy 在其硕士论文中提到，跨学科学者会进行广泛的阅读以使自己获得宽广的视野，但这些所谓阅读很多情况下只是浏览。浏览和偶遇检索之间存在关联[②]。

②搜索障碍。

术语不熟悉。跨学科信息搜寻经常遇到的障碍是学术人员对其他领域的术语不熟悉，导致无法利用搜索引擎进行有效且准确的查询。

信息组织形式不熟悉。在一个数据库检索系统当中，导航系统、搜索系统、标签系统等是信息组织的重要组成部分。Foster 指出跨学科信息搜寻时出现的阻碍程度一定程度上取决于学科之间的远近。

多学科信息资源的支持不足。跨学科研究需要多学科信息资源的支持，但是这正是目前许多研究机构所缺乏的地方，使研究人员无法或太难找到匹配的信息源从而给研究所需要的信息搜索增加困难。

（4）信息偶遇。

信息偶遇（Information Serendipity）是一种无目的性发现所需信息的行为。信息偶遇属于一种信息获取的范畴，当用户并不是有意地要查找某信息时，却遇见了它，不在计划或者预料之内。

Foster 通过访谈来研究跨学科人员在信息搜寻时的信息偶遇，

---

① Foster A. A Nonlinear Model of Information-Seeking Behavior[J]. Journal of the American Society for Information Science and Technology，2004，55（3）：228-237.

② Rice R E，McCreadie M M，Change S L. Accessing and Browsing Information and Communication[M]. Cambridge，MA：MIT Press，2001.

他认为，在信息搜寻的情境中，信息偶遇是有价值的，同时也是被排斥的、不可预测的，且对于清楚的信息查寻策略毫无帮助。但在特定学科领域如艺术、人文科学等，偶遇对创造性工作极为重要，同时在跨学科研究中，信息偶遇极为常见①。

王知津等提出信息偶遇具有非线性特征。信息偶遇的影响因素很多且对于信息偶遇者的影响是交叉非线性的②。

3.3.1.2　影响用户信息获取渠道选择的个性因素分析

(1)用户学术地位对于选择渠道的影响。

在单学科信息搜寻行为的调查当中，许多研究表明不同身份地位的学术用户的信息搜寻行为具有显著差异。Mark 在对工程师的信息行为进行调查时，指出不同级别的工程师采取的信息搜寻方式不同，并且级别越高，更依赖于交际渠道进行人与人之间的交流③。陈伟在对学术用户信息搜寻行为的实证调查中发现，不同身份的学术用户在社交媒体工具的使用上有很大差别，大学教师和博士研究生较多运用博客搜寻学术信息④。

(2)用户学科背景对选择渠道的影响。

于汝霜在对高校教师进行跨学科交往研究中发现，不同院系在跨学科研究上进行人际交往的认可态度不同：社会科学类学科与自然科学类学科在院系是否阻碍跨学科人际交往的问题上，社会科学类教师表示阻碍大，而自然科学类教师表示阻碍一般。周晨在对高校教师的信息搜寻行为研究中得出，学科类别与获取专业信息的主

---

①　Foster A, Ford N. Serendipity and Information Seeking: An Empirical Study[J]. Journal of Documentation, 2003. 59(3): 321-340.

②　王知津，韩正彪，周鹏. 非线性信息搜寻行为研究[J]. 图书馆论坛，2011, 31(6): 225-231.

③　Robinson M A. An Empirical Analysis of Engineers' Information Behaviors [J]. Journal of the American Society for Information Science and Technology, 2010 (4): 640-658.

④　陈伟. 科研情境下学术用户信息搜寻行为研究[D]. 南京：南京农业大学，2012.

要途径呈现相关关系①。

3.3.1.3 研究模型构建

基于前面对用户跨学科信息获取特点进行整理及归纳, 可以得到学术用户在跨学科信息搜寻过程中的渠道选择偏好。此处以前面阐述的行为特点作为本研究模型的理论依据, 并参照 Foster 对于跨学科情境信息偶遇的研究结果, 得出本研究的研究模型。该模型主要研究学术用户通过交往圈及传统途径在跨学科信息搜寻情景下的行为特点, 以及信息偶遇的出现情况(见图 3.3.1)。

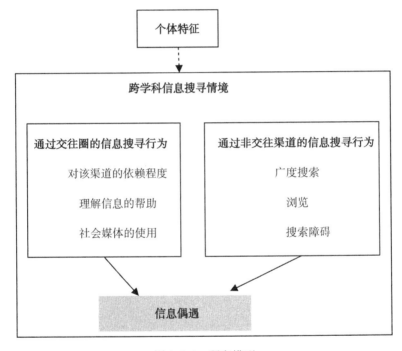

图 3.3.1　研究模型

(1)交往圈。

交往圈包含学术用户的内部圈子和外部圈子。内部圈子指学术

---

① 周晨. 高校教师信息行为特征及实证分析[D]. 南京: 南京航空航天大学, 2009.

用户的近关系交往圈，如师生关系、同事关系、朋友关系等。外部圈子指学术关系相对疏远的人，学术用户在社会化媒体当中的互动对象很大一部分属于外部圈子。如学术论坛、博客、微博当中的互动对象，学术用户并不一定认识这些互动对象，但他们却能帮助用户解决问题。

在本研究中探究学术用户通过交往圈的信息搜寻行为的主要关注点在于：学术用户对通过交往圈获取信息的依赖度、交往圈渠道对学术用户理解信息的帮助以及利社会媒体进行信息的查询、跟踪等情况。

（2）非交往渠道。

非交往渠道指从纸版的信息源获取信息、从网络搜索引擎或图书馆电子资源数据库检索信息等渠道。在本研究中探究学术用户通过传统渠道的信息搜寻行为的主要问题有：是否具有广度搜索的特征、浏览行为是否显著以及是否遇到术语不明确、信息组织形式不熟悉、多学科资源不足等障碍。

（3）信息偶遇。

关于信息偶遇，在本研究中，对学术用户在学术圈及传统渠道下进行信息搜寻出现信息偶遇的情况进行比较以及对学术用户在跨学科情景下和单学科情景下出现信息偶遇的情况进行比较。

（4）个体特征。

个体特征指学术用户的学科背景、学术地位等特征，并探究这些个体特征对跨学科信息搜寻行为的影响。

3.3.2　用户信息获取渠道及行为特点实证分析

3.3.2.1　问卷调查

（1）问卷设计。

设计调查问卷以收集数据从而验证本研究提出的模型和假设。结合现有信息搜寻行为的研究，结合跨学科信息搜寻行为特点，设计出本调查问卷。从问卷内容上看，问卷包含四个方面内容：一是用户的基本资料，二是跨学科情境下用户通过非交往途径进行信息搜寻的行为特点，三是跨学科情境下用户通过交往圈进行信息搜寻的行为特点,四是信息偶遇情况。从问卷结构上看,问卷共 19 道题,包含两部分:第一部分,3 道题,基本资料,包括学术用户的背景和研究方向;第二部分,16 道题,跨学科信息搜寻行为调查,本部分中题型包含填空题、单选题以及量表。对于量表,采用李克特量表进行测量,量表部分共 11 道题。

(2)问卷发放。

样本主要分为教师和学生群体两部分。对于教师群体,选取武汉大学交叉学科项目参与教师以及交叉学科教师进行问卷派发,以邮件派发的形式请教师群体进行问卷填写,共获教师 23 例。对于学生群体,选取武汉大学交叉学科项目参与学生以及交叉学科背景学生进行问卷派发,通过网络调查平台"问卷星"发放问卷,剔除无效答卷,获取的符合研究对象有效样本 127 例。

3.3.2.2 数据分析

(1)样本基本特征。

①身份。

从调查收集的样本数量看(表 3.3.1),学生群体样本数超过 50%,教师群体比例较小。硕士研究生占比较大,占 41.7%。

表 3.3.1 身份频数表

身份	频数	比例
教授	9	7.1%
副教授	9	7.1%
讲师	5	3.9%
博士研究生	17	13.4%
硕士研究生	53	41.7%
本科生	34	26.8%
总数	127	100.0%

②学科类别。

根据调查高校的学科设置情况并结合调查对象填写的专业,笔者将学科合并为 2 大类，即社会科学和自然科学。样本中学科分布不平均(表 3.3.2)，社会科学类样本占比为 65.4%，几乎为自然科学类样本数的 2 倍。

表 3.3.2　学科类别频数表

学科门类	频数	比例
社会科学类	83	65.4%
自然科学类	44	34.6%
总数	127	100.0%

③身份与学科。

对于各身份学术用户在社会科学与自然科学学科当中的分布情况，见表 3.3.3。在各身份中，社会科学与自然科学类的样本较为平均，只有在硕士研究生的样本当中，社会科学类样本远多于自然科学类样本。

表 3.3.3　身份与学科分布频数表

	教授	副教授	讲师	博士研究生	硕士研究生	本科生	总计
社会科学	3	2	3	9	37	19	73
自然科学	6	7	2	8	16	15	54
总计	9	9	5	17	53	34	127

(2)跨学科信息搜寻基本特征。

①跨学科信息搜寻领域。

表 3.3.4 中列出各学科在进行跨学科信息搜寻时经常涉及的领域。其中，计算机领域、心理学领域、数学领域及生物领域高频较高，多个学科进行相关研究经常涉及这四个领域。

②跨学科信息搜寻渠道。

在跨学科信息搜寻渠道的选择上，结果如图 3.3.2 所示。研究结果与国外跨学科研究不同，人际网络是学术用户进行跨学科信息搜寻较多采用的方式。大多数用户还是较多地依赖于网络搜索引擎及电子期刊数据库等工具进行信息的查找，高频使用该方式的用户比例高。从图3.3.3可以看出，就高频使用的信息渠道而言，超过半数的人选择了网络搜索引擎方式，人际网络渠道使用频率并不高，选择人际网络途径作为首要跨学科信息查找方式的用户仅占15%，比例甚至低于纸版资源途径，人际网络渠道在本研究中并无体现出在跨学科信息搜寻中的地位。

表 3.3.4　跨学科信息搜寻表

学科	跨学科信息搜寻领域
心理学	经济、教育、计算机、历史
经济	数学、哲学、法律、心理、社会学、管理学、新闻学
医学	生物、心理
政治与公共管理	生态学、医学、经济学、心理
物理	数学、生物、材料学
生命科学	物理、化学、药学、计算机、经济
环境科学	化学、计算机、生物、地理、经济、法学
化学	物理、生物
动力机械	美学、化学、数学、物理、计算机
计算机科学	电子信号、生物、情报、经济、物理、数学、语言学
信息管理	计算机、数学、心理学、医学、生物、社会学

③跨学科信息追踪途径。

根据 Foster 的研究，学术人在信息分散的情况下会主动发起探测行为，表现为对各种与研究相关的信息进行追踪。笔者结合交往圈与传统渠道两大方式，列出四种主要信息追踪方式，各追踪方式使用比例如表3.3.5所示。

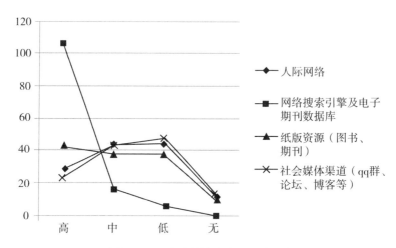

图 3.3.2 跨学科信息搜寻渠道频率

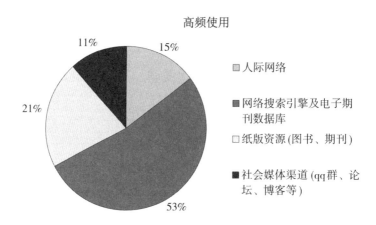

图 3.3.3 跨学科信息搜寻高频使用渠道

　　82.6%的学术用户在追踪方式的选择上选择传统方式：主动浏览行业期刊、书籍及相关网站。位居第二的方式是社会媒体渠道方式：主动关注相关领域微博、博客及个人主页，比例达 51.1%。另有 29.1%用户会主动参与学术会议、讲座，少量用户订阅电子邮件。

表 3.3.5 跨学科信息追踪表

追踪方式	比例
主动浏览行业期刊、相关书籍及网站	82.6%
关注该领域学者微博、博客、个人主页	51.1%
主动参加该领域学术会议、讲座	29.1%
订阅该领域电子邮件	14.9%
没有采取任何追踪活动	5.5%

不同的学术地位学术人的信息追踪方式有所区别（表 3.3.6），副教授身份以上的学术人，使用传统方式追踪信息的比例高，使用社会媒体渠道方式追踪信息的比例低，教授及副教授使用微博、博客等方式关注跨学科信息的比例都仅占 11.1%。在利用微博、博客等渠道追踪信息的群体主要分布在讲师、博士及硕士群体当中，该群体学术人年纪较教授群体轻，使用的追踪方式较为新颖，由于涉及的学术研究深度较本科生群体深，故关注的频率较本科生群体高。从学生群体的角度看，使用传统途径追踪信息的方式较教师群体低出许多。

表 3.3.6 各身份学术人员信息追踪表

	教授	副教授	讲师	博士	硕士	本科
主动浏览行业期刊、相关书籍及网站	88.9%	100.0%	100.0%	82.4%	84.9%	70.6%
关注该领域学者微博、博客、个人主页	11.1%	11.1%	80.0%	47.1%	64.2%	50.0%
订阅该领域电子邮件	33.3%	22.2%	40.0%	17.6%	9.4%	11.8%
主动参加该领域学术会议、讲座	55.6%	66.7%	60.0%	47.1%	15.1%	20.6%
没有采取任何追踪活动	0.0%	0.0%	0.0%	0.0%	1.9%	17.6%

217

(3)交往圈信息搜寻行为特征分析。

①可交往对象个数。

对于跨学科问题，不同身份可交往对象个数有一定差别。综合来看，跨学科可交往对象个数与其社会节点所处位置有关。学术级别越高，跨学科可交往对象越多。由表3.3.7可以看到，显著性 $p=0.003<0.01$，具有统计学意义，身份地位与可交流对象呈现显著的相关关系。

表3.3.7 身份与可交往对象相关性

		1. 您的身份：	5. 您认识_____个处于该研究领域中的学者或学生(或可交流问题的对象)?
1. 您的身份：	*Pearson Correlation*	1	−0.264**
	Sig. (2-tailed)		0.003
	N	127	127
5. 您认识_____个处于该研究领域中的学者或学生(或可交流问题的对象)?	*Pearson Correlation*	−0.264**	1
	Sig. (2-tailed)	0.003	
	N	127	127

从本科到教授，身份地位越高，可交往人数越多(表3.3.8)。对于教授身份的学术人，88.9%的学术用户认识5个以上的跨学科交往对象，剩余比例认识2~4个；对于副教授身份的学术人，66.7%认识5个以上，剩余比例认识2~4个。教师群体认识0个可交往对象的比例为0。学生群体中，本科到博士，级别越高，认识5个以上的可交往对象的比例越高。

②社会媒体渠道使用。

在社会媒体渠道的使用上，大部分用户使用社会媒体渠道进行跨学科信息获取，只有6.3%的用户不使用社会媒体渠道。其中，论坛方式被使用得最频繁，52%学术用户使用该方式获取跨学科信息；

其次为 qq 群,用户占比为 48%;博客和网络公开课的使用频率也较高。论坛和 qq 群使用率较高的原因为其交互性强,并且问题回答针对性强,能有针对性地、实时地解决学术用户的跨学科问题。

表 3.3.8　可交往对象个数

	教授	副教授	讲师	博士	硕士	本科
0 个	0.00%	0.00%	0.00%	23.50%	26.40%	14.70%
1 个	0.00%	0.00%	20.00%	17.60%	15.10%	23.50%
2~4 个	11.10%	33.30%	80.00%	17.60%	17.00%	32.40%
5 个以上	88.90%	66.70%	0.00%	41.20%	41.50%	29.40%

对于各身份学术用户,社会媒体渠道使用的差异性并不显著。教师群体普遍在社会媒体渠道的使用率上较低,从前面的研究看出,教师群体较依赖于传统渠道进行信息的获取与追踪(表 3.3.9)。教师群体在论坛的使用率上较高,其原因为学术论坛的信息较为专业,针对性强,学术性强,可信度高,同时具备较强的交互性,具有 Web2.0 的特征,在该方式上获取跨学科信息较受教师群体青睐。

表 3.3.9　各身份社会媒体渠道使用表

	教授	副教授	讲师	博士	硕士	本科
qq 群	11.1%	11.1%	60.0%	52.9%	56.6%	50.0%
论坛	55.6%	66.7%	100.0%	41.2%	47.2%	52.9%
博客	33.3%	22.2%	40.0%	29.4%	43.4%	29.4%
网络公开课	22.2%	22.2%	60.0%	23.5%	34.0%	29.4%
微博	0.0%	0.0%	40.0%	29.4%	17.0%	26.5%
知乎	0.0%	0.0%	20.0%	5.9%	17.0%	26.5%

③理解问题的帮助。

关于交往圈对于理解问题的帮助,在问卷中设置了两道题目,分别探究同行同事对于问题的理解的帮助以及跨学科领域专家对于问题的理解的帮助。对社会科学类及自然科学类用户进行对比分析，如表 3.3.10 所示。

在问及同行同事对理解问题的帮助时，社会科学类与自然科学类学术用户在该问题上具有显著性差异（表 3.3.11），$p = 0.003 < 0.5$。从均分来看，自然科学类用户认为同行同事能很好地帮助自己理解跨学科问题，均分高达 4.2 分，而社会科学类用户仅有 3.1，认为同行同事对于跨学科理解的帮助只起到一般的作用。自然科学用户在同意和非常同意的比例上分别有 40.8% 和 22.4%，而社会科学类用户在这两项上只有 28.2% 和 6.4% 的比例。

笔者分析，自然科学类用户认为同行同事能较好解决问题的原因在于，自然科学类当中，许多学科为交叉学科，为了解决交叉学科当中涉及的多学科问题，许多自然科学类的教授及副教授具有多学科学历背景。如本调查当中，某环境科学教授同时具有生物化学及地理信息系统的学历背景。在许多自然科学类的学者当中都具有多学科的专业知识，因此，自然科学类用户在遇到跨学科的问题时，同行的同事能够解决相关问题的几率要高于社会科学类用户（表 3.3.12）。

表 3.3.10 同行同事理解问题帮助表

	同行的同事或导师能很好解决疑问					
	非常 不同意	不同意	一般	同意	非常同意	平均分
社会科学	2.6%	20.5%	42.3%	28.2%	6.4%	3.1
自然科学	6.1%	6.1%	24.5%	40.8%	22.4%	4.2

表 3.3.11 不同学类对问题理解卡方检验表

	Value	df	Asymp. Sig. (2-sided)
Pearson Chi-Square	15.42207	4	0.003901
Likelihood Ratio	15.87805	4	0.003187

在问及需要跨学科领域专家解决问题时，社会科学类与自然科学类用户并无显著性差异（表3.3.13）。从平均分来看，自然科学类与社会科学类用户差不多，皆为3.5左右。但从同意与非常同意的比例上来看，自然科学类用户还是较高于社会科学类用户。说明在跨学科问题上，自然科学类用户相较社会科学类用户在理解问题的帮助上更需要别人的帮助。

(4)非交往圈渠道信息搜寻行为分析。

①广度搜索。

在广度搜索的问题上，笔者在问卷第15题设置了如下陈述：利用网络搜索引擎或数据库进行跨学科信息检索时，您的检索词不固定，易受检索结果的影响而改变。一半以上的样本同意在进行跨学科信息检索时，检索词不固定，检索词易受检索结果的影响而改变。在跨学科的背景下，用户需要进行广度搜索，以逐渐缩小信息搜索范围。用户在进行跨学科搜索时，探寻式搜索的行为特征尤为明显，并且更加接近于研究型搜索：基于对从信息对象中提炼的内容进行深入分析、综合、评价，用户得以实现智慧的决策、规划以及预测（表3.3.14）。

表3.3.12　跨学科领域专家理解问题帮助表

需要跨学科领域专家解决问题					
	非常不同意	不同意	一般	同意	非常同意	平均分
社会科学	1.3%	7.7%	33.3%	51.3%	6.4%	3.5
自然科学	4.1%	4.1%	30.6%	40.8%	20.4%	3.6

表3.3.13　不同学类专家理解问题卡方检验表

	Value	df	Asymp. Sig. (2-sided)
Pearson Chi-Square	7.381[a]	4	0.117
Likelihood Ratio	7.235	4	0.124

表 3. 3. 14　广度搜索同意度表

	非常 不同意	不同意	一般	同意	非常同意	平均分
广度搜索	3.15%	7.09%	24.41%	50.39%	14.96%	3.67

②浏览行为。

面对跨学科问题，用户进行广度搜索之后，为了在广泛的信息源当中获取有用的信息，学术用户经常采取浏览的策略。由表3.3.15可以看到，53.5%的调查样本同意对于检索到的资料多进行浏览而不是精读，更有23.6%的用户非常同意自己在跨学科研究当中进行浏览行为。在跨学科研究中，学者为了拓宽信息查询的范围会增加搜寻策略，作为浏览者以探索专业外领域的权威研究。

表 3. 3. 15　浏览行为同意度表

	非常 不同意	不同意	一般	同意	非常同意	平均分
浏览行为	3.2%	7.9%	11.8%	53.5%	23.6%	3.87

③搜索障碍。

Foster 在其研究中指出，学科提供的跨学科学习环境对跨学科研究存在影响，信息源的提供能帮助跨学科学者在相关研究问题上较有效率地解决问题。笔者在问卷第九题设置相关题段，调查学科单位提供跨学科领域学习机会的情况(表 3.3.16)。

对于研究单位提供跨学科领域的学习机会，社会科学类与自然科学类用户存在显著差异，$p = 0.01 < 0.05$(表 3.3.17)。自然科学类用户普遍同意在跨学科学习资料及机会上，研究单位提供了大量相关学习资料，平均分达3.9；相比较而言，社会科学类用户表示

自己所在研究单位提供的跨学科学习资料只起到一般作用，在提供相关学习资料上的帮助较小。

表 3.3.16　学习机会同意度表

	您所在的本学科研究单位提供了大量该领域的资料或学习机会（如：期刊、书籍、学术会议、论坛等）					
	非常不同意	不同意	一般	同意	非常同意	平均分
社会科学	1.3%	17.9%	39.7%	29.5%	11.6%	3.3
自然科学	2.0%	6.1%	24.5%	32.7%	34.7%	3.9

表 3.3.17　不同学类学习机会卡方验证表

	Value	*df*	*Asymp. Sig.* (*2-sided*)
Pearson Chi-Square	13.303[a]	4	0.010
Likelihood Ratio	13.500	4	0.009

在了解研究单位提供跨学科学习机会的基础上，进一步看各类用户独立解决问题的情况。社会科学类与自然科学类在独立解决问题的情况上并没有显著差异，但从平均分上来看，自然科学类的均分较高，表示自然科学类用户相较社会科学类用户而言，更能通过自身查找资料独立解决跨学科问题。

④术语障碍。

传统途径下，用户进行跨学科信息搜寻经常因为术语不熟悉而出现搜寻障碍。由表 3.3.18 可以看到，社会科学类和自然科学类用户在术语障碍上并无太大差异，平均分皆为 3.4 分，普遍都较同意在进行跨学科信息搜寻时，由于术语不熟悉的因素而增大了查找信息的难度。

表 3.3.18　术语障碍同意度表

	由于对该领域使用的术语不熟悉，因此增加了您查找信息的难度					
	非常 不同意	不同意	一般	同意	非常同意	平均分
社会科学	5.1%	11.5%	29.5%	43.6%	10.3%	3.4
自然科学	8.2%	14.3%	26.5%	34.7%	16.3%	3.4

⑤检索系统障碍。

Foster 在对跨学科学者的信息搜寻行为进行实证研究时发现，由于不同学科数据库的差异性，使学术人员在进行跨学科信息检索时出现障碍。由表 3.3.19 可以看到，检索系统对本调查样本的阻碍作用并不很明显，社会科学与自然科学用户的平均分皆只有 3.3 分，检索系统障碍在本研究中并没有对跨学科研究起到突出的阻碍作用。

表 3.3.19　检索系统障碍同意度表

	由于对该领域的学术检索系统不熟悉，因此增加了您查找信息的难度					
	非常 不同意	不同意	一般	同意	非常同意	平均分
社会科学	1.3%	16.7%	38.5%	34.5%	9.0%	3.3
自然科学	10.2%	12.2%	28.6%	32.7%	16.3%	3.3

⑥信息偶遇情况分析。

对样本进行信息偶遇调查情况如表 3.3.20、表 3.3.21 所示，浏览后出现信息偶遇的平均分为 3.5 分，与他人交流后出现信息偶遇的平均分为 3.3 分。从各栏目来看，同意出现信息偶遇的比例皆达到44.9%,故无论是浏览行为还是交往圈行为,跨学科信息搜寻中,出现信息偶遇的情况都是属于较为频繁的。

表3.3.20 信息偶遇同意度表

	非常不同意	不同意	一般	同意	非常同意	平均分
浏览后信息偶遇	2.3%	11.0%	31.5%	44.9%	10.2%	3.5
与他人交流后信息偶遇	3.9%	15.0%	30.7%	44.9%	5.5%	3.3

在被问及跨学科与单学科信息偶遇出现的情况问题时,有过半的用户同意在跨学科信息搜寻当中,信息偶遇出现的情况很频繁,与 Foster 的研究结果一致。跨学科信息搜寻由于范围更广,浏览动机和与他人交流的动机会更强烈,偶遇概率也更高。

表3.3.21 跨学科信息偶遇同意度表

	非常不同意	不同意	一般	同意	非常同意	平均分
在进行跨学科信息搜寻时,比起在本(单)学科中,信息偶遇的情境发生的频率更高	2.4%	7.9%	29.1%	54.3%	6.3%	3.54

3.3.3 结论与启示

3.3.3.1 结论

本研究发现,在跨学科信息搜寻途径方面,大多数用户会较多依赖于网络搜索引擎及电子期刊数据库等工具进行信息的查找,并且此种信息搜寻途径的使用频率较高。利用纸质版资源途径的用户占比较低，利用人际关系途径次之。在跨学科信息追踪途径方面，大多数学术用户在追踪方式的选择上选择传统方式(浏览期刊、书籍、相关网站)，其次是社会媒体渠道方式(领域微博、博客等)。同时，不同学术地位的学术人员信息追踪方式也有所区别。年轻群体的学术人员更偏向使用社会媒体渠道追踪信息。

通过交往圈渠道的信息搜寻行为有以下特征：可交往对象个数随着学术人员级别越高逐渐变多；大部分学术人员会使用社交媒体渠道来进行跨学科信息获取；对于跨学科问题的理解和获取帮助上，更多涉及交叉学科的自然科学类学术人员能从跨学科信息搜寻中获得更大帮助。通过对非交往圈渠道信息搜寻行为分析发现，跨学科研究背景下，学术人员在进行信息搜寻时，行为有以下表现：采用广度搜索和浏览而非精度搜索的方式来获取更广泛的信息，同时，搜寻信息过程中会遇到专业术语的障碍。

3.3.3.2 启示

(1)高校学术用户跨学科信息行为的引导。

在信息分散的情景下进行跨学科信息搜寻，学术用户的搜寻行为是多元的。并且个人特征与其信息行为之间存在复杂的关系，学术用户的学科背景、身份地位对其采取的搜寻方式及搜寻效率都存在影响。从用户个人的角度出发，合适的引导可以帮助其提高搜寻效果。

①打破固定思维。

在跨学科信息搜寻的情境下，传统搜索途径具有一定偏向性，用户的定势思维会限制他的检索空间，最终使其不能全面准确地获取信息。

在本书中，大多数用户表示在进行跨学科信息搜寻时，使用搜索引擎及数据库搜索途径的频率高，但是就独立解决跨学科问题而言，用户并不能很好地通过自身的搜索解决问题。因此，用户应当被鼓励突破定势思维，尝试使用不同搜寻方式，或是被更好地培训跨学科研究的相关术语及工具，获得更大的信息获取空间。

②鼓励跨学科协作学习。

高校学术用户使用交往圈进行信息搜寻的行为习惯还不明显，相较于使用传统途径，利用人际关系圈或社会媒体渠道解决跨学科疑问的搜寻行为在本调查中并不显著。但当被问及交往圈是否对解决跨学科问题带来帮助时，大多数用户表示带来的帮助较大。学术用户的交往圈存在"派系"，大多数用户交往对象局限于本学科之内，因此成为其通过人际交往圈进行跨学科信息搜寻的阻碍，阻挡了信息源。在跨学科研究问题上，学科单位可适当提供跨学科研究平台，增进不同学科学者交流机会，增进学者们之间进行线上或线下的协作学习机会，用户自身也应被鼓励主动积极与不同学科学术人直接或间接地进行交往学习。

(2)图书馆及研究单位信息服务的提供。

无论在何时何地，学术用户在科研过程中都会通过搜寻信息来解决问题。更重要的是，用户如何获得合适的信息。针对本研究结果，图书馆及研究单位针对跨学科研究应提供适当信息服务，以使用户有针对性高效地查找到所需信息。

①提供跨学科研究领域的相关信息资源。

在本研究中，各学科背景涉及的跨学科研究领域十分广泛，既有紧邻学科也有跨度广的学科。各研究单位应结合用户调查及引文分析的方法，为跨学科研究领域提供适当信息源，以扩大用户易于获得的信息库，提高用户对跨学科信息的搜寻效率。

②提供培训。

在跨学科研究当中，由于使用的研究术语以及学科检索系统的差异，导致用户在进行跨学科信息搜寻时存在困难。各研究单位可提供培训机会，对于单位中高频接触的跨学科领域进行术语翻译、检索系统培训等工作，让用户在跨学科信息获取的基本知识和方法上得到帮助。

③提高信息偶遇概率。

信息偶遇在跨学科搜寻时出现更为频繁。在跨学科的背景之下，信息更加分散，搜寻路径更加不确定，检索词变化更大，用户在搜寻过程当中的学习性更强，因此偶遇频率更高。图书馆及各研究单位应针对用户在搜寻过程中的学习性，改善信息检索系统，提高用户信息偶遇的概率，让用户在跨学科信息获取上更加高效准确。

第4章　基于信息视域的跨学科协同信息行为实证研究

本章主要围绕跨学科协同信息行为的触发因素、协同模式、不同模式下的信息行为及特征来展开理论构建和实证分析。不同于日常习惯的信息寻求行为，跨学科信息寻求所面临任务的难度、重要性和时间紧迫性压力，都是跨学科情景的重要因素，为了研究跨学科任务情景如何影响信息来源偏好和对来源可及性的感知，本章4.1节首先研究了处于不同难度、重要程度和紧迫程度的任务情景中的跨学科信息视域的变化及信息行为，探求协同的触发因素；4.2节把人的感知融入跨学科情境，根据问题域涉及的学科差异和信息分散度对跨学科情景进行分类，从信息源视域、协作时机等方面来更全面地探讨特定跨学科情境下个人信息搜寻行为向协同过渡的诱发因素。4.3节以美国国家癌症研究所的跨学科研究计划组织为情景，从组织网络结构、项目网络结构，组织间信息依赖关系特征识别跨组织的跨学科合作的三种元模式："人—机"协同，"主—从"协同和"主—主"协同(或称对等关系协同)，也发现了关系、信息视域等情景要素的影响。4.4节通过实验设计，研究不同背景限制条件下，跨学科信息搜索的协同信息行为全过程及效率，发现了信息行为具有时间性，在不同阶段表现不同，协同中共享问题理解及任务划分信息对减少沟通、提高效率的作用，说明了共享概念系统及边界对象的影响。4.5节到4.7节分别研究三种协同模式下的协同信息行为及特征。4.8节以约翰逊的社会交互模型为基础，引入本章研究识别出的信息行为和影响因素，对模型进行扩展，构建从潜在现象层、中介现象层到表面现象层的跨学科协同信息行为影响因素因果链模型。

4.1 协同信息搜索行为的触发情景因素

信息搜索是科学研究的重要认知方法之一，广泛式、探索式、偶遇、协同式是常用的搜索模式，而协同式无疑是其中用于应对复杂研究问题时最高效的策略。协同要求多主体并行开展活动和信息共享，必然有其触发原因。目前一些文献探讨了引发协同行为发生的因素，包括：（1）共同的目标和利益。目标和利益一致是促进多主体协同的关键因素[1]。（2）复杂的任务。一些研究表明简单任务的协同利益不多，为解决复杂问题而采取协同会带来更多的好处。（3）高回报。通常协同会带来额外的开销（被称为协作负载），只有当协作负载在某种给定情况下都能被多主体接受时，协同才有可能被实施。（4）不充足的知识和技能。协同的一个常见原因是个人拥有的知识或技能不足以解决一个复杂问题。可见，目前关于协同触发因素的研究主要聚焦于外部因素，而对于行为主体自身对以上因素所引发的情景感知方面的研究还不多见。

Reddy 和 Jansen 在对两个医疗保健团队进行研究时，发现从个人信息行为转向协同信息行为存在某个分界点（情景），在这个分界点上，遭遇某些事件就可能触发协同信息搜索行为，例如：信息需求的复杂性、信息资源的碎片化、缺乏领域专家、缺乏立即可以找到的信息等[2]。但是不同主体遭遇同样的外部事件，采取的信息行为可能不一样，到底具有哪些属性的行为主体遭遇上述外部事件会转向协同信息行为？从个人信息搜索转向协同信息搜索的分界点（情景）是怎样的？有哪些情境因素对主体信息行为有影响？这些

---

① Shah. Collaborative Information Seeking[J]. Journal of the association for Information Science and Technology, 2014, 65(2): 215-236.

② Reddy M C, Jansen B J. A Model for Understanding Collaborative Information Behavior in Context: A Study of Two Healthcare Teams[J]. Information processing & management, 2008, 44(1): 256-273.

问题正是本书想要探究的。

情景是人类信息行为背后的重要原因，信息行为情景是各类信息行为发生条件和环境的总和，包括技术、认知和社会等因素。情景可以"动态"地影响社会成员的物理、认知和情绪，在特定情景中，群体成员有着相似的认知体验。本书认为协同搜索策略是个人信息搜索遭遇失败后所采取的弥补行为，可以把"个人信息搜索失败情景及其对弥补搜索策略的影响"作为协同搜索触发情景研究的切入点，并将个人信息搜索转向求助于人际渠道视为协同信息搜索发生的最基本的条件。

本书的研究路径如下：首先，借助 Ford 和 Mansourian 文献提出的模型①，对个人网络学术信息搜索失败情景进行分类，提出个人信息搜索弥补行为的影响因素模型；其次，对在校大学生在这些假设失败情景中的信息搜索策略进行调查，总结弥补搜索行为的特点，分析在校大学生这一特定群体对不同类型搜索失败情景因素感知；最后，探寻导致个人搜索向人际渠道转化的特定情景因素。

4.1.1 个人信息搜索失败后的弥补行为的影响因素

影响个人信息搜索行为的基本要素包括行为主体相关因素、搜索任务相关因素以及搜索环境相关因素。由于本书主要从个体层面研究影响因素，暂不讨论环境因素的影响。

4.1.1.1 行为主体相关因素

大量的信息搜索行为影响因素模型已经考虑到搜索者个人属性及个人对搜索任务的认知因素，从人口统计、知识以及情感三个维度提出了研究变量，其中知识包括领域知识和搜索知识。Kim 提出的基于任务的搜索行为模型中②，除了领域知识和人口统计变量外，考虑了"行动主体对困难的感知"这一因素，与本书拟考虑主

① Ford N, Mansourian Y. The Invisible Web: An Empirical Study of 'Cognitive Invisibility'[J]. Journal of Documentation, 2006, 62(5): 584-596.

② Kim, J. Describing and Predicting Information-Seeking Behavior on the Web[J]. Journal of the American Society for Information Science and Technology, 2009, 60(4): 679-693.

体对失败感知的想法相通,可作为搜索知识中的一种。另外,因为搜索知识是指构建搜索策略、明确搜索步骤、采用搜索技巧等知识,例如选择适当的搜索工具、信息源等,可见行为主体对信息源的偏好也直接影响搜索策略的选择。因为本书在搜索知识方面,除了考虑"行为主体对不同类型搜索失败的感知"外还增加了"信息源视域"。

(1)个人对信息搜索失败类型的感知。

用户对搜索成功和失败的感知是一个丰富的、值得探索的领域,理论上的解释有有限理性和自我效能等理论,但将主体信息搜索成功与失败进行分类的研究却不多见。Marichen van der Westhuizen 提出了"看不见的网页"(Invisible Web)的概念,指的是被一般搜索引擎不能发现的网页内容,不可见的网络资源包括一些材料,或者是通过通用搜索引擎无法索引,或者是不打算这么做而导致网上资源不可见的结果①。Sherman 和 Price 对看不见的网络划分了四个主要的种类:不透明的、私密的、专属的和真正的不可见的网络②。Ford 和 Mansourian 提出了"网络信息可见模型"(图4.1.1)并于 2008 年延伸该模型,提出了整合模型③,是本书假设提出的重要参考文献。

如图 4.1.1 所示,Ford 和 Mansourian 的模型提出了三种个人搜索失败类型:"意料之外的失败""不能解释的失败"和"意料中的失败"。①意料之外的失败。B1 区的搜索者认为寻求的信息是可以获得的,但是却没有检索到。这种类型的失败跟用户的期望相反,在这种情况下,行为主体坚信他寻求的信息资源在网上的某个地方可获得,失败的原因在于自身,例如个人采用了低效的搜索策略或是

---

① Van der Westhuizen M. The Invisible Web[J]. SA Journal of Information Management, 2001, 3(3): 51-52.

② Sherman C, Price G. The Invisible Web: Uncovering Information Sources Search Engines Can't See[M]. Information Today, Inc. 2001.

③ Mansourian Y, Ford N, Webber S, et al. An Integrative Model of 'Information Visibility' and 'Information Seeking' on the Web[J]. Program, 2008, 42(4): 402-417.

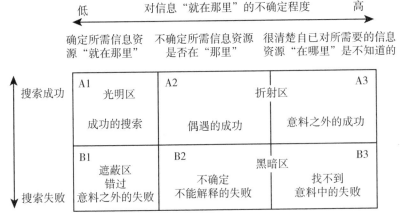

图 4.1.1 网络信息可见模型

搜索主题的定位不准确等。②无法解释的失败。B2 区的搜索者对于他们搜索的失败不能给出清晰的理由。例如用户不确定他们搜寻的信息是否在网络上是可获得的，不能确定信息是否在网上存在，也不能判断是不是因搜索方法不正确导致失败。③意料中的失败。B3 区的搜索者认为他寻找的东西在自己的搜索能力之外，所以他预测到了这失败的结果。

三种失败类型是从行为主体感知的角度提出的，揭示了主体对困境的认知与心理，有助于界定主体信息搜索弥补行为所处的情景，为进一步调查分析信息搜索弥补行为的特征，研究促成协同搜索策略的因素打下基础。

（2）信息源视域。

Sonnenwald 引入信息视域（Information Horizons）①建立了分析人类日常信息行为的框架，信息视域理论认为：当一个人决定搜寻信息时，就存在一个信息视域，这个信息视域可能包含许多信息资

① Sonnenwald D H. Evolving Perspectives of Human Information Behavior：Contexts，Stuations，Social Networks and Information Horizons［C］//Exploring the Contexts of Information Behavior：Proceedings of the Second International Conference in Information Needs. Taylor Graham，1999.

源，诸如：社会网络、文档、信息检索工具……以及实验和对世界的观察，他根据信息视域来搜寻信息。信息源视域是索纳沃德的信息视域概念的扩展。Savolainen 和 Kari 通过引入信息视域中的信息源偏好区域进一步强调了相近性和差距等方面，以此来解释从不同信息搜寻者眼中得到的信息源相关性的差别①。不同类型的主体具有不同的信息源使用偏好，从而影响主体的信息搜索弥补策略。

4.1.1.2　搜索任务相关属性

（1）难度：搜索任务所要求的搜索工作量、内容理解以及过滤等方面对于行为主体的能力来讲有"难度很大""普通"抑或"不困难"等不同层级的困难程度。Bystrom 等研究了信息搜索任务难度的影响②，还有学者分别对搜索任务的结构、内容等方面的难度进行考虑。本书认为搜索任务的难度具有相对性，对于不同的主体难度不同，不好衡量，但是会直接影响搜索的成功与失败的类型，故直接以三种失败的类型作为假设情景。

（2）紧迫性：得到满足搜索任务要求的结果所需要的时间有"宽松""一般"或"紧迫"等不同层级的紧急程度。Freed 讨论了搜索任务的紧迫性③。本书只考虑"紧迫"和"不紧迫"两种程度。

（3）重要性：根据若不能获得某信息，对于行为主体的要害关系来确定信息的重要程度，可以分为"无关紧要""一般重要"或"危

———————

①　Savolainen R, Kari J. Placing the Internet in Information Source Horizons. A Study of Information Seeking by Internet Users in the Context of Self-Development[J]. Library & Information Science Research, 2004, 26(4): 415-433.

②　Byström K, Hansen P. Work Tasks as Units for Analysis in Information Seeking and Retrieval Studies[J]. Emerging Frameworks and Methods, 2002: 239-251.

③　Freed M. Managing Multiple Tasks in Complex Dynamic Evironments[C]//The 1998 National Conference on Artifical Intelegence. Madison, Wisconsin, 1998.

害""灾难"等不同层级。Xu 等研究了搜索任务的重要性①。本书只考虑"重要"和"不重要"两种程度。

4.1.2 个人信息搜索弥补行为的影响因素假设模型

鉴于本研究只是重点研究搜索任务对行为主体的困境感知及弥补行为的影响，故从触发事件、困境感知、搜索决策来构建模型，将任务相关属性、行为主体属性作为模型假设的初始条件，如图4.1.2 所示。有难度的信息搜索任务使得行为主体陷入不同类型的失败困境，与搜索任务的时间紧急性压力或重要性压力的不同组合而构成不同的情景，使行动主体从个人信息源视域中作出不同的信息源选择，构成特定的弥补搜索路径。

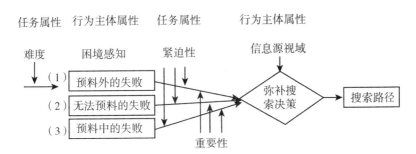

图 4.1.2 个人信息搜索失败后的弥补行为影响因素模型

4.1.3 个人信息搜索弥补行为调查问卷设计

为了调查行为主体在不同失败情景下的弥补搜索策略，本书从两个方面设计了问卷调查。

第一部分：调查个人对信息搜索失败的感知，请被调查者回忆在以往的科研活动中，在个人搜索信息的过程中，是否感知到下面三种搜寻失败的情况，情况一：确定信息资源"就在那里"，很自

---

① Xu Y C, Chen Z W. Relevance Judgment: What do Information Users Consider Beyond Topicality? [J]. Journal of the American Society for Information Science and Technology, 2006, 57(7): 961-973.

信能找到信息，但是搜寻过程中意外地错过了信息；情况二：不确定所需信息资源是不是"在那里"，也不清楚自己能不能找到信息，结果是努力后没能找到信息；情况三：很清楚自己不知道所需信息资源在哪，相信自己找不到信息，结果和预料中一样没有找到信息。

第二部分：鉴于本科生和研究生对于会议、讲座、培训、论文集、报告等渠道涉及得较少，本书提供了 10 种获取信息资源的渠道，请被调查者在每种情境中获取信息资源的先后顺序：

（1）10 种获取信息资源的渠道如下：

①纸质书籍、期刊；

②搜索引擎（google、百度等）；

③数据库（NCBI、SCI、知网等）；

④学术论坛、博客；

⑤自己专业的同学/朋友、师兄/师姐；

⑥所需信息相关专业领域的同学/朋友；

⑦自己专业的老师/专家；

⑧所需信息相关专业领域的老师/专家；

⑨其他；

⑩终止搜索。

（2）在三种信息搜寻失败情况下，本研究用获取信息资源的"重要程度"和"时间紧急程度"设定了以下搜寻情景及问题：

如表 4.1.1 所示，研究的情景因素涉及多种情景要素，考虑这些情景因素之间组合形成如下情景矩阵，构成 12 种情景。

表 4.1.1　情景类型

	时间充裕	时间紧迫	重要程度一般	重要程度重要
第一种失败情况	×		×	
	×			×
		×	×	

续表

	时间充裕	时间紧迫	重要程度一般	重要程度重要
		×		×
第二种失败情况	×		×	
	×			×
		×	×	
		×		×
第三种失败情况	×		×	
	×			×
		×	×	
		×		×

然后在问卷中分别针对三种失败情况及不同情景，询问被调查者的搜索路径如何。例如：

第一种失败情况：感觉信息资源"就在那里"，很自信能找到信息，但是搜寻过程中意外地错过了信息。

情景一：在该失败情况下，在时间充裕、该信息资源在研究中重要程度一般时，为了弥补失败，您的搜寻顺序是怎样的？

情景二：在该失败情况下，在时间充裕、但该信息资源在研究中很重要时，为了弥补失败，您的搜寻顺序是怎样的？

情景三：在该失败情况下，在时间紧急、该信息资源在研究中重要程度一般时，为了弥补失败，您的搜寻顺序是怎样的？

情景四：在该失败情况下，在时间紧急、而且该信息资源在研究中很重要时，为了弥补失败，您的搜寻顺序是怎样的？

4.1.4 数据分析及结论

本书通过网上公开发放调查问卷的方式，共收到××大学不同专业本科生和硕士生反馈的有效问卷 99 份。为分析方便首先对个人信息搜索路径的评价、分级。

Reijo Savolainen 辨析了信息源视域与信息路径的区别，前者表示主体对信息源的偏好顺序，后者表示在实际搜寻中信息源被使用的顺序，通常信息路径包括3~4个信息源[①]。一条信息搜索路径对应一个信息搜索策略，搜索策略的差异体现在使用信息源渠道的类型次序和数量。

根据相关研究文献，将网络学术信息搜索策略归纳为敷衍搜索、极简搜索、广泛搜索、紧张搜索和紧张广泛搜索五种类型，对用户选择的搜索路径进行评价、分级处理。

0级：面对搜索失败情况时，直接选择放弃的策略为敷衍搜索；

1级：面对搜索失败情况时，完全选择非人际渠道的策略为极简搜索；

2级：面对搜索失败情况时，选择优先遍历非人际渠道后又遍历人际渠道的策略为广泛搜索；

3级：面对搜索失败情况时，通过使用少量非人际渠道搜索后，快速采纳少的人际渠道的搜索策略为紧张搜索(本例视在第三步之前使用人际渠道的为紧张搜索)；

4级：面对搜索失败情况时，通过简单的非人际渠道搜索后，快速采纳人际渠道，以后两者不断交替的搜索策略为紧张兼广泛的搜索；

4.1.4.1　个人信息源视域分析

个人信息源视域反映了个体长期养成的信息行为习惯，是一个相对静态和稳定的特征，可归纳为人际偏好型、中立型和工具型三种。①具有人际偏好型信息源视域的群体，表现为任何时候都将人际渠道作为信息搜索的首选渠道。②具有中立型信息源视域的群体，是综合使用人际渠道和工具渠道，这其中也不是完全平衡，有偏好的强弱之分。③具有工具型信息源视域的群体，表现为任何时候都将工具渠道作为信息搜索的首选渠道。本书除了网上问卷外，

---

① Savolainen R. Source Preferences in the Context of Seeking Problem-Specific Information [J]. Information Processing & Management, 2008, 44(1): 274-293.

还采用通过多次面对面访谈获得了所需要的数据。由于被调查者的信息素养及习惯的差异,个体信息源视域应该不尽相同,主要表现为中立型和工具型两种,如图4.1.3、图4.1.4所示。

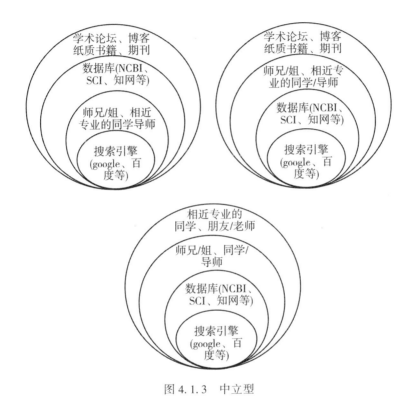

图 4.1.3 中立型

4.1.4.2 搜索失败情景下的弥补行为特征对比分析

按照以下三步展开分析,目的在于找出每种失败情况中的每种情景下的主要策略,比较不同情景下策略的差别,比较不同失败情况下策略的差别。

(1)逐一统计绘制不同情境下弥补搜索策略的分布。

(2)统计每人在每一种失败情况下搜索策略变化幅度,汇总计算平均变化幅度。

用变量 i 表示失败情景的种类,$i=1$,2,3分别对应第一种失败、第二种失败和第三种失败的情况。用 j 表示失败情况下的四种

239

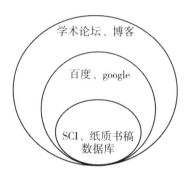

图 4.1.4　工具偏好型

情景，$j = 1$，2，3，4 分别对应时间充裕，重要性一般；时间充裕，信息很重要；时间紧急，重要性一般；时间紧急，信息很重要四种情景。

个人对第 i 种失败情况的策略变化幅度用变量 s_i 表示，则

$$\sum_{j=1}^{3} \left| (s_{i, j+1} - s_{i, j}) \right|$$，其中 $s_{i, j}$ 由人工评级。

（3）比较搜索策略的差别。

①同一种失败情况中不同情境下的搜索策略的差异。

当主体面对第一种失败（预料之外的失败）情况时，信息搜索策略的分布特点是：在情景一（时间充裕、该信息资源在研究中重要程度一般），或情景二（在时间充裕、但该信息资源在研究中很重要）下，广泛搜索策略占多数；在情景三（时间紧急、该信息资源在研究中重要程度一般），或情景四（时间紧急、而且该信息资源在研究中很重要）下，紧张且广泛搜索策略占多数，次之是极简搜索策略。说明无论信息是否重要，主体面对这种意料外的失败时，都会优先遍历工具渠道，然后遍历其他人际渠道，来探索可能的搜索视角；在时间紧急的情况下，为了控制时间，原来遍历各种渠道的主体，一部分将人际渠道放到了优先使用区域，改为紧张且广泛的搜索策略，一部分精简了搜索渠道，改为只使用少量工具渠道的极简搜索。

当主体面对第二种失败(无法解释的失败)情况时，信息搜索策略的分布特点是：在情景一、情景二、情景三、情景四下，广泛搜索策略都占多数。

当主体面对第三种失败(意料之中的失败)情况时，信息搜索策略的分布特点是：在情景一、情景二、情景三、情景四下，广泛搜索策略也占多数，次之是紧张且广泛搜索策略，敷衍搜索策略出现了。

说明在第二、三种困境中，重要性和紧急性对搜索策略类型变化的影响不显著。

②不同失败情况下搜索策略的差异。

定量测度第一种困境下策略平均变化幅度为 2.343434，第二种困境下策略平均变化幅度为 1.868687，第三种困境下策略平均变化幅度为 1.535354，说明大学生对困境的感知对搜索策略的变化有影响，感知越清楚，策略改变幅度越大。

以上统计分析反映搜索策略的变化与主体对搜索失败类型的感知及时间紧急性等因素有关。

③不同信息源视域主体搜索策略的差异。

信息源视域类型作为行为主体的基本属性是一个稳定的特征，搜索策略是针对具体搜索任务的响应，是动态变化的。本例中有17 位具有工具型信息源视域的主体，在 12 种情景下前三个搜索步骤中一次也没有使用人际渠道来获取信息；有 81 位具有中立型信息源视域的主体，在前 12 种情境下前三步中至少出现过一次人际渠道。说明信息源视域类型对搜索策略的变化有影响，而搜索策略的变化又会影响信息源视域类型。

4.1.4.3 协同信息搜索情景因素探析

本研究认为主体从使用工具渠道转向使用人际渠道是协同信息搜索的必要条件，若要探测协同信息搜索行为的影响因素，需要进一步分析搜索策略中人际渠道从信息源视域的非优先区域被拉入最优先区域的影响因素，于是将研究问题转化为探究信息搜索失败类型的感知、时间紧急性和信息重要性与人际渠道从主体信息源视域的非优先区域被拉入最优先区域的相关性。

(1)配对样本 T 检验。

将弥补信息搜索路径生成一个 8 位的整数，每一位数字对应一种具体的信息搜索行为，搜寻顺序从左至右。然后对三种失败情况下的弥补搜索行为进行配对样本 T 检验，检验结果如表 4.1.2 所示。

表 4.1.2 三种失败情况成对样本检验

	成对差分	t	df	Sig.（双侧）
	差分的 95%置信区间 上限			
对1 失败情况一—失败情况二	130892.073	−1.819	395	0.070
对2 失败情况一—失败情况三	−1763079.594	−3.642	395	0.000
对3 失败情况二—失败情况三	−435785.320	−2.449	395	0.015

失败情况一与失败情况三之间存在显著差异，失败情况二与失败情况三之间也存在显著差异，但差异比失败情况一与失败情况三之间的要小。而失败情况一与失败情况二之间的差异不显著。本书认为造成此差异结果的可能原因是部分学生较少有第二种失败情况的体验，不能清楚地判断(不确定所需信息资源是不是"在那里"，也不清楚自己能不能找到信息)，所以造成第一种失败情况和第二种失败情况之间差异不显著。

(2)三种失败情况下的"时间紧急程度""信息重要程度"与弥补搜索路径第一步出现人际渠道的相关性分析(表 4.1.3、表 4.1.4、表 4.1.5、表 4.1.6、表 4.1.7、表 4.1.8)。

表 4.1.3 第一种失败情况下"时间紧急程度"与第一步出现
人际渠道的相关性

	值	df	渐进 Sig.（双侧）	精确 Sig.（双侧）	精确 Sig.（单侧）
Pearson 卡方	5.915[a]	1	0.015		
连续校正[b]	5.040	1	0.025		
似然比	6.087	1	0.014		
Fisher 的精确检验				0.023	0.012
线性和线性组合	5.900	1	0.015		
有效案例中的 N	396				

a. 0 单元格(0.0%)的期望计数少于 5。最小期望计数为 15.50。

b. 仅对 2×2 表计算。

表 4.1.4 第一种失败情况下"重要程度"与第一步出现人际渠道的相关性

	值	df	渐进 Sig.（双侧）	精确 Sig.（双侧）	精确 Sig.（单侧）
Pearson 卡方	1.715[a]	1	0.190		
连续校正[b]	1.260	1	0.262		
似然比	1.729	1	0.189		
Fisher 的精确检验				0.261	0.131
线性和线性组合	1.711	1	0.191		
有效案例中的 N	396				

a. 0 单元格(0.0%)的期望计数少于 5。最小期望计数为 15.50。

b. 仅对 2×2 表计算。

表 4.1.5 第二种失败情况下"时间紧急程度"与第一步
出现人际渠道的相关性

	值	df	渐进 Sig.（双侧）	精确 Sig.（双侧）	精确 Sig.（单侧）
Pearson 卡方	3.296[a]	1	0.069		

续表

	值	df	渐进 $Sig.$（双侧）	精确 $Sig.$（双侧）	精确 $Sig.$（单侧）
连续校正[b]	2.770	1	0.096		
似然比	3.325	1	0.068		
Fisher 的精确检验				0.095	0.048
线性和线性组合	3.288	1	0.070		
有效案例中的 N	396				

a. 0 单元格（0.0%）的期望计数少于 5。最小期望计数为 25.00。

b. 仅对 2×2 表计算。

表 4.1.6　第二种失败情况下 "重要程度" 与第一步

出现人际渠道的相关性

	值	df	渐进 $Sig.$（双侧）	精确 $Sig.$（双侧）	精确 $Sig.$（单侧）
Pearson 卡方	0.092[a]	1	0.762		
连续校正[b]	0.023	1	0.880		
似然比	0.092	1	0.762		
Fisher 的精确检验				0.880	0.440
线性和线性组合	0.091	1	0.762		
有效案例中的 N	396				

a. 0 单元格（0.0%）的期望计数少于 5。最小期望计数为 25.00。

b. 仅对 2×2 表计算。

表 4.1.7　第三种失败情况下 "时间紧急程度" 与第一步

出现人际渠道的相关性

	值	df	渐进 $Sig.$（双侧）	精确 $Sig.$（双侧）	精确 $Sig.$（单侧）
Pearson 卡方	8.884[a]	1	0.003		
连续校正[b]	8.129	1	0.004		

	值	*df*	渐进 *Sig.*（双侧）	精确 *Sig.*（双侧）	精确 *Sig.*（单侧）
似然比	9.011	1	0.003		
Fisher 的精确检验				0.004	0.002
线性和线性组合	8.862	1	0.003		
有效案例中的 N	396				

a. 0 单元格(0.0%)的期望计数少于 5。最小期望计数为 36.50。

b. 仅对 2×2 表计算。

表 4.1.8　第三种失败情况下"重要程度"与第一步出现人际渠道的相关性

	值	*df*	渐进 *Sig.*（双侧）	精确 *Sig.*（双侧）	精确 *Sig.*（单侧）
Pearson 卡方	2.032[a]	1	0.154		
连续校正[b]	1.679	1	0.195		
似然比	2.039	1	0.153		
Fisher 的精确检验				0.195	0.097
线性和线性组合	2.027	1	0.155		
有效案例中的 N	396				

a. 0 单元格(0.0%)的期望计数少于 5。最小期望计数为 36.50。

b. 仅对 2×2 表计算。

结果显示：三种失败情况下"时间紧急程度"与人际渠道的最优使用都相关(尤其是第一种失败情况下双侧检验显著相关、第二种失败情况下双侧检验不相关，单侧检验相关，第三个失败情况双侧检验显著相关性次于第一种情况。因此，第二种失败情况下的时间相关性最弱)。而"信息重要程度"在三种失败情况下都与人际渠道的最优先使用不相关。

4.1.4.4　结论

根据以上分析，初步得出以下观点：

（1）以下情景因素与触发高校大学生信息弥补搜索策略变化相关。

①失败类型的感知对搜索行动主体弥补行为策略改变有影响。

②行为主体的信息源视域类型对弥补行为策略改变有影响。

（2）以下情景因素与触发高校大学生协同信息搜索可能性相关。

①搜索行动主体的信息源视域类型对促成个人信息搜索转向协同信息搜索的可能性有影响。具有人际型和中立型信息源视域的主体比具有工具型信息源视域的主体更有可能转向协同信息搜寻。

②失败类型的感知及搜索时间紧急对促成个人信息搜索转向协同信息搜索的可能性有影响。当主体感知到处于"意料之外的失败"情况下，且时间紧急程度高，更容易触发协同信息搜索。说明寻求信息的必要性往往要求个人超越他们当地的物理环境，去寻找他们所依赖的、以获取信息的其他人，导致个人寻求替代的途径或渠道来接触到遥远的他人。

③信息重要性对促成个人信息搜索转向协同信息搜索的可能性没有影响。无论主体处在哪种失败情况下，待搜索信息的重要程度对触发协同信息搜索没有显著的影响。

进一步比较可以发现：若用 Reddy 和 Jansen 提出的"信息需求的复杂性、信息资源的碎片化、缺乏领域专家、缺乏立即可以找到的信息"的结论来检验以上这几个触发协同信息搜索的情景因素，发现本书的研究可以更好地解释触发协同信息搜索的因果：因为正是这些外部任务因素引起特定主体（具有人际或中立型信息源视域）对搜索失败情景的感知和主体的信息源偏好的改变，从而导致了协同信息搜索发生的可能性。

4.1.5　总结

本书的主要贡献是将信息搜索失败类型的感知和信息源视域引入到信息弥补行为影响因素模型，通过搜索路径的调查、评价和统计分析来探测协同信息搜索行为的触发情景因素，揭示了正是由于搜索任务的难度和时间紧急性导致主体（高校学生）对搜索失败情景的感知和主体的信息源偏好习惯的改变，从而可能触发协同信息搜索发生，为进一步建立协同信息搜索触发因素理论打下基础。该结论的启示是可以通过加强学术合作和改进搜索系统的设计优化学生的信息源视域，促进个人搜索失败由第二种、第三种向第一种转变，从而促进协同搜索行为发生。

不足之处在于：虽然探析了"触发行为主体将人际渠道从信息源视域的非优先区域拉入最优先区域的情境因素"，但这些因素还不是真正的"触发协同信息搜索的情景因素"，只是有触发协同信息搜索的可能性，需要进一步扩大样本量和样本类型并展开深度访谈来进一步加以论证。

4.2 跨学科情景下协同信息行为诱发因素分析
——基于信息视域的视角

协同信息行为是指一队人或一群人识别问题、分享信息，从而解决信息需求的一组活动①；学者在进行跨学科研究时，信息需求更复杂，需要不同学科的研究人员协同进行信息的搜寻和问题的解决。信息搜寻活动是面对信息需求时，现实情景和理想的差距触发的②。Reddy 认为协同信息行为的触发点是由任务的复杂性、缺乏主题知识和信息的分散性引起的③。沈丽宁从研究任务的复杂性和创新性、科研工作者的知识结构和认知能力以及信息查询行为的社

---

① Poltrock S，Grudin J，Dumais S，et al. Information Seeking and Sharing in Design Teams［C］//The 2003 International ACM SIGGROUP Conference on Supporting Group Work. Sanibel Island，Florida，USA. New York：ACM Press，2003：239-247.

② Dervin B. An Overview of Sense-Making Research：Concepts，Methods，and Results［C］// International Communication Association Annual Meeting. Dallas，Texas，1983.

③ Reddy M C，Jansen B J. A Model for Understanding Collaborative Information Behavior in Context：A Study of Two Healthcare Teams［J］. Information Processing & Management，2008，44(1)：256-273.

会性方面剖析协同信息查寻的成因①。代君探讨了任务的难度和时间的紧迫性可能是协同的触发因素②。总体来说，协同信息行为的触发因素有两个方面，一是个体层面，例如信息需求、不足的认知能力、协同者的社会性等；二是外界情景，包括任务复杂性、时间紧迫性和信息分散性等。但是从个人搜寻行为到协同搜寻行为的诱发因素并没有完全揭示并形式化表达出来③，且个体和情景之间往往是相互嵌套，不能剥离的。

学术研究者在进行跨学科研究时，信息需求更复杂，跨学科信息寻求比单一学科更面向社会，具有更多的群体性、协同性特征，检索词汇、研究风格和基于学科的信息服务也不相同④，情景、任务过程、情感信息对于协同完成复杂科研任务具有重要意义⑤。目前国内外学者普遍认识到信息行为研究需要整合情景因素来进行综合性的研究，"信息域"等理论受到关注。信息视域是由Sonnenwald 在 1999 年提出的概念，建立了分析人类日常信息行为的框架⑥。该理论认为：当一个人决定搜寻信息时，就存在一个信息视域，信息视域包含许多信息资源，如社会网络、信息检索工具、文档和软件等。Fisher 等学者相继提出了信息集聚地、小世

---

① 赵君，廖建桥. 科研合作研究综述[J]. 科学管理研究，2013，31(2)：117-120.

② 代君，郭世新. 协同信息搜索行为的触发情景因素探析——基于高校学生个人信息搜索失败情景[J]. 图书情报知识，2016(5)：62-72.

③ 吴丹，邱瑾. 国外协同信息检索行为研究述评[J]. 中国图书馆学报，2012，38(6)：100-110.

④ Klein J T. Interdisciplinary Needs：The Current Context [J]. Library Trends，1996，45(2)：134-154.

⑤ Sonnenwald D H，Maglaughlin K L，Whitton M C. Designing to support situation awareness across distances：an example from a scientific collaboratory[J]. Information Processing & Management，2004，40(6)：989-1011.

⑥ Sonnenwald D H. Evolving Perspectives of Human Information Behavior：Contexts，Stuations，Social Networks and Information Horizons[C]//Exploring the Contexts of Information Behavior：Proceedings of the Second International Conference in Information Needs. Taylor Graham，1999：176-190.

界、信息宇宙等概念来完善这一理论①。Foster 指出跨学科信息搜寻依赖于不同学科背景与地位的学者组成的关系网络②。Savolainen 引出信息源视域，指出不同类型的主体具有不同的信息源使用偏好，描述了个人的信息视域和在遇到相关问题时的信息路径③。信息源视域是一个相对静态和稳定的特征，可归纳为人际偏好型、中立型和工具型三种④。遇到的跨学科问题与信息视域的差距产生了新的信息需求，在信息需求的引导下，不同的个体会基于自身的信息视域选择不同的信息搜寻路径，从而更好地制定跨学科信息搜寻策略。

本书把个人感知融入跨学科情景，从信息源视域、协作时机方面来探讨特定跨学科情境下个人信息搜寻行为向协同过渡的诱发因素。

4.2.1 跨学科协同信息行为诱发因素假设模型

4.2.1.1 模型假设

感知行为控制是在执行某一特定行为时，个体对难易程度的感知；感知行为控制由知觉控制、知觉难度两个独立的变量构成，并通过实证证实两者分别独立地影响行为或行为意向；知觉控制是个体对执行特定行为的能力认知或自信；知觉难度是个人对自己执行

① Voudouris V，Wood J，Fisher P F. Collaborative Geo Visualization：Object-Field Representations with Semantic and Uncertainty Information[C]//On the Move to Meaningful Internet Systems 2005：OTM 2005 Workshops，2005：1056-1065.

② Foster A. A Nonlinear Model of Information-seeking Behavior[J]. Journal of the Association for Information Science and Technology，2004，55(3)：228-237.

③ Savolainen R，Kari J. Placing the Internet in Information Source Horizons. A Study of Information Seeking by Internet Users in the Context of Self-development[J]. Library & Information Science Research，2004，26(4)：415-433.

④ Ajzen I，Madden T J. Prediction of Goal-directed Behavior：Attitudes，Intentions，and Perceived Behavioral Control. [J]. Journal of Experimental Social Psychology，1986，22(5)：453-474.

某一具体行为的难易程度感知[①]。基于以上说法，本书把个人感知分为知觉控制和知觉难度两个维度，知觉控制包括个人感知协作时机，知觉难度共同基础、工作耦合、信息共享和获取需求及技术准备是远程科研协作的必要条件[②]。在跨学科协同信息行为中，学科间差异和冲突导致难以找到所需要的共同基础，从信息视域角度来看，就是不同成员的信息视域差异大，导致难以理解嵌在不同信息视域中的知识的含义，因此需要致力于寻找填充信息视域缺口的途径。Foster 认为信任、感知和合作对于理解协同信息行为是很重要的，信任是一种信念、期望或者深深根植于个性之中的情感。共享语言和共享愿景是合作关键因素[③]。赵君指出利益方面的考量会对科研合作产生重要的影响。基于此，我们认为信任、共同愿景和利益一致性能够帮助填充信息搜寻者之间信息视域的缺口，更容易促进跨学科协作。故作出如下假设：

H12：两人之间若有较高的信任关系，更容易进行跨学科协作。

H13：两人之间若有共同愿景，更容易进行跨学科协作。

H14：两人之间若利益一致，更容易进行跨学科协作。

4.2.1.2 跨学科情境设定

布拉德福定律指出在学科领域、载体、语种等方面，用户常用的信息是集中的，而余下部分的信息又是分散的[④]。马翠嫦等提出"信息分散下的信息行为"作为跨学科信息行为理论的研究对象和理论构成，同时信息分散也被认为是跨学科信息需求的来源[⑤]。在

---

① Trafimow D，Wyer R S. Cognitive Representation of Mundane Social Events[J]. Journal of Personality and Social Psychology，1993，64(3)：365-376.

② Olson G，Zimmerman A，Bos N，et al. A Theory of Remote Scientific Collaboration[M]. Massachusetts：MIT Press，2008：73-97.

③ Foster J. Collaborative Information Seeking and Retrieval [J]. Annual Review of Information Science and Technology，2007，40：329-356.

④ Bradford S. Sources of Information on Specific Subjects[J]. Engineering，1934，137(3550)：85-86.

⑤ 马翠嫦，曹树金. 信息分散下的信息行为——基于国外图书情报学领域跨学科研究的回顾[J]. 中国图书馆学报，2014(1)：60-72.

跨学科协同工作中，学科间的差异和冲突导致难以找到所需要的共同基础。Foster 指出跨学科学者在使用自己不熟悉的数据库系统查询信息时会出现阻碍，阻碍程度的大小与学科间的远近距离有关①。故本书把跨学科的问题域分为两个维度，即学科距离与信息分散维度。

由于个体信息视域的不同导致对不同问题理解和解决的不同，当研究者遇到跨学科问题并确定跨学科的问题域后，与自己的信息视域判断比较是否有差距，继而产生信息需求开始信息搜寻，本书以个人感知信息需求为出发点，将问题域与个人信息视域的差距从小到大依次抽象为情景1~4。在情景1~4中，问题难度依次增大，跨学科信息搜寻的难度也依次变大(见表4.2.1)。将不同个体感知的信息需求统一化和概括化，在进行访谈或调查问卷的时候，能够让对方更加容易理解。

4.2.1.3 模型构建

表4.2.1 跨学科研究的四种情景描述

情景	对应问题域特点	具体搜索任务
情景1	学科距离近；分散性低	钻研相似/近学科理论的理论、方法或工具
情景2	学科距离近；分散性高	探索相似/近的学科领域前沿
情景3	学科距离远；分散性低	钻研跨度大的学科领域理论、方法或工具
情景4	学科距离远；分散性高	探索多学科融合交汇的科学创新

由于本书研究的是个体信息搜寻行为向协同信息搜寻行为转变的影响因素，如图4.2.1所示，研究在不同的跨学科情境触发下，由个体信息源视域影响和协作时机影响下的搜索策略及信息搜寻行

① Foster A. A Nonlinear Model of Information-seeking Behavior[J]. Journal of the American Society for Information Science and Technology, 2004, 55(3): 228-237.

为的路径。

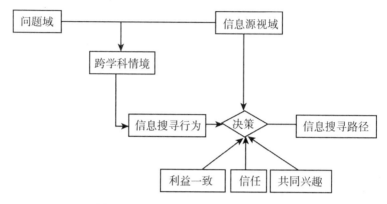

图 4.2.1 协同信息行为触发因素模型

4.2.2 访谈及跨学科信息行为特征分析

通过预访谈和预调研发现生物、医学、经济管理等学科用到其他学科的知识来解决问题的频率较高，文学、政治学、哲学等人文科学跨学科研究频率较低。所以本书主要针对高校的自然科学与社会科学领域的研究者进行访谈和问卷的调查。

4.2.2.1 跨学科信息行为访谈

考虑地域性和便捷性，本书选取武汉大学和华中师范大学共16 名师生进行正式访谈，自然科学和社会科学各占一半。首先向受访者介绍研究的主题和主要采访的目的，简单地介绍信息视域和跨学科的问题域，访谈目的仅仅是为了获取充分的研究材料，请受访者畅所欲言。每位访谈时间在 40 分钟左右。访谈开始之前请受访者介绍自己的专业学科信息。其次对访谈者进行访谈：在平时的科研中，遇到过哪些跨学科问题？您首先想到如何去解决？都有哪些获取信息的途径可供选择？最后归纳总结研究者遇到跨学科问题时的信息搜寻途径和特征。

4.2.2.2 跨学科信息行为特征分析

经过访谈归纳得到信息获取途径有社会网络资源和非社交圈资

源。社会网络资源包括基于直接人际交往的信息获取和基于社会化媒体的信息获取，非交往渠道的信息获取指从纸质版资料或搜索引擎渠道的信息获取。非社交圈资源包括纸质书籍、搜索引擎（如：百度、google）、数据库（如：google 学术、维基、知网、NCBI、SCI）；社会网络资源包括师兄/师姐、相同/近专业同学/老师、该跨学科领域的同学/朋友、该跨学科领域的老师/专家，交流方式包括面对面的交流和利用协同工具（微信、QQ 等）的交流。

整体来看，在遇到跨学科研究问题时，很少有人使用纸质书籍资源。社会科学研究者会利用外文数据库进行报告、博士论文和综述性文章的搜索；自然科学研究者会选择浏览自己专业内的杂志，与其他科学家进行交流等方式获取信息。相对来说，进行跨学科学术研究时，社会科学领域的学者在信息处理方面的工作占的比重较大；自然科学领域的学术氛围较开放，协同信息行为频率较高。

4.2.3 跨学科协同信息行为诱因假设分析

4.2.3.1 跨学科信息行为调查问卷

首先说明调查问卷仅供学术研究之用，且问卷采用匿名形式。其次在问卷中解释相关的学术定义，例如学科距离和信息分散度，让调查对象更容易理解情景 1~4，并做出合适的选择。问卷共 8 道题，包含两部分：第一部分是学术研究者基本资料，包含 3 道题，主要了解学者的基本信息，包括所属专业和学科领域，是否经常进行跨学科协作以及学术研究遇到的跨专业学科；第二部分 5 道题，采用五点式里克特量表（其中 1~5 表示程度由弱到强，1 表示非常不同意，5 表示非常同意）分别对表 1 的情景 1~4，利用访谈时总结的跨学科信息搜寻途径和特征，设计不同的信息搜寻行为以供选择。最后对个人感知协作时机进行调查，如表 4.2.2 所示。

4.2.3.2 跨学科信息行为诱因假设分析

本书选用纸质版和网络调查平台两种问卷发放方式，共收取样本 210 例，排除无效样本 10 份，获取的符合研究对象的数据为科研老师 25 例、博士研究生 47 例、硕士研究生 128 例，共获取有效样本 200 例。利用 SPSS 进行统计分析。

表 4.2.2 跨学科信息行为量表问卷

情景 1/情景 2/情景 3/情景 4	个人感知协作时机
我选择搜索引擎和数据库进行检索。	我与协作的对象有高度的信任关系。
我与相同/近专业的老师或师兄/姐交流。	我与协作的对象经常进行知识的分享和交流。
我与所跨学科领域的同学交流。	我与协作的对象科研兴趣相投。
我与所跨学科领域的老师交流。	

（1）被调查者基本信息统计。

本研究的对象是高校学术研究者，而在校科研教师的数量最少、博士次之、硕士生最多。三者占比分别是 12.5%、23.5%、64%，可见样本分布比较均匀；自然科学和社会科学的占比分别是 51.5% 和 48.5%，样本学科分布也较为均匀。

（2）问卷信度分析。

问卷的信度是指问卷质量的可靠性和问卷结果的可靠性程度，信度用 Cronbach's Alpha 系数来衡量。表 4.2.3 显示 Cronbach's Alpha 为 0.924>0.7，表明用此问卷进行的测试结果可信度是很高的。

表 4.2.3 问卷信度表

Cronbach's Alpha	基于标准化项的 Cronbachs Alpha	项数
0.924	0.927	23

（3）所跨学科分析。

如表 4.2.4 所示，调查样本所属专业大致分为生物、医学、信息管理、图书馆、电子商务、生态经济、政治与公共管理、通信工程领域，计算机、心理学及数学高频出现在各领域的跨学科信息搜寻中。自然科学内部，如物理和生物之间鸿沟较大，且涉及社会科学如心理学，跨学科难度较大；社会学科所跨领域最多的是计算机和数学，少许是人文科学如历史学，跨学科难度一般。

表 4.2.4 专业与所跨学科对应表

所属专业类别	所跨学科
生物	化学、计算机、物理、医学、数学、心理学
医学	生物、化学、计算机、数学、物理
信息管理	教育学、历史学、管理学、社会学、数学、计算机、心理学、新闻传播学、经济学
图书馆	传播学、管理学、计算机、数学、经济
电子商务	物理、数学、管理学、计算机
生态	计算机、地理学、数学、生物学
经济	计算机、数学
政治与公共管理	心理学、社会学、管理学
材料工程	化学、数学、计算机

(4)所属学科领域与跨学科协作相关性分析。

对是否经常进行跨学科协作进行统计分析，发现 200 例研究对象中，有 60% 的人经常进行跨学科协作，40% 的人没有经常进行跨学科协作，充分说明选取的对象有很强的代表性。利用 SPSS 软件对学科(1 自然科学、2 社会科学)和"是否经常进行跨学科协作"进行线性回归分析(见图 4.2.2)，发现自然科学与社会科学在跨学科协作方面有显著差异($P<0.01$)，且拟合关系为 $f(x) = -0.4037x +0.808$。说明在跨学科研究中，自然科学的学者更加频繁地进行跨学科协作，同时扩大样本量验证了访谈的结论：自然科学领域的协同信息行为频率较高。

(5)个人感知与信息行为特征分析。

①个人感知信息需求。跨学科问题域和个人信息视域的差距不同，促使用户选择不同的信息搜寻途径。结果如表 4.2.5 所示。

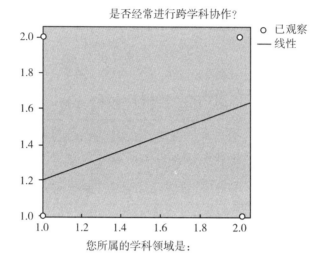

图 4.2.2　所属学科领域与跨学科协作回归分析图

表 4.2.5　不同信息需求下用户行为得分表

	情景 1	情景 2	情景 3	情景 4
A 搜索引擎/数据库	4.19	4.09	3.97	3.93
B 相同/近专业的同学/老师	3.75	3.87	3.53	3.66
C 该跨学科领域的同学/朋友	3.29	3.45	3.76	3.8
D 该跨学科领域的老师/专家	3.11	3.21	3.55	3.66

　　研究结果并不如国外跨学科研究结果所述：学术用户会较频繁地使用人际网络进行跨学科信息搜寻。本研究结果表示，无论在哪种情境下，A 选项搜索引擎和数据库都是使用最多的资源。在情景 1~4 中，搜索引擎和数据库的使用得分依次减少(4.19>4.09>3.97>3.93)，跨学科协作 C 选项和 D 选项得分依次增加(3.29<3.45<3.76<3.80, 3.11<3.21<3.55<3.66)，对 A 选项、B 选项、C 选项、D 选项两两之间进行双样本 T 检验，发现 A 选项与 B 选项、C 选项得分之间有显著差异($P<0.05$)，A 选项与 D 选项得分之间有十分显著的差异($P<0.01$)。充分说明个人信息视域与问题域的差距越大，越能促进跨学科协作，即假设 H11 成立。

②个人感知协作时机。在个人感知协作时机问题上，在问卷中设置了如下三项陈述：我与合作的对象有高度的信任关系；我与合作的对象有共同的兴趣；我与合作的对象利益一致。

表 4.2.6 个人感知协作时机同意度表

	非常不同意	不同意	一般	同意	非常同意	平均分
信任	2%	5.5%	18%	48.5%	26%	3.91
共同兴趣	1%	10%	28.5%	44%	16.5%	3.65
利益一致	4%	12.5%	30%	42%	11.5%	3.45

表 4.2.6 为问卷对个人感知协作时机问题的统计结果，其中信任得分为 3.91，有 48.5% 的人表示同意此看法，26% 的人非常同意。表明在跨学科研究中，学者通常会选择自己高度信任的学者合作。共同兴趣得分为 3.65，有 44% 的人表示同意此看法，而有 22% 的人表示非常同意，表明在跨学科研究中，学者通常会选择与自己科研兴趣相投的人进行合作。利益一致得分为 3.45，有 42% 的人表示同意，11.5% 的人表示非常同意，表明在跨学科研究中，学者通常会考虑经济动机，选择与自己利益一致的研究者合作。

4.2.4 结论与展望

通过对研究人员进行访谈并发放调查问卷，得出不同科研工作者在特定的跨学科情境下的信息搜索行为，揭示了在面对跨学科问题时，从个人信息搜寻行为向协同信息行为转换的诱因。经整理分析，归纳以下结论：①自然科学领域的科研工作者在进行跨学科研究时，较社会科学领域的研究者学术氛围开放，协同信息行为频率较高。②在跨学科研究中，个人信息视域与问题域的差距越大，越能促进跨学科协作。③两人之间若有较高的信任关系，更容易进行跨学科协作；两人之间若兴趣相同和利益一致，更容易进行跨学科协作。

信息行为的诱发因素模型。探讨了在特定的跨学科情景下，信息源视域和协作时机是个人信息行为向协同信息行为转变的影响因素。此研究为学术工作者面对跨学科问题时，进行信息搜寻和问题解决提供有效的理论基础，完善了图书情报学用户信息行为研究理论体系，为图书馆开展跨学科信息资源建设服务提供理论指导和建议。同时由于不同的专业领域所跨的学科也各不相同，需要加强对应不同专业的学术交流合作。学校图书馆有必要引进不同专业的人才，加强学科和信息的多元化，跨学科引导用户协同信息行为，形成以用户为核心的信息网络。由于访谈和调查问卷对象是高校研究生和科研教师，我们需要进一步对跨学科机构的研究人员进行调研并验证结论。

4.3　跨学科协同信息行为模式及特征研究

协同信息行为是指一群人识别问题、分享信息，从而解决信息需求的一组活动①。Olson 等提出共同基础、工作耦合、信息共享和获取需求及技术准备是远程科研协作的 5 个必要条件②。Sonnenwald 等指出协同合作的两种形式，即面对面讨论、借助协同工具远程交流③。Hansen 等发现专利领域的协同信息搜寻行为主要有两种类型，一种是与文档相关的合作，一种是人与人之间的直接协作，如咨询④。Ma 等通过对分子生物学领域的论文分析，将科研合作模式划为个体研究、本地合作、本国合作和国际合作 4 类，

---

① 张薇薇. 社群环境下用户协同信息行为研究述评[J]. 中国图书馆学报，2010(4)：90-100.

② Olson G, Zimmerman A, Bos N D, et al. A Theory of Remote Scientific Collaboration[M]. Cambridge, MA：MIT Press, 2008.

③ Sonnenwald D H, Maglaughlin K L, Whitton M C. Designing to Support Situation Awareness Across Distances：An Example from a Scientific Collaboratory[J]. Information Processing & Management, 2004, 40(6)：989-1011.

④ Hansen P, Järvelin K. Collaborative Information Retrieval in an Information-intensive Domain[J]. Information Processing & Management, 2005, 41(5)：1101-1119.

本国研究是主流模式①。Jian 等根据署名信息将跨学科合作方式划分为个体研究、部门内合作、同一机构内不同部门合作、国内不同机构合作和国际合作 5 类②。学者们仅仅以数据库中某一学科或者期刊为研究对象，对不同类型的科研合作形式进行描述，缺乏对合作现象深层次原因的解析③。本书通过案例对跨学科协同信息行为的模式及特征进行分析并发现其背后的深层次机理，同时为图书馆提供跨学科信息资源建设服务提供参考。

4.3.1 数据来源

由于过度肥胖和癌症风险之间的关系加上肥胖在美国的高患病率已促使科学界寻求新的研究范式。从 2005 年升始，美国国家癌症研究所(NCI)投资 5 400 万美元，分两个阶段实施能量和癌症的跨学科研究计划(TREC)。第一期 TREC1(2005—2010 年)合作计划，由来自凯斯西储大学(简写 C)、西雅图癌症研究中心(简写 S)、美国明尼苏达大学(简写 M) 和美国南加州大学(简写 U) 4 所研究机构的多个学科的科学家参加，弗雷德哈钦森癌症研究中心(简写 F)是协调和资助中心。

TREC1 的跨学科团队没有因为学科多样性而陷入困境，反而在睡眠、青少年饮食习惯与肥胖、癌症的关系领域取得了显著的创新性成果，表明团队合作关系在该计划实施过程中不断得以增强，且 TREC1 合作时间长，成果丰富，影响深远。因此，TREC1 具有典型的跨学科合作特征，选择 TREC1 为样本具有较好的代表性。

---

① Ma N, Guan J. An Exploratory Study on Collaboration Profiles of Chinese Publications in Molecular Biology[J]. Scientometrics, 2005, 65(3): 343-355.

② Jian Q, Lancaster F W, Allen B. Types and Levels of Collaboration in Interdisciplinary Research in the Sciences[J]. Journal of the American Society for Information Science, 1997, 48(10): 893-916.

③ 赵君，廖建桥. 科研合作研究综述[J]. 科学管理研究, 2013(2): 117-120.

4.3.2　跨学科协同模式聚类分析

能量和癌症的跨学科研究计划(TREC)是以问题为导向、以项目团队为单位进行的跨学科研究，每个研究人员同时具有项目属性和学科属性①。TREC1合作中主要涉及基因遗传学、细胞医学、行为学三大类及管理、环境、统计、信息等学科的研究者。从TREC网站采集2005—2010年发表的论文，共567篇。从论文数量上看，TREC1启动的第一年几乎没有论文发表，到2008年达到140篇的峰值，2010年论文数量开始急剧减少。以JCR提供的期刊学科分类对应表为标准，得到TREC1包括肿瘤学、公共环境卫生学、生物化学、营养学等42个学科，而且从2005年起，各学科出现的次数均有递增的趋势，2009年开始逐渐降低，直至2010年。故本书将2005年定义为合作准备阶段，2006—2008年为合作实施阶段，2009—2010年为合作收尾阶段。

4.3.2.1　跨学科项目关系网络分析

TREC的研究项目包括中心内的重大项目及其子项目、跨中心项目和小社群项目，重大项目与子项目的关系表明重大项目申请人为子项目申请提供了研究方向②。图4.3.1展示了TREC1阶段第一年资助项目和第三年资助项目的变化图，在图4.3.1中，数字代表项目编号，字母代表不同的研究中心。从图中可以看出由学术研究者组成的跨学科项目有3种关系模式，即孤立项目、组织内部项目之间的合作和跨组织项目之间的合作。第一年资助项目关系有孤立项目与中心内部重大项目及其子项目之间的合作，第三年资助项目中孤立项目减少，跨组织的项目越来越多，具有重大项目及其子项目的参与项目数量增加，说明组织内部和组织之间的协作呈现明显的增长趋势。

---

① 代君，叶艳. 跨学科行动计划下的合作演进特征测度——以TREC1为例[J]. 图书情报知识，2014(6)：75-90.

② Croyle R T, Ballard-Barbash R, Berger N A, et al. Transdisciplinary Research on Energetics and Cancer [M]//National Cancer Institute: Division of Cancer Control and Population Sciences, 2009.

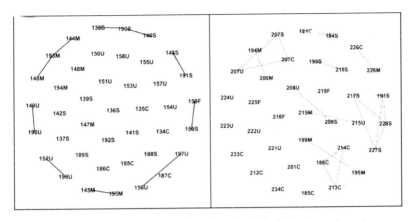

图 4.3.1 2005 年(左)与 2008 年(右)研究中心的项目关系图

4.3.2.2 跨学科合著关系网络分析

论文合著是科研成果表现的重要形式,是科研人员合作产出的一种重要方式,也是科研人员之间协同创新的结果。本书对项目开始的第一年和第三年发表的论文进行合著分析,图 4.3.2 中 2005 年的作者合著网络有 110 个节点和 610 条边,图中有两个较大的相互独立的联通网络,进一步说明中心内部合作较为频繁,但是中心之间并没有合作关系;历经 3 年的发展,随着新的节点的加入和旧节点的退出,各中心原有的合作得到加强,中心内部研究员之间和中心之间也建立起新的合作关系,构成了由 707 个合作节点和 4 518 条边的论文合著网络,图中不同研究中心学者之间的联系构成了一个大的联通网络,且关系网络较为紧密。通过凝聚子群分析,发现 2005 年的合著网络包括 2 个主成分(子群)和 5 个(包含 45% 的节点)弱成分,2008 年的合著网络包括 5 个主成分和 29 个弱成分(包含 45% 的节点)。

4.3.2.3 跨学科协同模式

以跨学科研究团队 TREC1 为例,对其项目关系网络和合著关系网络进行分析,发现有 3 种不同关系模式,对应 3 种协同模式分别为"人—系统"式跨学科协同模式、"主—从"式跨学科协同模式、"主—主"式跨学科协同模式。

　　"人—系统"式跨学科协作，通俗来讲指的是人与检索系统之间的交互行为，是从不同用户与系统的交互中进行学习，以此改进用户的检索效率。协同参与者进行跨学科信息检索研究面临以下几个问题：信息需求的复杂性、环境背景的复杂性、认知的复杂性①。Foster 指出跨学科学者的信息搜索有一定阻碍，例如，术语不熟悉、信息组织形式不熟悉，导致利用搜索引擎检索时无法确定关键字，无法有效地查找到目标信息②。跨学科研究中需要多学科信息资源的支持，以更好地完成跨学科研究。但是目前在许多研究机构中缺乏足够广泛的信息资源，使研究人员因缺乏合适信息源而加大了信息搜索的难度。王凤彬、陈建勋按照成员间知识结构的相似程度，把成员间知识结构区分为相似知识结构与互补知识结构两类③。

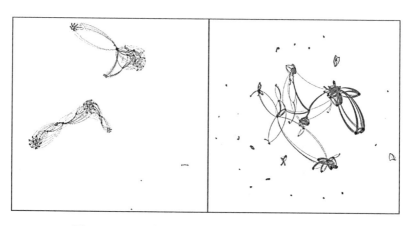

图 4.3.2　2005 年(左)与 2008(右)论文合著网络图

---

　　① 吴丹，邱瑾. 国外协同信息检索行为研究述评[J]. 中国图书馆学报，2012(06)：100-110.

　　② Foster A. A nonlinear model of information-seeking behavior[J]. Journal of the Association for Information Science and Technology，2004，55(3)：228-237.

　　③ 王凤彬，陈建勋，WANGFengbin，等. 跨层次视角下的组织知识涌现[J]. 管理学报，2010，7(1)：17-23.

"主—从"式跨学科协同模式是指具有相似知识结构的学术研究者，为了解决遇到的跨学科问题联合起来进行信息搜寻、信息共享和问题解决的协作方式。Granovetter 的研究表明，参与者的行为总是嵌入在特定的社会网络之中①。"主—从"式跨学科协同模式主要表现为重大项目与重大项目衍生的子项目团队。由学术领军人物主持的重大项目团队，其衍生的子项目也是以同缘团队传承为重心。他们具有相似的知识结构，更容易进行知识的共享和交流，是团队主题知识传承的主要路径。

"主—主"式协作是指具有互补知识结构的个体为了解决某个具体问题而进行的协同信息行为模式，一般表现为由不同学术领军人物及其同源团队共同主持的重大项目团队。在这种模式下，成员之间跨组织进行协同工作，相对来说，不同协作的个体知识结构存在很大差别，心智模式有很大的差异性，所以在进行信息的分享和交流时，更能激发协同参与者的知识创造力。

4.3.3 不同协同模式的特征分析

通过项目网络和合著网络，针对不同的跨学科协同模式，挑选有代表性的节点进行引文数据和学科共现数据的采集，分析"人—系统"式、"主—从"式和"主—主"式 3 种不同协同模式的特征。对于"人—系统"式跨学科协同方式来说，我们挑选了一个有代表性的边缘科学家 von Lintig J，对应的学科是药理学，这位科学家在2005—2010 年只有 1 篇论文发表；对于"主—从"式跨学科协同方式来说，挑选了美国南加州大学重大项目—子项目团队的 3 位成员，分别是 Goran M I、Kelly L A、Roberts C K，他们对应的学科分别是人口科学、运动科学、心理学和流行病学，可见这 3 位科学家的知识领域各不相同，后两位科学家在 TREC1 的第二年就开始了和重大项目牵头人 Goran M I 的合作；对于"主—主"式跨学科协

---

① Granovetter M. Economic Action and Social Structure: The Problem of Embeddedness[J]. American Journal of Sociology, 1985, 91(3): 481-510.

同方式来说，以最大主成分 Goran M I 为例，分析其和另外两位来自不同组织的学术领军人物 McTiernan A、Berger N A 的协同方式，他们对应的学科背景分别是人口科学、病理学和流行病学、医学，这 3 位科学家的知识领域也各不相同。

4.3.3.1　跨学科性特征分析

通常认为，跨学科融合交汇的地方更容易涌现创新。跨学科研究常常涉及不同学科的领域知识，在理解的过程中需要跨越不同学科的话语体系。与单一的学科团队相比较而言，跨学科团队会因为各个成员不同的学科背景和面对问题的复杂性，而陷入无法达成共识、问题得不到解决的困境①。Carlie 指出，从团队内特定领域知识到达成共同知识需要借助领域知识之间的共同基础，并经过转移、翻译和转换 3 个过程②。

本研究以 3 种协同方式下问题对应的学科数量来测度跨学科性。对 3 种协同模式下的协作人数、期刊数量和科学家论文涉及的学科数量进行收集和分析，得出 3 种模式下的期刊学科对比图（见图 4.3.3）。

从图 4.3.3 中可以看出，在学科数量上，"人—系统"式、"主—从"式和"主—主"式 3 种协同模式下的学科数量基本上呈直线上升趋势，说明 3 种模式下的跨学科性逐渐增强，其中"主—主"协同的跨学科性明显高于其他两种协同方式的跨学科性。从协作人数上来讲，"主—主"式跨学科协同的人数最多，达到 235 人，"主—从"式跨学科协作人数达到 96 人。

4.3.3.2　信息分散性特征分析

信息分散的概念源于文献集中与分散定律。Bradford 指出，用户所需信息存在着集中与分散的状态，即在学科领域、载体、语种

---

① 王馨. 跨学科团队协同知识创造中的知识类型和互动过程研究——来自重大科技工程创新团队的案例分析[J]. 图书情报工作，2014(3)：20-26.

② Carlile P R. Transferring，Translating，and Transforming：An Integrative Framework for Managing Knowledge across Boundaries[J]. Organization Science，2004，15(5)：555-568.

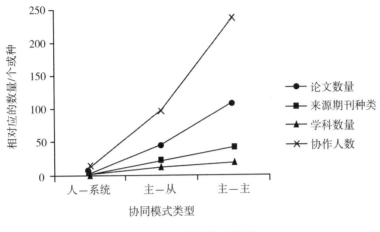

图 4.3.3 协同模式类型

等方面，用户常用的信息是集中的，而余下部分的信息又是分散的①。主题分散程度越高，主题所分布的数据数量越多②。信息分散不但被认为是整个图书情报学领域跨学科研究的一个突出概念，更被认为是跨学科信息需求的来源，因为一些跨学科研究资料被分割到预先设计好的分类体系中，以致不能反映跨学科学术研究的情况③。

本书以参考文献的分散情况测度 3 种协同模式下的信息分散性，对每种协同模式下科学家论文涉及的参考文献进行收集和分析，得出 3 种协同模式下的参考期刊情况（见表 4.3.1 和图 4.3.4）。

---

① Bradford S. Sources of Information on Specific Subjects［J］. Engineering，1934，137：85-86.

② Hood W W，Wilson C S. The scatter of documents over databases in different subject domains：How many databases are needed？［J］. Journal of theAssociation for Information Science and Technology，2001，52（14）：1242-1254.

③ 马翠嫦，曹树金. 信息分散下的信息行为——基于国外图书情报学领域跨学科研究的回顾［J］. 中国图书馆学报，2014（1）：60-72.

表 4.3.1 　 3 种模式下的参考期刊表

协同模式	参考期刊种类	参考期刊数量
人—系统	33	43
主—从	249	1 150
主—主	310	2 096

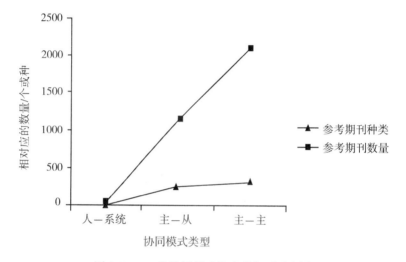

图 4.3.4 　 3 种协同模式的参考期刊对比图

由图 4.3.4 可以看出，3 种协同方式下的参考期刊数量直线增长，参考期刊数量也呈缓慢增长的趋势。且"主—主"式跨学科协同中所需要的参考期刊的种类最多、数量最大，说明"主—主"协同的难度比其他两种协作方式大，信息搜寻的难度较高，所需要花费的成本也最大。

布拉德福定律表述如下：若将科技期刊按其刊载某学科专业论文的数量多少，按照递减的顺序排列，则能把期刊分为专门面对这个学科的核心区、相关区和非相关区。各个区的文章数量相等，此时核心区、相关区和非相关区的数量比例为 $1 : n : n^2$[①]，其数学表

---

① 吴丽娟.1998—2012 年网络招聘研究文献计量分析[J].情报探索，2013(3)：42-44.

达式表示的是"期刊载文量累积数"与"期刊累计数"之间的函数关系。

本书把"参考期刊数量累积数"与"参考期刊种类数"之间的函数关系用数学表达式表示，检验其是否符合布拉德福定律中的 $1:n:n^2$ 的关系。

以"主—主"式跨学科协作方式为例，由表 4.3.1 可知，参考期刊种类数 $N=310$ 个，对应的参考期刊总数有 $A=2\,096$ 个，设布拉德福分区数为 m，当 $m=3$ 时，把参考期刊数据分为 3 个区来计算布拉德福常量 n，由埃格的布拉德福系数计数法则计算分区，公式如下：

$$n = (eE \times Y)^{1/m}$$

式中，n 为布拉德福系数，E 为欧拉系数，E $= 0.5772$，3 为分区数，Y 为最高 IPC 分类号对应的文献数量①。在此文中 Y 表示参考期刊对应的最大累计数量，$Y=221$。在此文中，$n=(e^{0.5772} \times 221)^{1/3} \approx 7$，分区结果如表 2 所示。

表 4.3.2 "主—主"协同模式分区表

区号	第 n 区参考期刊种类数	第 n 区参考期刊累计数	前 n 区参考期刊种类数
1	7	736	736
2	42	721	1 457
3	261	639	2 096

表 4.3.2 中，第一区域（核心区）的参考期刊种类数占总数量的 2.2%，但占参考期刊总数量的 35.1%；第二区域（相关区）的参考期刊种类数占总数量的 13.4%，占参考期刊总数量的 34.5%；

---

① 张鹏. 布拉德福定律在专利分析系统中的应用[J]. 现代图书情报技术，2010，26(z1)：84-87.

第三区域(非相关区)的参考期刊种类数占总数量的 84.4%，占参考期刊总数量的 30.5%。各区域参考期刊累计数比为：736∶721∶639=1.02∶1∶0.89≈1.0∶1.0∶0.9，各区域参考期刊种类数比为：7∶42∶261=1∶6∶37.2≈1∶6∶62，符合用来阐述信息分散理论的布拉德福定律。研究结果表明在搜索的过程中，用户所需信息存在着集中与分散的状态，即便在跨学科研究过程中，在载体、语种等方面，跨学科常用的信息也是集中的，分布在为数不多的期刊中，而余下部分的少量信息广泛分散分布在跨学科研究中涉及的其他学科领域的大量期刊上。这给进行跨学科研究的学者信息获取带来了不便和障碍。

对 3 种协同模式下问题的跨学科性和信息分散性进行比较得出，不同协同模式对应的问题跨学科性和信息分散性是不同的，且信息分散性符合布拉德福定律。所以，本书认为问题的跨学科性和信息分散性会影响学术研究者在进行跨学科研究时的信息搜寻行为。

4.3.4　结　论

TREC1 成立了扁平化的研究组织，通过这些组织单元的协同运转，减少了组织边界的障碍，充分调动了各个学科的科研人员共同协作来解决问题和进行知识创新。图书馆的信息服务应该吸取这种模式的长处，从局部来讲，图书馆的信息服务需要消除各部门之间的障碍，使用户通过其中某一个部门就能与整个图书馆实现交流，构建以用户为核心的信息网络；从全局来讲，网络环境下人们对信息服务的需求渐渐突破地理界限，图书馆的信息服务需要实现区域性、全国性及全球性合作信息服务，引导用户进行跨学科协同信息行为，以满足人们对全球文献信息资源的需求①。

---

① 张芳. 基于 Web 3.0 用户信息行为新特征的图书馆信息资源创新服务[J]. 高校图书馆工作，2016(5)：76-80.

本书通过对 TREC1 计划进行项目网络和合著网络分析，得到包括"人—系统""主—从""主—主" 3 种不同的跨学科协同模式。研究发现 3 种模式下的代表研究者所涉及的学科数量、论文数量和协作人数依次增大，参考期刊数量和期刊种类依次增加，说明"主—主"协同模式的跨学科性和信息分散性明显高于其他两种协同模式，进行信息搜寻的难度也最高。最后验证"主—主"协同模式下跨学科信息搜寻活动的信息分散同样符合布拉德福定律。此研究揭示了学术研究者在进行跨学科研究时问题的跨学科程度和信息分散程度影响其选择协同信息行为模式，以及在跨学科研究的背景下跨学科协同信息行为的模式及特征，为图书馆开展跨学科信息服务提供了理论基础，并且能够指导研究人员在进行跨学科研究时的协同信息行为模式的选择，进一步丰富和完善了图书情报学用户信息行为研究理论体系，为跨学科信息资源建设服务提供了参考。

4.4 不同信息视域环境下的跨学科协同信息行为

对于跨学科领域，个人难以进行独立的科学研究，为满足复杂、综合化的研究任务需求，在许多情境下，研究往往以科研团队的形式协同完成。目前国内外研究协同信息行为的影响因素及其模型的文献较多，通过梳理归纳为主体、任务、外部环境①等三个维度的因素，其中主体维度包括团队规模②、团队类型③、团队成员

① 夏贝贝. 项目团队协同信息搜索行为机制及影响因素研究[D]. 南京：南京理工大学，2017.

② 胡德华，张娟，车丹，罗爱静. 师生团队模式下科研人员信息查询行为特征和差异研究[J]. 图书情报工作，2014，58(4)：79-84.

③ Fidel R，Mark Pejtersen A，Cleal B，et al. A Multidimensional Approach to the Study of Human-Information Interaction：A Case Study of Collaborative Information Retrieval[J]. Journal of the American Society for Information Science and Technology，2004，55(11)：939-953.

的情绪状态①、协同能力②、亲密度③、认知因素④、团队成员身份⑤、性别、学科背景⑥、任务难度⑦等。外部环境维度包括所耗费时间⑧5、团队的工作情景、不同的交流环境(面对面、远程文字交流、远程语音交流、异步交流)⑨、不同的搜索环境(无历史记录、有个人历史记录、有小组历史记录)⑩。现有的相关研究少有从外部环境的角度，将信息视域环境作为一种影响个体信息行为的属性，探讨不同信息视域环境下协同信息行为的特点。

信息视域被界定为主体在特定情境下，可以使用的信息资源集

①　袁红，赵宇珺. 协同搜索行为中的用户任务感知及情绪状态研究[J]. 图书情报工作，2015，59(17)：89-98.

②　邱瑾，吴丹. 协同信息检索行为中的情感研究[J]. 图书与情报，2013(2)：105-110.

③　Dinet J，Vivian R. The impact of friendship on synchronous collaborative retrieval tasks in the primary school[J]. British Journal of Educational Technology，2012，43(3)：439-447.

④　吴丹，邱瑾. 协同信息检索行为中的认知研究[J]. 情报学报，2013，32(2)：125-137.

⑤　周畅，韩毅. 高校学术团队合作信息查寻与检索行为的实证调查研究[J]. 情报理论与实践，2015，38(10)：110-115.

⑥　李鹏，李琳琳，韩毅. 基于性别与学科背景差异的研究生合作信息查寻与检索行为分析[J]. 情报科学，2014(10)：93-99.

⑦　吴丹，向雪. 社群环境下的协同信息检索行为实验研究[J]. 现代图书情报技术，2014，30(12)：1-9.

⑧　Baeza-Yates R，Pino J A. A First Step to Formally Evaluate Collaborative Work[C]//The International ACM SIGGROUP Conference on Supporting Group Work：The Integration Challenge the Integration Challenge-GROUP '97. Phoenix，Arizona，USA. New York：ACM Press，1997：56-60.

⑨　González-Ibáñez R，Haseki M，Shah C. Let's Search Together，But Not Too Close! An Analysis of Communication and Performance in Collaborative Information Seeking[J]. Information Processing & Management，2013，49(5)：1165-1179.

⑩　Shah C，Marchionini G. Awareness in Collaborative Information Seeking[J]. Journal of the American Society for Information Science & Technology，2010，61(10)：1970-1986.

合,是个体大脑内部关于可利用信息资源的脑力模型,是影响个体信息行为的内在因素。信息视域由 Sonnenwald 于 1999 年首次提出,目的是更好地理解协同信息行为。该理论认为主体的协同信息行为由外部特定情境、状态和内部个人信息视域以及社会网络所共同影响。但是目前很少有文献对信息视域及其外部因素对信息行为的影响进行研究,尤其很少探讨由具体某种信息服务工具和社会网络构成的信息视域环境对协同信息行为的影响。

有学者认为当用户进入跨学科领域时,往往具有比单一学科领域更复杂的信息需求,并且面对着更多的信息检索障碍[①]。信息分散是跨学科最本质的特征,跨学科领域成果的传播路径跨多个信息源和多种渠道,同时缺乏学科背景知识、缺乏立即可用的信息源和信息渠道是进行跨学科研究的主要障碍。为解决信息分散和缺乏背景知识、缺乏信息资源的难题,图书馆以及社会各事企业单位为跨学科研究者提供了多样的信息服务,其中信息导航服务和人际资源被广泛应用。本书旨在以信息视域为理论基础,通过提供信息导航工具和人际资源渠道,开展跨学科领域协同信息搜索实验,探究不同信息服务功能以及信息渠道限制所造成的不同的信息视域环境对团队协同信息行为的影响,为优化跨学科信息服务提供参考。

4.4.1　实验设计

4.4.1.1　实验条件

本研究招募了某高校信息管理学院的 35 名本科生进行实验。按照 5 人或 5 人以上划分小组,共分 6 组进行实验(5 人小组 2 个;6 人小组 3 个,7 人小组 1 个)。实验者被要求在安装有 coagmento 协同工具的电脑中进行协同检索实验(coagmento 是支持协同的软件,具有即时通信、分享书签、书签评分、共享空间等功能),用 QQ 代替 coagmento 的即时通信工具,实验共分为三个检索任务,

---

① Smith M. The Trend Toward Multiple Authorship in Psychology [J]. American Psychologist,1958,13(10):596-599.

每个检索任务要求在30分钟内完成。

4.4.1.2 实验任务

任务背景：各实验小组准备申请一个特定的跨学科领域的科研项目，为了撰写申请报告，需要开展文献调研来梳理该领域的发展脉络，为此展开协同搜索。

任务要求：在规定时间内找到具有代表性的节点文献资料，最后提交一个文档，文档内容包括：文献标题或书籍名，文献来源（若期刊论文须注明期刊名、书籍、若会议论文须注明会议名称等），文献作者。

任务环境：任务一(T1)：不允许使用导航服务工具和团队外的人际资源和导航工具；任务二(T2)：允许使用给定的信息导航服务；任务三(T3)：允许使用团队外人际资源。导航工具界面及功能如图2所示。要求每个小组在三种不同环境下开展三个完全不同领域的协同搜索实验，以提供过程数据进行对比分析。每个小组在不同环境下的搜索领域如表4.4.1所示。

表 4.4.1 各实验小组任务环境及具体领域

任务组 具体领域 任务环境	T1 不可使用团队外人际资源和导航工具	T2 允许使用给定的信息导航服务	T3 可使用团队外人际资源
第一小组 第二小组	古生物学 (paleontology)	生物信息学 (bioinformatics)	结晶学 (crystallography)
第三小组 第四小组	人因工程学(human factors engineering)	转化医学(translational medicine)	纳米科技(nanote-chnology)
第五小组 第六小组	大气化学(atmospheric chemistry)	机器学习(machine learning)	工程创业(engine-ering entrepreneurship)

导航工具提供以下导航服务：(1)中英文信息源导航：从语言角度，将信息资源分为了英文与中文两大类；(2)按资源的来源及

内容导航：基本介绍、会议、书籍、期刊论文、知识论坛、社交网络等；(3)知识图谱导航：并根据特定跨学科领域中的知识结构和被引关系，绘制了关键词网络和相关学者网络。用户可在检索框中选择特定跨学科领域，再点击选择信息资源渠道进行特定内容检索，如图4.4.1所示。

图4.4.1　信息导航服务界面

4.4.2　数据采集及分析方法

本研究的数据采集主要是通过QQ聊天记录、实验过程录屏记录等渠道来收集各组成员在完成任务中的沟通交流数据和协同搜索行为等数据。

本研究的数据分析方法主要是编码法、统计法、隐马尔可夫模型(Hidden Markov Model，HMM)等方法。通过对实验者的交流内容进行编码和统计，分析沟通次数以及占比变化，研究不同信息视域环境下实验者交流行为的变化。采用隐马尔可夫模型对实验者的协同搜索行为数据进行分析，研究不同信息视域环境下实验者协同信息搜索行为及状态的变化。

HMM 是一种成熟的模型，可用于对未观测到的隐藏搜索状态和观测到的用户实际行为进行建模，已经被应用于多个领域的用户检索行为和检索策略的研究[1]。HMM 图 4.4.2 所示，描述由一个隐藏的马尔可夫链随机生成不可观测的状态随机序列，再由各个状态生成一个观测随机序列的过程。隐藏的马尔可夫链随机生成的状态的序列，称为隐状态序列；每个状态生成一个观测，而由此产生的观测的随机序列，称为可观测序列[2]。设 H 是所有可能的隐状态集合，A 是所有可能的可观测的集合。

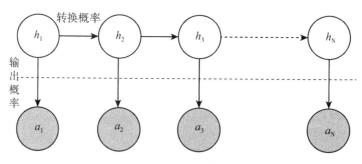

图 4.4.2　HMM 示意图

$$H = \{h_1, h_2, \cdots, h_N\}, A = \{a_1, a_2, \cdots, a_M\}$$

其中，N 是可能的隐状态数，M 是可能的可观测数。I 是长度为 T 的状态序列，O 是对应的观测序列。

$$I = (i_1, i_2, \cdots, i_T), O = (o_1, o_2, \cdots, o_T)$$

X 是隐状态转移概率矩阵，Y 是输出可观测行为的概率矩阵：

$$X = [x_{ij}]N \times N, Y = [y_j(k)]N \times M$$

其中，

①　Chapman J L. A State Transition Analysis of Online Information-Seeking Behavior[J]. Journal of the American Society for Information Science，1981，32 (5)：325-333.

②　李航. 统计学习方法[M]. 北京：清华大学出版社，2012.

$x_{ij} = P(i_{t+1} = h_j \mid i_t = h_i)$，$i = 1, 2, \cdots, N$；$j = 1, 2, \cdots, N$
是在时刻 t 处于状态 h_i 的条件下在时刻 $t + 1$ 转移到状态 h_j 的概率。

$y_j(k) = P(o_t = a_k \mid i_t = h_j)$，$k = 1, 2, \cdots, M$；$j = 1, 2, \cdots, N$
是在时刻 t 处于状态 h_j 的条件下生成观测 a_k 的概率。

根据此模型，用录屏记录采集的实验者协同搜索数据来描述可观测信息行为，将信息行为的目的视为隐状态。通过可观测行为概率矩阵来分析用户为达成特定目的所采取的协同搜索行为的可能性，通过隐状态转移概率矩阵来分析用户最稳定的搜索策略和协同行为模式。通过对比不同信息视域环境下输出概率和转换概率的变化，分析信息视域环境对协同信息行为的影响。为方便观察，本研究中分别使用表格和图的方法显示输出概率矩阵和转移概率矩阵。

4.4.3 数据分析

4.4.3.1 可观测行为编码及隐含状态数量的确定

可观测行为编码是通过对实验者录屏数据的初步分析，继而采用 Kim 和 zhen yue 对于协同行为的识别框架①，从方式、对象、来源三个维度(如图4.4.3)来识别不同信息视域环境下的可观测信息行为的种类。将其分为 9 种，各种行为的具体描述和编码如表4.4.2 所示。

隐含状态数量无法通过单一的协同搜索行为进行主观猜测，所以本研究为确定隐状态数量，依据贝叶斯信息准则(BIC)，运用 spss 二阶聚类法对实验者协同搜索行为数据进行聚类。因对部分未知的状态用主观概率估计，通过 BIC 进行修正可做出最优决策。结果显示最佳隐状态数量为 4(依据行为所占比例推断实验者行为目的，4 种隐状态分别为：检索问题所需知识；获取、评估信息；分享、存储信息；寻求帮助)，但为了更好地分析实验者输入检索式进行检索的目的和实验者通过交流是为了寻求哪方便的帮助，本研

---

① Yue Z, Han S G, He D Q. An Investigation of Search Processes in Collaborative Exploratory Web Search[J]. Proceedings of the American Society for Information Science and Technology，2012，49(1)：1-4.

究将隐含状态归纳为6类，并将其编码，见表4.4.2、表4.4.3。

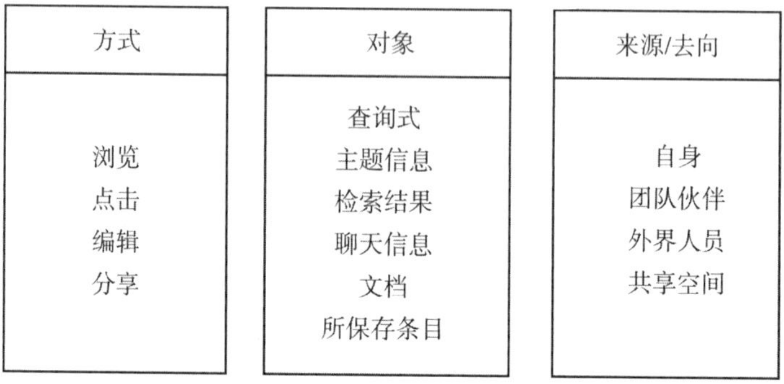

方式	对象	来源/去向
浏览 点击 编辑 分享	查询式 主题信息 检索结果 聊天信息 文档 所保存条目	自身 团队伙伴 外界人员 共享空间

图 4.4.3　划分用户可观测行为的三维度

表 4.4.2　可观测行为编码

可观测行为	行为描述	编码
①编辑—查询式—自身	实验者自己输入检索式进行检索	Q
②浏览/点击—检索结果—自身	点击、浏览搜索结果页面	V
③编辑/分享—书签—共享空间	添加书签、注释等分享行为	S
④浏览—所保存条目—共享空间	浏览成员共享内容	WM
⑤浏览—所保存条目—自身	浏览自己收藏的内容	WS
⑥浏览—聊天信息—外界人员	浏览团队外成员推荐的内容	WO
⑦编辑—聊天信息—团队伙伴	与团队成员交流	C
⑧搜索—主题信息—外界人员	与团队外人员进行交流	CO
⑨编辑—文档—自身	编辑文档	D

表 4.4.3　隐状态编码

隐状态	编码
①定义问题	HD
②获取信息资源渠道	HS

隐状态	编码
③查找信息	HQ
④获取、评估信息	HV
⑤分享、存储信息	HI
⑥了解任务动态	HF

4.4.3.2 输出概率及转换概率的比较分析

(1)可观测行为的输出概率矩阵。

各信息视域环境下的输出可观测行为的概率矩阵见表4.4.4、表4.4.5、表4.4.6。为了更好地展示，本书将小于0.05的概率都给予移除。从输出概率矩阵可以看出不同任务环境下，为达到隐含状态定义的目的，用户采取某种信息行为的可能性差别（如表4.4.7所示）。

表4.4.4　T1隐状态与可观测状态输出概率矩阵

	Q	V	S	C	D	WM	WS
HD				0.58		0.42	
HS	0.17	0.68					0.15
HQ	0.76	0.24					
HV		0.92					
HI		0.22	0.34	0.05	0.37		
HF				0.98			

表4.4.5　T2隐状态与可观测状态输出概率矩阵

	Q	V	S	C	D	WM	WS
HD				0.36		0.64	
HS	0.06	0.77					0.14
HQ	0.65	0.20					

续表

	Q	V	S	C	D	WM	WS
HV		0.95					
HI		0.17	0.30		0.48		
HF				0.93		0.05	

表 4.4.6   **T3 隐状态与可观测状态输出概率矩阵**

	Q	V	S	C	D	WM	WS	WO	CO
HD				0.15		0.77			0.07
HS	0.23	0.48					0.27		
HQ	0.84	0.13							
HV		0.90							
HI		0.14	0.25		0.57				
HF				0.90		0.05			

表 4.4.7   **不同环境下观察到的用户为实现隐藏状态可能采取的信息行为**

隐状态	环境	用户协同信息搜索行为
定义问题	T1 环境下	主要采取与团队成员交流和浏览成员共享内容的方式
	T2 环境下	浏览成员共享内容为主
	T3 环境下	更加倾向于浏览成员共享内容,偶尔也求助于外部人际关系来定义问题
获取信息资源渠道	T1 环境下	键入检索式和浏览自己的收藏内容或者点击搜索结果页面
	T2 环境下	更多通过点击导航工具的方式
	T3 环境下	通过自行键入检索式来查找信息资源渠道的行为有所增加

隐状态	环境	用户协同信息搜索行为
查找信息	T1 环境下 T2 环境下 T3 环境下	以自己键入检索式为主，点击搜索结果页面为辅 查找信息的方式没有明显改变 查找信息的方式没有明显改变
获取、评估信息	T1 环境下 T2 环境下 T3 环境下	通过浏览搜索结果页面的方式获取信息 获取信息的方式没有明显改变 获取信息的方式没有明显改变
分享、存储信息	T1 环境下 T2 环境下 T3 环境下	主要通过百度学术等平台的点击收藏功能、coagmento 协同插件的添加书签功能以及自身编辑文档或者直接通过聊天的方式来分享、记录信息 不再通过直接聊天的方式来分享信息，更倾向于自己编辑文档来存储信息 与 T2 下相似
了解任务动态	T1 环境下 T2 环境下 T3 环境下	主要采取了与团队成员进行沟通交流的方式 不仅采取了沟通交流的方式，还通过浏览成员共享内容来判断任务进展 与 T2 下相似

可以看出：①导航工具和人际环境主要显著影响了用户为达成定义问题、获取信息资源渠道、分享存储信息、了解任务动态等目的所采取的行为；②导航工具扩大了用户的信息视域，在满足获取信息资源渠道目的上提供了方便，直接减少了为查找信息源所做的检索行为，而且在用户定义问题阶段，因为有共享的导航工具辅助，更易于理解问题边界和覆盖的学科等；③成员更自觉地从同伴分享的搜索结果中判断出自己要配合完成的任务内容，从而减少了任务理解的冲突；④问题定义清楚后，用户行为趋向于独立完成信息查找，评价和存储到自己的文件夹等步骤，这个阶段的分享行为显著减少，因为各自明确了任务，独立工作有利于提高效率；⑤当启动新的子任务时，用户增加了从成员分享的内容中获取团队其他

成员当前全局任务完成状态的行为，取代了原来单一的口头交流的方式，提高了效率；⑥人际渠道的影响也主要发生在问题定义阶段，增加了获取问题理解信息的渠道，其他阶段的行为与导航工具环境的作用相似。

（2）隐状态转移概率矩阵。

各任务环境下的隐状态转移概率如图 4.4.4、图 4.4.5、图 4.4.6 所示，表述了参与者在不同任务环境下从一种隐含状态出发，下一步最可能转移到的状态及概率。

从图 4.4.3 可知：T1 环境下，用户表现出（HD→HV→HI）和（HD→HS→HQ→HV→HI→HV）两种最可能的隐藏状态转移路径。说明在任务初期，用户通过"定义问题→获取、评估信息→存储信息"等步骤的循环来不断进行意义构建，从而实现问题的理解；等问题明确后，用户隐藏状态转移路径变为：定义问题→检索信息资源渠道→在特定渠道检索信息→反复浏览信息并存储信息，说明在

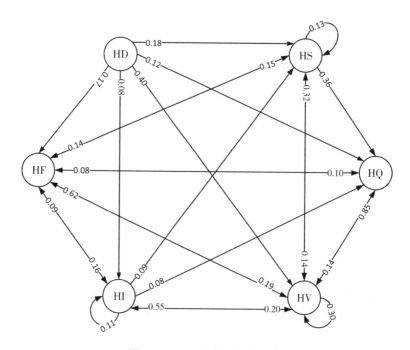

图 4.4.4　T1 隐状态转移概率

后期的长路径中，锁定信息渠道和查找符合该主题的特定文献分别成为信息检索步骤小循环的目的。

从图4.4.4可知道：T2环境下，用户表现出的最可能隐含状态转移路径为：定义问题—检索信息源渠道-反复浏览并存储信息（HD→HS→HV→HI→HV）。与T1环境相比较，隐含状态转移路径少了HQ-HV，说明有了导航工具后用户不用查找信息源渠道，只用在特定渠道为获取更多节点文献而反复获取、评估信息，分享、保存信息。

从图4.4.5可知：T3环境下，用户表现出的最可能隐含状态转移路径为：定义问题—检索信息源渠道-在特定渠道检索信息—反复浏览信息并存储信息（HD→HS→HQ→HV→HI→HV），与T1环境下的状态转移路径相似，转移概率不同。因人际资源的放开所导致的主要区别为：定义问题之后最可能的状态是检索信息资源渠道，而非浏览信息，从转移概率上可以看出，放开外部人际联系后，信息资源渠道检索效率大大提高了。

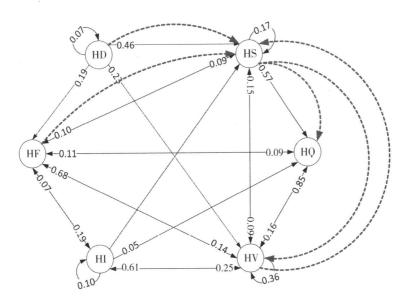

图4.4.5　T2隐状态转移概率（虚线代表同T1相比在0.05水平上差异显著）

281

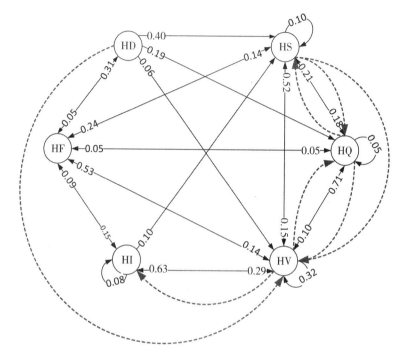

图 4.4.6　T2 隐状态转移概率

(虚线代表同 T1 相比在 0.05 水平上差异显著)

4.4.3.3　沟通行为分析

团队成员间的沟通交流为有效协同提供了基础，对团队成员沟通交流行为的研究有助于理解用户协同信息行为。本实验采集了实验过程中的聊天记录，包括 T1 环境下 1068 条、T2 环境下 516 条、T3 环境下 344 条数据。数据处理过程如下：

(1)划分交流内容。对每条记录的内容加以标注分类，共分 5 类，具体见表 4.4.8。

(2)统计内容发生频次。统计不同信息视域环境下，团队成员发生的各类交流的均值及占总数的百分比等指标，具体见表 4.4.9。

表 4.4.8 成员交流内容编码

交流内容	编码
①有关任务进展、团队活动状态	TS
②有关任务分工	TC
③有关任务认知	TN
④有关协同工具使用	TG
⑤与任务无关	NT

表 4.4.9 各任务环境下交流内容变化

内容次数 （占比） 任务	T1	T2	T3
TS	72.00(40.45%)	43.83(50.97%)	29.50(51.45%)
TC	6.83(4.84%)	8.83(10.27%)	1.17(2.04%)
TN	9.33(5.24%)	7.83(9.11%)	14.83(25.86%)
TG	26.17(15.70%)	2.33(2.71%)	0.17(0.30%)
NT	63.67(35.77%)	23.17(26.95%)	11.67(20.35%)
总数	178	86	57.34

从表 4.4.9 可知：

三种任务环境下，用户交流主要都围绕沟通任务进展和任务无关的内容，其中与任务无关的内容主要包含用户在搜索过程中的情绪状态和情感表达。这些交流有助于减少重复执行任务和疏导情绪。

在 T2、T3 环境下用户有关任务进展内容和情感发泄的沟通次数都少于 T1 环境下，说明导航工具和人际资源有助于任务完成，减少了为了解任务进展而反复交流的行为，有助于专注地进行独立搜索。

用户在 T2 环境下有关任务分工的讨论比在 T1 环境下多，是由于导航工具引导用户从按检索内容不同进行任务分工转换为按信息资源渠道的不同进行任务分工，增加了有关任务分工的交流内容。

用户在 T3 环境下有关任务认知的讨论比在 T1 环境下有所增加。这主要是因为团队成员通过人际资源了解任务相关领域知识，增强了任务认知后，需要与团队其他成员进行分享、讨论。

4.4.4　讨论

4.4.4.1　导航工具环境对用户协同行为的影响

在提供特定的导航工具环境下，用户更倾向于"人—系统"式协同方式，而不再是初始信息视域环境下的"人—人"式协同方式。（1）在导航工具环境下，用户更多的是通过浏览共享空间来定义问题和了解进展，而不是成员之间的语言交流；（2）更多的是通过点击导航工具获取信息资源渠道，而不是键入检索式进行查找；（3）更多的是通过导航工具所提供的渠道进行任务分工，而不是按内容和角色进行分工。从交流行为角度来看，导航工具的提供，易于用户了解问题边界和所覆盖学科，为用户解决问题提供了帮助，有效地减少了用户在任务中负面情绪的表达。

4.4.4.2　人际资源环境对用户协同行为的影响

在开放人际资源渠道的环境下，用户更倾向于"主—从"式协同方式，而不是初始信息视域环境下的"主—主"式协同方式。团队成员通过人际资源获取相关知识后，在团队发挥信息传递者的作用，而团队其他成员则作为信息接收者。并且人际资源的放开，扩展了用户进行意义构建和获取信息资源渠道的方式，增加了用户有关任务认知的交流行为和信息资源渠道的检索行为，帮助用户快速获取相关知识和定位有效渠道。但任务时间的紧迫、缺乏相关人际资源以及人际资源响应时间的不及时等因素，限制了用户对人际资源的利用。

4.4.5　结语

通过针对学术文献搜索情境进行协同信息检索实验，分析了不同信息视域环境（不可使用团队外人际资源和导航工具环境、提供特定导航信息服务环境、开放人际资源渠道环境）下协同信息行为的变化。本研究也存在许多不足，未来可以从以下几个方面展开进一步的研究：

（1）不同群体角度。本研究基于高信息素养的本科生群体开展，未来可针对其他地区及专业的群体进行研究。

（2）不同任务情境及任务类型。本研究任务情境设定为团队在进行跨学科领域科研中的文献搜索部分，属于事实发现型任务，未来可从文章撰写阶段等探索性任务类型来进行研究。

（3）不同类型信息视域。本研究主要从一定的导航信息服务和对人际资源渠道的权限来控制信息视域变化，未来可从其他类型的信息服务角度出发，进一步完善不同类型信息视域对协同信息行为的影响研究。

4.5　"人—机"协同模式下的跨学科信息行为

4.5.1　个人跨学科信息搜寻的行为表现研究现状

目前的研究主要是以信息分散理论下的信息行为理论为基础展开研究，得到跨学科信息行为的表现和提点如下：

非线性。库尔索（Kuhlthau）的信息搜索过程是一个线性模型，它将信息搜索描述为信息搜索者的感觉、思想和行动的一系列阶段。在信息搜索过程中，一个人从模糊的想法和不确定的感觉，会转向更清晰、更集中的想法和自信和满足的感觉。库尔索强调了个人信息问题（"不确定性和混乱"）和对信息的看法（"确定性和秩序"）之间的概念不匹配。基于对跨学科研究者的研究，人们对信息寻求的线性性质提出了质疑，并将其与一个捕捉三个认知过程的非线性模型进行了对比：开放、定向和巩固。非线性模型描述了"进化搜索"，模型关注用户活动的序列，以展示用户如何在整个搜索过程中动态地调整她的策略。

探索式搜索。Marchionini 认为，所谓的探索式搜索，其实就是开放的、持续的、多方面的信息搜寻的情境以及具有机会性、反复性、多策略性特点的信息搜寻过程。相比于传统的搜索，探索式搜索的特征在于其最初的信息需求较为模糊，对于对象的相关知识比较缺乏，经过多次交互之后，其目标会发生变化，检索的终止条件并不清晰。① 搜索过程是一个不断学习、调查、决策的交互过程。探索性搜索是一种将信息搜索从简单查找扩展到知识构建的尝试，旨在支持"用户探索、克服不确定性并学习"，而不需要考虑具体的问题或任务。

信息偶遇。作为一种特殊的信息行为，信息偶遇与目的信息行为一同构成了完整的信息行为体系。Sanda Erdelez 认为，所谓的信息偶遇其实就是在没有期待的情况下出现的有价值的发现。在其定义的框架当中，认为用户在无目的地搜索信息时，或者是在对其他类型的信息研究时发现了对自己有价值的信息。我们会偶然发现有趣和鼓舞人心的信息，我们没有明确地寻找它，也没有期望找到它，这种特性被称为"意外发现"②。在一些关于人们信息实践的研究中，发现偶然的信息遭遇是获取相关信息和资源的关键组成部分。研究人员建议，信息系统应该帮助信息获取者培养一种对新信息持开放态度的心态，鼓励人们"后退一步，以更广阔的视野看待问题"。这些研究为人们如何参与开放的信息实践提供了有趣的见解，这些实践帮助他们获得信息，同时遇到新的信息，培养开放的思想。然而，围绕关键字搜索和过滤的现有接口已被认定为是对信息偶遇的威胁。

目前的研究发现跨学科信息行为具有以人为主的信息搜寻、重复阅读和合作等特点。跨学科信息行为的这些表现和特点主要是从行为主体特点和信息服务角度开展研究得出，而很少关注它们的基础，例如，我们更关注信息或个人，而不是它们所嵌入的上下文。我们专注于我们感兴趣的过程，而不是构建、嵌入和围绕它们的更广泛的社会环境：机构、任务和更大的文化环境。

---

① Marchionini G. Exploratory Search：from Finding to Understanding [J]. Communications of the ACM, 2006, 49(4)：41-46.

② Erdelez S. Information Encountering：A Conceptual Framework for Accidental Information Discovery [C]//An International Conference on Information Seeking in Context. United Kingdom：Taylor Graham Publishing, 1997.

4.5.2　重新思考跨学科研究的问题情景

社会行动的一个基本必要条件是它必须在一定的背景下发生。背景和信息寻求之间的关系越来越被视为信息行为研究的中心问题。信息领域的信息实践研究已经开始从考察来源和渠道的使用转向偶遇、寻找和赋予信息意义。这种转变已经为人们对信息背景的关注让路。跨学科信息行为的研究也是如此,需要理解跨学科研究者所处的组织背景、面对的信息资源环境和问题空间。学者 Leedy以及 Ormrod 建立了通用的研究过程模型,如图 4.5.1 所示。

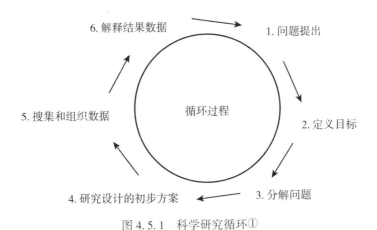

图 4.5.1　科学研究循环①

如图 4.5.1 所示,科学研究循环开始于问题的提出,前三步都是紧紧围绕研究主题的问题化:从想法开始,想法被提炼成为具体的研究问题,按照总问题—目标与子目标—总问题与子问题的步骤进行问题化。可见对于问题的复杂性人们习惯于通过分解的方法来处理,得到各子问题的解决策略后再进行汇总。这样简单粗暴地处理问题背景,会人为割裂环境要素之间的有机联系。

跨学科问题的主题往往十分分散、多目标,目标之间相互影

---

①　Leedy P D, Ormrod J E. Practical Research:Planning and Design[M].Upper Saddle, NJ:Prentice-Hall, 2001.

响，综合作用于研究对象整体，难以识别每个子目标对总目标和绩效的贡献，因此不能人为割裂；参与研究的主体多，各自分隔，不能消息互通，各自存储研究成果，信息资源分布就越分散，例如第二章计量分析得到的机器学习和计算生物学领域的信息资源分布特点。因此，跨学科研究问题空间和信息资源环境都与所示的峰峦叠嶂的崎岖景观相似：山峰众多，道路崎岖，相不连通。

考虑跨学科信息行为的任务情境，我们的研究问题就可以界定为：面对崎岖景观的信息资源环境和问题空间，跨学科研究者的信息行为表现和特点。

4.5.3　重新思考跨学科研究的障碍

考虑环境因素，发现崎岖的景观与跨学科的信息空间之间具有相似之处，尤其是在个人与整体之间的关系方面。综合考虑跨学科所面对的问题及目标空间，数字信息空间资源分布的特点，结合个人信息视域概念，可以发现对于开展跨越学科研究，会遭遇信息源分散、认知惯性、冲突等共同的障碍，把它们归类为语法边界、语义边界和语用边界：

（1）信息源分散，个人信息处理能力不匹配，导致的找不到所要定位信息的语法边界。

信息分散对于跨学科信息查寻行为的影响主要来源于分类法、词表等固有知识组织体系。如 Searing 指出，一些跨学科研究资料"被分割到预先设计好的分类体系中，以致不能反映当前学术研究的情况"[①]。因而，有学者对特定领域跨学科人员面临的信息组织和信息过载障碍进行了研究。如 Palmer 等对科学研究中的弱信息工作进行实证研究发现，弱信息需求主要产生在跨学科研究中或新领域研究的初期。科学研究可能面临具体不利条件，尤其是非结构化的问题空间、缺乏领域知识、无章可循的研究步骤等问题，因而

---

① Susan S. Meeting the Information Needs of Interdisciplinary Scholars：Issues for Administrators of Large University Libraries[J]. Library Trends，1996，44(2)：28-34.

是"非常困难和耗时的",这些活动是对脑力的巨大挑战,需要研究人员花费大量时间来完成非常规化的任务。

(2)认知惯性和缺乏共享心智模型导致的语义边界。

由于学科背景和个人经历决定了研究者在他们经常处理资源和信息的信息视域中进行信息活动,这些形成了他们的认知惯性,是跨越学科和人际边界的强大障碍。这种惰性背后的机制之一是"群体思维",即当人们深深地融入一个有凝聚力的群体,当成员们为达成一致而奋斗的努力压倒了他们现实地评估其他行动方案的动机时,人们所从事的一种思维方式。"群体思维"通常会导致高估群体内、封闭的思维和对群体外的刻板印象。局限于眼前的信息视域就是局限于有限的社交网络构成的一个行动边界,是不可能应对复杂问题(崎岖景观)的。为了扩大自己的信息视域,跨学科研究者会在社会网络中增加新的链,来满足新的需求。在高度分化的网络中,弱联系对创新的扩散至关重要。

另一种阻碍跨学科边界的因素,几乎与群体思维相反,即观点的碎片化和多学科群体中缺乏"共享的心理模型"。这种分裂可能使来自不同背景的专家无法"说同一种语言",无法就同一个问题交换意见。也就是说,冲突不是来自针对某一问题的不同观点,而是不能理解支持这些观点的所用的概念和推理逻辑,比如有关问题的定义、意义或概念化的视角是什么。因此,创建共享的心智模型是促进沟通需要完成的主要工作,这里的心智模型即为信息视域。共享的信息视域对交互作用发挥了许多关键功能:它们是共享的对话资源;它们提供了共同的情感基调;它们确保了更快的反应;它们还通过确保更连续的反应提供了时间稳定的基础,共享的信息视域为群体隐性知识传递提供了基础。在跨学科合作群体中语言风格的局部冲突和全局一致有助于团队创新,因此应以更长远眼光来寻找共识,并以更具包容性的语言进行开放性的交流。

(3)目标冲突导致的语用边界。

当群体成员有不同的兴趣和动机时,在一个领域发展的知识可能会对另一个领域产生负面影响,因此遭到抵制。在这种情况下,为处理语义边界上的差异和依赖关系而开发的共享解释将不足以产生解决问题所需的协作水平。

应对这些困境，一方面可以积极主动地构建综合的信息视域，另一方面可以借助信息技术工具的协作。

4.5.4　重新思考理论基础

（1）意义建构。

要理解研究人员如何克服障碍跨越学科边界，需要引入意义建构和边界对象等概念。跨学科与单一学科信息行为的不同之处在于任务更复杂，信息资源分布更分散，还有来源于学科的信息视域差异。由于个人信息视域受学科壁垒、学术交往圈，所使用的工具以及信息追踪等习惯的局限，面对跨学科任务会感到知识贫乏，按照本学科的常规方法解决问题遭遇障碍，因此需要致力于寻找填充知识缺口的途径。意义建构是跨学科研究主要开展的认知活动。意义建构的概念由布伦达·德尔文（Brenda Dervin）提出①。在他看来，意义建构（Sense-Making）是一种解释沟通、信息与意义之间关系的概念性工具。德尔文将意义建构的过程形象地表示为，个人在认知的道路上前行，在某一情境（Situation）下，由于自身的认知缺失，形成了一个不可逾越的鸿沟（Gap），为了能够继续前进，势必要借助桥梁（Bridge）以跨越鸿沟，从而解决问题（Users/Helps）或得到结果（Outcomes），早期，核心隐喻只包含情境（Situation）、鸿沟（Gap-faced）、桥梁（Gap-bridged）和使用（Users/Helps）这三个要素。在其后续研究中，加入了"动词论（Verbings）"以及"语境（Context）"两个部分，如图 4.5.2。

当人在前进过程中遇到鸿沟（Ggap）时，解决问题的过程分为几步：①确定"鸿沟"并且将其"概念"化；②找出解决问题的方法；③跨越鸿沟。情境→鸿沟→帮助→使用构成意义建构模型。王馨提出非主题知识是跨学科团队实现知识创造的基础，非主题知识是创

---

① Dervin B. Dervin's Sense-Making Theory [M]//Information Seeking Behavior and Technology Adoption：Theories and Trends. Hershey, PA：Information Science Reference，2015.

新主体的共同基础,它更有利于揭示不同学术背景的成员的知识创造模式。陈向东也考虑了隐喻和类推在跨学科信息搜索中的使用。基于此,纳入非学术情景的信息视域和交叉学科情景的信息视域因素,来描述研究者借助非主题知识、生活经验等非学术情景的信息视域中的信息源,或交叉学科信息视域中的信息源来进行类比和发散思考,找到学科间信息视域的桥梁。

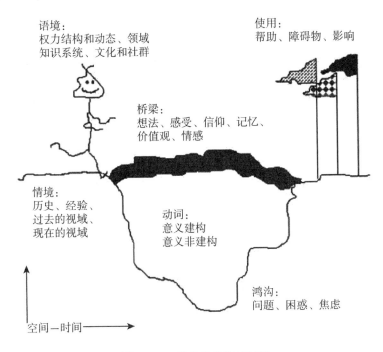

图 4.5.2 信息意义构建过程

(2)边界及边界对象。

许多组织和社会科学文献都利用边界对象的概念来解释对象在跨学科合作中的作用,强调了对象支持跨学科合作的能力,包括解决问题的合作。其中 Carlile 的论述较为完整①,他认为,解决问题

---

① Carlile R P. A Pragmatic View of Knowledge and Boundaries: Boundary Objects in New Product Development[J]. Organization Science, 2002(13): 442-455.

的协作通常与在组织内部或跨组织内部创建新知识的需要有关。这种需求的出现是因为典型的环境变化，需要新的组织反应（例如，开发一个新的产品、服务或流程）。在这种情况下，拥有特定领域的知识和实践经验的专家，为了参与一个协作解决问题的工作而组成不同的专家组。小组成员的知识和实践的专业化形成了与小组成员所拥有的观点和知识的观点和类型的差异相关的边界，以及对他们各自执行的特定任务产生重要影响的依赖关系。这些界限在小组成员的互动中最为明显，这使得协作解决问题或新知识创造成为一项复杂而具有挑战性的任务。主要有三种知识边界：语法边界、语义边界和语用边界，它们导致创造新知识的复杂性和难度越来越大①。

语法边界。在句法边界中，困难是由于群体成员由于其专业知识、角色和组织关系而使用的符号、标签和术语的分歧而造成的。这里的小组成员面临的挑战是如何相互表达和交流他们的知识。如果组成员建立并使用了一种通用的语法或共享语言，那么跨越边界的通信是相当简单的。

语义边界。当群体成员在知识的数量和专业化上的差异，以及在完成任务解决问题时对对方知识的依赖显得不明确或模糊时，就会面临语义边界。这些解释上的差异限制了群体成员之间的有效沟通和知识共享，因此需要发展共享的意义，以跨越边界传递知识。

语用边界。发展共同意义的过程很可能揭示群体成员的利益和动机的后果，如果不利，将产生潜在的冲突。在这种情况下，面临着一个实用主义的边界。当群体成员有不同的兴趣和激励时，在一个领域发展的知识可能会对另一个领域产生负面影响，因此会遭到抵制。在这种情况下，为处理语义边界上的差异和依赖关系而开发的共享解释将不足以产生解决问题所需的协作水平。因此，这是在社会和政治上最复杂的边界类型，因为群体成员需要协商意义，并愿意从他们自己的专业领域改变知识和兴趣。这里的关键挑战是改

---

① Franco L A. Rethinking Soft OR Interventions: Models as Boundary Objects[J]. European Journal of Operational Research, 2013, 231(3): 720-733.

变"危险"的知识,并由此创造新的知识。

有大量的文献研究了不同类型的边界对象在解决问题时如何帮助跨越语法、语义和语用边界。边界对象是一种可共享的、有形的人工制品,小组成员可以围绕它就关注的问题进行交互,对象可以是草图和图纸、原型、策略工具等。当在组织内部和组织之间工作时,个人和团体根据需要选择不同边界对象。例如,一个原型可以使专业知识有形,并为在不同专业团体、部门、部门或组织的代表之间讨论设计问题提供机会。

根据 Carlile 的研究,为了在解决问题的协作中有用,边界对象必须为小组成员提供以下机会:①通过提供共同的沟通语法来表示和转移他们的知识;②通过规范知识差异和学习来翻译知识;③利用、改变或协商其上下文,以便他们能够应用和转换他们所知道的知识。换句话说,一个有用的对象是一个帮助组成员有效地处理上面讨论的语法和语义边界的对象。

因为建模有助于改变该情境的不同元素之间的背景和关系。可以构建模型来作为帮助跨越边界的对象,如表 4.5.1 所示。

表 4.5.1　基于句法、语义和语用边界的 Carlile 边界的模型角色和效果①②

边界类型	模型角色	模型效果
语法边界: 差异和依赖关系相对已知或清楚	在相关人员间转移或者交流观点或者知识	开发了一种足以指定差异和依赖关系的共享语言,并生成了一种关于这个问题的前进方法

---

①　Carlile R P. A Pragmatic View of Knowledge and Boundaries:Boundary Objects in New Product Development[J]. Organization Science, 2002(13):442-455.

②　Carlile R P. Transferring, Translating, and Transforming:An Integrative Framework for Managing Knowledge across Boundaries[J]. Organization Science, 2004(15):555-568.

续表

边界类型	模型角色	模型效果
语义边界： 不清楚的差异和依赖关系	在相关人员之间翻译观点和知识	共享的意义足以指定和学习差异和依赖关系，并生成一种关于问题的前进方法
语用边界： 既得利益存在冲突	在相关人员间转换观点和兴趣	共同的利益足以解决差异和依赖关系的预期影响，并产生关于这个问题的新知识和前进的道路

（3）时间作为信息寻求和信息行为的一个重要的情境因素。

时间是信息寻求和信息行为的一个重要的情境因素。Savolainen（2006）在他对日常生活信息寻求的回顾中，认为时间是信息寻求背景的一个主要因素。他描述了在信息寻求文献中处理时间的三种主要方法："①时间作为信息寻求背景的一个基本属性。②时间作为获取信息的限制。③时间作为信息寻求过程的指标。"许多信息寻求模型包括一个时间成分，可能代表特定时刻的信息需求和行为或显示它们随时间的演变；信息寻求过程被建模为事件或阶段随着时间按线性、迭代或循环的序列发生；信息寻求者的情景模型可能隐含地包括时间或有一个明确的时间元素①。

Savolainen（2007）在他对时间作为影响信息实践的情景因素的全面回顾中，介绍了在信息研究中克服信息获取的时空障碍的努力。研究中的时间概念指的是搜索的持续时间、信息源使用的频率/规律性，以及状态变化的判断②。索纳沃德的"信息视域"容纳了各种社会文化背景（1999）。在这个框架中，搜索查询是动态的，并且可以随着时间的推移，根据遇到的信息以及认知、情感和情境

---

① Savolainen R. Time as A Context of Information Seeking［J］. Library & Information Science Research，2006，28（1）：110-127.

② Savolainen R. Information Behavior and Information Practice：Reviewing the 'Umbrella Concepts' of Information-seeking Studies［J］. Library Quarterly，2007，77（2）：109-132.

因素进行改进。

Savolainen 信息源视域模型关注用户对信息源的解释、评估的优先排序。认知效应和情境效应都会影响用户对信息源的含义,以及对项目源有用性的评估。人们可以将这种现象设想为一个单独的判断,包括来自多个领域的假设、信念、约束、期望、原则和规则,包括文化、物理环境、认知能力、资源约束和影响等。在每一个时刻(当对一个信息项目的评估受到来自个人的时间取向的解释的时刻),都存在一种意想不到的解释的可能性,这种解释可能表现为令人惊讶的活动,在这种活动中,个体决策在本质上是自组织的。

(4)夏佩尔(Shapere)的信息域理论。

"信息域"(Domain of Information 或 BodyofInformation)是夏佩尔科学哲学理论体系中的核心①。夏佩尔指出:科学发现的基础之所以是信息域,许多科学发现是根据信息域中的理论提出来的。构成信息域的各个信息项主要是指对象、过程、活动方式等事实,同时也包括信息、理论等。他肯定信息域对问题、知识的解释作用以及推理作用,认为科学的发展越来越倾向于只需依赖于有关信息域来描述科学研究的对象和有关背景,从而形成问题,判定解决这些问题的能力,决定可能的答案范围,确定可接受的标准。同时,夏佩尔用"理由推理链论"解决不可通约性问题,实现对相对主义的超越。夏佩尔认为,所谓不可通约性问题就是关于科学连续与不连续的争端。"理由推理链论"的基本内容是:背景信息是科学发展的理由;作为科学发展理由的背景信息的被确认、修改也是有理由的,理由之后还有理由;可以一直向前追溯,看到科学理由的长链,它们环环相联,历史地构成了科学的发展、变化,包括科学的连续和进步,科学历史便是在这种以理由为基础的逻辑推理中形成和发展的,这就是科学历史的理由推理链。

"信息域"理论阐释了背景信息对"信息域"形成的影响以及"信

---

① Shapere D. Reason and the Search for Knowledge [M]. Dordrecht, Holland: D. Reidel Publishing Company, 1984.

息域"对问题及知识的解释作用及知识推理作用。因此，对于跨学科的知识的理解需要借助其嵌入的情境，即"信息域"。

4.5.5　跨学科研究者在"人—机"协同中的信息行为初探

根据本书第一章 1.2.2.2 提出的基于信息视域的跨学科协同信息行为影响因素概念模型，给出"人—机"协同模式下信息行为的概念模型，如图 4.5.3 所示。

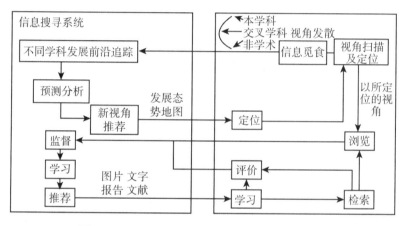

图 4.5.4　"人—机"模式下的协同信息行为表现

（1）跨学科研究者（人方）的信息行为表现为。明确需要探索哪些关键问题，然后通过反复循环，创建丰富的信息视域来促进和加强与这些问题相关的知识获取。继而垂直沉浸式信息浏览、检索、学习，不断优化塑造个人信息视域，改变认知，转变思维模式，从而跨越学科语法、语义及语用边界。

①不同角度、粗粒度地进行探测式信息扫描和过滤，定位问题的前沿态势和进展。信息搜索本身不可避免地要求搜索者描述他或她想要的信息，并将这些描述与自己可用信息及渠道相匹配加以选择。因此，当跨学科信息搜寻者向系统提出所要寻求的信息时所做的陈述是有意的、主观的，语言的使用涉及他的视角和情境。因此，在研究初期，跨学科研究者应根据问题边界和自身学科边界来

感知判断信息搜寻的范围。尽可能充分地调动自身的知识储备重塑自己的信息视域，从多角度描述自己的需求，寻找与问题相关联的线索，选择搜索策略，以发现与同一问题相关的较广泛的相关研究文献。

②在所定位的信息源搜寻跨学科信息及其嵌入的情境。接收到从计算机系统反馈回来的不同角度的相关文献后，用户要在所定位的信息源中继续通过"浏览"和"检索"寻找到边界对象帮助语义建构，从而理解这些情景是如何在文献中形成话语的。例如以感兴趣文献的作者的信息视域或合著作者组合形成的群体信息视域，或借助其他学科或交叉学科的信息视域边界内的信息源和渠道，作为边界对象，找到与感兴趣问题的多种关联，以此帮助从多角度翻译、解释不同学科的研究成果所用概念和推理逻辑。这一阶段的活动体现个人信息视域不断进化和深化。

③研究视角的迁移。信息搜寻者与系统提供的其他学科文献交流越多，与文献作者的信息视域重叠就越多，这也可能加强与弱节点的连接。实现研究视角的迁移。在多次重复第一、第二阶段信息搜寻的基础上，在理解针对同一问题的多种学科的研究成果基础上，实现研究视角的迁移。这一阶段的活动体现了个人信息理解能力有限，需要深度沟通。

可见，跨学科研究者的信息行为特点类似于崎岖景观中的发现者，以从不同角度发现研究资源为目的，具有边界意识、边界学习和边界跨越的特点，具体表现为通过反复、多角度的探测、翻译和博弈来进行定位、学习和转换方向，通过个人层级的探索式搜寻和学习，促使信息视域向边界外进化，如图4.5.4所示。

（2）信息搜寻系统（机方）所具有的行为（功能）。"人—机"协同模式中，信息搜寻系统的功能需要"以人为中心"，通过对跨学科信息搜寻者所选择的搜索策略、搜索结构以及语言的学习来"理解"用户的行为，为用户提供同一问题多角度的文献和提供不同视角的翻译，预测不同角度的学科前沿，并以可视化的方式反馈用户，以激发用户的直观感受。

297

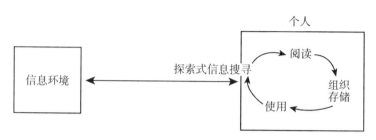

图 4.5.4　"人—机"协同中的个人层级的学习

①在人机交互初期，系统需要提供打破用户个人信息视域壁垒、扩大边界的推荐功能。包括不同学科发展前沿追踪、新视角预测分析及推荐功能。当系统接收到用户提供的需求信息时，需要利用文献背后作者的信息视域所包含的要素作为关联数据，建立起分散分布的文献与统一问题的联系。这些功能对应于跨学科研究者的视角扫描和定位需求。由于相对于跨学科成果分布环境景观的崎岖特点，个人的信息视域极其有限，信息过载的负担和可能的失败阻碍了跨学科研究。为应对信息环境挑战，需要为跨学科研究者设计以塑造跨学科信息视域为中心的，"人—机"互动信息搜寻系统，提供可视化的多种学科发展前沿态势，前沿发展趋势预测，推荐新的研究视角，通过与研究者反复的多角度的探索、学习的互动，来帮助研究者塑造多学科综合信息视域。通过这种粗粒度的信息透视，把不感兴趣的角度及其细节信息过滤掉了，减轻了信息过载的负担，得到全面的和新的思路。

②监督、学习、推荐。这一阶段主要帮助研究者在定位新的研究视角后进一步寻找新信息源、渠道、信息或合作者。利用机器学习等人工智能算法，学习跨学科研究者的浏览、检索和评价行为，推荐例如有跨学科研究专长的专家，提供复杂问题的多角度的专家信息视域的信息源及相关研究成果，建立元数据提供多学科的术语词典，提供报告，会议论文、专家讨论等灰色资源，提供触发信息偶遇的可视化界面。

4.5.6 启示

借助问题景观的隐喻和边界对象等理论，深化了对跨学科科研障碍及原因的理解。在"人—机"协同中，信息搜寻系统的"以人为中心"，"多视角扫描、预测、推荐、翻译"功能以及"学习"功能，个人的"主动多视角信息搜寻"和"学习"行为是这一协同模式的主要影响因素。其中"用户信息视域"是人机交互的中介，具有可动态塑造的弹性，在"人—机"互动中被塑造。一方面，在跨学科信息搜寻中用户积极重塑信息视域，打破了自身学科壁垒和习惯，为用户向计算机系统提供多视角的信息需求表达提供了基础。同时信息视域作为理解信息内容意义的语境，使得用户翻译、解释和使用跨学科信息内容的深度得以加深和视角方向得以增加，跨学科的信息内容、信息源和渠道使得用户获取信息内容的边界扩大，信息视域的这些变化表明个人隐性知识得到增强；另一方面，用户主动选择的信息搜寻路径为信息系统学习，获得用户信息视域提供了线索，为从多角度建立起与用户感兴趣的问题相关联的文献提供了线索。

4.6 跨学科研究者在"主—从"协同中的信息行为初探

——以导师—跨学科研究生为例

如今是知识经济快速增长的大科学时代，不同学科之间的交叉与融合变成知识创新与研究发展的重要推力。在重大的社会问题上，如突发公共卫生事件、自然灾害，以及国家的一些重大发展项目，如智慧医疗、智慧城市、航空航天等项目，某一个学科或者组织的知识资源不足以支持社会问题解决和重大项目的知识能力需求，跨学科的研究与协作越来越被需要。在政策文件《关于高等学校加快"双一流"建设的指导意见》中明确，高校要注重学科体系的构建与协调，打破学科壁垒，促进不同学科之间的交叉融合，从而提高知识创新①。在社会背景、现实需求、政策指导的作用下，跨学科研究团队成为当今社会实现科技、知识创新的重要组织形式之一②，越来越多的研究关注于不同学科的交叉与融合以及对研究者跨学科研究能力的提升。跨科学研究离不开团队成员的协同信息行为。在早期研究中，协同被认为是信息搜寻过程的一环，并未区分协同信息搜寻和协同信息行为的区别③。但随着研究的深入协同信息行为与个人信息行为被严格区分④。对于跨学科协同行为模式的研究仍在不断发展、深入和完善。本书将基于已有研究，选择研究者"主—从"跨学科协同信息行为模式这一切入点进行探究。

4.6.1 相关理论

4.6.1.1 意义构建与社会文化学习理论

意义建构理论始于 20 世纪 70 年代，由 Brenda Dervin 及其团队提出。意义构建的基本假设认为，信息具有间断性、人的判断会受到个人主观的影响并且在不同情境中，人对信息的选择与利用会发生变化。⑤

意义建构理论常常运用于实证研究，其中影响最为显著的是意义建构理论与传统访谈法相结合形成的微刻时序访谈法（Micro-Moment Time-Line）。不同于传统访谈方法，该方法强调采访人员

---

① 关于高等学校加快"双一流"建设的指导意见［EB/OL］.［2020-05-27］. http：//www. moe. gov. cn/srcsite/A22/moe _843/201808/t20180823 _345987. html.

② 邢飞，彭国超，贾怡晨，左斯敏. 跨学科团队知识整合影响因素研究——以智能制造项目为例［J］. 现代情报，2020，40（5）：41-50.

③ 张云开，马捷. 跨学科视角下的协同信息行为研究：合作、平衡与博弈［J］. 情报资料工作，2020，41（1）：32-38.

④ Foster J. Collaborative Information Seeking and Retrieval［J］. Annual Review of Information Science &Technology，2006，40（1）：329-356.

⑤ Dervin B B. An Overview of Sense-making Research：Concepts Methods and Results to Date［EB/OL］.［2021-04-27］. http：//faculty. washington. edu/wpratt/MEBI598/Methods/An%20Overview%20of%20Sense-Making%20Research%201983a. htm.

必须围绕意义建构理论三要素的"情境""鸿沟"与"帮助"完成对被采访者整个意义建构过程的访谈与分析。该方法结合中立型提问则可以收集到更为详实的数据①。

目前意义建构理论已经相对成熟，并且也运用到了不同领域的研究中。Dervin 团队就使用微刻时序访谈法对各个不同领域专业人员的信息寻求经验，借助意义构建模型进行了研究。他们使用意义构建理论对媒体中具有不同信息需求的两种情境下的受众进行了研究，对他们的信息需求进行了比较，发现读者与媒体沟通之间的鸿沟②。在国内，目前也有很多研究人员将意义建构理论运用到了多种信息行为的分析中。田梅等将意义建构理论用于研究移动互联网的信息偶遇过程③。车晨采用微刻时序访谈法和中立性提问对应届毕业生的求职的信息情境进行研究，依据扎根理论对访谈数据进行分析，围绕分析结果探讨应届毕业生求职信息搜索行为④。

"最近发展区"理论是维果茨基社会文化的学习理论的一个重要组成部分⑤。他认为认知发展的潜力受限于"最近发展区"（ZPD）。最近发展区就是学习者个体在能力更高的同伴、成人或工具的帮助下可以达到的行为区域。"最近发展区"体现了教学与发展之间的内在联系，强调教学必须致力于学生潜力的开发；由"最近发展区"概念引出了生动的学习与教学的隐喻，"专家—新手"是

---

① 车晨，成颖，柯青. 意义建构理论研究综述［J］. 情报科学，2016，34（6）：155-162.

② Spirek M M，Dervin B，Nilan M S，et al. Bridging Gaps between Audience and Media：A Sense-making Comparison of Reader Information Needs in Life-facing Versus Newspaper Reading Contexts［J/OL］. The Electronic Journal of Communication ［2021-05-07］. https：//cios. org/EJCPUBLIC/009/2/009219. html.

③ 田梅，朱学芳，张军亮. 意义建构视角下移动互联网信息偶遇过程研究［J］. 图书情报工作，2018（16）.

④ 车晨. 应届毕业生求职信息搜寻行为研究——意义建构理论的视角［D］. 南京：南京大学，2015.

⑤ Vygotsky L S. Mind in Society：The Development of Higher Psychological Processe［M］. Cambridge，Massachusetts：Harvard University Press，1978：86.

一个定向学习过程中一对个体的隐喻，"搭建脚手架"是专家用来根据学习实践中来自新手的反馈而有目的地发展新手技能的动态过程，"最近发展区"是在专家与新手的互动中建构起来的，它用来维持通过"搭建脚手架"而形成的"他制"和"自制"行为之间的和谐。

4.6.1.2 协同信息行为

协同信息行为相关的定义，最早产生于协同信息搜索行为的研究，而协同信息行为的定义也随着研究的深入而不断完善。在现在大多数协同信息行为的研究中，协同行为本身并不是研究的重点。Foster 将协同信息行为定义为使个人能够在寻找、搜索和检索信息的过程中进行协作的系统与实践①。协同行为并不仅仅发生在信息搜寻过程中，而广泛存在于整个信息行为过程中。目前关于协同信息行为的研究主要分为两类，一类是传统的对协同信息搜索行为进行研究。Mouda 等研究了协同信息行为中的角色②。Remigiusz Sapa 对协同信息行为研究领域的学科结构进行了分析③。Tamine 和 Soulier 研究了协同信息检索中的分工策略，探讨了不同的因素，会对协同信息检索的角色产生何种影响。④ 在国内，夏贝贝对项目团队协同信息搜索机制及影响因素进行了研究，分析了在团队中不同角色的成员的贡献度以及任务认知和合作态度对协同信息搜索行

---

① Foster J. Collaborative Information Seeking and Retrieval [J]. Annual Review of Information Science & Technology，2006，40(1)：329-356.

② Ye Edwin Mouda，Du J T，Hansen P，et al. Understanding Roles in Collaborative Information Behaviour：A Case of Chinese Group Travelling [J]. Information Processing & Management，2021，58(4)：1-16.

③ Remigiusz Sapa. Subject Structure of the Research Area on Collaborative Information Behaviour [J]. Journal of Information Management，2020，72(5)：813-835.

④ Lynda Tamine，Laure Soulier. Understanding the Impact of the Role Factor in Collaborative Information Retrieval [EJ/OL]. [2021-04-27]. https：//dl. acm. org/doi/pdf/10. 1145/2806416. 2806481.

为的影响①。邱瑾等在 Coagmento 系统上进行用户协同信息检索实验及结果分析。实验结果显示，协同能力和任务类型均对用户的协同信息检索行为产生影响②。付婷特别探讨了在虚拟社群环境中，用户的隐性协同信息检索行为所受到的诸多影响。指出了协同能力和任务类型产生的结果上的差异③。

4.6.1.3 非对等跨学科模式

非对等跨学科协同模式是协同信息行为模式中的一种。背景决定的关系与对等结构和不对等的上下结构密切相关，例如 IT 支持下的网络组织和传统金字塔组织中的上下级关系。从本质上讲，不对等意味着双方的关系是不对称的。这是组织网络的一个重要属性，因为组织成员之间存在着许多差异，特别是在地位和沟通的方向方面。权力/依赖关系是一类特别重要的不对称关系。在围绕癌症研究开展的跨学科行动计划中，从重大项目团队到大项目的衍生项目团队之间的不对称，代君和叶艳发现了"主—从"式跨学科协同模式，指具有相异知识结构的学术研究者，为了解决遇到的跨学科问题联合起来进行信息搜寻、信息共享和问题解决的协作方式④，这是由项目需要建立的临时的关系。在高校科研团队中，导师—学生是最常见的时间有限的正式关系，导师—跨学科研究生之间的协同模式便是非对等跨学科协同模式的一种。

目前，意义建构已被运用于各种信息情境的实证研究。但并未有学者使用意义建构理论对具体的非对等跨学科科研协同的信息行为进行研究。而且，前人对于跨学科协同信息行为的研究都是从大的方面着手，而鲜聚焦于非对等跨学科科研协同这一特定的跨学科

---

① 夏贝贝. 项目团队协同信息搜索行为机制及影响因素研究[D]. 南京：南京理工大学，2017.

② 邱瑾，吴丹. 用户协同信息检索行为与系统评价研究——以任务类型和协同能力为视角[J]. 数据分析与知识发现，2012(9)：62-68.

③ 邱瑾，吴丹. 用户协同信息检索行为与系统评价研究——以任务类型和协同能力为视角[J]. 数据分析与知识发现，2012(9)：62-68.

④ 叶艳，代君. 跨学科协同信息行为模式及特征研究[J]. 图书馆学研究，2017(4)：68-73.

协同信息行为。因此，本书将基于意义建构理论对导师—跨学科研究生团体中存在的协同信息行为进行研究。

4.6.2　数据收集与分析

本书基于意义建构理论对导师—跨学科研究生协同信息行为进行研究。首先运用意义建构的理论编写访谈大纲，选择符合条件的受访者进行访谈。对得到的数据运用扎根理论进行数据处理，从而构建出理论模型，并在此基础上对导师—跨学科研究生协同信息行为特征进行分析，研究框架如图 4.6.1 所示。

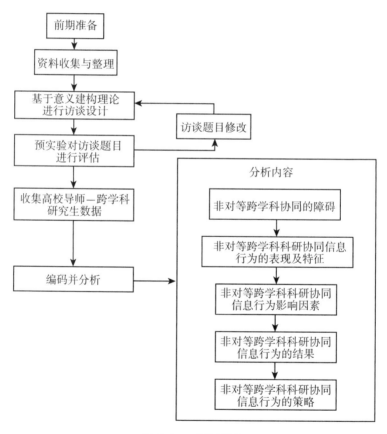

图 4.6.1　研究框架

4.6.2.1 研究问题

本研究是为了探究导师—跨学科研究生协同模式中信息行为的特征，为此，实验对象应该同时具有"主—从"以及"跨学科"两个特性，并探索其在研究过程中的行为模式。因此，在本书中选择高校导师和跨学科研究生，并对其在学术研究中的行为模式进行研究。本书将具体研究情境设定为导师指导跨学科研究生进行学位论文的写作，结合意义构建理论，本书将研究问题具化为以下四个：

(1)跨学科研究生在导师指导下进行论文写作的过程中，会遇到什么样的情境和挑战？

(2)是否存在鸿沟影响跨学科研究生的论文写作？

(3)跨学科研究生和导师是如何克服这些障碍的？

(4)跨学科研究生对在导师指导下完成论文写作的过程是否满意？

4.6.2.2 数据收集

基于意义建构的实证研究主要分三步：问题框架设计、访谈大纲设计以及访谈。

(1)问题框架设计。

为了更好地引导受访者进入意义建构的情境中，将学术情境设置为论文撰写的三个阶段，即论文选题阶段、研究阶段以及预答辩之后的修改阶段。问题框架设计借助 Dervin 对意义建构理论中各部分问题的探索，具体研究框架见表4.6.1。

表 4.6.1　问题框架设计

鸿沟	桥梁	使用/帮助
你需要什么样的信息？	你查询了什么样的信息源？	你怎么知道你获得的信息满足你的需求？
你遇到了什么样的困难？	你获得了什么帮助？	你获得的信息是如何满足你的需求的？
你尝试学习了解什么？	你获得了什么样的信息？	你有什么样的感受以及体验？

（2）访谈大纲设计。

将 Dervin 的提问方法与研究的实际问题相结合，最后完成的实际访谈大纲如表 4.6.2 所示。

表 4.6.2　访谈大纲设计

	问　　题
情境	①你是如何在导师的指导下进行学术论文写作的，可否描述一下过程？ ②在论文正式写作之前，你是如何确定你的选题的？ ③在论文写作过程中，导师参与了哪些工作？自己承担了哪些工作？ ④在预答辩后的修改阶段，你在导师的指导下进行了什么工作？
鸿沟	⑤在这个具体阶段，你遇到过哪些阻碍？你遇到的最大的阻碍是什么？ ⑥为什么会存在这些阻碍？
桥梁	⑦这些阻碍是如何得到解决的？ ⑧你寻找了怎样的信息资源？ ⑨你寻找了哪些帮助？导师为你提供了什么帮助？
结果	⑩你认为在导师的指导下完成学位论文有帮助吗？ ⑪在完成整个论文过程中，你有什么样的提升与感受？

（3）访谈结果。

访谈采取半结构化访谈的形式，在招募到满足条件的访谈对象之后，按照事先草拟好的访谈提纲对对象进行提问。为避免受采访者的主观影响，采取中立型提问的形式，并在访谈过程中多从受访者的角度考虑问题，从而获得尽可能真实而全面的回答。同时在访谈时不拘泥于大纲的具体问题顺序，从情境出发，一步步询问受访者遇到的阻碍与解决办法，但每次访谈至少涉及"情境""鸿沟"与"桥梁"中的至少两个元素。

本次研究对象为高校跨学科研究生，由于受时间以及获取成本影响，最终选择为武汉大学跨专业研究生。选择的实验对象在本科阶段和在研究生阶段的专业并不相同，完成研究生学位论文时其导师与其研究生所修领域相同，这样就构成了导师—跨学科研究生的研究条件。在已有的意义建构理论的实证研究中，研究对象样本的选择的平均值为1~20。本次访谈本研究采用招募的方式，受实验客观条件影响，最终招募到跨学科研究生15位（具体情况如表4.6.3所示），共收集到15份访谈数据。

表4.6.3　受访者基本信息表

编号	性别	本科专业	研究生专业	是否完成学位论文写作
1	男	信息管理与信息系统	计算机科学与技术	是
2	男	信息管理与信息系统	金融	是
3	男	信息管理与信息系统	金融	是
4	女	会计学	情报学	是
5	女	会计学	情报学	是
6	男	新能源材料与器件	情报学	是
7	女	会计学	情报学	是
8	女	会计学	情报学	是
9	女	会计学	情报学	是
10	女	会计学	情报学	是
11	女	光电信息	情报学	是
12	女	会计学	情报学	是
13	男	会计学	情报学	是
14	女	行政管理	情报学	是
15	男	电子信息工程	情报学	是

4.6.2.3　数据分析

本书利用扎根理论方法对访谈数据进行分析，进而建立导师—跨学科研究生协同信息行为的理论框架。扎根理论是从情报资料基础之上开展分析归纳并建立理论的质性研究方法，扎根理论方法适用于理论尚存空白的领域，在研究的最开始，不会事先进行理论假说，而是通过从原始资料中归纳出经验概括，最后概括获得理论。扎根理论方法首先进行分析资料的收集，其次，对文本资料进行分析不断寻找归纳得到反映研究问题的核心概念，然后通过分析概念与概念之间的联系，从下至上建立起相关理论，具体过程见图 4.6.2。

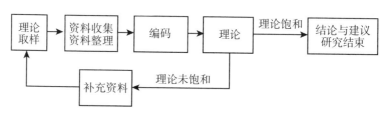

图 4.6.2　扎根理论研究流程

（1）开放式编码。

开放式编码是扎根理论三层编码的第一层编码，通过对文字资料逐字逐句的分析，用相关概念进行概括，再将概念之间进行比较，提取出更加概括性的范畴。部分概念抽取结果如表 4.6.4 所示。

表 4.6.4　部分概念抽取示例

概念	原文语句
与导师沟通问题，数据真实性	我们也会定期和导师交流自己看的一些论文以及找到的信息。导师会指导我们思考这方面的数据是否能够反映我们所要研究的方向。再就是，我们导师十分追求严谨，所以总是会强调数据来源的可靠性。
实验进程追踪，实验效果检验	在每周的组会上会看一下我的实验效果相较于上一周有什么样的提升，我使用的模型相较于其他人的一些模型，有什么样的创新。老师主要强调实验模型的结果。

续表

概念	原文语句
论文逻辑、论文格式、修改论文	预答辩后修改时就没有遇到大的问题了，主要是论文结构、图表这样的问题。

提取范畴和开放式编码结果如表 4.6.5 所示。

表 4.6.5　开放式编码结果

范畴	概念
学习资料	网站、慕课、文献、论坛
导师指导	导师提供选题、方向指引、对问题给予反馈
导师监督	实验进程追踪，实验效果检验
论文质量	问卷合理性、数据量、数据真实性、方法设计、选题新颖性、论文格式、论文逻辑
网络搜索	CSDN、知乎、中国知网、WOS
寻求帮助	与导师沟通问题、寻找同学们的帮助
信息使用	进行实验、模型选择、读论文、撰写论文、修改论文
学科深入	领域热点研究

（2）主轴式编码。

主轴式编码是扎根理论程序化方法三层编码的第二步，即对上一步获得的开放式编码结果的进一步加工，分析和发现并建立起各个范畴之间的关系。对范畴进行归纳分析，得到了主轴式编码结果。主轴式编码结果如表 4.6.6 所示。

表 4.6.6　主轴式编码结果

主范畴	范畴
学习	学习资料
信息搜寻	网络搜索、寻求帮助

主范畴	范畴
信息使用	信息使用
信息视域分享	导师指导
评价	论文质量
隐喻实体化(类比)	学科深入
监督	导师监督

(3)选择性编码。

扎根理论最后的阶段是选择性编码，在主轴式编码产生的主范畴的基础上进一步提炼核心范畴，并发现彼此联系。笔者根据主方视角和从方视角，提取核心范畴如表 4.6.7 所示。

表 4.6.7　选择性编码结果

核心范畴	主范畴
主方行为	信息视域分享
	评价
	隐喻实体化(类比)
	监督
从方行为	学习
	信息搜寻
	信息使用

(4)理论饱和度检验。

在扎根理论方法三层编码完成之后，需要进行理论饱和度的检验。利用额外的样本数据检验是否有除已存在的范畴之外的其他范畴出现。如果没有新的范畴出现，则可以停止采样。本研究共收集了 15 份访谈结果，其中 12 份访谈结果用于完成三级编码，将剩余 3 份访谈结果用于理论饱和度检验。通过对这 3 份访谈数据的编码分析，产生的概念均存在于已有的概念范畴内，并未出现已有范畴之外的新的范畴，可以停止采样。理论饱和度检验的结果表明现有的理论模型饱和完整。

（5）模型建立。

基于以上编码结果，构建导师—跨学科研究生协同信息行为模型如图 4.6.3 所示。

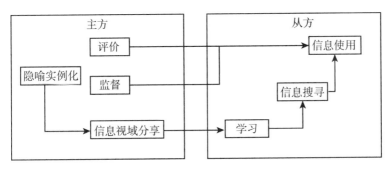

图 4.6.3 导师—跨学科研究生协同信息行为模型

4.6.3 导师—跨学科研究生协同信息行为分析和讨论

4.6.3.1 导师—跨学科研究生协同信息行为表现

（1）主方行为。

主方行为中存在四个范畴：①隐喻实例化；②信息视域分享；③监督；④评价。隐喻实例化是指主方将所在学科领域的知识经验通过实例进行表达，从而实现知识经验呈现以及沟通交流。信息视域可以理解为当存在信息搜寻问题时所展现的信息资源搜寻的范围。信息视域的分享可以理解为主方由于对学科或者研究问题的了解而优于从方，从而对关于信息资源、信息检索工具、数据文档等的了解更多。同时，从方也需要信息视域的分享开展进一步的研究工作。监督是指主方会追踪了解从方信息使用结果，时刻把握学生学位论文写作的整体进程。评价是指主方会对从方对信息进行使用的结果进行评价和指导。

（2）从方行为。

从方行为中存在三个范畴：①学习；②信息搜寻；③信息使用。学习存在于主方的信息视域分享之后，由于拓宽了信息视域，从方可以快速精准掌握解决问题所需的信息资源、信息检索方法等，但由于存在跨学科的阻碍，从方在接触新的信息视域之后，需要对其进行学习和消化。信息搜寻，在对学科或问题有一定的了解和方法掌握后，从方会对问题解决所需的知识和方法进行信息搜寻，例如进行信息检索或者与人交流沟通等。信息使用是指对信息搜寻得到的信息进行使用，去解决问题。

（3）导师—跨学科研究生协同信息行为总结。

在导师—跨学科研究生协同信息行为模型中，从结果中可以看出主方结合自身经验、认知对问题进行理解，并对隐喻进行实例化表达，同时进行信息视域的分享。从方在接受主方的信息视域分享后，对相关概念和问题进行学习，在解决问题的过程中，会进行信息搜寻，获得所需信息后对信息进行使用，信息使用的过程会受到主方的监督，信息使用的结果会受到主方的评价。

在导师—跨学科研究生团体中，导师与跨学科研究生具有不同的信息视域大小，以及不同的学科知识背景。主方通过跨边界的搜索，进行隐喻的实例化，将隐性知识转化为显性知识，同时从方通过学习实现隐性知识的转化以及认知整合，从而实现跨学科的学习。

在访谈中发现，导师—跨学科研究生团体在研究初期以主方的引导为主，主方行为存在的四个范畴中，隐喻实例化和信息视域分享多发生在论文选题阶段和论文写作的初期阶段，在这个阶段中，从方的信息视域狭窄，而主方信息视域更加开阔，通过分享，两者的信息视域向相同的方向扩展，从方在接受分享之后，对导师提供的概念、研究途径、信息资源获取方法进行内化，以实现跨学科研究。在整个论文写作期间，前期主方处于相对领导地位，在选题确定之后，从方开始更多地发挥个人能动性，主方起到对从方信息使用结果进行评价与监督的辅佐地位。随着写作的进行，主方与从方信息视域会越来越接近。

4.6.3.2 导师—跨学科研究生协同信息行为特征

(1)"主—次"特点。

主方的多学科视角的信息搜寻、意义构建，解释、评价行为和从方的依赖和学习行为显著。在不对等关系中，这些研究者在协同过程中存在着主与次的关系。

主导方需要与本学科外的研究人员建立联系，开展多学科视角的信息搜寻、类比思维、意义构建，丰富自己的跨学科信息视域，并帮助学生重塑信息视域。

信息贫弱方的信息获取主要依赖于主导方，例如去哪里找跨学科文献？如何理解跨学科研究成果等，跨学科研究中从属方的学习行为所占比重和时间尤为突出，理解跨学科文献存在困难。例如选题阶段，导师的知识占有比较学生有明显的优势，跨学科研究生更倾向于文献类信息源以及与导师的面对面交流。在这个阶段，研究团体的主要目的是对研究生进行信息视域的拓宽以及学生努力钻研学科的深入。研究生往往会查找更加具有权威性的文献类资源。通过对相关文献的阅读学习消化，搭建出相关研究方向的理论框架与背景，同时与导师进行深入交流，分享领域内的研究热点，以明确研究的方向。在预答辩后的修改阶段，跨学科研究生更倾向于获取人际类的信息源。在这个阶段，论文研究工作基本完成，这个时候，导师等对论文的评价就显得格外重要。研究生往往会更加听从于导师等对论文提出的修改意见，在论文结构以及细节上对论文进行调整。

(2)互惠特点。

在不对等双方互动发展到一定阶段，信息提供的主次关系可能逐渐变得平等化，前期阶段导师是学生信息视域中最主要信息源，在教会学生理解问题收集文献数据之后，学生通过学习，信息视域得到扩大，信息视域中与导师共享的部分越来越多，可以与导师针对问题展开讨论，从属方对主导方提供的结果信息或者新的文献等就是一种信息反馈。

(3)包括两种学习模式。

在"主—从"协同模式中，同时存在这两种学习模式。图4.5.4所示的"人—机"学习，体现在主方和从方专注于所遇到的实际问题，采取"发现问题—信息搜寻—学习—深入研究—发现问题"的迭代模式。后一种模式如图4.6.4所示是社会学习，是同层人际互动信息行为。当个体之间存在很大差异，学习是缩小个体间差异的办法，个体之间的评价、推荐起着跨越边界的桥梁和驱动的作用，驱动个人信息搜寻、阅读、信息组织和存储以及使用，自我反省是感知意见差异后的重新思考和作出思想改变的行为，促进隐性知识的增强。信息视域的变化可以用来解释学习后个人内部的变化(个人的隐性知识增强，个体间观点趋于一致，个人的集体意识增强)进一步促进协同信息行为(改变搜索的方向)。

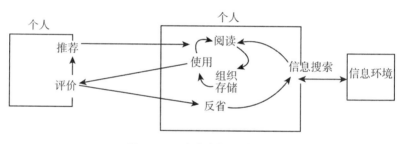

图4.6.4　个人之间互动学习

4.6.4　结语

跨学科研究者在"主—从"协同模式中，"主—从"关系强烈影响从方的信息视域变化，从方主要依赖主方获取信息，具有被动性。只有从方经过较长时间、多轮的"信息搜寻—信息使用—信息评价、推荐"的互动学习后，信息视域边界得到一定的进化，才能转变为主动方，两者信息视域重叠的部分达到一定程度，才使得"主—从"协同变为对等协同关系。可见，"主—从"协同中，主方的"推荐、评价"，从方的"学习，信息搜寻，信息使用"是主要的行为表现并相互影响，"共享信息视域"是这一协同模式的中介，从方信息视域的扩大表明隐性知识得以增强。

4.7　跨学科研究者在对等协同中的信息行为初探

随着科技的发展，科研已不再局限于单个领域的研究，而扩展到不同学科的研究者进行跨学科合作展开研究。跨学科研究指的是突破之前分门别类的研究方式的局限性，不同学科研究者共同参与，从而研究出整合了多个学科数据、方法、工具、概念和理论的研究成果①。与单一学科研究相比，跨学科研究由于成员的专业背景不尽相同，都有各自的信息视域，在研究过程中协同就显得尤为重要。已有学者针对跨学科协同展开研究，并提出了不同的跨学科研究协同模式②。"主—主"式协同是指在跨学科研究中，不同学科的研究者积极参与，没有一方服从另一方，而是平等合作，以保证科研产出的质量。目前，还没有学者就这一模式进行深入的研究。

意义建构是一种定性研究的理论和方法，不同的情境下由于个人的认知差异，会形成某些行为障碍，个体通过自身认知与外部环境的工作作用从而得到解决问题的方法③。Dervin 解释意义建构为"允许个人建构和设计自身时空运动的内部（即认知的）和外部（即程序上的）行为"。以意义建构理论为框架，本书选择武汉大学信息管理学院参与过跨学科科研活动的研究生为研究对象进行访谈，应用扎根理论的方法通过开放式编码、主轴编码、选择性编码，对跨学科研究"主—主"式协同行为模式展开研究，更深入地理解"主—主"式协同模式，给相关研究提供指导依据。

---

① 李晶，章彰，张帅. 跨学科团队信息交流规律研究：以威斯康辛麦迪逊分校为例[J]. 图书情报工作，2019，63（3）：115-122.

② 代君，廖莹驰，郭世新. 不同信息视域环境下的跨学科协同信息行为[J]. 情报科学，2018，36（11）：134-139.

③ 车晨. 应届毕业生求职信息搜寻行为研究——意义建构理论的视角[D]. 南京：南京大学，2015.

4.7.1 文献回顾

4.7.1.1 协同信息行为

用户协同信息行为主要分为协同信息检索、协同内容创作、协同信息质量控制和协同信息交流[①]。①协同信息检索行为：夏贝贝对团队成员协同信息检索行为机制进行研究[②]；邱瑾等研究了不同协同能力，不同任务类型对协同信息检索行为所产生的影响[③]；付婷探讨了用户协同能力及所接受的任务类型这两个因素对用户隐性协同信息检索行为的影响[④]。外国学者 Palmguist 等调查了用户认知类型和使用联机数据库的经验对用户检索行为的影响[⑤]；Jongsawat 等调查了有无团队意识，研究团队认知对工作质量的影响有什么不同[⑥]。②协同内容创作与协同信息质量管理：张鹏翼等以知乎上的话题编辑日志为研究对象，分析了用户知识协作的特点，探索了用户协同知识构建中的冲突行为解决模式[⑦]；詹丽华等从内容创建的动机、用户协作行为、组织管理结构、系统质量控制等多方面对比分析了三种协同内容创建系统[⑧]；邓卫华等以豆瓣网

---

① 邓胜利，付婷. 协同理论在中国图情领域的应用研究述评与展望[J]. 情报理论与实践，2018，41(9)：148-153.

② 夏贝贝. 项目团队协同信息搜索行为机制及影响因素研究[D]. 南京：南京理工大学，2017.

③ 邱瑾，吴丹. 用户协同信息检索行为与系统评价研究——以任务类型和协同能力为视角[J]. 数据分析与知识发现，2012(9)：62-68.

④ 付婷. 用户隐性协同信息检索行为的研究——以协同能力和任务类型为视角[J]. 现代商业，2015(17)：66-67.

⑤ Palmguist R A，Kim K S. Cognitive Style and On-line Databases Search Experience as Predictors of Web Search Performance[J]. Journal of the American Society for Information Science，2000，51(6)：2-9.

⑥ Jongsawat N，Premchaiswadi W. An Empirical Study of Group Awareness Information in Web-based Group Decision Support System in a Field Test Setting[J]. ICT and Knowledge Engineering，2009(7)：1113445.

⑦ 张鹏翼，杨玉宇. 知乎话题结构协同构建中的冲突与协作分析[J]. 图书情报知识，2017(3)：108-117.

⑧ 詹丽华，金燕. 协作内容创建系统的对比分析[J]. 图书馆学研究，2014(21)：38-41.

为例，以虚拟社区用户为研究对象，探讨了知识协同的过程①。③
协同信息交流：孙文媛构建了社交网络协同信息交流过程模型，并
进一步提出了社交网络协同信息交流的优化策略②。赵康探讨了在
协同科研环境中，科研人员的信息交流行为的影响因素③。

4.7.1.2 意义建构与知识建构

意义建构是人类认识和信息行为过程的有机结合④，Dervin 等
的意义建构模型包括"情境""鸿沟""使用"和"桥梁"4 个要素。情
境指的是意义被构建的时空背景；鸿沟可以理解为需要解决的需
求，遇到的障碍；桥梁指的是减小或清除"鸿沟"的手段和方法，
可以理解为资源、想法与答案；使用也可以成为结果，代表着帮助
和影响⑤。Smith 利用意义构建理论，通过访谈法分析了新手妈妈
在信息寻求过程中图书馆员所起到的作用⑥。Spirek 等通过收集读
者日常生活和阅读新闻报道两种情境下的意义建构过程来展开研
究⑦。Shields 根据意义建构对俄亥俄州部分居民进行访谈，了解电

---

① 邓卫华，易明，王伟军. 虚拟社区中基于 Tag 的知识协同机制——基
于豆瓣网社区的案例研究[J]. 管理学报，2012，9(8)：1203-1210.

② 孙文媛. 基于 SECI 模型的社交网络协同信息交流研究[D]. 武汉：华
中师范大学，2018.

③ 赵康. 协同科研环境下我国科研人员的信息交流行为及差异性研
究[J]. 情报资料工作，2016(6)：91-98.

④ Dervin B，Clark K. ASQ：Alternative Tools for Information Need and
Accountability Assessments by Libraries[M]. Secramento：The Peninsula Library
System，1987.

⑤ 田梅，朱学芳，张军亮. 意义建构视角下移动互联网信息偶遇过程
研究[J]. 图书情报工作，2018(16)：72-81.

⑥ Rohit T. Making Sense of User Behavior：A Sense-Making Approach to
E-Commerce System Design[EB/OL].［2020-5-20］. https：//xueshu. baidu. com/
usercenter/paper/show？paperid = d6f69747941582052ee62b057213cda7&site =
xueshu_se.

⑦ Spirek M M，Dervin B，Nilan M S，et al. Bridging Gaps between Audience
and Media：A Sense-making Comparison of Reader Information Needs in Life-facing
Versus Newspaper Reading Contexts[J/OL]. The Electronic Journal of Commu-
nication［2021-05-07］. https：//cios. org/EJCPUBLIC/009/2/009219. html.

话在日常生活中的地位，对隐私权的关注度等问题。田梅在意义建构视角下，通过半结构化访谈采集数据，研究了移动互联网信息偶遇过程。Cardillo 就青少年慢性病处理问题展开研究，使用意义建构理论为研究框架，了解他们的相关情况①。

Scardamalia 和 Bereiter 在 2003 年从社区的角度出发给出了知识建构的定义：对社区有价值的观点和思想的产生和不断改进的过程②。库尔特·勒温（Kurt Lewin）从"场论"的角度出发，认为个人是一个非常复杂的能量系统，群体内人与人之间存在着相互影响、相互渗透的交互作用，而所谓"群体动力"是指来自集体内部的一种"能源"。勒温指出，群体具有较强的整体性，对个体具有很大的支配力，一般来讲，要改变个体得首先使其所属的群体发生变化，这要比直接改变个体更容易且更迅速。群体动力学为协作知识建构的开展奠定了动力学基础，从群体的整体知识建构来推动个体知识建构的发生。

4.7.2 研究方法和数据来源

4.7.2.1 半结构化访谈

本书基于意义建构理论框架展开访谈，主要从情境、鸿沟、桥梁和使用这几个维度设计访谈提纲。然后依据提纲，以同义重述的方式，以提纲为依据，以不同的开放性问题来提问，引导受访者对主题能够进行深入的阐述。

4.7.2.2 扎根理论方法

访谈可以通过对受访者的深入交谈，从而了解受访者的心理和行为。同时，由于访谈中获得的资料多为无结构的话语，难以进行量化的统计分析，因此采用扎根理论方法实现"经验概况—理论抽

---

① Cardillo L W. Sense-making as Theory and Method for Researching Lived Experience：An Exemplar in the Context of Health Communication and Adolescent Illness[J]. Electronic Journal of Communication，1999(9)：1-14.

② Scardamalia M，Bereiter C. A Brief History of Knowledge Building[EB/OL]. [2021-05-01]. https：//files. eric. ed. govllfulltext/EJ910451. pdf.

象"这一过程。学者 Glazer 和 Strauss 提出扎根理论,通过对数据的质性进行编码区分、归类和综合来建构概念,然后对概念进行进一步的分析,最终获得相应的理论。

4.7.2.3 数据来源

本研究通过半结构化访谈对跨学科研究者进行调查来获得第一手资料数据。选择某高校参与过跨学科研究的研究生作为访谈对象,涉及的学科涵盖了图书馆学、情报学、会计学、光电信息、新闻学和经济学。共访谈人数 10 人,对每个受访者的访谈时间大概在半小时到四十分钟之间,得到访谈数据之后对访谈记录进行初步的整理与分析,丢弃了 2 份不符合跨学科协同的记录。最终进行下一步编码分析的数据共 8 份,笔者对这些数据用 1~8 分别编号。

4.7.3 编码方法

编码是对于所得到的访谈内容进行理解和分析,进而进行选择、分类和总结。扎根理论一共提供了三种编码方法,一是开放编码,指的是研究人员对所获得的一手材料的初步分析;二是关联式编码,它是指对开放编码所获得的概念属类进一步合并、归纳,进而发现这些概念之间的关联性,比如说因果关系等;三是选择性编码,在选择性编码中,会进一步形成一个概念系统。

4.7.3.1 开放式编码

开放编码即对原始资料进行一级编码的过程,首先将收集到的资料完全分解,然后逐词、逐行、逐个事件进行编码。在开放式编码阶段是对搜集到的信息资料抽取概念,获得相对独立的初始概念,建立概念化认知。对内容进行对比分析,目的是为了从原始访谈资料中将初始概念进行提取。为了减少个人主观想法和认知偏向对数据分析结果的影响,在选取语句时应尽量保证其原始性。通过开放式编码,一共获得了概念类属 12 个,概念及原始语句示例具体见表 4.7.1,这些概念类属成为关联式编码的基础。

表 4.7.1　开放式编码形成的概念

概念	原始语句示例
网络搜索	有不懂的专业名词,我会到网络上查找它们的意思,并且通过知网来查找文献
专家(导师)指导	遇到自己实在解决不了的问题的时候,会向导师寻求帮助,导师的指导对我很有启发
学习资料	我会找一些教程来学习,查找到的文献资料会阅读、理解、反思
工具使用	由于项目需要,我学习了可视化软件,跟着教程来进行操作,最后将其应用到我们的研究中
学科拓展	我觉得这个技术点应该是计算机学科的内容,所以就去找一些资料
概念对比	一些计算机学科的概念与我知道的概念有联系,对比分析使我理解更加深入,确定了这就是我需要的
共同特征抽取	两个现象,我觉得它们是有共同点的,我就把它们的共同特征梳理出来
学科深入	找到计算机学科有这方面的知识后,我就继续查找更多的资料
给予帮助	在遇到很难理解的理论的时候,合作者会耐心给我讲解
互相讨论	开会时,有一些问题大家有质疑,就会提出来,进行激烈的讨论
完成报告	最终的结果我是满意的,完成的报告也获得了认可
发表论文	我们的成果发表在了国际会议上,说明协作是有效的

4.7.3.2　关联式编码

关联式编码。这一步骤的主要目的就是要进一步对得到的 12 个概念进行总结凝练,对于一些概念类属进行合并与归纳。例如将开放式编码中所提到的"网络搜索""专家(导师)指导"归纳为"信息搜寻";将"学习资料""工具使用"归纳为"学习";将"学科拓展""概念对比""共同特征抽取""学科深入"归纳为"隐喻的实例化(类比)"等。最后,一共得到关联式编码概念 5 个,分别是"信息搜寻""学习""隐喻的实例化(类比)""信息交流"和"协同内容创造"。

4.7.3.3 选择性编码

在关联式编码中,获得了概念类属,确定核心属类,进而归纳、合并与总结,发现跨学科研究者进行"主—主"协同信息行为可以归纳为"自身学习"和"协同过程"两个维度。跨学科研究者的自身学习包括:"信息搜寻""学习""隐喻的实例化(类比)"。跨学科研究者的协同过程包括"信息交流""协同内容创造"。本研究的开放式编码、关联式编码和选择性编码的结果详见表 4.7.2。

表 4.7.2　跨学科研究者"主—主"协同模式研究的编码表

选择性编码	关联性编码	开放编码	内涵
自身学习	信息搜寻	网络搜索	百度学术、知网、WOS、百度搜索、csdn 博客、万方、Weily
		专家(导师)指导	专家(导师)提供的资料,建议
	学习	学习资料	看文献,观看学习视频、教程
		工具使用	使用数据库、可视化软件、信息系统管理工具
	隐喻的实例化(类比)	学科拓展	泛化,思考应该研究过这些问题的学科
		概念对比	通过概念的对比加深理解
		共同特征抽取	特征的归纳、分析
		学科深入	遇到问题思考它属于的学科内容,进而深入

续表

选择性编码	关联性编码	开放编码	内涵
协同过程	信息交流	给予帮助	协同对象给予专业上的指导和帮助
		互相讨论	协同研究者共同讨论交流
	协同内容创造	完成报告	协同研究者一起撰写报告、修改报告
		发表论文	协同研究者完成论文

4.7.4　研究结果

4.7.4.1　跨学科研究者"主—主"协同的维度

本研究通过扎根理论研究，获得了跨学科研究者"主—主"协同的两个维度，包括自身学习和协同过程。这两个过程并不是独立的，而是同时依存、相互依赖、互相促进的。

（1）自身学习。

①信息搜寻。

从扎根理论研究的结果来看，跨学科研究者协同的信息搜寻包括网络搜索和专家（导师）指导。在面对问题时，会选择自己主动去寻找信息，网络发展到今天，通过网络搜索来找到自己想要的信息已经是研究者常用的一种方式。8 号受访者提到"会去知网，Web of Science 等一些数据库当中去查询，获取更多相关的信息"。另外，还会寻求专家（导师）的指导，能够帮助跨学科研究者获取重要的信息。2 号受访者提到"导师会提供一些资料，对我很有帮助"。

②学习。

不论是对于其他学科知识的补充，还是本学科问题的深入理解，都需要学习。主要是对资料的学习，以及相关工具的使用。3 号受访者提到"我会跟着教程使用社会网络分析工具"，4 号受访者提到"应该是对于专业英语的积累不够吧，在过程中需要学习很多的专业英语"。

③隐喻的实例化(类比)。

隐喻的实例化(类比)包括学科拓展、概念对比、共同特征提取和学科深入。学科拓展指的是在面对一个新问题的时候,会思考可能哪些学科研究过这些问题,进而去查找资料。如7号受访者提到"这部分本学科涉及比较浅,我想着新闻学应该研究过,就去找资料了"。学科深入指的是对于某一知识的理解是一个循序渐进的过程,刚开始的认识非常宽泛,在学习中理解不断深入,从而找到可供自己实际运用的内容。如6号受访者所说:"以前对相关概念理解基本就是字面意思,后来逻辑线会清晰出来,知道的内涵也更明确。"概念对比指的是通过概念的对比,加深理解,选择更为合适的概念。

(2)协同过程。

①信息交流。

跨学科研究过程中,由于研究者的专业背景不同,需要在信息交流的支持下不断向其他学科信息视域扩展,群体成员可以在一定程度的学科交叉视角上理解问题,不仅知道自己知道什么,还知道群体中其他学科的人知道什么,从而建立起群体交互记忆系统,促使协同信息创造得以开展。信息交流包括一方给予一方帮助,以及双方的相互交流。如5号受访者所说:"在信息系统这一方便我了解得比较浅,就会请教他人,帮助我的理解",1号受访者指出"我们会定期交流,互相讨论其中的关键部分,以求内容更加完善"。

②协同内容创造。

科研的结果是科研成果的产生,在跨学科合作中,最终目的都是要产出科研成果,包括研究报告、论文。如2号受访者所说:"最后合作写出论文发表在国际会议上了。"

4.7.4.2 跨学科研究者"主—主"协同的扎根理论框架

本研究根据访谈以及扎根理论编码过程中对于概念类属的内涵,以及内涵之间的关联关系的理解,建构了跨学科研究者"主—主"协同的扎根理论框架,见图4.7.1。

如图4.7.1所示,对等关系中的协同信息行为建立在参与者的学习和集体层面的沟通对话基础上。

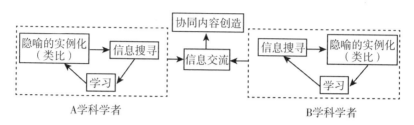

图 4.7.1　跨学科研究者"主—主"协同的扎根理论框架

（1）跨学科研究者对等协同关系中嵌入了"人—机"互动学习。

跨学科研究者自身学习是一个循环的过程，是信息搜寻—学习—隐喻的实例化（类比）的闭环。

学习被视为跨学科研究本身的一种手段或方法，如其在变革性和可持续性学习中的使用。学习也被强调为促进促进集体学习过程所需的技能，以加强跨不同参与者的集体思维的创建（Pohl 等，2010）[1]。肖本莱纳、克劳埃伯和彭克（2015）关注跨学科研究中社会学习和能力建设基础的群体动态[2]。他们指出，虽然 TD 研究对框架、研究设计和促进技能得到了大量的关注，但很少关注学习背后的机制以及跨学科过程。依据情景学习理论，学习被理解为通过社会互动共同创造意义和共同了解，学习的概念强调了关系、个人、活动、情境、意义创造和知识的属性和相互依赖性。基于情境学习和社会学习的理论，跨学科研究项目被视为一个临时的、边界实践的一个例子，它是由不同的社会行为者在合作和交换经验以理解和解决社会问题时共同构建的。在这些实践中发生的知识发展对参与者是有意义和相关的，他们知道为什么以及如何集体创造什么

① Pohl C，Rist S，Zimmermann A，Fry P，et al. Researchers Roles in Knowledge Co-production：Experience from Sustainability Research in Kenya，Switzerland，Bolivia and Nepal[J]. Sci Public Policy，2010，37(4)：267-281.

② Schauppenlehner-Kloyber E，Penker M. Managing Group Processes in Transdisciplinary Future Studies：How to Facilitate Social Learning and Capacity Building for Self-organised Action Towards Sustainable Urban Development？[J]. Futures，2015(65)：57-71.

的意义。从跨学科研究的角度来看，这种方法背后的逻辑是知识生产将导致对参与者有意义地共享知识和结果，并对他们的普通实践产生重大影响。

（2）跨学科实践中的跨层级沟通。

根据 Bechky 的研究，如果跨学科实践的成员设法关注他们不同的情境依赖的视角并有意识地探索他们共同的知识、信念和假设，那么参与者之间的知识转换是可能的。在此，信息视域代表着参与者的情景依赖角度①。通过从外界获取新学科的信息，展开学习，研究者的信息视域在这个过程中也得到了拓展；跨学科实践要想在知识共享和联合知识生产方面取得成功，成员们必须创造反思的空间，创造学习的机会。换句话说，进行跨学科知识共享和联合知识生产实践需要成员承认发展的局限性和可能性，比较他们的信息视域，并将它们放在更广泛的情境下（Pohl 等，2010）②。因此，自我反思和元学习是实现跨不同部门和授权共同产生意义和知识的关键组成部分，如图 4.7.2 所示。要将研究放在更广泛的上下文中，必须结合集体和个体层面的交流，通过集体层面的边界沟通，带动个人反思，修正个体的思想和转变行为，向集体观念靠近。图 4.7.3 显示了研究者的信息视域在这个过程中不断向更高层面和对方的方向发展，这一过程中的信息视域变化反映了个体隐性知识增强。

（3）协同内容创造和知识建构。

研究者的自身学习与他们之间所进行的信息交流是密不可分的两个过程。在自身学习过程中，研究者之间都会进行一定的信息交流。交流存在于跨学科研究者协同行为的整个过程中。研究者互相交流学科知识、研究方法、研究问题等。充分、有效的交流是跨学

---

① Bechky B A. Sharing Meaning across Occupational Communities：The Transformation of Understanding on a Production Floor[J]. Organ Science，2003，14(3)：312-330.

② Pohl C，Rist S，Zimmermann A，Fry P，et al. Researchers Roles in Knowledge Co-production：Experience from Sustainability Research in Kenya，Switzerland，Bolivia and Nepal[J]. Sci Public Policy，2010，37(4)：267-281.

科协同成功的关键。在学习信息交流中信息视域不断变化,产生越来越多的交叉重叠的基础上,进行协同内容创造,产出科研成果。这一过程中协同双方的信息视域变化反映了双方信息视域的交互作用,促成了基于群体的协同知识建构和内容创造。

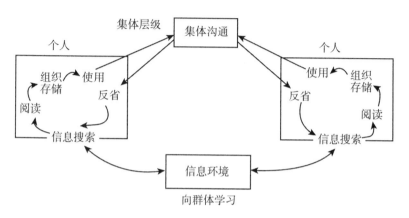

图 4.7.2 集体—个人间的互动学习

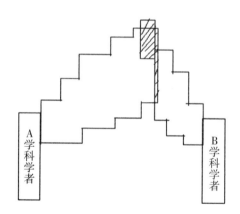

图 4.7.3 跨学科研究者信息视域的进化和交互

学科知识差距大的学者由于探索式搜索和跨学科学习、跨层级沟通使得各自的信息视域向着集体和对方的方向进化,最终产生交叉重叠,并在进一步的协同创造中发生信息视域的交互作用(包括本学科信息视域与交叉学科信息视域、非学术信息视域之间的交互)，得以从复合视角产生创新。

4.7.5　结论

在对等协同模式中，"对等关系"、跨学科研究者个人"主动信息搜寻"和"学习"以及"集体—个人跨层级的沟通"是信息视域向集体和对方方向进化的主要影响因素；群体"协同内容创造"是个人间信息视域发生交互作用的主要影响因素。

4.8　跨学科协同信息行为影响因素层级因果链模型

4.8.1　情景概念及对情景的研究

4.8.1.1　与情景相关的概念

情景是意义建构的时空环境，情景识别是对嵌入信息寻求的环境的详细规范，选取了时空环境的维度和范围，就相当于设定了信息行为的边界，影响着协作的不同方面。

(1)跨学科研究的时间和空间。时空环境从信息环境—组织环境—社区—任务逐层嵌套对协同信息行为产生影响。跨学科科研合作的空间方面包括物理空间、任务空间、组织空间和更大的社会政治—经济空间，基本概念有距离、研究背景、跨学科环境、学科结构、文化历史、价值体系、语言和词汇等。跨学科科研合作的时间方面包括行动和事件发生的时间和优先事项，可以分为情节、间隔或持续。可见跨学科研究的空间涉及微观到宏观的多个维度，时间涉及长期和短期的过程，因此识别核心维度及其要素就十分困难。

(2)知识的语境。知识的语境即知识的上下文，它决定了知识的意义。夏佩尔的"背景知识"就是"信息域"意义的语境。"信息域"的原文是"Domain of Information"。Domain 指一区域或一范围。夏佩尔有时用"Body of Information"(信息体)来表达这一概念。夏佩尔发现在科学中，一系列信息逐渐集合成为一个信息域，它具有下述特征：①这种信息集合依据于各信息之间的某种内在联系；②

如此集结的"信息域"蕴含着某个令人深思的问题；③这个问题是很重要的；④当前的科学技术水平已有可能解决这个问题。我把满足这些条件的一组信息叫做"信息域"。夏佩尔认为信息域是待研究的信息体，类似于研究领域。人们在选定信息域时总是基于当时已经确定了的一些知识和事实，并且把他们当作信息域研究的背景。因此，科学领域是由两个可以区别的领域组成：待研究的信息体和背景信息体，其中背景信息体即被认为是与信息域相关的、成功的和摆脱了具体怀疑的信念体①。

（3）个人的信息视域。在复杂的社会系统中，每个人的背景情景都在某种程度上是独特的，这使得个体差异出现了可归因于个体轨迹变量的个体差异，习惯塑造了个人独特的信息视域，使个人嵌入了一个"启发式领域"，包括他们的隐性知识。一方面，个人的信息视域为知识提供了更静态的语境，它包含资源、约束和信息的载体。个人稳定信息域的性质提供了一个信息搜索的起点。人们被嵌入信息视域中，这决定了他们对特定问题的意识水平和知识水平。另一方面，这个视域的性质也决定了他们对信息的接触，从而引发了他们寻求更多信息的愿望。

（4）信息路径。信息路径是人们在信息寻求矩阵中寻找问题的答案时所遵循的轨迹。可能是高度特殊的，由独特的事件形成的②。个人可以通过在一个由渠道、来源和信息组成的信息矩阵中，通过选择路径来追求他们需要的知识，随着时间的推移，个人可能会有习惯的路径或协商来选择路径（Taylor，1968）③，可见长期独特事件触发的信息互动路径选择会改变相对稳定的信息视域，它们是导致信息视域改变的因素。

---

① 罗慧生.夏佩尔的"信息域"理论[J].自然辩证法通讯，1983(1)：35-43.

② Johnson J D, Case D O, Andrews J, et al. Fields and Path Ways Contrasting or Complementary Views of Information Seeking [J]. Information Processing and Management, 2006, 42(2)：569-582.

③ Taylor, R S. Question-Negotiation and Information Seeking in Libraries [J]. College and Research Libraries, 1968, 29(3)：178-194.

　　由此可见，情景是一个具有普适性的概念，任何事物都可能成为情景：包括物理场景、组织、更大的社会空间、时间、历史事件、知识背景、激励机制、个人健康、行为本身等外在客观因素，也包括个人内在心理状态、情感、认知等主观因素。情景的普适性给情景因素的研究带来了困境，许多研究设定十分具体化、多样化，结论的一般性意义不强，理论价值弱化。

　　但是通过上面的概念辨析，可以发现情景具有时间性：即有的情景具有长期稳定性，但可能因受到持续刺激而改变，有的受具体事件而变。由于已经发生了的事件是将要发生的事件的情景，稳定的事件是易变的事件的情景，因此可以根据情景的时间特性，将情景细分为具有层级的因果关系链。

4.8.1.2　对情景的研究

　　大多数研究人员习惯于将情景默认为他们研究领域的一套初始假设或限制条件，因此，情景变成了对个人行动的限制因素，而不是作为促成因素，所以情景被视为固定因素来研究。但是有的研究关注情景变化，例如研究人与环境的互动变化、对情景进行分层分析、对情景下的行为采用非线性和循环迭代模式来研究。

　　(1)关注环境变化，研究人与环境的互动变化。在当前不断动荡变化的世界中，正是这种变化重新引起了研究者对组织环境的兴趣。因此，大多数研究背景框架的组织学者集中在组织变革或创新的过程上。此外，环境也可能与时间相互作用，不同层次的环境在不同的时期运作。因此，从长远来看，文化可能是决定性的，而在短期内，结构可能对组织的成功至关重要。

　　(2)分析情景的层次结构。因为较低层次的情景可能由更大的情景所决定。因此定义情景的一种选择是将其概念化为不同层次，例如：个体水平、群体水平、组织水平和社会水平。上层作为下层的情景。这个概念允许研究人员分析一个社会现实的层次变量如何与另一个社会现实的层次变量相关联。它还有助于将信息行为研究从个人层面的行为扩展到观察嵌入这种行为的社会结构，例如可以分析各种信息服务的信息供应如何影响个人的信息行为。

　　(3)行为模式采用循环迭代和非线性的过程。本书采用了传统的静态方法和分析技术,通过调查绘制大学生和跨学科研究者的信息源视域图,分析了跨学科研究者的渠道偏好等特点,反映了信息视域稳定的特点;4.1 节通过调查统计分析方法,研究了任务的时间紧迫性对触发协同信息行为意愿的影响,反映信息视域的动态特性;4.5、4.6、4.7 节还将个人嵌入的关系设为限制条件,研究三种协同模式下的系统信息行为表现,反映了关系情景稳定的特性。以上协同信息模型识别了显露在表面的协同信息行为以及与信息视域的关系,并将这些概念放在同一个层面上,没有很好地揭示导致这些行为的因素的层级关系,本节根据约翰逊的社会互动模型,将跨学科的协同信息行为外在表现到内在信息视域等影响因素,从潜在的现象层—中介现象层—明显的现象层将行为与导致行为的因素识别出来。

4.8.2　日常生活或工作情景下的信息行为模型

(1)萨沃莱宁日常生活信息寻求行为模型。

萨沃莱宁(1995)提供了一个详细的日常任务模型,主要针对购物、照顾家庭和追求爱好等,描述了一个人在日常生活中"生活方式"情景下的信息寻求①。模型中的几乎所有框架可以被视为情景。"生活方式"是"掌握生活"的情境,它包括"时间预算、消费模式和爱好",它影响并受到"掌握生活"的影响;"掌握生活"接近一个人选择解决问题和保持事物秩序的方法,所有这些都受到"价值观、金钱、社会接触、文化、生活状况"等因素的影响。在这种发生在本人"掌控生活类型"情景下的"日常生活计划"、需要处理的"问题情况",都影响"问题解决行为(包括日常生活信息寻求行为)"。这个模型描述的是日常生活中的信息行为,"价值观、金钱、社会接触、文化、生活状况等因素"被视为影响信息行为的最根本的因素,基本是常量,不变化,其他影响日常信息行为的情景

---

① Savolainen R. Everyday Life Information Seeking: Approaching Information Seeking in the Context of "Way of Life" [J]. Library & Information Science Research, 1995, 17(3): 259-294.

存在作用的方向和层级关系，情景内的因素在一定的边界内变化。

（2）社会互动模型。

Johnson 提出了社会互动模型①。最初是为了探究持久互动的稳定状态，即日常互动的主要特征而研究。本研究参考应用的模型是第三阶段的研究成果，旨在将该模型扩展到涉及非持久互动的情况，并通过指定不同的媒体内容条件进一步探索情境影响的本质。如图 4.8.1 所示，作者抽象出"内容、解释、情感、选择、关系和传递"这六个要素，构成了社会互动的主要影响因素。模型中指定的所有路径都得到了第一阶段和第二阶段模型测试的支持。在模型中，假设相互作用中交换的物质，被用来确定它们的情景形式，并假设更深层次的变量会影响那些在更表面水平的变量。

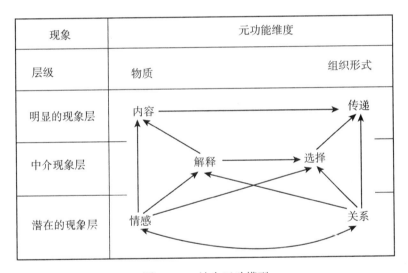

图 4.8.1 社会互动模型

主要根据因素的时间持久性、所起到的作用和抽象程度，将六个因素分别放在明显的现象层、中介现象层和潜在的现象层三个层面上。若时间处于同一连续水平，且稳定性比较短暂的因素，就放

---

① Johnson J D. A Model of Social Interaction：Phase III：Tests in Varying Media Situations[J]. Communication Monographs，2009，51(2)：168-184.

于最表面的现象层，更稳定的放在较深的层次。在社会互动中，若某因素具有压倒其他因素的作用就放于最底层。另外一个方面就是根据概念的抽象程度，一个元素包含的子元素越多，抽象层级越高，就位于越基础的层级。"社会互动模型"中的影响因素、层级及时间特性见表 4.8.1。

社会互动的特点不仅表现为在互动过程中显露在外面，被观察到的行为，而且还有更基础和决定这些行为的因素。潜在的因素代表了互动者的基本驱动力，如关系、情感，表明互动需要与他人联系，以满足无法单独完成的需求、目标。中介元素代表了决定潜在元素或深层结构如何被表征的认知因素，如解释和选择是关系和情感的表现。最明显的层次构成了互动中可观察的行为。这些是社会互动中相互影响的因素，社会互动模型揭示了它们，但并不是完美的反映，因为在每个层面上都有后续层面可以实现的极限，例如模型的最底层"关系和情感"被视为最根本的影响因素，当作常量，互动信息行为在这一边界内变化，实际上这一边界是会变化的。

表 4.8.1　"社会互动模型"中的影响因素、层级及时间特性

层级 影响因素 元功能	物质	行为 （组织形式）	含义及时间特性
明显的 现象层	内容	转移	"内容"是在交互过程中用于表达的符号意义；"转移"在这里是用来指符号交换的公开行为。
中介 现象层	解释	选择	"中介现象层"是将"情感"和"关系"这样更潜在的要素转化为明显行为的心理过程。"解释"代表了与所表达的符号相关的内涵意义。"选择"既代表了对互动的关注程度，也代表了对特定互动的选择方式。

续表

层级 影响因素 元功能	物质	行为 (组织 形式)	含义及时间特性
潜在的 现象层	情感	关系	"关系"反映了互动者之间合作的本质;"情感"反映了互动者之间存在的情感状态。"情感"和"关系"构成了互动的基本要素,解释了互动行动的必要性,是持续互动中隐藏在深层次的冰川现象。

(3)威尔逊(1997)信息行为模型。

威尔逊(1997)信息行为模型①描述了影响个人信息需求的产生以及后续一系列行为的情景,例如识别出了动力机制:风险、回报、社会学习和自我效能,这些机制成为后续消极检索、主动检索和持续检索的情景,而且这些行为影响到信息使用,进一步影响到环境。

4.8.3 跨学科协同信息行为影响因素层级因果链模型的构建

尽管图4.8.1所示的社会互动模型是为探究日常互动的主要特征而构建的,但其中识别出的跨越三个层级的6个解释因素与信息行为密切相关,可以理解为在稳定的信息视域内的互动交流和建构意义。社会互动模型解释了根据信息视域经过协商选择连接的对象和传递的内容过程,在这个过程中存在自下而上、从内到外作用的因果链,发现了稳定因素逐层影响外显因素的过程。萨沃莱宁日常生活中信息行为的情景模型和威尔逊(1997)信息行为的情景模型,都说明影响信息行为的情景具有层级,情景也不是固定不变的,信息行为受情景的影响同时也塑造情景。从这个意义上讲,情景与行

---

① Wilson T D. Information Behaviour: An Interdisciplinary Perspective[J]. Information Processing & Management, 1997, 33(4): 551-572.

为是相对的，适合应用于解释信息视域被信息行为所塑造的现象。

（1）借鉴社会互动模型，补充本章三种协同模式下识别出的 4 类因素："信息视域边界""跨边界的信息行为""边界对象"和"信息视域进化和交互"，初步构建如图 4.8.2 所示的"基于信息视域的跨学科协同信息行为影响因素"通用框架：

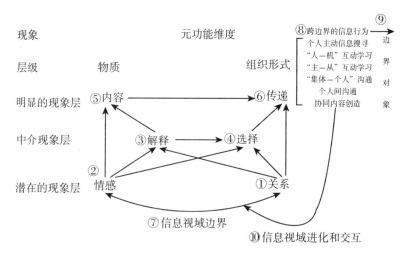

图 4.8.2　基于信息视域的跨学科协同信息行为影响因素

根据概念的时间特性以及所起到的作用和抽象程度来确定层级：

①明显的现象层：这一层放置能够观察到的信息行为，如：个人主动信息搜寻，"人—机"互动学习，"主—从"互动学习，"集体—个人"沟通，个人间沟通，协同内容创造等，属于明显的现象层，因为是"内容"—"传递"之后表现出来的现象，这类行为都具有跨越边界的作用，故归为"跨边界的信息行为"，这类行为的持续时间也比较短，它们是更深层的因素的外在表现。

②中介现象层：放置比明显的现象层更深一点层级的因素，比如认知心理层面的因素，它们是更潜在因素的一种表现，可以解释外在的"内容"的意义。在跨学科研究中"类比"和"翻译"是解释内容意义需要用到的思维方法，符合这个层级的特点

③潜在的现象层：Brenda Dervin 质疑了信息的经典定义，并提

出了信息的意义由使用者决定的观点。

这一层放置比中介现象层更深层次的因素，用于解释中介现象层，时间上具有更持久的特点，抽象程度上更抽象，目前这一层的概念是情感和关系。

④更潜在的现象层：这一层放置比情感和关系更深层的因素，以解释情感和关系。信息视域概念与个人经历、知识背景、社会地位、习惯有关，具有很强的稳定性，包含社会关系和偏好，所以可以解释关系和情感两个现象，可以放在比情感和关系更深的层级。"信息视域边界"属于这一层。

⑤更潜在的现象层："信息视域进化和交互"属于比"信息视域"更深一层的层级。

在这里我们看到增加了"信息视域边界"对情感和关系的影响，以及"信息视域进化和交互"对"信息视域边界的影响"。

（2）模型细化和精炼。

图4.8.2模型在元功能维度上没有划分清楚，层级上也存在缺失，原因在于概念的识别过于粗放，需要进一步细化和精炼。

图4.8.1的社会互动模型没有解释情景中的易变因素如何影响信息视域，例如多次的跨学科信息搜寻事件如何影响个人的信息视域。本研究在引入信息视域理论，分析得到协同信息行为表现和特征之后，结合夏佩尔"信息域"理论，分析跨学科合作研究情景相关概念的时间特性，再根据萨沃莱宁在信息寻求文献中处理时间的三种主要方法，以及巴蒂默的社会空间理论，识别跨学科协同信息行为的影响因素及层级关系。

首先，根据描述的索纳沃德信息视域理论信息视域的五个命题，来认识情境要素的时间特性。

① 人类的信息行为由个体、社会网络、情境和状况所塑造。

②个人或系统在特定的状况和情景下，可以感知、反映和评估他人、自我及其环境的变化。信息行为是在这种反思和评价的流动中构建的，特别是在关于缺乏知识的反思和评价中构建的。

③信息视域处于一个状况和情景之中，我们可以在当中采取行动。

④ 人类的信息搜寻行为，可以视为个体与信息资源之间的协同合作。

⑤ 信息视域可概念化为密集度高的解决方案空间。在这些解决方案中，使用者从中选择最佳解决方案并采取最有效的路径展开信息检索。

这五个命题体现了几个核心概念："协同信息行为""状况""情景""社会关系""个人感知判断""信息视域边界"和"协同信息搜寻行为""最佳路径选择"。

其次，根据跨学科研究及其中伴随的跨学科协同信息行为的空间和时间特点，引入社会空间理论。

如前所述，跨学科研究的空间覆盖很广的维度和粒度，包括工作、任务、物理空间以及组织和更大的社会政治—经济背景，基本概念有距离、研究背景、跨学科环境、学科结构、文化历史、价值体系、语言词汇等。

跨学科研究的时间性表现出阶段性演进的特点。在跨学科研究初期需要进行问题识别，定义问题，确定并选择合作者，协商条款和条件。夏佩尔提出采用点滴式探索方法来开展科学研究，其中的科学研究对象，就是"信息域"。信息域作为科学研究的对象，它的形成过程始终贯穿着对问题的提出和解答，因此可以把信息域的形成过程看作问题的提出和解答的过程。他认为科学的发展过程就存在于信息域的不断产生与演化的过程当中，人们在选定信息域时总是基于当时已经确定了的一些知识和事实，并且把他们当作信息域研究的背景。在这个基础上，人们通过运用观察和其他的方式又获得了新的知识和事实。这些新的知识或者事实又能够用来修正原来已有的信息域，或者对信息域的内部成分产生改变，或者导致信息域之间的整合，而产生的这些新的信息域又能够作为人们认识的基础，如此循环往复，科学也就在这个过程当中得到了不断的发展[①]。

跨学科协同过程与科学研究过程存在平行、递归和紧密联系的

---

① 张琳. 夏佩尔信息域理论研究[D]. 济南：山东师范大学，2017.

关系。Wilson(1999)确定了信息行为过程中的四个阶段。Wilson 认为，信息行为过程的目标是从存在不确定性、差异或基本缺乏知识的点转移到存在确定性、解决方案和添加新的和适当的知识的点。在这个过程的第一阶段：问题识别。信息寻求者会提出诸如"我有什么样的问题"之类的问题。第二阶段：问题定义，进一步细化问题和提出疑问，如"我的问题到底是什么"。在第三阶段：确定解决方案的可能来源，其中一个问题可能是"我如何找到我的问题的答案"。这个进程体现为：任务—任务的含义—如何找到需要的答案。这与夏佩尔点滴式探索科学研究方法相似。

夏佩尔通过对信息域的研究发现了科学的发展是信息域与背景信息群交互运动所形成的。信息域与背景信息群是变与不变的辩证统一原则。在跨学科的科学研究中的协作信息行为过程的重点是维持相关人之间的认知互动，而科学过程侧重于解决科学问题，跨学科协同过程与科学研究过程紧密联系。因此跨学科研究的学术情景必须考虑研究问题及提出的背景，问题的定义，问题的划分及关联以及如何找到合作解决问题的合作者并建立合作关系等问题。

在社会互动模型中将环境、关系、情感视为稳定的，解释变量分为三层，自底向上单向发生影响。这不适合跨学科研究的探索式、动态演进的研究过程。本研究引进巴迪默的社会空间模型。

根据巴蒂默，社会空间是一个框架，在这个框架中，主观评价和动机可以与公开表达的行为和环境的外部特征相关。社会空间至少有五个不同的层次[①]：

(1) 一个人在社会中地位的社会心理调查，即"社会学空间"；

(2) 一种研究活动和循环模式的行为水平，即"互动空间"；

(3) 一个研究图像、认知和心理地图的符号层面，即"符号空间"；

(4) 研究对区域的认同模式的情感层面，及"情感空间"；

---

① Buttimer A. Social Space in Interdisciplinary Perspective[J]. Geographical Review, 1996, 59(3): 417-426.

(5)形态空间，其中人口特征是分析得出产生同质的"社区"的因素，即"同质社区"。

社会空间框架将外部环境与内部环境结合在一起，将主观空间与客观空间结合在一起。借助社会空间模型分析信息视域理论中核心概念的时间特性及层级，得到表 4.8.2。

表 4.8.2 信息视域理论中核心概念的时间特性、出处及层级

因素	时间特性	出处	层级（来自社会空间理论）
跨学科问题提出的背景。	这一层面产生引起跨界信息行为的任务及信息鸿沟等现象。影响跨学科问题（任务）的全过程。	来自有关跨学科研究和意义建构定义。跨学科问题提出的背景，是指意义被构建的时空背景。	位于社会学空间层
信息搜寻行为	由环境中的研究问题或任务驱动，动态性强。	来自信息视域理论："人类的信息搜寻行为，可以视为个体与信息资源之间的协同合作。""信息视域可概念化为密集度高的解决方案空间。在这些解决方案中，使用者从中选择最佳解决方案并采取最有效路径展开信息检索。"	位于互动空间层
个人感知判断	由所嵌入的社会关系等决定对意义的解释，比表面的信息行为稳定。	来自信息视域理论："个人或系统在特定的状况和情景下，可以感知、反映和评估他人、自我及其环境的变化。信息行为是在这种反思和评价的流动中构建的，特别是在关于缺乏知识的反思和评价中构建的。"	位于符号空间层

续表

因素	时间特性	出处	层级(来自社会空间理论)
个人社会网络	由距离自我不同远近的节点连接而成的网络,体现个人所嵌入的社会关系(包括正式的关系和非正式关系),是潜在的稳定因素。	来自信息视域理论。解释意义及其关联所需要的背景知识可能被分布在不同的信息源中(人、组织或公共数据库等),为了将不同学科或非学术界的资源联合起来解决复杂问题,需要将这些信息源节点嵌入到个人的社会网络中,扩大合作关系。	位于情感空间层
个人/群体的信息视域	包含了信息资源和社会关系,是个人所能利用的知识分布的空间,体现了信息行为的习惯、信息源使用的规律性,同质的社会社区。信息视域是信息行为的起点。因此适应于研究某一类人的行为现象,是某一类人的稳定属性。	来自信息视域理论"个人信息视域处于一个状况和情境之中,我们可以在当中采取行动"。	位于形态空间层

最后,考虑萨沃莱宁(2006)①在信息寻求文献中处理时间的三

---

① Savolainen R. Time as a Context of Information Seeking[J]. Library & Information Science Research, 2006, 28(1): 110-127.

种主要方法(见 4.5 节),从以下几个方面识别影响因素:①考虑驱动跨学科信息行为的任务情景因素;②信息寻求过程被建模为随着时间迭代或循环序列中发生;③考虑信息行为的持续时间、信息源使用的频率/规律性;④考虑信息源和渠道的路径选择过程,得到表 4.8.3。

表 4.8.3　信息源视域重塑过程中影响因素的时间特性及层级

因素	时间特性	出处	层级
鸿沟	鸿沟是有待解决的需求,来源于所关注于社会问题与研究者现有学科背景的差距。本研究将此因素视为"压力",是驱动合作的诱因。对应于启动阶段,但影响整个问题解决。	来自意义建构理论和跨学科问题的特性。以跨学科的策略展开研究的主要目标是促进在多个领域界面上的智力整合和创造新的知识。研究的背景也可能给跨学科研究带来障碍,研究主题过广会影响合作。	位于社会学空间层
跨边界信息行为: 1. 个人间沟通; 2. 协同内容创造; 3. "集体—个人"沟通; 4. "主—从"互动学习; 5. "人—机"互动学习; 6. 个人主动跨学科信息搜寻	"跨边界信息行为"响应社会学空间层的驱动或一次任务,动态性较强。	来自本书第 3、4 章的研究。例如:"个人主动跨学科信息搜寻"行为,是本着推进学科研究的目的,积极全面地搜寻信息的行为,对跨学科信息视域形成具有重要作用。显著特征是跨学科研究参与者提出明确提出有助于推进科研进程的信息寻求需求,并主动开展全面的信息搜寻。	位于互动空间层

续表

因素	时间特性	出处	层级
待研究的信息体及背景信息体	是伴随问题域协同分析，信息收集，信息理解、信息整合的循环往复的主动信息搜寻、信息源反复访问、学习得到的结果，对应于合作准备阶段，时间特性由不稳定渐变到稳定。	来自夏佩尔的"信息域"理论："夏佩尔认为科学领域是由两个可以区别的领域组成：待研究的信息体和背景信息体"，以前发表的材料可以提供必要的背景信息，促进发现新的合作者和提供新的技术。但不熟悉的语言和符号可能是这些发现的障碍，这个阶段的背景知识可能还不能完全支持"待研究的信息体"。	位于符号空间层
能够提供背景信息的信息源	是为了发现新的合作者的循环往复的主动信息源访问和路径选择形成的结果，对同一信息源访问的频率表达了信息访问主体对外部信息源的喜爱、认同以及可利用的社会关系。时间特性由不稳定渐变到稳定，对应合作准备阶段。	来自"萨沃莱宁（2007）对时间作为影响信息实践的背景因素的全面回顾"，他介绍了在信息研究中克服信息获取的时空障碍的努力，研究中的时间概念指的是搜索的持续时间、信息源使用的频率/规律性，以及相关性判断发生变化的连续体。	位于情感空间层

续表

因素	时间特性	出处	层级
类比、翻译、整合	解释问题领域及子问题及其关联，是极复杂的认知过程，用到现有的多学科的知识成果和信息。信息源的学科差异导致对同一问题解释的不同，靠翻译、类比都很难解决观点冲突，找到关联，建立起共享的概念体系更需要投入大量的时间和精力。时间对应合作准备阶段，伴随不断循环往复的主动跨边界信息搜寻和学习。	多语境和边界交叉多重语境提供不同的、互补的但又相互冲突的认知工具、规则和社会互动模式。在不同的背景下，专家知识和技能的标准是不同的。专家们面临的挑战是通过谈判和结合不同背景下的成分来实现混合解决方案①。	位于符号空间层
信息源匹配	感知潜在合作对象信息视域中相同的研究兴趣、价值观、技术工具和互补的知识，根据研究问题的背景信息需求匹配信息源，建立合作关系。时间对应合作准备阶段，伴随不断循环往复的主动跨边界信息搜寻和学习。	来自本研究的综合提炼。层级的结构可能是官僚主义和僵化的。连接多个研究中心和学科视角的科学合作可能比那些建立在一个试图连接更少领域的单一组织内的科学合作更难维持，赋予参与者同等权力，以问题需求和知识互补来自组织是灵活的机制。	位于情感空间层

---

①　Engeström Y, Engeström R, Kärkkäinen M. Polycontextuality and Boundary Crossing in Expert Cognition：Learning and Problem Solving in Complex Work Activities[J]. Learning and Instruction, 1995, 5(4)：319-336.

续表

因素	时间特性	出处	层级
新合作群体信息视域边界	以个体感知的与他人信息视域中重叠的部分(尤其是技术工具、人脉)作为桥梁,由知识互补的、不同信息视域的参与者自主连接起来形成的新的合作群体的信息视域边界,稳定性强,在循环协作阶段都起作用。	来自本研究的综合提炼。信息源匹配、组合的结果。合作平台的文化、规则、技术工具这些因素共同作用于新群体信息视域边界形成。	位于形态空间层

根据以上分析,得到如图4.8.3所示的跨学科协同信息行为情境及因果链模型。

本模型较之于社会互动模型增加了两个层级:最顶层的社会学空间层和最底层的形态空间层,并将从互动空间层到形态空间层的空间分为静态空间和动态空间(分别对应虚线左右两部分),以覆盖跨学科合作从合作驱动到合作准备到协同循环的全过程。若描述稳定群体在完成一次简单任务的协作信息行为过程,如图4.8.3的虚线左边部分所示,与图4.8.1所示的"社会互动模型"相类似。若描述"信息鸿沟"驱动的面向复杂问题的跨学科科研合作,需要探讨如何克服学科群体思维惰性,吸收学科外信息源和多样化的信息,整合优化研究视角,即要运用本研究所构建的如图4.8.3所示的虚线右边部分的模型,下面对虚线右边部分模型进行解释。

(1)社会学空间层,对应跨学科问题提出的背景,属于合作驱动阶段,是合作准备的情景。这一层面可能产生引起跨界信息行为的任务及信息鸿沟等现象。一般研究者擅长于利用本学科人脉、资源或少量的外围资源开展学术生产,当个人面对超出了自己学科及外围资源范围的问题(待研究的信息体)时,个人与问题的差距就是信息鸿沟。往往会引发相当大的焦虑,加上任务的时间紧迫性压

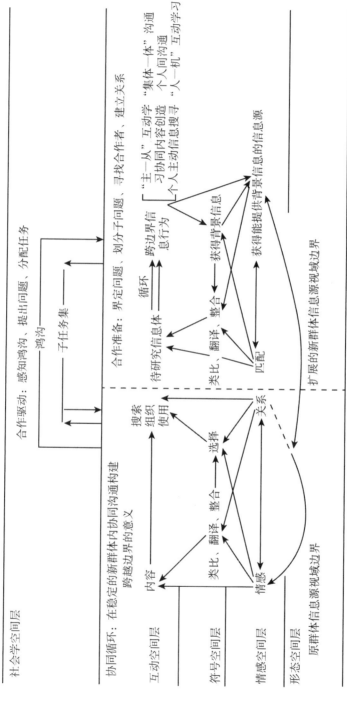

图4.8.3　跨学科协同信息行为情景及因果链模型

力，往往驱动与其他学科学者合作，寻找待研究问题及背景信息（背景信息体），这将引发一系列跨越学科边界的信息行为。形成新的群体信息视域需要重大的认知重组。

（2）互动空间层，在这一层，需要界定问题并划分子问题。根据夏佩尔的理论得知，科学的发展是"待研究信息体"与"背景信息体"交互运动所形成的。"背景信息体"是"信息域"形成的基础，决定了如何解释"信息域"，如何对"信息域"进行划分。在"信息鸿沟"驱动下，下一步就需要明确定义问题领域及子领域的含义、关联以及背景。因此，在本层"待研究信息体"要根据"信息鸿沟"来初步拟定，它影响"跨边界信息行为"："互动学习""沟通""分享"和"协同创造"以及"主动的跨学科信息搜寻"，而且不断循环。

"个人主动跨学科信息搜寻"行为，是本着推进学科研究的目的，积极全面地搜寻信息的行为，显著特征是跨学科研究参与者提出明确提出有助于推进科研进程的信息寻求需求，并主动开展全面的信息搜寻，在本模型中分别搜寻"背景信息"和"能提供背景信息的信息源"，伴随信息搜寻行为的是同层级的"互动学习"，在合作初期是表面的行为模仿的从众行为，属于显性知识学习和转移，随着研究的深入，学习也逐渐向隐性知识学习的方向深入，最后达到大量信息视域重叠的信息共振现象。

（3）符号空间层，这一层需要揭示"待研究信息体"的意义及子问题之间的关联。

由于解释问题领域及子问题及其关联，是极复杂的认知过程，用到现有的多学科的知识成果和信息。信息源的学科差异导致对同一问题解释的不同，靠翻译、类比都很难解决观点冲突，找到关联，建立起共享的概念体系更需要投入大量的时间和精力。往往花费大量时间收集到的信息是离散的，不能提供好的解释作用，只能被废弃，交叉学科成果、项目报告、会议论文集这样的知识往往在新颖性和知识的多角度上具有优势，知识图谱、高价值信息源推荐服务都是有助于提高效率的选择。

因此，这一个信息寻求过程被建模为"获得背景信息"—"类比、翻译、整合"—"待研究信息体"—"跨边界行为",随着时间迭代或在循环序列中发生,需要调用互动层跨边界行为。因此符号层的因素受到了来自表面现象层和潜在现象层的共同作用。同时考虑信息行为的持续时间、信息源使用的频率以及最后形成的习惯和规律。因此,最后形成可以支持问题领域分解的"背景知识集或信息体",将有着相同"背景信息"的"信息域"划分到同一个领域。

当研究问题提出比较超前时,只能得到部分背景属于知识,部分背景只属于信息的情况,随着新的研究成果积累,"背景信息"逐渐变成"背景知识",支持着科学推理的逻辑。这里的背景知识成果发表并分布在符号空间,是公开访问的显性资源。"背景信息体"这个模型是参与跨学科研究的学者合作构建、分享的概念体系,可以起到在相关人员之间翻译观点和知识,共享的意义以指定差异和依赖关系,并生成一种关于问题的前进方法,是语义层面的边界对象。

(4)情感空间层,要解决到哪里(信息源)去收集提供"待研究信息体"的"背景信息和知识"和发现潜在新合作对象的问题。跨边界信息搜寻行为根据"背景信息"可以搜寻"能够提供背景信息的信息源",但在跨学科研究中需要合作的对象比较广泛,例如也许需要与政府、业界和非学术参与者建立合作关系,但每个人或团队都有自己访问信息源的局限性,这就需要根据需求感知潜在合作对象信息视域中相同的研究兴趣、价值观、技术工具和互补的知识,根据研究问题的背景信息需求来匹配信息源,建立合作关系。

在这一层,"主动跨边界信息搜寻和学习"—"获得能够提供背景信息的信息源"—"匹配"—"类比、翻译、整合"—"待研究信息体"等,又构成一条循环路径。这一层也受到自上而下和自下向上的作用。因为使用信息源有一定的惯性,当尝试了一种新的信息源并获得了所需要的信息,下次就会去重复访问这个信息源,得到一个有边界的"信息源视域"或"信息源知识集",这是藏于别人内在的隐性知识,如何探测感知这些隐性知识,需要借助于通过与人的交谈或协同信息搜索的观察,识别潜在的合作对象。

(5)形态空间层,"信息源视域边界"位于最深隐的现象层。原本一个人根植于的信息视域概念最具稳定性，是他生存的物理场域、学习经历、社会关系和文化等最根本的属性，是某一类人所共有的属性，或被称为某类人的"小世界"，不容易被改变，放在左边最底层。经由反复迭代的跨学科边界的信息搜寻行为带动的一系列行为，新的内容及渠道不断被解释不断被使用，尤其是个体感知的与他人信息视域中具有较多重叠部分（例如技术工具、人脉）而且知识互补的信息源被访问的频率高，被纳入原信息视域边界内（虚线左边部分），导致信息视域边界扩大，成为协同循环信息行为的情境。新的合作群体在一个相对稳定的时空背景中，各层级的因素按照左边的因果链一层层向上施加作用，从而完成协作构建跨学科问题意义的集体沟通。

图 4.8.3 虚线右边的模型，在元功能维度上遵循约翰逊模型中的划分：物质和组织形式。新内容及其所嵌入的信息视域，"待研究信息体""类比、翻译、整合""匹配"属于物资范畴；"跨边界信息行为""获得背景信息"和"获得能提供背景信息的信息源"属于组织形式或结构范畴——控制着这些物质被传递或表达的形式或方式。该模型包含了从明显的现象层到中介层、情感层和形态层的循环路径。得到了跨学科研究协同信息行为的两个情境："合作驱动"和"合作准备"。

4.8.4 对模型进一步理解

如图 4.8.3 所示的模型的贡献在于借鉴社会互动模型的构建机理，从元功能维度和现象层级维度，构建了跨界信息行为，影响内在的认知和对新内容和渠道的接纳以及情感和关系，最终改变潜藏在深层的单一学科信息视域约束的过程模型（图 4.8.3 的右边，增加了 6 种因素）；发现了在吸纳新学科内容的过程中中介现象层的因素受到了来自表面现象层和潜在现象层的共同作用，互动层面的不断改变方向的循环迭代主动跨学科信息搜寻，很好地起到了弥补原有学科信息视域的不足，一起支持对新问题领域解释和划分以及推理，最终扩大优化信息视域边界，支持以新视角展开跨学科研究；与约翰逊的模型有机结合，揭示了把外面的信息源拉入自己的信息视域内和将信息视域内的信息源分享出去两个过程的相互影响、不断循环的过程，构成了完整的跨学科协同信息行为影响因素链，推动跨学科研究问题的"待研究信息体"与"背景信息体"互动演进发展。

这种方法构建模型具有如下所列的不同于其他方法的独特性：

①基于信息视域理论构建协同信息行为影响因素因果链，将不同时间特性和不同现象层级的概念按照影响因果关系放在层次模型中，揭示了从物理的现实到无形的心理和精神层面的多层级的情景影响因果链关系。这不同于静态的稳定的信息视域分析方法。静态的信息视域分析，是通过用户自我描述和绘制自己的信息源使用偏好和习惯的方法，没有反映动态的特性，本书第三章第一节就采用了这种方法。不同于社会网络分析。社会网络分析方法可以分析社会网络特点，但不能解释社会网络中关系形成的深层次原因，不同于一般研究用户感知效能的行为影响因素模型。一般研究行为的影响因素是针对某一类行为进行研究，而不是针对一系列行为的相互作用的研究。

②基于信息视域理论构建协同信息行为影响因素因果链补充界定了跨学科研究的特定学术情景"待研究信息体""背景信息体"和提供"背景信息体"的"信息源域"，将科学研究的过去、现在、未来结合在一起，并将科学研究和信息行为结合在一起。在这个模型中，可以理解跨学科研究受到有意义的科学"问题"提出的"社会现实背景"的约束，受到当前的各学科发展下的认知水平、所积累的显性事实知识即"背景知识"的约束，受到跨学科研究提出者"能够访问到的信息源集"本身所嵌入的隐性的组织背景权利、资源、配置规则、文化所决定的"关系""情感"的约束，因此跨学科问题意义的建构需要集体在协作沟通中，将这些约束作为语境，理解并构建集体认同的更具有超越边界特性的意义。

不同于将外界环境作为行为的限制条件而固定起来的分析方法，在这类研究中，常常将外界环境作为初始条件，当成为一种固定的限制条件来处理，只考虑环境中的人和行为，当环境不存在时，更不会考虑行为与环境的互动影响。

③它有了更清晰的逻辑和更强大的解释能力和理论意义。

对于理解跨学科研究成果的语义有帮助。由于基于信息视域理论构建的协同信息行为影响因素因果链，补充界定了跨学科研究的特定学术情景："待研究信息体""背景信息体"和提供"背景信息体"的"信息源视域"，因而可以更合理地考虑学科、人、组织、现实环境等语境对语义的约束，从而更准确地理解跨学科研究成果的语义。

可以为跨学科合作组织设计提供参考。由于该模型还包含底层元素和明显元素之间的因果路径。在社会互动领域的六种元素中，从"情感"和"关系"出发，部分"内容"被"解释—传递"，部分"内容"作为组织形式如渠道、媒介被"选择—传递"，说明在意义建构中存在两种作用力：一种是合作者所嵌入的组织连接，一种是合作者之间的情感连接，两条路径相互作用。在跨学科研究中，由于研究问题的多面向性和复杂性，极少有可以重复解决问题的合作者和解决途径，完全依靠刚性的组织难以适应跨学科研究。面向问题需求，基于知识互补，以感情、兴趣作为凝聚力，可以吸纳更广泛研究者参与交流。

在约翰逊的社会互动模型中加入信息视域概念，可解释信息视域的变化。属于某同质社区的人具有相似的信息视域特征，但是若发生很多次跨越原来信息视域边界的信息行为，这个人的信息视域就增加了与某些外界的信息的链接，信息视域边界发生了改变，继而可能改变了后面的信息行为；可从文化等深层次根源上解释信息行为。信息视域包容了某类人所处的时代、地点、经历所受的教育等，当用这个模型来解释信息行为的时候，不仅解释某时刻某个人为了某任务而采取的信息行为，而是他们所根植的特定文化和信息环境影响下的某类人的信息行为，根据信息视域就可以判断与他所绑定的这些场域，可以判断他的信息行为起点和边界，也可以看到他的发展变化，这使得信息行为可被追溯。

模型还可以解释由多样化的信息视域人群构成的复杂适应性系统中，通过三种协同互动的组合模式，涌现出多样化的协同信息行为表现和多样化的合作组织形成和动态演化。在复杂的社会系统中，每个人的环境在某种程度上是独特的，从而导致了个体差异。因此，个人的行动和选择可能是情景驱动的，但情景的多样性使这一点难以发现。个人也可以选择最符合他们特征的情景，这进一步影响了情景的作用。人嵌入情景中，情景塑造了人的行为。"信息视域"反映一个人所嵌入的情景(组织框架、信息资源环境)、经历、习惯、社会地位、信仰等属性，它解释了社会资本和情感，社会关系和情感影响了对信息载体特性的判断、信息内容的解释以及选择，决定了信息搜寻、使用、组织、共享等社会互动行为和边界对象，一系列自底向上的因果因素的作用导致了多样化的行为表现。

越来越多的人认为，个人和群体不仅受到情景的塑造，也可以反过来塑造情景，人们可以改变制度环境的本质，带来制度创新。因此，这个模型是一个揭示了变化与不变的模型，最主要的就是时间概念。在模型中既有反映了过去的信息视域及行为的部分(左边部分)，也有反映当下信息行为部分(右边部分)，还有反映未来变化的最上层社会心理层和最下层社会形态层。这是因为虽然信息视域是一种时间持久的、稳定的概念，是深层级的因素，但同时信息视域还是可以被改变的。比如：它受到一系列跨边界信息行为(主动的信息搜寻、学习、反省等)的影响，信息视域会进化，信息视域之间也会发生交互作用，从而导致信息视域边界发生更大的变化。这是一种从表面现象层开始、在现实社会中互动、自上而下产生作用所导致的内在深层次的改变，因此层级之间的作用也不是同一个方向的，它可以交互作用。如此自上而下、自下而上地循环往复，最终导致组织形式的变化。

信息视域这一概念帮助我们理解个人的信息获取范围是有限的，基于就近原则和成本最小原则，进一步可以理解普通跨学科研究者具有将导师、师门内同学和检索工具、数据库作为主要的渠道和来源的偏好，因为一般的学生和青年教师很难进入较高层级的学术圈和与拥有更多知识的学者建立联系。但是，开放科学平台提供的开放获取、开放参与支持和新信息技术的应用，为普通研究者甚至一般民众能够自主地参与跨学科研究、进入科研学术交流圈提供了更多的机会。开源软件、实践社群、维基百科、联合实验室、数据科学中心、计算机支持的协作工作（CSCW），使受环境和个人条件制约的个人，通过主动的、持续的信息探索和学习，采取一系列跨越边界的互动行动，重新塑造信息视域，突破小世界、信息贫穷和学科壁垒，从而塑造环境中的知识网络。由此可见主动的跨界信息搜寻及一系列的协同信息行为所具有的作用，这也是从信息行为角度研究跨学科协同的意义之一。

第5章　其他情景下的跨学科协同信息行为特征及绩效

　　竞争日益激烈的全球经济和信息技术发展，允许发展更复杂的跨学科合作组织结构，来组织分散在世界各地的研究者进行合作研究。跨学科合作科研表现出多种形式：项目团队、研究小组、联盟网络、开源社区、实践社区、社会团体等。这些组织结构提供了社会互动的媒介和沟通交流的背景。随着组织结构的发展，面对面交流的可能性已经减少，但随着新媒体的发展，多样化的及时沟通工具允许民主参与发展集体智慧，以松散、自组织的机制支持协同知识生产，以适应快速变化的环境，不断创新。

　　从社会的角度重新审视信息行为问题就是视个人信息行为是嵌在组织背景和组织的信息环境中的，一方面，信息行为发生的社会环境强烈影响人们的信息源偏好和选择标准，以及人们调动和处理信息和知识的方式，还影响着信息的吸收和解释，进而影响组织绩效。另一方面，组织的整体结构以及个人在组织中的位置、各种沟通都影响组织绩效。

　　本章研究处在开放科学、软件开源社区、跨学科行动计划、在线学术社交平台和信息系统开发团队组织情景中的群体协同信息行为特征及其对组织绩效的影响，以验证和丰富跨学科协同信息行为的理论。

5.1 跨学科合作组织

20世纪90年代以后，越来越多的学者关注到新的技术发展背景下知识生产中出现的新模式，并就此展开讨论。这些模式中比较主要的几种为：创新体系、新的知识生产、三重螺旋方法和后学院科学，其中与跨学科研究活动最为相关的是新知识生产模式。

所谓新知识生产模式最早是由吉本斯（Gibbons）等提出的，他们称之为"模式2"（Mode 2，以区别于传统的知识生产模式，即Mode 1）①。这种模式具有如下一些特点：应用背景下的知识生产；开展研究活动的场所更为多样化，即有更多的组织参与研究活动；采用跨学科的方法和资源；以知识生产为目标的各种不同的技能和经验的组合；弱制度化的、临时的和异等级结构的组织形式；以及不仅通过同行评议，而且依托更宽泛的"应用"标准的质量控制。根据这一模式，研究工作开展的背景、学科基础、研究人员的组织形式、资助的提供以及获取方式、研究者所承担的社会经济责任以及判断研究质量的标准都与传统的知识生产模式有所不同，而学科也似乎丧失了它们此前所独有的一些作用。

关于跨学科组织主要的运行模式，很多学者早有著述。有学者将跨学科组织模式划分为两种：一是课题组，二是大学研究院。有学者将其划分为七种，分别是跨学科学院（学系）、跨学科研究院与研究中心、学科群、跨学科计划（项目组）、跨学科重点实验室、跨学科工程研究中心（科学园）、学科交叉研究会（协会）等。有论者将其划分为四种：跨学科计划、跨学科课题组、跨学科实验室和跨学科研究中心。还有学者将其划分为依托国家重点实验室模式、跨系或跨学科研究中心模式或研究所模式和独立设置的跨学科研究中心模式。如此多的划分方式和模式，反映了不同学者研究同一问题时具有不同视角和立场，并无对错之分。但普遍存在的问题是很

---

① 迈克尔·吉本斯，等. 知识生产的新模式：当代社会科学与研究的动力学[M]. 北京：北京大学出版社，2011.

多学者在划分主要运行模式时，并没有给出划分的明确标准，容易产生"随意之嫌"。

5.1.1　跨学科研究的三种主要运行模式

大学跨学科组织分为三种主要的运行模式：跨学科课题组、跨学科研究中心和大学研究院。

（1）跨学科课题组。

跨学科课题组由学者群演化而来，他们对特定的项目或研究课题感兴趣，并以此为纽带而组建的一种跨学科组织。跨学科课题组是大学矩阵中最基本的单元，是较为隐蔽的一种非正式组织模式。如图 5.1.1 所示。

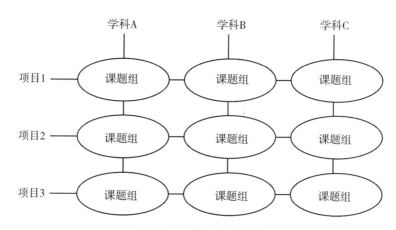

图 5.1.1　跨学科课题组

课题组是以项目为纽带，由志趣相投的研究者自愿结合起来的科研团体。它具有两个显著的特征：一是没有正式的组织形式、固定资源和人员，这可以大大节约研究的成本；二是具有"有项目结社，无项目散伙"的灵活性。总的来说，在跨学科科研项目不多、项目申请难以预测或项目综合性较小等诸如此类的科研环境中，课题组模式具有较好的适应性，它既可以因需适时联合不同专业从事跨学科科研，也可以因科研告一段落而自行重新组合研究力量。课题组的这些特征对科研基础薄弱的高等院校甚为适用。但是，在跨学科研究迅速扩大发展的情景下，自发组织起来的课题组由于缺乏进行事前规划、协调活动的组织以及相关的研究设施，显得被动和滞后，不利于前瞻性地推动跨学科研究的发展。

（2）跨学科研究中心。

跨学科研究中心是承担传统院系无法容纳的边缘学科、交叉学科和新兴学科研究任务的正式机构。它是大学中最重要的跨学科组织，在研究型大学中的作用尤为突出。如图 5.1.2 所示。

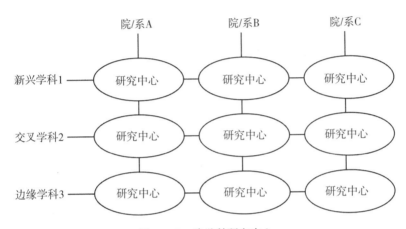

图 5.1.2　跨学科研究中心

与课题组不同，研究中心由于有比较完备的规章制度和稳定的组织形式，可以为跨学科研究持续开展提供组织和体制上的保证；作为一个正式机构，研究中心在传统院系之外围，为边缘学科、交叉学科和新兴学科提供生长发展的空间和温床，适应当代学科高度综合的发展趋势；有助于引来投资、留住或吸引特殊人才，还有助于开展跨学科教育，培养跨学科人才等。它是一种适合于综合性研究型大学的组织方式。从大学的层面来看，长期以来，大学仪器设备的使用权主要控制在单个部门的手中。每个部门都力求使自身的装备"小而全"。这便造成了大量重复购置的现象，而且由于专供本部门使用，所以设备停用现象也很严重。在这种状况下，研究中心的设施装备建设也难以摆脱传统"公买私用"的窠臼。这样，研究中心就进一步分散了大学现有的资源，使大学有限的投入难以得到充分、高效率的利用。.

目前，多数大学跨学院（系）、学科设置的研究中心就属于这一类。如上海交通大学微米纳米科学技术研究院、浙江大学生物医学工程研究所、南京大学的材料科学研究中心等。除此之外，还包括一些国家资助和扶植的国家工程研究中心、国家级跨学科重点实验室等。国外的例子有英国剑桥大学横跨化学、物理学、材料科学、地学的超导研究中心和德国柏林工业大学"人类机器"学习系统研究中心等。

（3）大学研究院。

大学研究院是一种新型的跨学科组织模式，是相对独立于大学内其他研究和教学组织并超越学院层次的高起点、高标准、高要求的开放式跨学科组织。在我国，大学跨学科研究是作为大学机制体制的创新尝试，于 1993 年开始出现的。在今天，它仍处于探索阶段。对这种未定型的组织模式似乎是很不恰当的。但是，鉴于大学研究院与上述两种模式的跨学科组织有着明显的差别，本部分是在便于分类的意义上使用"模式"这个词汇的。在我国，这种组织模式的产生有利于大学学术组织向信息化、扁平化和灵敏化方向转变。如图 5.1.3 所示。

大学研究院是课题组和研究中心两类模式自然发展的产物。与课题组相比，它拥有较为稳定的组织结构，独立于任何院系之上，可以将学校的研究特长与对社会需要的敏锐判断结合起来，高瞻远瞩地整合资源，推动跨学科研究的发展。与研究中心相比，它具有灵活性和高效性。有项目时，研究院可以根据研究项目的需要，迅速组织起全校的科研智慧集体攻关；项目结束后，研究院可以通过研究人员返回原单位，将跨学科的研究成果转为新的知识引入其所属学院的教学活动中去，充实和更新传统的学科领域，实现跨学科研究、传统学科和教学的良性互动。在科研设备的使用方面，研究院没有自己固定的设备，但它可以根据研究的需要，有计划地把各院系、学科分散购置，把封闭使用的仪器设备、实验室进行适当集中和科学整合，实现资源的流动与共享。

国内属于这种模式的跨学科组织有复旦大学成立的发展研究

院、东华大学的现代纺织研究院、河海大学科学研究院、重庆大学可持续发展研究院、西安交通大学的科学研究院等。国外的例子有哈佛大学豪泽非营利组织研究中心、麻省理工学院的生物学计算化系统化首创组织、斯坦福大学的经济政策研究所等。

由上述内容可以看出，这三种模式分别适用于不同的范围，可以同时存在；这三种模式渐次发展，后一种模式高于前一模式；大学研究院是在跨学科课题组与跨学科研究中心模式上发展起来的高级形态。

5.1.2 跨学科研究组织的新发展

现代组织的信息背景正在迅速发展，现代科研、创新组织本身的形式也在不断变革。(1)科研合作多样性凸显，社会化参与与新组织形式不断涌现，合作边界不断扩展，出现诸如分包、众筹、项目团队、知识供应链、实践社群、开源社区、共创空间、联合实验室、科学数据中心等组织形式。(2)数字创新使得限制变少，创新过程和结果之间更复杂。随着数字化不断改变创新成果的结构性边界和创新过程的时空边界，创新机构中较少有预先定义的变化，创新组织向具有不同目标、动机和能力的创新集体转变。(3)社会创新正在进入一个新的阶段。在这个阶段，人们越来越认为它不仅为局部问题提供解决方案，而且为更具系统性和结构性的问题提供解决方案。社会创新呈现高度开放性、流动性和多样性的特征，被视为解决复杂的社会问题和挑战的巨大优势之一。在过去的 20 年里，由于信息和通信技术的改进，全球科学合作和通信系统正在迅速发生变化和增长，这种增长改变了创新和生产的传统合作实践，包括各个科学领域的"传统"研究和合作实践。协作与协作的科学系统的转变引起了人们对科学组织新形式的研究兴趣，因为这些平台上的协作与通信是自愿的，因此，协作机制是自组织的。不同于正式的科研项目团队和基于市场进行分包、交换的知识供应链。这些平台上的协作源于兴趣、公益，例如集成特定框架的(如社会创新平台)开放式协作。然而，社会创新和随之而来的话语逻辑尚未围绕一个单一的、共同的定义和绩效衡量标准或商定的规则进行合并，导致构成社会创新的行动范围和多样性无法被简单分类。到目前为止,还没有既定的社会创新范式,然而,有明显的迹象表明,人们对这一制度空间的兴趣正在增长。社会创新是一个引入新产品、过程或程序的复杂过程,从而深刻地改变了社会系统的基本惯例、资源和权威流或信念。这种成功的社会创新具有持久性和广泛的影响。社会创新不同于经济创新,因为它不是引入新型的生产或开发新市场本身,而是以更令人满意的方式给人们在生产中以位置和角色来满足新需求。(4)开放合作环境和 IT 技术的应用,不同组织形式的增长突出了治理结构的重要性,特别是组织间的关系,以及非正式组织和公众群体之间的关系。这些新形式是发现它们日益多元化的子群体之间相互关系的潜在基础。这与传统的"组织信息行为"和基于组织的"小世界"的范式有所不同。

5.2 开放科学背景下跨学科研究者面对面的沟通对绩效的影响

沟通在跨集体和个人层面的互动和改变个人信息视域方面起到很大的作用。与"主—从"关系中的从属方依赖主导方来获取信息源不同,在对等关系中,跨学科研究者要决定到哪里直接搜索信息,需要他们将自己所嵌入的社会关系划分为远近不一的从属群体。而划分从属群体的前提是首先需要知道知识在人们中间的分布,尤其是那些远离自己学科的专家或群体,哪些人更有可能拥有高水平的隐性知识,哪些人又拥有更多学科的知识或人脉关系,如何选择对象建立联系等,这些对于知识共享和发展共同观点至关重要,是需要跨学科研究者决策的问题。

本章以国家生态分析和综合中心(NCEAS)为例①,研究开放科学背景下对等关系中的跨学科沟通行为对绩效的影响,分析沟通结构的特点及其形成原因。

---

① National Center for Ecological Analysis and Synthesis. Transformational science. Accelerated discovery [EB/OL]. [2022-10-04]. https://www.nceas.ucsb.edu/.

5.2.1 研究背景与意义

在 20 世纪 90 年代早期，生态学家们开始致力于用分散的数据来讨论生态这个全学科的问题，希望不仅要结合现有不同的、分散的数据，还要寻找新的、更综合的见解，通过开展大范围的合作来研究生态问题。这些想法和讨论的产生一方面缘于互联网的兴起，以及对其彻底改变信息可及性的潜力的认识；另一方面，缘于生态学以外学科的研究者越来越多地参与解决环境问题。综合、数据访问和协作等概念，导致用整合数据、理论和方法来加深对自然世界理解的时机成熟了。这些概念为美国国家科学基金会（NSF）提出的最终具体想法提供了信息，该基金会希望由一个机构主办一个一流的生态综合研究中心。加州大学圣巴巴拉分校提交了投标申请并获得了该奖项，1995 年，国家生态分析和综合中心（NCEAS）诞生了。

国家生态分析和综合中心（NCEAS）研究人员的背景涉及传染病、海洋生态学、数据分析等各种领域。NCEAS 创立的目的是集合现有的数据集，开发高效的数据分析工具，建立模型解决现实世界中一系列的生态问题。NCEAS 培养了一个由生态学家和多学科环境科学家组成的全球社区，他们渴望通过合作、综合研究来解决一些最棘手的环境问题。在没有固定教员的情况下，他们通过工作组参与者、博士后研究人员或研究员的常驻科学家和来访科学家的动态参与来保持活力——他们共同为合作的成功负责。通过将研究者独特的经验带到桌面上，相互交换了关键的见解，不仅产生了高影响力的科学成果，而且为世界各地提供了进一步的研究和解决问题的模式，这个创新者网络也有助于促进整个科学界的合作文化。

作为环境数据科学的领导者，NCEAS 领导了技术解决方案的开发，以提高数据访问和管理以及分析的效率，帮助制定了数据伦理方面的科学标准。因此，这项工作使他们成为另一种文化转变的先驱：开放科学。NCEAS 的影响超越了科学知识和实践，进入了公共政策和资源管理的领域。随着将科学应用于解决方案，NCEAS 与自然保护协会、国际保护协会和野生动物保护协会等知名组织合作，加强实地努力，建立一个让人类和自然茁壮成长的世界。

　　本节以国家生态分析和综合中心（NCEAS）为对象，在统计分析项目合作的基本数据的基础上，从 NCEAS 科研计划中选取编号为 3980 和 2179 的两个团队利用社会网络分析方法进行实证网络研究，对比分析两个团队知识网络，以期发现面对面知识协作活动对知识网络的影响。

5.2.2　国内外研究综述

5.2.2.1　科研合作背景

　　组织框架被认为是固有的界定，为个人提供了行动和解释特定"活动集"的背景。沟通的一个基本属性是提供问题的定义、意义和概念化解释，而这些解释取决于背景。从根本上说，管理的有效性是基于对意义的管理，这在很大程度上是通过组织框架来完成的。在这里，我们重点关注那些为组织内部的交互提供更广泛背景的框架。例如，互动框架通过促进对意义的某些层次的共同理解，将互动者导向事件本质并建立持续互动的最终目的，构成交流发生的基本背景。框架通过发展上下文和意义之间不可分割的联系，为组织内部的合作关系提供了基本的支持结构。

　　开放科学平台。该平台上的协作是自愿的，协作机制是自组织的。对这些平台的研究兴趣集中在"为什么参与""如何参与""平台如何增长"以及"成员通过平台获得什么"，将合作组织当成一个复杂自适应系统，研究网络的形成、结构及演化。

　　跨学科科研团队。跨学科打破了传统的学科边界，围绕特定目标将分散在不同学科的相关研究人员进行聚集，形成相对稳定的组织与联盟。这些成员有各自的核心优势，他们在组织内部进行资源共享，分工合作展现出优化组合的最大优势。因此，科研团队很好地契合了研究任务数据密集型和与现实问题紧密相关的特点与需求。我国很多重大科研项目如 863 计划、科学自然基金等均采用科研团队的组织形式，取得了极大的成功。但目前我国大部分的科研团队都是围绕某一项目临时组建的，缺乏成熟的协同机制，当成员间出现技术标准、硬件环境、组织文化等不一致的情况时，研究团体会出现时间与成本效率低下的情况。

实践社群。一般来说，实践社群（CoPs）是基于知识的社会结构。根据温格、麦克德莫特和斯奈德（2002）的说法，实践社群（CoPs）是"对一个话题有共同关注和激情的群体，通过不断的互动加深了他们在这一领域的知识和专业技能"。①实践社群（CoPs）是一种情境学习理论——通过参与和实践在课堂外进行非正式学习，后来发展为知识管理（KM）的形式。实践社群出现在项目团队和知识网络之间的社会空间中。他们是由一群志同道合、相互作用的人组成，他们过滤、分析、投资和提供、召集、建立、学习和促进，以确保在他们的领域中更有效地创造和分享知识。

这几种组织在合作边界的开放程度上有一定程度的不同，本书要研究的对等关系更接近完全开放的组织框架，但在整个开放框架中也嵌入了实践社群、项目团队和工作组等。

5.2.2.2 沟通与协作紧密度

人类沟通主要分为人际沟通、个人与环境的交流、大众传播和媒体传播，本研究主要关注人际沟通。科研协作紧密度的一个影响因素是成员角色的匹配程度。科研协作紧密度是专业能力不同、机构不同、性格不同的成员在同一个团队内的合作程度，是科研团队能否实现"1+1>2"效果的关键。成员在团队中既扮演着"任务型"角色，也扮演着"协作型"角色，即成员不仅要发挥自己的专业优势完成任务还要营造和谐融洽的协作氛围。团队成员"任务型"角色的匹配程度决定其能否充分发挥自己的专业知识与技能，而"协作型"角色的匹配程度决定其能否与他人融洽相处。Mayer 等（2001）提出，团队任务的划分是否科学、成员间的个体目标是否冲突、每个成员是否清楚团队和其他成员对自己的要求与期望等因素都会影响成员的协作效率②。

---

① Wenger E, McDermott R, Snyder W. Cultivating Communities of Practice [M]. Boston, MA: Harvard Business School Press, 2002.

② Mayer J D, Salovey P, Caruso D R, et al. Emotional Intelligence as a Standard Intelligence[J]. Emotion, 2001, 1(3): 232-242.

　　科研协作紧密度的另一个影响因素是团队内部沟通的有效性。巴纳德（Chester I. Bamard）认为，组织的组成要素包括成员具有共同的目标、成员以集体利益为先、成员间存在信息沟通的可能。而有效的沟通是成员形成共同目标并培养团队精神的基础。Rayner认为，有效的沟通不仅可以增进成员间的感情，使团队形成集体意识与凝聚力，还实现了成员间的信息共享、优势互补①。Fulk 和 DeSanctis 提出，沟通媒介和使用行为与沟通效率密切相关②。Lengel 以媒介富裕程度为标准将面对面沟通列为最合适的沟通方式；其余依次为：电话、个人书面文本（信件或备忘录）、正式书面文体（文件、公告）以及正式数字文本（数据）③。哈佛大学与哥伦比亚大学的一项研究也表明，面对面沟通是最有效的沟通方式。

　　沟通行为可以被描述为将任何社会组织联系在一起的过程。沟通结构传统上被认为是组织沟通调查的中心领域之一，主要采用网络分析。研究发现当强大的网络联系与类似的网络形成时，它们会限制创造力，从而限制对新信息的接触。McFayden 等研究了网络密度和强度发现，与由稀疏网络组成的成员比保持紧密联系的成员具有最大的创造力；桥梁"结构洞"或网络未连接部分被发现可以增加创造力④。此外，当跨越边界的个人共享共同的第三方关系时，跨越结构洞的桥梁关系尤其有利于创造力。

　　正式组织的沟通结构的研究方法关注以下结构特征：组织层次中所代表的正式权威关系、劳动分化和正式的协调机制。这种传统的通信结构观点强化了管理者通常持有的一些假设：信息沿着组织结构图所代表的管道流动，没有阻塞或中断，由管理负责信息到达

　　① Rayner S R. Team traps：What They are，How to Avoid Them［EJ/OL］.［2022-09-01］https：//doi. org/10. 1002/npr. 4040150311.

　　② Fulk J，DeSanctis G. Electronic Communication and Changing Organizational Forms［J］. Organization Science，1995，6（4）：337-349.

　　③ Daft R L，Lengel R H. Organizational Information Requirements，Media Richness and Structural Design［J］. Management science，1986，32（5）：554-571.

　　④ Burt R S. Structural Holes：The Social Structure of Competition［M］. Cam-bridge，MA：Harvard University Press，1992.

他们的目的地。正式组织结构是对信息源的刚性划分，需要更多的协调。在非正式组织中，一个组织就是一个通信网络，其中参与者或子单位经常处理资源和信息。

5.2.2.3 知识交流

知识交流是新知识产生的重要途径，成员将自己拥有的相关知识进行共享，使团队成员从多方面角度思考问题，提高团队解决难题的能力。团体内部的知识交流既包括成员通过沟通将个人知识转化为集体智慧，也包括吸收集体知识将其内化。在知识交流的过程中，知识在不同的成员间传递、转化，实现知识的合理运用和新知识的产生。

团队内部知识交流按其参与人数的多少可以分为两人交流与群体交流。两人交流就是沟通发生在两人之间，是进行知识交流的最基本单位；群体交流是由多个两人交流组成的沟通网络，成员间可能是直接交流，或以他人为桥梁进行间接沟通。

团队内部的知识交流按照交流方式的不同，可以分为正式交流与非正式交流。正式交流在一定原则下进行，是有组织的、有明确目标的知识交流活动。非正式交流是指正式交流以外的知识交流，是隐性知识传递的重要途径。

知识交流的途径多种多样，显性知识可以通过科技期刊、科学书籍、电子出版物和因特网的方式进行传递。而隐性知识难以以文字的形式记录，需要在对话的过程中传递。隐性知识的交流渠道通常为虚拟团队活动、定期或不定期的培训活动、工作研讨会或经验交流会、知识社区。

5.2.2.4 科研协作紧密度分析

（1）网络分析方法。

网络分析是一种非常系统的方法，用来检查组织内部正式和非正式的通信关系的整体配置。网络分析的一个实质性优势在于，它能够跨多个分析层次提供与通信结构的实体相关的信息，包括人际关系、群体、整个组织和组织以外的其他信息。

科研团队的协作紧密度具体来说就是，专业能力不同、机构不同、性格不同的成员在同一个团队内的合作程度，是科研团队能否实现"1+1>2"效果的关键。从合作网络结构上看，在合作紧密的团队内，成员之间的合作交流更加频繁，凝聚力视角的中心假设是，个体之间的交流越频繁和越有同理心，他们的观点和行为就越有可能彼此相似。因此，通过社会网络分析法对成员构成的协作网络进行定量分析，从测度个人在整个合作结构中的定位，合作结构中个体之间的链接、中心性、凝聚子群、边缘—结构等分析指标探究成员间关系的紧密程度。

①中心性分析。

中心性用于分析个人在网络中的定位。中心度按照计算方法的不同分为点度中心度、中间中心度与接近中心度，但这三种中心度都是描述对象在网络中所具有的领导力或影响力。

点度中心度又分为绝对点度中心度与相对点度中心度。某一点绝对点度中心度等于与该点有直接连接的点的个数，而某一点相对点度中心度是该点绝对中心度与该网络最大可能的度数的比值。在一个知识网络中，如果一个成员能与许多其他成员进行直接联系，那么他就能对较多的成员施加直接影响，在该网络中具有较大的影响力。

中间中心度描述的是社会活动参与者对资源的控制情况。在一个知识网络中，节点 A 与节点 C 不存在直接连接，但节点 A 与节点 B 直接连接，节点 B 与节点 C 直接连接，即节点 B 是节点 A 与节点 C 相连的桥梁。中间中心度描述了节点在网络中的控制力。

接近中心度描述了节点到达其他点的难易程度。在知识网络中，如果一个成员可以很容易地与其他成员进行信息交流，说明其具有较高的接近中心性，在网络处于核心位置。

②凝聚子群分析。

密度是通过将特定网络中实际的线数除以可能的数量来决定的。凝聚子群密度描述子群网络内部的连接程度，反映了内部个体之间信息交流的情况。凝聚描述的是围绕特定节点组织起来的凝聚力程度。计算凝聚子群的方法有两类，一类以节点程度计算，一群相连的节点视为一个小团体；另一类以距离计算，在一定距离内可达的节点为一个小团体。本书分析的知识网络是无向网络，选择 N—派系分析方法。凝聚子群分析可以将科研协作整体网络按照节点的紧密程度划分成若干个小团体，识别出关系紧密的成员，不同团体间的桥梁和了解整体网络的连通性。

凝聚子群的密度等于子群密度与整个网络的密度之比。该指数的取值范围为[-1, 1]。该值越向 1 靠近，表明关系越趋向于发生在群体之外，意味着派系林立的程度越大；该值越接近-1，表明子群体之间的关系(即外部关系)越少，关系越趋向于发生在群体之内，意味着派系林立的程度越小；该值越接近 0，表明关系越趋向于随机分布，看不出派系林立的情形。

③核心—边缘结构分析。

核心—边缘结构分析按照网络中各节点连接的紧密程度，将整个网络分割为核心部分和边缘部分。在知识网络中，处于核心部分的成员与他人合作较密切，在研究团队中处于核心位置。

(2)组织文化方法。

组织文化方法的关键优势在于它在解释特定沟通结构中表现出的潜在背景因素方面很有用。因此，文化方法为研究背景提供了巨大的潜力，因为文化的各种要素都限制了个人的行为，通常可以作为组织中行动的指导。NCEAS 培养了一个由生态学家和多学科环境科学家组成的全球社区，这个创新者网络也有助于促进整个科学界的合作文化，反过来这种文化对知识沟通网络的发展也有影响。

5.2.3　数据分析

5.2.3.1　数据收集

NCEAS 科研项目小组的成员往往来自不同的科研机构，不同的地区甚至不同的国家，他们会借助通信工具进行远程沟通，也会组织科研活动进行面对面的交流。NCEAS 的管理者将项目的活动记录、成员的联系方式、科研团队的研究成果在 NCEAS 的网站(https：//www. nceas. ucsb. edu/projects)上公布。

本书的数据就来自 NCEAS 网站，选取时间截至 2016 年，已经完成的 529 个科研项目作为研究对象，除去数据缺失的项目 249 个，得到样本数据 280 个。研究主要选取样本组织面对面知识协作活动的次数、活动的种类、团队的成员、团队的成果进行统计分析。

5.2.3.2　NCEAS 面对面知识协作活动的总体分析

NCEAS 项目的投资人可以是一个人也可以是多个人，单人投资的科研团队维持的周期相对较短，展开的科研活动也单一，多为 Postdoctoral Fellow、Center Associate、Graduate Student 等。多人投资的项目最经常采用的活动方式是 Working Group，其他的活动方式有 Meeting、Workshop 等。

通过初步的统计发现，如表 5.2.1 所示，在 280 个样本科研团队中，面对面知识交流活动数的最大值为 43（项目编号为 3980），活动数的最小值为 1，均值约等于 3。

表 5.2.1　科研活动数描述性分析

	N	极小值	极大值	均值	标准差
活动数	280	1	43	2.74	3.274
有效的 N（列表状态）	280				

280 个科研团队，面对面知识活动次数的分布情况如图 5.2.1 所示。从图中我们可以了解只组织过一次面对面活动的科研团队占到样本总数的 45%，组织过两次活动的科研团队占样本总数的 20% 左右，这说明大部分的科研团队并不重视面对面的知识交流活动，只有极个别团队可以持续组织面对面知识交流活动。

对活动种类进行统计发现，编号 2150 的项目活动类型最多为 6 种，由极小值与均值的相近我们可以知道，280 个科研团队样本中大多数只采用一种知识活动。根据记录我们发现，如果项目资助人只有一个人，他往往会采用研究生活动，访问小组等活动方式；如果项目资助人是两个人或两个人以上，他们往往会选择工作小组的方式。

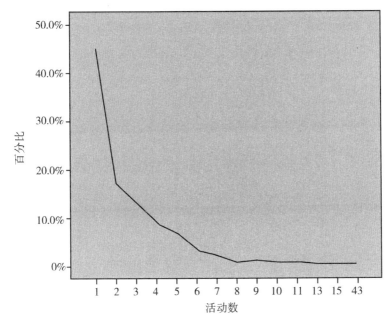

图 5.2.1 活动次数分布曲线

表 5.2.2 活动种类描述性分析

	N	极小值	极大值	均值	标准差
活动种类	280	1	6	1.29	0.666
有效的 N(列表状态)	280				

　　280 个科研团队，活动种类分布情况如图 5.2.2 所示。从图 5.2.2 可以看到 80%的科研团队只组织过一种知识活动。这说明跨学科、跨机构、跨机构的科研团队在组织面对面知识交流活动方面还存在不足，活动的持续性与多样性都有待提高。

　　如表 5.2.3，将活动数位于前 17 名与活动种类位于前 17 名的项目编号进行比较，我们发现编号为 3980 的科研项目团队组织活动很多、活动种类也很多样，说明编号 3980 的团队面对面知识协作活动组织的效果很好，选择其为实证研究对象。为了消除活动种

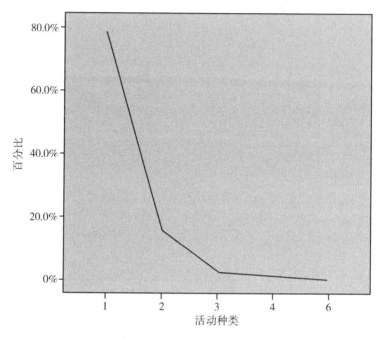

图 5.2.2　知识活动种类分布

类对协作效率的影响，探究活动次数对协作效率的作用效果，我们
选取活动种类为 4 但活动次数为 3 的编号为 2179 的科研团队作为
另一个实证研究对象，与编号 3980 进行对比分析。

表 5.2.3　活动数与活动种类数位于前 17 位的项目编号

项目编号	活动数	项目编号	活动数
3980	43	2150	6
2214	15	3980	4
2080	13	2080	4
2002	11	2290	4
6680	11	2179	4

项目编号	活动数	项目编号	活动数
2064	10	2059	4
2290	9	2214	3
2279	9	2002	3
2165	9	6680	3
2088	8	2820	3
2154	8	2049	3
2820	7	2120	3
4860	7	2010	3
2208	7	12592	3
4160	7	2064	2
3221	7	2279	2
2224	7	2088	2

5.2.3.3 NCEAS 中 3980 团队面对面知识交流活动分析

3980 团队共组织 43 次面对面知识交流活动，其中 Working Group 有 37 次，Graduate Student 有 3 次，Training Workshop 有 1 次，Other 有 2 次。

（1）NCEAS 中 3980 团队协作紧密度分析。

①点度中心度。

利用 UCINET 进行点度中心度分析，了解各节点与其他节点直接连接的情况，结果如表 5.2.4。第一列是绝对点度中心度，第二列是相对点度中心度。从结果可以看出，绝对点度中心度最高的是 Fursich FT，值为 47，即 Fursich FT 可以与团队中的 47 名成员进行直接知识交流。绝对点度中心度的最小值为 0，表明该作者不能与团队内其他成员进行直接沟通。

表 5.2.4　编号为 3980 团队点度中心度

		1	2	3
		Degree	*NrmDegree*	*Share*
5	Fursich F T	47	5.275	0.078
4	Aberhan M	40	4.489	0.066
3	Wagner P J	39	4.377	0.065
1	Kiessling W	39	4.377	0.065
6	Kosnik M A	38	4.265	0.063
		……	……	
75	Elton S	0.000	0.000	0.000
22	Newman M	0.000	0.000	0.000

表 5.2.5 是点度中心度位于前 15 位的作者与发文数位于前 15 位的作者的对比,我们发现 Fursich FT 的发文数只位于第五位但点度中心度却位于第一位,这说明 Fursich FT 知识交流的范围很广。

表 5.2.5　点度中心度与发文数位于前 15 名的作者

编号	作者	点度中心度	编号	作者	发文数
5	Fursich F T	47	1	Kiessling W	14
4	Aberhan M	40	2	Alroy J	13
3	Wagner P J	39	3	Wagner P J	10
1	Kiessling W	39	4	Aberhan M	10
6	Kosnik M A	38	5	Fursich F T	9
2	Alroy J	35	6	Kosnik M A	7
14	Kowalewski M	26	7	Miller A I	7
10	Madin J S	21	8	Patzkowsky M E	6
16	Plotnick R E	18	9	Foote M	5
34	Behrensmeyer A K	17	10	Madin J S	5
21	Gastaldo R A	17	11	Tomasovych A	5

续表

编号	作者	点度中心度	编号	作者	发文数
25	Kidwell S M	17	12	Peters S E	4
28	Rogers R R	17	13	Connolly S R	4
7	Miller A I	13	14	Kowalewski M	4
22	Hendy Austin J W	9	15	Holland S M	3

②中间中心度。

利用 UCINET 进行中间中心度分析,了解成员对知识资源的控制力。如表 5.2.6 所示,Kiessling W 的中间中心度最高,为 253.326,标准化中间中心度为 5.222,中间中心度高的人是不同群体之间的中介,可以促进、阻碍或偏向来自不同群体的信息传输,说明其在团队中对知识资源具有极大的控制力。另一方面,在 97 名成员中有 78 名成员的中间中心度为 0,占总数的 80%,这说明大部分的成员对知识资源不具有控制力,这种现象也符合经济学中著名的"二八定律"。

表 5.2.6 编号为 3980 团队中间中心度

		1	2
		Betweenness	*nBetweenness*
1	Kiessling W	253.326	5.222
7	Miller A I	192.950	3.978
5	Fursich F T	192.683	3.972
4	Aberhan M	168.795	3.480
14	Kowalewski M	153.481	3.164
		......	......
99	Bulinski K V	0.000	0.000
100	Newman M	0.000	0.000

③凝聚子团分析。

以合作关系为边建立的知识网络是无向网络，所以本书选择 K-丛的方法进行凝聚子团分析，得到如表 5.2.7 所示的结果。K 的取值为 2，共找到 400 个 2-丛，规模为 3 的 2-丛最多占总数的 74.1%，规模为 4 的 2-丛占总数的 14.7%，规模为 5 的 2-丛占总数的 4%，规模为 6 的 2-丛占总数的 3.7%，规模为 7 的 2-丛占总数的 2.7%，规模为 8 的 2-丛占总数的 0.4%，规模为 10 的 2-丛占数的 0.4%。2-丛规模的均值为 4.47，下面列出规模为 5 的 2-丛，我们看到 Kiessling W、Aberhan M、Wagner P J 几乎在每一个小团体中都会出现，说明这几个成员的合作范围非常广，好几个团队围绕这几个节点组织起来，它们还是不同团体间的桥梁。

表 5.2.7　规模为 5 的 2-丛成员列表

编号	成员
2	Kiessling W, Alroy J, Wagner P J, Aberhan M, Hendy Austin J W
3	Kiessling W, Alroy J, Wagner P J, Aberhan M, Brenneis B
20	Kiessling W, Wagner P J, Aberhan M, Fursich F T, Hendy Austin J W
22	Kiessling W, Wagner P J, Aberhan M, Kosnik M A, Hendy Austin J W
23	Kiessling W, Wagner PJ, Aberhan M, Kosnik MA, Brenneis B
24	Kiessling W, Wagner P J, Aberhan M, Madin J S, Hendy Austin J W
25	Kiessling W, Wagner P J, Aberhan M, Madin J S, Brenneis B
26	Kiessling W, Wagner P J, Aberhan M, Kowalewski M, Hendy Austin J W
27	Kiessling W, Wagner P J, Aberhan M, Kowalewski M, Brenneis B
28	Kiessling W, Wagner P J, Aberhan M, Hendy Austin J W, Brenneis B
40	Kiessling W, Aberhan M, Fursich F T, Madin J S, Scarponi D
41	Kiessling W, Aberhan M, Fursich F T, Madin J S, Wood S L B
42	Kiessling W, Aberhan M, Fursich F T, Madin J S, Hoffmeister A P
44	Kiessling W, Aberhan M, Miller A I, Kowalewski M, Hendy Austin J W
147	Wagner P J, Aberhan M, Miller A I, Kowalewski M, Hendy Austin J W
386	Ivany L C, Wall P D, Brett C E, Wall H L B, Handley J C

对该网络的凝聚子群密度进行计算，密度为-0.032，非常接近 0 这说明成员间没有派系林立的情形，成员可以和很多人进行知识交流与沟通。

④核心—边缘结构分析。

Ucinet 的分析结果为，核心部分：Kiessling W、Alroy J、Wagner P J、Aberhan M、Fursich F T、Kosnik M A，其余成员为边缘部分。

5.2.3.4　NCEAS 中 2179 团队面对面知识交流活动分析

2179 团队共组织 3 次面对面知识交流活动，其中 Working Group 有 2 次，Meeting 有 1 次。

（1）NCEAS 中 2179 团队协作紧密度分析。

①点度中心度。

利用 UCINET 进行点度中心度分析，了解各节点与其他节点直接连接的情况，结果如表 5.2.8 所示。第一列是绝对点度中心度，第二列是相对点度中心度。从结果可以看出，绝对点度中心度最高的是 Hoekstra J，值为 23，即 Hoekstra J 可以与团队中的 23 名成员进行直接知识交流。绝对点度中心度的最小值为 0，表明该作者不能与团队内其他成员进行直接沟通。

表 5.2.8　编号为 2179 团队点度中心度

		1	2	3
		Degree	*NrmDegree*	*Share*
2	Hoekstra J	23	9.787	0.066
3	Fagan W F	20	8.511	0.057
1	Boersma D	19	8.085	0.054
4	Kareiva P	15	6.383	0.043
8	Hatch L	15	6.383	0.043
		……	……	
37	Clark J A	0.000	0.000	0.000
41	DeWeerdt S	0.000	0.000	0.000

表 5.2.9 是点度中心度位于前 15 位的作者与发文数位于前 15 位的作者的对比，我们发现 Hoekstra J 的发文数与点度中心度都位于第一位，这说明发文量是成员在网络中地位的基础。

表 5.2.9　点度中心度与发文数位于前 15 名的作者

编号	作者	点度中心度	编号	作者
2	Hoekstra J	23	1	Boersma D
3	Fagan WF	20	2	Hoekstra J
1	Boersma D	19	3	Fagan W F
4	Kareiva P	15	4	Kareiva P
8	Hatch L	15	5	Gerber L R
6	O'Connor R J	15	6	O'Connor R J
9	Clark A	13	7	Miller A I
13	Guerry A D	12	8	Hatch L
11	Lawler J J	12	9	Clark A
10	Crouse D	12	10	Crouse D
15	Campbell S P	12	11	Lawler J J
16	Bradley J	10	12	Power A G
12	Power A G	9	13	Guerry A D
17	Miller J	8	14	Schultz C B
23	Orians G	8	15	Campbell S P

②中间中心度。

利用 UCINET 进行中间中心度分析，了解成员对知识资源的控制力。如表 5.2.10 所示，Hatch L 的中间中心度最高为 413，标准化中间中心度为 38.205，其在团队中对知识资源具有极大的控制力。另一方面，48 名成员中有 34 名成员的中间中心度为 0，占总数的 71%，这说明大部分的成员对知识资源不具有控制力。

表 5.2.10 编号为 2179 团队中间中心度

		1	2
		Betweenness	*nBetweenness*
8	Hatch L	413.000	38.205
6	O'Connor R J	224.500	20.768
9	Clark A	207.667	19.211
7	Miller A I	155.000	14.339
10	Crouse D	152.000	14.061
		……	……
47	Hudgens B	0.000	0.000
48	Hunter A	0.000	0.000

③凝聚子团分析。

以合作关系为边建立的知识网络是无向网络，所以本书选择K-丛的方法进行凝聚子团分析，得到如表5.2.11所示的结果。K的取值为2，共找到219个2-丛，规模为3的2-丛最多占总数的74.9%，规模为4的2-丛占总数的13.2%，规模为5的2-丛占总数的2.7%，规模为6的2-丛占总数7.8%，规模为8的2-丛占总数的0.9%，规模为9的2-丛占总数的0.5%。2-丛规模的均值3.49，下面列出规模为4的2-丛，我们看到 Hoekstra J，Fagan W F，O'Connor R J 几乎在每一个小团体中都会出现，说明这几个成员的合作范围非常广。对该网络的凝聚子群密度进行计算，密度为−0.347.

表 5.2.11 规模为 4 的 2-丛成员列表

编号	成员
14	Boersma D，Hoekstra J F，William F，Harvey E
36	Hoekstra J，Fagan W F，Kareiva P，Harvey E
38	HoekstraJ，Fagan W F，O'Connor R J，Crouse D

续表

编号	成员
39	Hoekstra J, Fagan W F, O'Connor R J, Bradley J
40	Hoekstra J, Fagan W F, O'Connor R J, Miller J
41	Hoekstra J, Fagan W F, O'Connor R J, Orians G
42	Hoekstra J, Fagan W F, O'Connor R J, Regetz J
43	Hoekstra J, Fagan W F, O'Connor R J, Clark J S
44	Hoekstra J, Fagan W F, Harvey E, Crouse D
45	Hoekstra J, Fagan W F, Harvey E, Bradley J
46	Hoekstra J, Fagan W F, Harvey E, Miller J
47	Hoekstra J, Fagan W F, Harvey E, Orians G
48	Hoekstra J, Fagan W F, Harvey E, Regetz J
49	Hoekstra J, Fagan W F, Harvey E, Clark J S
50	Hoekstra J, O'Connor R J, Hatch L, Clark A
51	Hoekstra J, O'Connor R J, Clark A, Lawler J J
52	Hoekstra J, O'Connor R J, Clark A, Guerry A D
53	Hoekstra J, O'Connor R J, Clark A, Campbell S P
54	Hoekstra J, O'Connor R J, Clark A, Crampton L
55	Hoekstra J, O'Connor R J, Clark A, Hosseini P R
66	Fagan W F, O'Connor R J, Hatch L, Clark A
67	Fagan W F, O'Connor R J, Clark A, Lawler J J
68	Fagan W F, O'Connor R J, Clark A, Guerry A D
69	Fagan W F, O'Connor R J, Clark A, Campbell S P
70	Fagan W F, O'Connor R J, Clark A, Crampton L
71	Fagan W F, O'Connor R J, Clark A, Hosseini P R
141	Harvey E, Lundquist C, Botsford L W, Diehl J M

④核心—边缘结构分析。

Ucinet 的分析结果为，核心部分有 Boersma D、Hoekstra J、

Fagan W F、Kareiva P，其余成员为边缘部分。

5.2.3.5 3980 团队与 2179 团队的对比分析

（1）中心性比较。

将编号 3900 中心性分析结果与发文量数据总结在表 5.2.12，我们发现 Kiessling W、Fursich F T、Aberhan M 的点度中心度、中间中心度与发文量都位于前 5 名，说明这 3 名成员都有做好学术带头人的能力。

表 5.2.12　编号 3980 团队中心性指标与发文量位于前 5 名的作者

编号	中间中心度位于前 5 名作者	编号	点度中心度位于前 5 名作者	编号	发文量位于前 5 名作者
1	Kiessling W	5	Fursich F T	1	Kiessling W
7	Miller A I	4	Aberhan M	2	Alrow J
5	Fursich F T	3	Wagner P J	3	Wagner P J
4	Aberhan M	1	Kiessling W	4	Aberhan M
14	Kowalewski M	6	Kosnik M A	5	Fursich F T

将编号 2179 中心性分析结果与发文量数据总结在表 5.2.13，我们发现没有作者的中心性指标与发文量都位于前 5 名。

表 5.2.13　编号 2179 团队中心性指标与发文量位于前 5 名的作者

编号	中间中心度位于前 5 名作者	编号	点度中心度位于前 5 名作者	编号	发文量位于前 5 名作者
8	Hatch L	2	Hoekstra J	1	Boersma D
6	O'Connor R J	3	Fagan W F	2	Hoekstra J
9	Clark A	1	Boersma D	3	Fagan W F
7	Miller A I	4	Kareiva P	4	Kareiva P
10	Crouse D	8	Hatch L	5	Gerber L R

经过比较说明，编号 3980 团队的学术带头人能力优于编号

2179 团队的学术带头人，不仅如此编号 3980 团队有 3 名成员具有成为优秀学术带头人的潜力。

（2）凝聚子团比较。

小集团的形成是因为对某些关系属性的更高水平的联系，一直是组织行为的中心利益。从小团队的规模来比较：编号 3980 团队2-丛的最大规模为 10，均值为 4.47；编号 2179 团队 2-丛的最大规模为 9，均值为 3.49，这说明跨学科团队规模都不大，编号 3980团队成员的合作范围比编号 2179 团队成员的合作范围稍大，这是围绕科研子任务完成绩效所需的内部和外部信息联系之间的平衡来决定的。编号 3980 团队的凝聚子群的密度为 -0.032，而编号 2179团队的值为 -0.347，这说明编号 3980 团队子群之间不存在派系林立的情况，成员可以自由地进行信息分享和知识协作，团队连通性好，沟通的有效性更高。

5.2.4　背景影响的讨论

但仅仅基于网络分析还很难解释沟通结构在多大程度上渗透到一个组织的背景中，沟通形式和频率仅仅描述了行为的外在表现，但是促成沟通网络结构形成的主要原因还是组织中的规则和支持资源。背景为特定结构中所体现的活动提供了意义和方向。

本研究数据采集于 2016 年，当时面对面的沟通交流是主要形式，但是随着合作范围的扩大以及疫情暴发，虚拟协作（虚拟参与有多种形式，从打电话到混合了面对面和远程参与的混合会议，再到完全虚拟的会议。）越来越占有更大的比重。

NCEAS 为所有想要参与开放平台的研究者提供了科研合作关系形成的初始条件和发展过程中的各种协作支持。在这种条件下，项目的提出，参与者的加入都具有偶然性。NCEAS 致力于加快他人的发现过程，同时建立和支持多样化的社区参与过程。甚至在COVID-19 大流行到来之前，NCEAS 就已经积极支持远程参与和协作：从小团队到工作小组到实践社区、再到居民社区。NCEAS 致力于使各种合作形式的研究有效、高效和包容。现在，对这种支持的需求和对虚拟协作的创造性解决方案的机会的需求更加紧迫。

NCEAS 提供在 NCEAS 的工作模式和背景下的协作所需要的资源、经验教训和计划活动的访问，特别是当团队分布在许多具有不同的文化、实践和可用工具的机构中时，NCEAS 为许多合作活动提供了与所有类型的协作相关的指导和资源，其中大多数还有助于创建更加多样和包容的环境。

（1）NCEAS 用来改进虚拟协作的资源包括：解决低带宽或连接性问题；适应时区差异；通用设计，以适应不同的能力；创建有效的虚拟会议议程；协作笔记；文件共享；增加了所有思维模式的交互性；技术工具(Zoom，Slack，google 驱动器)。

（2）NCEAS 为工作组提供的资源：研究的工作组模式被有意设计为在项目前 1~2 年为面对面会议。为了进一步加速这种创造性的发现过程，NCEAS 的目标是在团队面对面的会议之前、期间和之后支持团队。由于加入 NCEAS 跨部门和多学科工作组的参与者来自不同的机构，并且经常使用不同的协作工具，NCEAS 旨在支持团队并创建一个虚拟的协作环境，以共享和集中他们项目的信息。这些资源包括：

管理一个有效的工作组：制定一套关于如何尽可能有效地运行工作组的建议和资源计划。

欢迎电话：当您的项目第一次获得资助时，我们会给您一个电话，讨论这个过程如何工作，提供一些建议，并回答任何问题。

便利支持：NCEAS 有经过培训的主持人，可以在需要时支持虚拟、面对面和混合会议，并纳入工作组的预算。

项目管理：NCEAS 提供软件和指导，使您能够作为一个协作团队跟踪任务和进度。NCEAS 可以建立(私有的)Github 存储库来帮助集中代码和任务的通信和管理。

会议室：NCEAS 配备了良好的虚拟参与设备。

文档共享：提供云存储解决方案，以快速共享文档，并在会议期间协作创建和编辑笔记。NCEAS 使用 google 驱动器来进行这些类型的协作，并可以为您的组设置一个共享驱动器。

计算：能够为团队提供访问 NCEAS 分析服务器的权限，这可以加速在个人计算机上难以或不可能完成的研究。

　　分析支持：NCEAS 有一个专门的数据科学支持团队，可以帮助工作组在会议上完成数据协调（组织和组装异构和混乱的数据集），支持特定的数据分析（文本挖掘、Web 抓取等），建模和扩展分析（多处理、代码优化等）。

　　协作代码开发：NCEAS 可以为您的团队提供平台和指导，以便使用版本控制系统记录您的代码更改，并使用云开发平台共享您的代码。根据您的团队需求，NCEAS 可以让您设置 GitHub.com 或 GitHub 企业存储库，并可以帮助您开始使用这些工具。

　　内部沟通：NCEAS 可以为定期的团队签到和虚拟会议设置邮件列表、聊天室和视频会议功能。

　　外部沟通：NCEAS 沟通团队可以帮助您推广和交流产品和研究成果。

　　数据生命周期：NCEAS 是开发过程的领导者，可以最好地帮助科学家收集、协调、分析和保存数据，并可以帮助您通过 NCEAS 分析服务器和数据存储库上的共享目录归档信息。

　　结果分享：NCEAS 可以帮助您以最适合您项目的方式分享您的结果，例如从电子表格到网页，以及交互式网络工具。NCEAS 还可以帮助你使用网站和应用程序进行更广泛的互动。

　　正是 NCEAS 的开放、共享组织文化塑造了如此多样化的沟通方式和合作群体，反过来成员的互动沟通也维护、更新和生成新的文化。

5.2.5　结论

　　通过以上对 NCEAS 沟通行为的统计分析、团队合作网络分析以及背景文化分析，对于开放科学模式下的跨学科协作紧密度影响因素总结如下：

　　(1)环境生态问题需要全科知识展开多视角的研究，开放科学模式使得组织处在更分散的环境中，保证了更广泛的信息来源，给合作创新带来了更多可能。横向资源的创建提供了更个性化的整合机制，如非正式联盟、实践社群、工作组和团队这种虚拟的组织。NCEAS 以开放的模式吸引各种研究者加入，由大量规模不大的各种形式的小群体组成复杂网络结构，为视角的多样性、知识的多样性提供了保障，同时也配置了相应的协作支持资源，使得众多小群体得以多样的方式保持联系。

（2）以复杂网络中处于结构洞位置的学术带头人为连接的枢纽，克服了层次结构的一些固有沟通问题。学术带头人处在连接多个团队的枢纽位置，他们是网络中的跨边界者，这就决定了他参与多方向的互动，比其他人更早接触到更广泛的新想法，具有"视觉优势"。通过连接这样的节点来与群体之外建立联系，将有效减缓知识和态度的趋同。网络中这样的边界跨越者的节点重叠越多，网络整体连通性就越好，团队之间容易形成长远目标一致但又多样化的态度。

（3）个人信息视域是知识扩散和促进协作的主要因素。小组通信网络内面对面知识交流活动有助于导致网络内更多的态度相似性，并在意义理解上获得越来越多共识，双方或群体的信息视域趋近、交叉、重叠，这种接近性促进了隐形知识转移，提高凝聚力。

（4）多样化的集体层面虚拟协调机制为合作沟通提供了机会和支持。NCEAS 将计算、分析、协作代码开发等任务分配给专业团队承担，并为团队需要的这些共性服务提供专门的支持；NCEAS 提供文档共创、共享、结果共享等共享机制；NCEAS 提供团队创建和项目管理支持。

（5）文化因素对沟通的影响。文化影响个体在网络中可用的内容和相互作用，还可以通过明确描述个人寻求信息的角色、关系和背景来提高效率。总的来说，文化丰富了对收集到的信息的理解，同时它限制了可以寻找的答案的范围，最明显的是通过管理搜索过程的特定规则。

由此得出，开放科学模式下的跨学科沟通、沟通网络、紧密程度等与研究问题，非正式联盟的规则、支持资源等背景，个人的信息检索、学习、信息共享，群体内部、群体之间的互动等都有关系。

5.3　开发人员协同开发行为特征对开源项目成功的影响

随着协同技术发展以及基于 Web2.0 的虚拟群体交互技术的出现，以开源软件、维基百科、社会化标签为代表的协同内容创建成为重要的信息资源创建模式[①]。开源软件开发由群体协同完成，具有成本节约、集体智慧等优势，也有项目团队开发所没有的自组织、社会化开发等特点，传统管理方法已经不能有效应用于群体开发过程管理。同时由于开源软件项目的绩效贡献是社会化协同模式下的群体贡献汇集的结果，影响因素很多，目前还没有取得成熟的理论成果。因此，探索开发人员协同开发行为特征对开源项目成功的影响，无论对开源开发的绩效理论或对开源开发过程管理实践，都具有至关重要的意义。

5.3.1　研究综述

5.3.1.1　开源软件协同开发环境

开源开发是建立在基于互联网的特定开发平台上的复杂社会技术活动。目前最流行的面向开源及私有软件项目的托管平台 GitHub，是使用 Git 分布式版本控制系统，提供 Bug 跟踪器、Wiki 及社会网络等及时沟通工具的开发环境[②]。GitHub 在 Git 的基础上，开创了一种围绕 Pull-Request(合并请求)的分布式协同开发模式，GitHub 社群通过社会编码、社会评价、审阅人推荐等机制影响协同轨迹和效率。

5.3.1.2　开源软件协同开发绩效

目前还没有被广泛接受的衡量开源开发绩效的指标。有学者提

---

①　金燕，周婷. 协同内容创建系统的质量影响因素分析[J]. 情报理论与实践，2015(4)：105-109.

②　Lanubile F，Ebert C，Prikladnicki R，et al. Collaboration Tools for Global Software Engineering[J]. IEEE Software，2010，27(2)：52-55.

出用项目成果的技术质量指标来衡量开发业绩[1]，如：代码缺陷密度（每千行代码中的缺陷数）、对用户的问题报告的响应时间、错误解决率等；也有学者用项目协同开发的过程指标来衡量开发绩效[2]，如：项目生存时间、活动水平、分工，贡献者的增长、社区的参与和可见的活动等。但是过程与结果是相互影响的，这种相互作用关系给绩效测度指标的选择带来了困难。

5.3.1.3　开源软件开发人员的行为

（1）开发人员个人对最终项目成果的直接贡献行为。

代码提交和文件修改是开发人员对软件的直接贡献行为。当前开源平台能获取到的开发人员直接贡献行为的数据主要有代码提交数据、邮件列表数据、漏洞追踪数据，这些数据成为研究开发者协同开发行为特征的基础[3]。

（2）开发人员个人对最终项目成果的间接贡献行为。

在社群协同开发中，点赞、复刻、追踪、提交、评价等是对最终成果有间接影响的行为，这些行为间具有相互影响的作用。

（3）集体层面的协同活动。

Eirini Kalliamvakou 等（2015）的研究发现，基于 GitHub 平台的项目利用分支工作流来增强工作独立性，利用活动可见性来减少通信和协调，通过自组织来分配任务和解决冲突[4]。Laura Dabbish 等（2012）将项目管理、通过观察学习和声誉管理等高层次的协作活动归因于 GitHub 中基于开放软件存储库的透明性和社会化编码。

---

① Kuan J W. Open-Source Software as Consumer Integration into Production [J/OL].［2019-05-08］. http：//ssrn. com/abstract=259648.

② McDonald N，Goggins S. Performance and Participation in Open Source Software on GitHub［C］//CHI EA '13 Extended Abstracts on Human Factors in Computing Systems，Paris，France. New York，USA：ACM，2013：139-144.

③ 徐奔. 开源软件开发人员行为特征的可视化挖掘［D］. 上海：上海交通大学，2013.

④ Kalliamvakou E，Damian D，Blincoe K，et al. Open Source-Style Collaborative Development Practices in Commercial Projects Using GitHub［C］// 2015 IEEE/ACM 37th IEEE International Conference on Software Engineering. Florence，Italy：IEEE，2015：574-585.

开源软件的评审也是集体层面的协同活动,体现在所有开发人员的成果,都必须让至少两个审阅者检查更改才能提交,虚拟社区也参与评审①。

5.3.1.4 社群成员对开源软件开发绩效的贡献

Kane(2011)认为,协同内容创建的多人协同模式有助于提升成果质量,参与者越多,效果越好②。有学者研究发现少数核心开发人员贡献了大部分代码,而其余的人则只通过报告 bug 来偶尔做出贡献③。Dinh-Trong 等(2004)在对 FreeBSD 的研究中曾提出假设"开源软件开发具有强大的核心开发人员,但如果在核心开发人员基础上没有大量的贡献者,这种情况下虽然能够创建新的功 能,但会因为缺乏用于查找和修复项目代码缺陷的资源而失败"④。余跃(2016)从项目构建程度、技术特点、社交属性、项目管理以及持续集成这 5 个集体行为方面,量化分析了贡献汇聚的处理结果与效率⑤。可见,目前从机理层面上来研究群体贡献的还比较少,较多是从成员角色及数量对绩效的影响角度来研究。

综上所述,开源软件协同开发是建立在特定群体交互技术基础上的复杂社会技术活动,协同开发环境提供的社会化协同模式,社群及个人行为都可能对项目绩效有贡献,这给从理论层面上来研究

---

① Dabbish L, Stuart C, Tsay J, et al. Social Coding in GitHub: Transparency and Collaboration in an Open Software Repository[C]//CSCW '12: Proceedings of the ACM 2012 conference on Computer Supported Cooperative Work, 2012: 1277-1286.

② Kane G C. A Multimethod Study of Information Quality in Wiki Collaboration[J]. ACM Transactions on Management Information Systems(TMIS), 2011, 2(1): 4.

③ Ghosh R A, Glott R, Krieger B, et al. Free/Libre and Open Source Software: Survey and Study[R]. International Institute of Infonomics, University of Maastricht and Berlecon Research GmbH, 2002.

④ Dinh-Trong T, Bieman J M. Open Source Software Development: A Case Study of FreeBSD[C]//10th International Symposium on Software Metrics, Chicago, IL, USA: IEEE, 2004: 96-105.

⑤ 余跃. 面向开源社区的群体化协同开发机理实证研究[D]. 长沙: 国防科学技术大学, 2016.

协同开发绩效影响因素机理带来很大困难。因此，本书拟采取数据驱动的方法来探测对项目成功有影响的协同开发行为特征。

5.3.2 数据获取与处理

在开源服务器中，Apache 无疑是公认的佼佼者。在基金会的支持下，Apache 服务器成立了独立的门户社区，创作出了海量的优质代码、精品项目和子项目。截至 2018 年 3 月 29 日，基金会（ASF）官网显示，ASF 管理和孵化了涵盖广泛技术的 350 个开源软件项目，包括大数据、网络服务器、Xml、Web 框架、网络客户端、数据库等领域。因此，选择 GitHub 上的 Apache 软件基金会项目作为研究对象具有很好的代表性。由文献综述可知，目前较少见到研究开发者协同提交、修改行为特征对绩效的贡献。所以本书拟采集 Apache 软件基金会项目数据，探测协同提交、修改这些行为特征对项目成功的影响，为进一步理论研究和管理实践提供参考。

5.3.2.1 代码提交基础数据

本书通过在云服务器上运行 Shell Script 脚本调用 GitHub 接口/repos/：owner/：repo/commits，获取 213 个 Apache 软件基金会项目（截至 2018 年 2 月 24 日）的 1109050 条代码提交基础数据。用 Java 代码对获取到的数据进行处理，得到如表 5.3.1 所示的提交基础数据表：每条记录对应每一次提交，由散列值唯一地标记，其他字段分别对应修改者信息、提交者信息、修改提交时间等信息。

表 5.3.1 代码提交基础数据表

project	sha	suthor name	suthor email	revise date	committer name	committer email	commit date	parent sha
项目	散列值	修改者姓名	修改者邮箱	修改时间	提交者姓名	提交者邮箱	提交时间	上一次提交散列值

另外通过 SQL 语句以及中间统计表，从提交基础数据表中取

出每个项目的核心成员占比(提交者占修改提交者总人数的比例)、核心成员提交次数占比(提交者修改代码次数占总代码修改次数的比例)、代码提交频率(平均每日提交代码次数)、平均提交修改时间差(提交时间与修改时间间隔的平均值)等特征指标。

5.3.2.2　单次提交详情数据

因本书需要通过接口获取 1109050 条代码提交基础数据的详情信息,因此使用云服务器多线程不间断采集。通过代码提交基础数据中每次提交记录的唯一散列值,调用 GitHub 接口/repos/:owner/:repo/commits/:sha 来获取特定组织(owner)下特定项目(repository)的具体一次(sha)代码提交的详情 JSON 数据。

单次提交详情数据中除了包含代码修改者和提交者等基础信息外,还包含该次提交修改的所有文件的信息,如:每个被修改文件的散列值、文件名、增加删除行数等。通过 Java 代码,将获取到的原始单次提交详情 JSON 数据中每次提交中的每个文件被修改的信息抽取出来,存放到 Mysql 文件修改详情表中,得到 213 个项目共 7373543 条记录的文件修改详情表,每个记录包含的字段如表5.3.2 所示:文件改动状态共有四种:新增、修改、删除、重命名,而文件散列值唯一标记一个文件。

表 5.3.2　文件修改详情表

project	sha	parent sha	file sha	file name	status	revise date	commit-date	additi-ons	deleti-ons	changes
项目	散列值	上一次提交散列值	文件散列值	文件名	改动状态	修改时间	提交时间	增加行数	删除行数	总变动行数

通过 SQL 语句以及中间统计表,从文件修改详情表中计算得到每个项目的平均修改文件数(每次代码提交平均改动文件的数量)、文件平均修改行数(每次代码提交被修改的文件中平均改动的行数)、文件平均修改次数(代码提交中改动的文件平均被修改的次数)、修改文件占比(修改状态的文件占所有四种改动状态文

件的比例)、删除文件占比(删除状态的文件占所有四种改动状态文件的比例)等特征指标。

5.3.2.3 衡量项目成功的数据

Crowston 等(2006)[1]认为成功具有多个维度,需要从多角度评估。Grewal 等(2006)[2]亦指出:单独衡量开源项目在技术或市场哪一个方面的成就都是不完整的。以上观点与有关软件研发成功(Rai 等,2002)[3]和新产品开发成功(Mansfield 等,1975)[4]的文献观点一致,后续的许多研究者如 Singh(2010)[5]、Midha 等(2012)[6]、Yang 等(2013)[7],都采用技术成功与商业成功等指标来衡量开源项目的成功。

Apache 内部通过认证机制把项目分为"顶级项目"和"孵化器项目",可以视为技术质量等级的划分。孵化器是开源项目成为完全成熟的顶级项目的途径,在孵化期间的项目将采用 Apache 流程和框架来发展和培养项目群并规范代码风格(标签与空间)等,这

---

① Crowston K, Howison J, Annabi H. Information Systems Success in Free and Open Source Software Development: Theory and Measures [J]. Software Process: Improvement and Practice, 2006, 11(2): 123-148.

② Grewal R, Lilien G, Mallapragada G. Location, Location, Location: How Network Embeddedness Affects Project Success in Open Source Systems[J]. Management Science, 2006, 52(7): 1043-1056.

③ Rai A, Lang S S, Welker R B. Assessing the Validity of IS Success Models: An Empirical Test and Theoretical Analysis [J]. Information Systems Research, 2002, 13(1): 50-69.

④ Mansfield E, Wagner S. Organizational and Strategic Factors Associated with Probabilities of Success in Industrial R & D [J]. The Journal of Business, 1975, 48(2): 179-198.

⑤ Singh P V. The Small-World Effect: The Influence of Macro-Level Properties of Developer Collaboration Networks on Open-Source Project Success[J]. ACM Transactions on Software Engineering and Methodology, 2010, 20(2): 6.

⑥ Midha V, Palvia P. Factors Affecting the Success of Open Source Software[J]. Journal of Systems and Software, 2012, 85(4): 895-905.

⑦ Yang X, Hu D, Robert D M. How Microblogging Networks Affect Project Success of Open Source Software Development [C]//46th Hawaii International Conference on System Sciences, Hawaii, USA: IEEE, 2013: 3178-3186.

些都会影响到项目能否完结成为顶级项目或者顶级项目的子项目。

　　因此，本书也从技术和市场两个方面来衡量项目成功的观点。一方面根据 Apache 软件基金会内部的认证，看目标项目属于孵化器项目还是顶级项目，来判断其技术成功；另一方面通过 GitHub 社群用户对目标项目喜爱程度的有关数据来测度项目的商业成功。

　　目前，GitHub 平台上能获取到的用户对项目喜爱程度的有关数据有订阅次数、点赞数、复刻数等。本书通过 GitHub 接口/repos/：owner/：repo 得到项目基本信息 JSON 数据，从中提取出各项目订阅、点赞和复刻数。将 213 个项目的订阅、点赞和复刻总数按升序排列之后生成散点图，如图 5.3.1，从中可以发现研究项目的订阅、点赞、复刻总数，从小到大排序后并不呈线性增长，而是类似于指数增长的趋势。

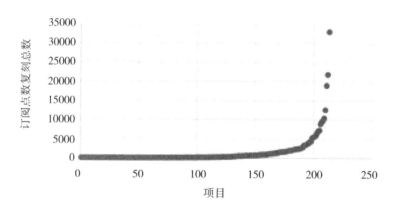

图 5.3.1　Apache 软件基金会项目在 Github 上订阅、点赞、复刻总数

　　所以，将订阅、点赞和复刻总数按 0~99、100~999、1000~9999、10000 以上来划分为四个级别，分别对应 1~4 级商业成功。213 个项目属于这四个级别的个数为 60、97、51、5，表明除了 5 个遥遥领先的明星项目外，其余项目在商业成功各区间的分布比较均匀。

5.3.3 实证分析

本书的实证分析流程如下：首先，对 Apache 孵化项目与顶级项目协同开发行为特征进行对比，初步识别出可能对项目成功产生影响的行为特征；其次，结合相关研究的结论或观点，选取要研究的自变量和控制变量；根据相关性分析结果，剔除造成自变量共线性的行为特征变量；最后通过回归分析，验证自变量特征分别对项目技术成功和商业成功的影响。

5.3.3.1 孵化与顶级项目协同开发行为特征对比

本书分别统计了孵化器与顶级项目的以下协同开发行为特征指标：核心成员占比，核心成员修改次数占比，代码提交频率（次/日），平均提交修改时间差（小时），提交平均修改文件数，文件平均修改行数，文件平均修改次数，修改文件占比，并进行了对比分析，如图 5.3.2 所示。

对比数据表明：顶级项目的"核心成员占比""核心成员修改次数占比""代码提交频率""修改文件占比"的平均值、中位数、最大值均大于等于孵化器项目，而"平均修改提交时间差""文件平均修改次数"的平均值、中位数、最大值均小于等于孵化器项目。可以判断，这些协同开发行为特征很可能对项目的成功产生影响。

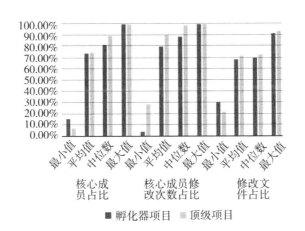

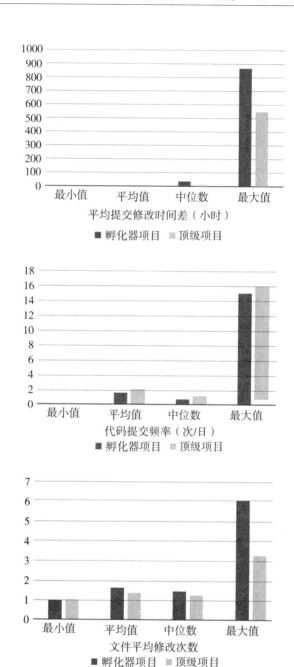

图 5.3.2 孵化器与顶级项目的协同开发行为特征进行对比分析(部分)

5.3.3.2 控制变量选取

在做开源软件协同开发行为特征对成功的影响回归分析前需要考虑其他影响因素。Midha 等(2012)①提出开源软件成功影响因素综合模型如表 5.3.3 所示,该研究涵盖了当前大部分开源软件成功影响因素研究中的控制变量。

表 5.3.3　开源软件成功影响因素综合模型及 Apache
基金会项目对应特点分析

	因素	对照因素分析 Apache 基金会项目对应的特点
影响技术成功的因素	①开源许可证类型	①开源许可证类型,Apache 软件基金会项目的开源许可证都是 Apache 许可证,而且项目管理和代码风格规范上都是按照 Apache 软件基金会的要求,所以③职责分配和⑤模块化程度基本一致,因此这 3 个因素的影响可以排除。一个软件项目的④复杂度很难衡量,Herraiz 等(2007)②通过对开源软件的研究发现大多数代码的复杂性度量与一个更简单的度量——代码行数高度相关。所以用项目"总代码行数"来代替"复杂度"作为控制变量。同时,Yang 等(2013)③在对开源软件影响因素的研究中也将"总代码行数"作为研究的控制变量。
	②开发者基数	
	③职责分配	
	④复杂度	
	⑤模块化程度	

① Midha V, Palvia P. Factors Affecting the Success of Open Source Software [J]. Journal of Systems and Software, 2012, 85(4): 895-905.

② Herraiz I, Gonzalez-Barahona J M, Robles G. Towards a Theoretical Model for Software Growth[C]//Fourth International Workshop on Mining Software Repositories, Minneapolis, MN, USA: IEEE, 2007: 21.

③ Yang X, Hu D, Robert D M. How Microblogging Networks Affect Project Success of Open Source Software Development [C]//46th Hawaii International Conference on System Sciences, Hawaii, USA: IEEE, 2013: 3178-3186.

续表

	因素	对照因素分析 Apache 基金会项目对应的特点
影响市场成功的因素	① 开源许可证类型	不予考虑
	②用户基数	真实的项目使用的用户数我们无从得知，但本书研究项目都来自 GitHub 平台，项目的潜在用户是所有 GitHub 用户，所以不考虑②用户基数因素的影响。
	③ 开发者基数	
	④项目翻译	④项目翻译，因 Apache 软件基金会是美国公司，并且 Apache 软件基金会各个项目的官网以及其项目在 GitHub 上的语言都是英语，所以本书研究对象的"项目翻译"基本一致。

除了 Midha 等模型中对开源软件技术成功和商业成功产生影响的因素，众多研究者也将"项目年龄"作为开源软件成功影响研究的控制变量，Yang 等(2013)认为一个开源软件的平均努力时间是衡量一个开源软件项目知识工作者(即开发人员)资本的重要指标[1]。

综上所述，本书选择"开发者总数""总代码行数""项目年龄"作为对项目技术成功影响研究的控制变量；选择"开发者总数""项目年龄"作为对项目商业成功影响研究的控制变量，其中"项目年龄"采用从项目第一次提交代码的时间到本书研究数据获取的截止时间 2018 年 2 月 24 日，以此表示项目中开发人员的努力时间。

---

[1]　Yang X，Hu D，Robert D M. How Microblogging Networks Affect Project Success of Open Source Software Development [C]//46th Hawaii International Conference on System Sciences，Hawaii，USA：IEEE，2013：3178-3186.

5.3.3.3 自变量间的相关性分析

通过对孵化器与顶级项目的协同开发行为特征进行对比分析发现："核心成员占比""核心成员修改次数占比""代码提交频率""修改文件占比""平均修改提交时间差""文件平均修改次数"可能对项目的成功产生影响，将这些特征与项目技术、商业成功进行相关分析(因篇幅限制，计算结果省略)。

根据相关研究经验，如果各自变量之间相关系数小于 0.65，说明自变量之间不存在显著相关性，各自变量之间就不存在共线性问题。双侧相关检验结果中，除了"核心成员占比"与"核心成员修改次数占比"的相关系数为 0.751，其余自变量之间的相关系数都远小于 0.65。说明"核心成员修改次数占比"会受到"核心成员占比"的影响。所以，在这两者中选择"核心成员占比"作为对项目成功回归分析的自变量，以消除自变量共线性问题。

5.3.3.4 开发行为对技术成功影响的二元逻辑回归分析

因为因变量——项目技术成功只有两种情况：孵化器项目对应技术不成功，顶级项目对应技术成功，所以采用二元 logistic 回归来进行分析。设定孵化器项目为类别 0，顶级项目为类别 1。最终二元逻辑回归分析的变量如表 5.3.4 所示。在变量筛选的方法里面选择了前向的最大似然法并将控制变量作为第一批解释变量加入回归分析，分析得到的结果表明拟合程度较好。

表 5.3.4 协同开发行为特征与项目技术成功二元逻辑回归变量汇总

因变量	技术成功
控制变量	开发者总数、总代码行数、项目年龄
自变量	核心成员占比、代码提交频率、平均提交修改时间差、文件平均修改次数、修改文件占比

表 5.3.5 是最终拟合的结果，最终方程的变量中除了控制变量"开发者总数""总代码行数""项目年龄"之外，协同开发行为特征变量中"核心成员占比"的 P 值<0.01，"代码提交频率""文件平均修改次数"的 P 值均<0.05，说明这三个自变量具有统计学意义。

EXP(B)(优势比)结果显示：(1)"核心成员占比"每增加一个单位，项目是顶级的发生比是之前的 0.037 倍；(2)"代码提交频率"每提高一个单位，项目是顶级的发生比是之前的 1.427 倍；(3)"文件平均修改次数"每提高一个单位，项目是顶级的发生比是之前的 0.327 倍。

说明"代码提交频率"正向影响项目技术成功，"核心成员占比""文件平均修改次数"负向影响项目技术成功，且"核心成员占比"对项目技术成功影响最大。

表 5.3.5　二元逻辑回归分析结果

		B	S.E	Wals	df	Sig.	Exp(B)
步骤 3a	开发者总数	−0.003	0.002	3.295	1	0.070	0.997
	总代码行数	0	0	0.329	1	0.566	1.000
	项目年龄	0.002	0.000	35.143	1	0.000	1.002
	核心成员占比	**−3.309**	1.189	7.748	1	**0.005**	**0.037**
	代码提交频率	0.355	0.151	5.550	1	**0.018**	**1.427**
	文件平均修改次数	−1.119	0.561	3.985	1	**0.046**	**0.327**
	常量	0.533	0.944	0.319	1	0.572	1.704

5.3.3.5　对商业成功影响线性回归分析

因为衡量项目商业成功的指标是连续型的数值(1~4 级商业成功)，所以通过线性回归来分析项目的开发者协同行为特征指标对商业成功的影响，线性回归分析的变量如表 5.3.6 所示。

表 5.3.6　协同开发行为特征与项目商业成功线性回归变量汇总

因变量	商业成功
控制变量	开发者总数、项目年龄
自变量	核心成员占比、代码提交频率、平均提交修改时间差、文件平均修改次数、修改文件占比

在回归方程自变量筛选方法上，有进入法和逐步法。因为影响开源项目商业成功的因素很多，本书的目的不是构建出影响开源项目商业成功的模型来验证模型和预测开源项目的商业成功，而是从开发者协同开发行为特征的角度找出可能对项目成功产生影响的因素，所以本书选择用逐步法进行线性回归分析并将控制变量作为第一批解释变量加入回归分析，分析结果表明拟合优度较好。

表 5.3.7　线性回归参数检验表

模型	非标准化系数		标准系数	t	Sig.	共线性统计量	
	B	标准误差	试用版			容差	VIF
（常量）	1.122	0.351		3.194	**0.002**		
开发者总数	0.001	0.000	0.267	4.105	**0.000**	0.627	1.594
项目年龄	0.000	0.000	0.183	3.032	**0.003**	0.725	1.379
核心成员占比	−1.246	0.201	**−0.426**	−6.184	**0.000**	**0.558**	**1.791**
修改文件占比	1.430	0.366	**0.221**	3.906	**0.000**	**0.828**	**1.207**
文件平均修改次数	0.311	0.093	**0.195**	3.345	**0.001**	**0.775**	**1.290**

参数检验表 5.3.7 列出了自变量的显著性检验结果（使用单样本 T 检验），其中：Sig. 列为 T 检验的 Sig，表中值均小于 0.01，说明除了控制变量外，自变量"核心成员占比"、"修改文件占比"和"文件平均修改次数"对因变量商业成功具有显著影响。

共线性统计结果显示核心成员比例和总删除代码行数的容差均大于 0.1，

VIF 值均小于 10，所以三个变量之间不存在共线性的问题。

B 表示各个自变量在回归方程中的系数，但是由于每个自变量的量纲和取值范围不同，基于 B 并不能反映各个自变量对因变量影响程度的大小，需要借助标准系数。目前表格中的"试用版"代表 Beta，此时数值越大表示对自变量的影响更大，负值表示对因变量有显著的负向影响。

　　"核心成员占比"的标准系数为 −0.426，说明"核心成员占比"对项目商业成功产生负向影响；"修改文件占比"的标准系数为 0.221，"文件平均修改次数"的标准系数为 0.195，"修改文件占比"和"文件平均修改次数"和对项目商业成功产生正向影响，"核心成员占比"对项目商业成功的影响更大。

5.3.4　结论与启示

　　对开发者协同开发行为特征与项目技术成功、商业成功分别进行二元逻辑回归分析和线性回归分析，在屏蔽"开发者总数""总代码行数"和"项目年龄"对项目成功的影响下，得到的具体特征对项目的影响如图 5.3.3 所示(+表示正向影响，−表示负向影响)。

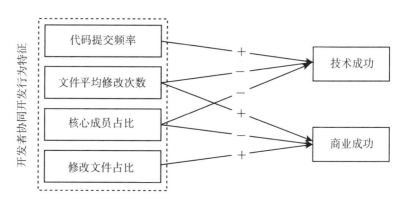

图 5.3.3　影响项目成功的协同开发行为特征汇总

　　启示：

　　(1)"核心成员占比"对项目技术成功和商业成功均产生负向影响，且影响强度最大。说明项目技术成功和商业成功都要求高水平的核心人员数量少，外围参与人员基数大。开源软件项目可以增强社区的建设，利用 GitHub 的开放性和低门槛，吸引更多的普通开发人员参与项目协同开发，严格审核核心开发者资质，控制核心开发人员的规模，求精不求多。

　　(2)"代码提交频率"正向影响项目技术成功。符合已有文献的研究结论,代码提交频率快,版本更新快,解决问题的速度快,项目活跃度高,会有更多的用户来下载软件,就可能会有更多的开发者加入项目并做出贡献,更容易达到高的技术质量标准。应鼓励社群积极参与并持续提交代码。

(3)"文件平均修改次数"负向影响项目技术成功,正向影响项目商业成功。说明文件修改频次对开发成功的影响具有双面性,一方面,表明项目中代码存在的问题多,开发者不能一次性解决代码文件的问题,是技术水平不高的体现;另一方面也表明项目被用户关注度高、参与度高,是商业成功的反映。管理者应对导致这种行为特征的原因进行深入调查,提高文件单次修改的质量。

(4)"修改文件占比"正向影响项目的商业成功。修改文件数量大也是用户关注和参与度高的表示,因此正向影响商业成功。

5.3.5 结语

在开源软件开发平台提供的分布式版本控制系统、Bug 跟踪器、Wiki 及社会网络等及时沟通工具,以及围绕 Pull-Request(合并请求)的分布式协同开发环境下,以代码作为协同创造的对象,GitHub 社群通过社会编码、社会评价、审阅人推荐等机制影响协同轨迹和效率。本书基于 Git 版本控制系统代码提交数据,对 GitHub 代码托管平台上的 213 个 Apache 软件基金会项目的开发人员协同开发行为特征进行研究,发现了开发人员协同开发行为特征:"代码提交频率""核心成员占比""文件平均修次数""修改文件占比"对项目的成功有影响。本书还存在着以下不足:首先,本书研究的孵化器项目只有 46 个,少于顶级项目数(167 个),所以,技术不成功的项目样本数量偏少。其次,本书没有对 5 个订阅点赞复刻总数超过一万的明星项目进行深入研究。最后,本书只考虑了开发者总数、总代码行数、项目年龄这几个控制变量,但是项目所在领域、版本发布等因素也可能对项目的成功产生影响。所以未来的研究需要增加项目样本数量的同时,对典型的成功、失败项目进行深入研究并考虑更多控制变量的影响。

5.4　跨学科行动计划下的合作演进特征测度

大数据时代科学发展范式的变革深刻地影响着科研组织和活动模式，学科交叉、开放、协作的特征更为显著。跨学科合作科研是以学科发展或重大社会问题为导向，由技能互补、不同学科背景的人员合作开展的研究，是当前面向科学前沿创新重大需求的协同创新模式。越来越多的政府研究机构为了解决高难度、高风险的问题而增加投资和资源来建立和支持跨学科合作，但成功开发跨学科行动计划是一项十分艰巨的挑战，因为学科多样性既是团队创新的源泉，也可能使团队成员处于互持异议、难以达成共识的困境。

由于过度肥胖和癌症风险之间的关系，加上肥胖在美国的高患病率，已促使科学界寻求新的研究模型和范式。从 2005 年开始，美国国家癌症研究所(NCI)投资 5.4 千万美元，分两个阶段实施能量和癌症的跨学科研究计划(Transdisciplinary Research on Energetics and Cancer，TREC)。第一期 TREC1(2005—2010)合作计划，由来自凯斯西储大学(Case Western Reserve University)、美国明尼苏达大学(University of Minnesota)、美国南加州大学(University of Southern California)和弗雷德哈钦森癌症研究中心(Fred Hutchinson Cancer Research)的多个学科的科学家参加。参与第二期 TREC2(2011—2016)合作计划的有哈佛大学、加利福尼亚州圣迭戈大学、美国宾夕法尼亚大学、华盛顿大学圣路易斯分校、弗雷德哈钦森癌症研究中心①。TERC1 的跨学科团队没有因为学科多样性而陷入困境，反而在睡眠、青少年饮食习惯与肥胖、癌症的关系领域取得了显著的创新性成果，表明团队合作关系在该计划实施过程中不断得以增强。因此，以 TREC1 为样本，采用综合的方法对其合作演进

---

① TREC [EB/OL]. [2014-06-22]. http：//www. trecscience. org/trec/default. aspx.

进行测度(Klein，2008)①，揭示其合作演进的特征及原因，挖掘其成功经验并应用于实践，具有很强的现实意义。

5.4.1　文献综述及测度框架设计

5.4.1.1　文献综述

定量分析、评价跨学科合作实践面临两个难点：一方面由于合作过程数据很难获取，导致合作过程近似"黑箱"，多数研究只能借助合作成果(如论文或专利)来进行评价，不能反映合作因果关系。另一方面是缺乏系统反映跨学科合作实质性特征的测度指标体系，有的文献基于社会关系研究论文合著者或专利合作者网络的特征对合作的影响，有的基于文献学科共现、共类来测度学科交叉性特征，但将两者结合起来的文献却很少见，难以全面反映跨学科合作的特征。

(1)基于社会网络视角的跨学科合作研究。

因为跨学科合作网络的复杂性，社会网络分析和网络科学已经成为理解科学合作的理论和工具。国外学者对多学科合作表现出长期的关注(Jarvenpaa 等，1999；Samer 等，2000)②，部分学者从社会维度来研究合作的影响因素。Diana Rhoten(2003)以美国六个跨学科学术合作团队为样本，采用多种方法研究了影响跨学科学术合作的社会和技术条件，认为组织边界是阻碍合作的重要因素，大多数合作本质上是多学科而不是跨学科，多学科团队中存在信息共享和知识协同创造两种合作关系③；在合作网络中，年长的高级研究者多占据"中心"节点位置，也有年轻研究者起到了"桥"的作用，但是他的研究是基于静态数据完成的；Monclar 等(2011)通过采用

---

①　Klein J T. Evaluation of Interdisciplinary and Transdisciplinary Research-A Literature Review[J]. Am J Prev Med, 2008, 35(2): S116-S23.

②　Jarvenpaa S L, Knoll K, Leidner D E. Is anybody out There? Antecedents of Trust in Global Virtual Teams[J]. Journal of Management Information Systems, 1998, 14(4): 29-64.

③　Rhoten D. A Multi-Method Analysis of the Social and Technical Conditions for Interdisciplinary Collaboration[J]. Final Report, 2003: 1-56.

数据仓库和在线分析技术对跨学科合作中的项目关系、合著关系等多种关系的变化进行了关系类型、主体、结构、地理位置和时间等多维度的挖掘①；Basner 等（2013）开发了学科自动聚类系统并分析了跨学科合作的关键影响因素②。国内学术界对跨学科合作实践的研究多从宏观层面进行，如组织演进、机制及评价体系等（赵坤，2012；朱巧燕，2011；陈平、盛亚东，2011）③，从微观层面对合作特征进行定量测度分析的较为少见。袁大玉、唐牧群（2010）以科技与社会（STS）的跨学科研究社群为例进行社会网络分析，揭示出跨学科社群中存在知识绵覆性（冗余）分布特征，认为知识绵覆性分布是异质性成员交流沟通的重要凝聚基础④。国内外对科研团队合作特征进行界定并设计测度指标加以衡量的文献都较为少见，杨良斌提出了合作度及其测度指标⑤。庞弘燊等使用网络结构、网络密度、凝聚力指数、派系分析、中心性分析这五个方面的指标来衡量科研团队样本内部合作紧密度的情况，归纳出一个具有高度合作紧密度的科研团队在其内部合作网络中所应具有的一些共性特征，为本书提供了很好的借鉴⑥。

---

① Monclar R S, Oliveira J, Firmino de Faria F, et al. Using Social Networks Analysis for Collaboration and Team Formation Identification [C] // Proceedings of the 15th International Conference on Computer Supported Cooperative Work in Design (CSCWD), Laussane, Switzerland: IEEE, 2011: 562-569.

② Basner J E, Theisz K I, Jensen U S, et al. Measuring the Evolution and Output of Cross-Disciplinary Collaborations within the NCI Physical Sciences-Oncology Centers Network [J]. Research Evaluation, 2013, 22(5): 285-297.

③ 赵坤，王方芳，王振维. 大学跨学科组织生态治理案例研究：基于上海交通大学 Bio-X 研究院的分析 [J]. 中华医学教育探索杂志，2012，7(11): 661-664.

④ 袁大玉，唐牧群. 跨领域学术社群之知识网络结构初探：以台湾科技与社会研究为例 [J]. 国学资讯学刊，2010，8(2): 125-163.

⑤ 杨良斌，金碧辉. 跨学科测度指标体系的构建研究 [J]. 情报杂志，2009(7): 65-69.

⑥ 庞弘燊，方曙，杨波，付鑫金. 科研团队合作紧密度的分析研究——以大连理工大学 W ISE 实验室为例 [J]. 图书情报工作，2011，55(4): 28-33.

（2）从文献计量视角对跨学科合作中的知识分布特性的研究。

仅从社会维度来捕捉、解释跨学科合作紧密度现象，还未能抓住其实质性特征。跨学科合作与单一学科合作的本质区别在于合作中伴随多学科知识交叉、扩散的现象。国内目前已经有少数学者致力于从文献计量的角度对跨学科知识分布研究。杨良斌等研究了以共现分析和共类分析为主要研究方法的跨学科交叉度指标体系[1]。李江（2014）提出根据跨学科发文和跨学科引用来测度跨学科性[2]。杨帆、李泽霞等提出跨学科合作多学科属性中的学科规模、学科专属度、交叉度等测度指标[3]。以上研究为本书的测度分析提供了理论及方法。

综上所述，要想发现跨学科合作特征，需要尽可能收集合作过程中的数据并完整地测度跨学科合作中伴随的学科交叉性和合作紧密度两个方面的特征。

5.4.1.2 测度框架设计

本书在借鉴国内外相关研究成果的基础上，在数据处理和测度框架设计方面做了以下改进，来研究跨学科计划下的合作演进特征：

①在数据收集和处理上，补充了项目数据并对数据集进行了离散处理。为了弥补合作过程数据缺乏的不足，本书收集了项目合作数据和论文合著数据并将这些数据做了逐年离散处理，得到合作期历年项目合作和论文合著关系矩阵，以反映合作演进的过程。

②在合作特征测度框架设计上，综合考虑学科交叉性和合作紧密性的测度。学科交叉性反映了合作中两门或两门以上学科的相互渗透、交叉融合的程度。测度学科交叉性采用的一级指标是多学科结构和规模、学科共现和共类程度，二级指标包括论文数、学科

① 杨良斌，周秋菊，金碧辉.基于文献计量的跨学科测度及实证研究[J].图书情报工作，2009，53（10）：87-91.

② 李江."跨学科性"的概念框架与测度[J].图书情报知识，2014（3）：87-93.

③ 杨帆，李泽霞，韩淋，韩涛.依托大装置的综合研究的多学科属性测度及其特征演化研究[R].中国科学院文献情报中心，2011.

数、信息熵等，数据来源是合作期内历年发表论文数量及其研究方向。

　　合作的紧密性反映了合作成员间的关系的松散与集中程度。测度合作紧密性采用的一级指标是合作规模及合作紧密度，二级指标包括网络节点数、边数及网络直径，网络度分布、中心性、子群数等指标，数据来源是合作期历年项目合作数据及论文合著数据。分析框架如图 5.4.1 所示。

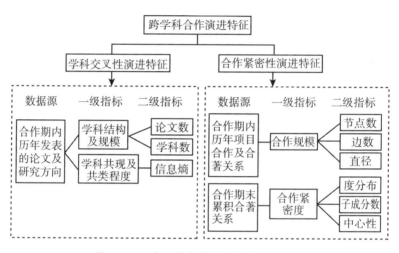

图 5.4.1　跨学科合作演进特征测度框架

　　(1)学科交叉性的测度。

　　①多学科结构和规模。

　　针对不同数据源，可以从不同角度来测度学科的结构和规模。本书采用基于研究论文数量的学科结构，将学科规模定义为相应学科的论文数和其占所有论文的比例，反映了目标研究领域的多学科组成及不同分支学科对目标研究领域所起到的不同程度的支撑作用。项目合作中的学科数，由于缺乏直接的学科信息而变得很难测度，本书针对重大项目的推荐文献，以及这一小规模论文合作者的机构、学科方向等信息进行学科识别统计，主要指标包括重大项目所涉及的学科数、主要学科在合作中出现次数的差别及其随时间的变化情况。

②学科共现和共类程度。

信息熵是信息论中用于度量信息量的一个概念。一个系统越是有序，信息熵就越低；反之，系统越混乱，信息熵就越高，说明信息熵是系统有序化程度的一个度量。跨学科团队的多学科特征适合于以信息熵的形式来表达，以反映诸变量的不确定性及其影响。熵值越大时，知识组织越无序，学科交叉性越强，利用该指标可以测度目标研究领域的熵随时间的变化以及这种变化中各分支学科的贡献大小，结合学科规模指标，可以进一步识别出其中对学科交叉起关键作用的分支学科。

学科交叉性以 I_i 表示，采用杨帆、李泽霞等的以论文的学科共现和共类为基础的计算公式来测度[1]：

$$I_i = - \sum c_{ij} \ln c_{ij} \tag{5.4.1}$$

$$c_i = P_{mj} \times P_{ij} \tag{5.4.2}$$

c_{ij}——学科 j 对整个目标研究领域 i 的贡献程度；

P_{mj}——学科 j 的多学科论文数占学科 j 的总论文数的比例。

$$P_{mj} = p_{mj} \div p_j \tag{5.4.3}$$

p_{mj}——学科 j 的多学科论文数；

p_j——学科 j 的总论文数；

P_{ij}——领域 i 内学科 j 的论文数占研究领域 i 总论文数的比例。

$$P_{ij} = p_{ij} \div p_i \tag{5.4.4}$$

其中，p_{ij}——研究领域 i 内学科 j 的总论文数；

p_i——研究领域 i 的总论文数。

简化得：

$$c_{ij} = \frac{p_{mj}}{p_j} \times \frac{p_{ij}}{p_i} \tag{5.4.5}$$

因此，基于学科交叉和学科共现，学科的多学科交叉性由多学科论文和论文总量决定。

（2）合作紧密性测度指标。

①合作期内历年项目网络规模的演进。

TREC 是以问题为导向、以项目团队为单位进行的跨学科研究，每个研究人员都同时具有项目属性和学科属性，因此项目的数量和项目间联系随时间的变化情况是成员合作紧密性演化的表现之一。TREC 有跨研究中心项目、中心内部项目、小社群项目、重大研究项目及其子研究项目。统计跨中心项目和重大项目与子项目的数量随时间变化的情况，以掌握跨机构合作申请项目关系及项目间联系的演进变化特点。

②合作期内历年合著网络规模的演进。

科学合作的结果通常以研究者共同署名在学术期刊上发表论文来体现。反映合著关系演进的主要指标如下：

节点及边数：节点数指行动者（研究者）的总数，边指的是研究者之间的关系，边的数量指的是研究者关系的总和。

网络直径：指合著网络中任意两研究者间距离的最大值，一般用链路数来度量。

③合作期末累积论文合著网络的合作紧密性特征。

有文献使用网络密度、凝聚力指数来衡量科研团队样本内部合作紧密度的情况，由于网络密度、凝聚力指数的值对网络重要节点的删减变化敏感，仅有绝对值不能很好地说明问题，需要在识别出重要节点的基础上进行动态分析才有意义。因此，我们在合著网络规模演进分析的基础上，选择度分布、子成分数和中心性指标来检验论文合著网络的度分布是否符合幂率分布，发现子成分的数量及其规模，发现那些处于"中介"位置的研究者，从而更具体地描绘合作状况。

度数（degree）：与某特定点相邻的那些点称为该点的邻域（neighborhood），邻域中的总点数，称为度数。

中间中心度（betweenness centrality）：行动者充当中介（落到其他任意两个处在最短连接路径上的一对行动者中间）的程度。一个度数相对比较低的点可能起到重要的"中介"作用。

成分是在各种子图概念中最简单的，它的正式定义是"最大关联的子图"或凝聚子群(cohesive sub-groups)。成分是一个点集，这些点通过连续的关系链连在一起。

5.4.2 数据收集

TREC 是一个包括多组织、多项目团队的跨学科合作研究计划。研究者合作关系是动态变化的，要综合评价合作的演进，需要用到合作背景、参与者交互关系、产出量、时间等信息，这些数据分散分布在 TREC 的汇总报告、网站、生物医学论文检索系统中。TREC 计划的汇总报告提供了 2005—2010 年 TREC 合作的主要数据，包括组织结构、研究项目、成果、评价、培训、基金奖励机制等内容，从中可以获取基金项目申请、论文合著、信息共享等关系以及产出的数据，例如论文、会议报告等。TREC 网站提供了合作期间发表的论文；参与合作的大学和研究中心的网站提供了所投入的人力资源、专家专长、社会网络等信息。Web of Science(WOS)是美国 Thomson Scientific(汤姆森科技信息集团)基于 WEB 开发的产品，是大型综合性、多学科、核心期刊引文索引数据库，Web of Science 是 ISI 数据库中的引文索引数据库，共包括 8000 多种世界范围内最有影响力的、经过同行专家评审的高质量的期刊。该库提供文献领域、检索结果分析，引文报告等信息。

本书主要从 TREC 报告中收集项目申报信息，统计跨中心项目和重大项目与子项目的数量随时间变化的情况。从 TREC 网站采集2005—2010 年所发表的 567 篇论文，并进行筛选、比对及剔重后输入 WOS 数据库中，以 WOS 上所能检索到的文献为基础，得到492 条文献题录[每条题录包括作者、机构、摘要、关键词、发表年份、期(卷)及参考文献等]。以 JCR(Journal Citation Report)提供的期刊学科分类对应表为标准，获得 469 条文献学科分类信息。对学科分类信息统计分析测度学科交叉性的指标，对这些题录进行统计分析来测度合著关系。

5.4.3　多学科交叉性测度和合作网络紧密性测度

5.4.3.1　多学科交叉性的测度

(1)学科结构与学科规模的变化。

①基于论文的学科结构和规模。

TREC 合作中主要涉及基因遗传学、细胞医学、行为学三大类及管理、环境、统计、信息等学科的研究者。把 Web of Science 文献研究方向和 JCR 提供的期刊分类相对应后，得到 469 条学科分类信息，统计得到包括肿瘤学、公共环境卫生学、生物化学、营养学等 42 个学科。根据各学科领域的论文数和占总论文数的比例得到如图 5.4.2 所示的学科结构与规模图。该图显示研究领域受多学科支撑的结构以及知识交叉覆盖的学科范围。其中，肿瘤学、公共卫生学、内分泌科学的规模最大(均超过总体学科规模的 15%)；其次是生物化学、营养学、内科医学、细胞生物学、肠胃学、遗传学、儿科、心理学、神经科学、交叉科学(超过学科规模的 4%)；其余 29 个学科规模均小于整体学科规模的 4%。

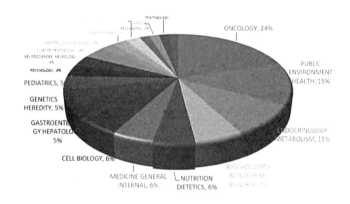

图 5.4.2　研究领域的学科结构与规模

②学科规模的变化。

通过对学科在 2005—2010 年出现次数的变化进行统计得到历年各学科规模的变化，如图 5.4.3 显示：除细胞生物学等个别学科外，从 2005 年起，各学科出现的次数均有递增的趋势，2009 年开始逐渐降低，直至 2010 年。

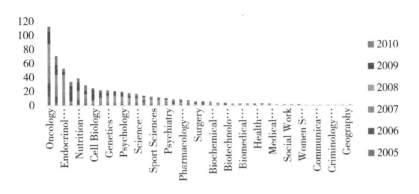

图 5.4.3　历年各学科规模的变化

跨学科合作的发展可以从图 5.4.4、图 5.4.5 看出。如图 4 所示，TREC1 合作网络中跨学科合作发展得十分迅速，研究项目中的学科多样性在 2006—2007 年就有明显的增加。通过建立如图 5 所示的重大项目—学科柱状图，可以发现，在所有的重大项目中，涉及多学科的项目占 100%，而且至少 3 个学科，最多达到 7 个

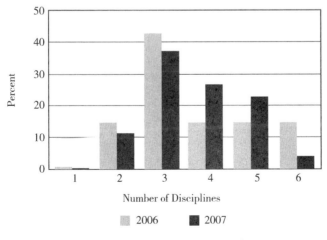

图 5.4.4　2006—2007 年项目的学科数量

学科。

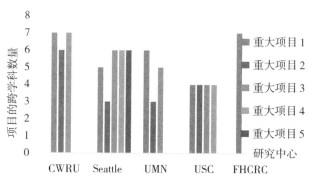

图 5.4.5　重大项目—学科柱状图

(2)学科交叉性的变化。

在 TREC 研究论文成果中，单一学科论文数量 200 篇，占研究论文总数的 42.7%。多学科论文数量 269 篇，占研究论文总数的 57.3%，其中生物化学、细胞生物学、遗传基因学、心理学、呼吸系统科学、生物科技应用、家族研究和社会科学这几个学科领域的多学科论文比例达到 100%。多学科论文篇均所属学科领域数为 2.88。

将 TREC 跨学科研究的 2005—2010 年每年作为一个时间窗，分析随着时间变化学科交叉性的变化情况，为了使图表直观简洁，我们把熵值精确到小数点后 3 位。如表 5.4.1 所示，以能量与癌症为目标研究领域的学科数量，从 2005 年起呈现上升趋势，到 2008 年达到最大值 33，2009—2010 年逐步下降；熵值从 2005 年起的最小值逐步增加到 2007 年的最大值，2008 年降到最低点，2009 年、2010 年的熵值稍有增加，但比 2006 年、2007 年的熵值低，比 2005 年的熵值高。表明 TREC 跨学科研究在 2005—2007 年新加入的学科分类逐渐发挥作用，学科交叉性在增强。2009—2010 年学科数量减少，学科交叉性也在减弱。由于 2008 年有些学科的作用在慢慢减弱，如肿瘤学、公共环境卫生学等，新加入的学科(如交叉学科、生化研究方法)与其他学科是相互独立的，所以交叉性减弱。

表 5.4.1　以能量与癌症为目标研究领域的学科数量和熵值

年份	2005—2010	2005	2006	2007	2008	2009	2010
学科总数	42	12	20	26	33	25	21
Ii	2.99	2.13	2.45	2.70	2.02	2.27	2.17

以 2005—2010 年的数据集为样本，分别将 42 个分支学科作为目标研究领域，测度其交叉性结果，并计算历年学科交叉度排名前 10 的分支学科对能量与癌症目标研究领域的熵的贡献度，分别得到表 5.4.2、表 5.4.3。

表 5.4.2　各分支学科的学科交叉度

学　　科	2005—2010 年学科交叉性(Ii)
Psychology	2.225366479
Public Environment Health	2.168171544
Oncology	1.6459196
Biochemistry Molecular Biology	1.64355499
Cell Biology	1.584673636
Psychiatry	1.548468198
Nutrition Dietetics	1.470856169
Respiratory System	1.470428115
Medicine General Internal	1.278423466
Genetics Heredity	1.222237824
Biotechnology Applied Microbiology	1.216395324
Social Work	1.216395324
Behaviour Science	1.124868361
Endocrinology Metabolism	1.088616798
Biophysics	0.991773759

续表

学　　科	2005—2010 年学科交叉性(Ii)
Family Studies	0. 991773759
Cell Tissue Engineering	0. 893275738
Pediatrics	0. 893214862
Biomedical Social Sciences	0. 864775367
Health Policy Services	0. 85137604
Women's Studies	0. 805677829
Health Care Sciences Services	0. 781827814
Pharmacology & Pharmacy	0. 746061495
Gastroenterology Hepatology	0. 72345355
Neurosciences Neurology	0. 701410157
Obstetrics Gynecology	0. 636069085
Medical Laboratory Technology	0. 596939332
Sport Sciences	0. 363527543
Cardiac Cardiovascular Systems	0. 362331423
Research Experimental Medicine	0. 201361995
Biochemical Research Methods	0. 17984246
Surgery	0. 155554441
Science Technology	0
Hematology	0
Radiology Nuclear Medicine Medical Imaging	0
Immunology	0
Communication	0
Information Science Library Science	0
Criminology Penology	0
Reproductive Biology	0
Geography	0
Chemistry	0

表 5.4.3 历年主要分支学科对能量与癌症研究领域交叉度的贡献度

学科	2005—2010	2005	2006	2007	2008	2009	2010
Psychology	0.17956308	0	0.1324189	0.1629488	0.1010629	0.0427316	0.0665667
Public Environment Health	0.24385218	0.315853	0.2355003	0.2924536	0.1343404	0.1752908	0.2801482
Oncology	0.25848458	0.3662041	0.2986266	0.3015829	0.2383734	0.1586575	0.1107738
Biochemistry Molecular Biology	0.19704695	0.1449773	0.08065	0.0508788	0.1010629	0.2804206	0.20304
Cell Biology	0.17956308	0.1449773	0.08065	0	0.1184157	0.271695	0.1107738
Psychiatry	0.08204729	0.1449773	0.08065	0.1151838	0	0.0728606	0.0665667
Nutrition Dietetics	0.19367572	10.1449773	0.2070756	0.1831075	0.2096896	0.1405019	0.1465414
Respiratory System	0.10482225	0	0	0.1629488	0.0603633	0.0427316	0.1465414
Medicine General Internal	0.15627542	0.1449773	0.08065	0.2013635	0.0603633	0.0982328	0.2642184
Genetics Heredity	0.15627542	0.1449773	0.08065	0.0860043	0.1184157	0.1205159	0.1768284
汇总	1.75160596	1.551921	1.2769715	1.556472	1.142087	1.403638	1.571999
占目标研究领域熵值的比	0.6040021	0.728601	0.521213	0.576471	0.562604	0.618343	0.724423

411

　　表 5.4.2 显示能量与癌症目标研究领域的 42 个分支学科成分各自的学科交叉性不同。表 5.4.3 的数据显示：能量与癌症目标研究领域的学科成分每年都在发生变化，但是主要学科成分的种类变化不大，对目标研究领域熵值的贡献度有所波动。整个合作期间，交叉度排名前十的主要分支学科对目标研究领域熵值的总贡献度占 50% 以上，平均为 60.4%。2005—2008 年，交叉度排名前十的主要分支学科对目标研究领域熵值的贡献度由 72.86% 下降到 56.26%，2009—2010 年又回升到 72.44%，可见主要学科成分的贡献度变化波动在 12% 以下。

　　目标领域熵中的其余近 40% 的学科成分变化比较大，例如 2006 年在 2005 年的基础上减除了细胞组织工程（Cell Tissue Engineering）、妇女研究（Women'S Studies）；增加了心理学（Psychology）、儿科（Pediatrics）、生物医学社会科学（Biomedical Social Sciences）、卫生政策服务（Health Policy Services）、卫生保健科学服务（Health Care Sciences Services）、药理学和药店（Pharmacology & Pharmacy）、产科妇科（Obstetrics Gynecology）、医学实验室技术（Medical Laboratory Technology）、运动科学（Sport Sciences）、生物化学研究方法（Biochemical Research Methods）。除掉心理学外，其他新增加的 9 个分支学科对目标研究领域的学科交叉性的贡献占近 40%。2007 年在 2006 年的基础上减除了细胞生物学（Cell Biology）、生物技术应用微生物学（Biotechnology Applied Microbiology），生物物理学（Biophysics）、产科妇科（Obstetrics Gynecology）；增加了呼吸系统（Respiratory System）、社会工作（Social Work）、行为科学（Behaviour Science）、家庭研究（Family Studies）、神经科学神经学（Neurosciences Neurology）；研究实验医学（Research Experimental Medicine），新增分支学科对目标研究领域的交叉度贡献占 20%；2008 年新增分支学科对目标研究领域的交叉度贡献占 25%；2009 年新增分支学科对目标研究领域的交叉度贡献占 17%；2010 年新增分支学科对目标研究领域的交叉度贡献占 6%。这些新学科的加入，可能孕育新的研究方向和创新成果。

5.4.3.2 合作紧密性的测度

(1)合作期内历年项目网络规模的演进。

①项目申请总数的变化趋势。

TREC 共有四类研究项目：重大项目(primary project)及其子项目，中心内的开发项目(develop project)、跨中心项目(cross-center project)和小社群项目(small community develop project)。图 5.4.6 展示了 TREC 逐年各类项目申请数的发展情况，TREC1 启动后的第一年，各研究中心申请到的基金项目总数就达到 40 项，2006—2007 年有所下降，从 2008 年开始申请项目数量开始减少。跨中心项目数量在 2005—2008 年逐年增长，2008 年以后开始下降，由于跨中心项目是机构的人员合作申请的，反映了跨机构合作申请项目关系的演进呈现阶段性的特点。

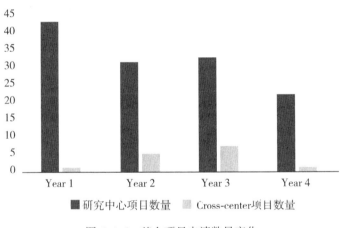

图 5.4.6 基金项目申请数量变化

②项目间关系的变化趋势。

重大项目与子项目的关系表明重大项目申请人为子项目申请提供了研究方向。图 5.4.7 显示具有重大项目—子项目关系的项目数量逐年递增，由第一年的 17 个项目增长到 43 个，说明团队之间的协作呈现明显增长的趋势。

(2)合作期内历年合著网络规模的演进。

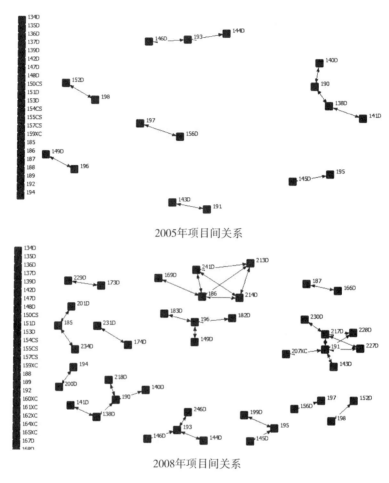

图 5.4.7   项目间关系变化

①论文数量的变化。

TREC 从 2005 年开始到 2010 年结束共发表论文 567 篇，每年的论文数量变化如图 5.4.8 所示：TREC1 启动的第一年几乎没有论文发表，从 2006 年开始明显增加，由每年递增 20 篇增加到 40 篇，到 2008 年达到 140 篇的峰值，2010 年论文数量开始急剧减少，符合跨学科知识创造产出要到合作的第 2~4 年才会达到峰值的规律。

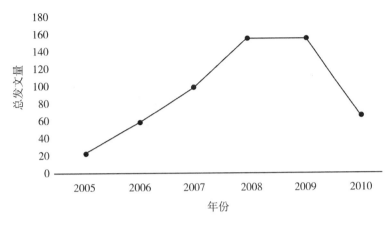

图 5.4.8 论文发表数量的变化

②论文合著网络的稠化与增长。

论文发表数量的增长特征与合作者的增长特征不同，合作者可以在首次出现后的年份里再次出现，但在演进网络里则不重复计算。图 5.4.9 显示：2005—2007 年，随着时间的发展，网络节点不断增加，平均每个节点（作者）拥有的连接数逐渐增加，这意味着合作网络变得越来越稠密；2008 年节点数增加，边的开始数量

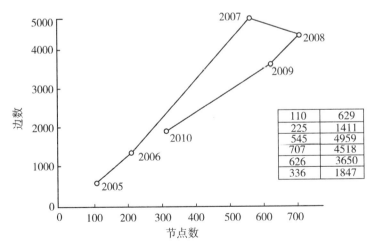

110	629
225	1411
545	4959
707	4518
626	3650
336	1847

图 5.4.9 TREC 合著网络节点-边的数量变化

减少，说明网络稠化进程减慢；2009—2010 年，随着时间的发展，节点数逐渐减少，并且平均每个节点(作者)拥有的连接数也逐渐减少，说明网络变得稀疏。

③网络直径。

如图 5.4.10 所示，TREC1 的合著网络直径在初期快速增长，前期从 2005 年的 3 增加到 2008 年的 13；后期从 2008 年的 13 开始降低到 2010 年的 7。网络直径降低，表明合作网络面临转型，符合从 2008 年开始申请项目数量、合著作者数量开始减少，直到所有项目收尾、计划完成的实际情况。

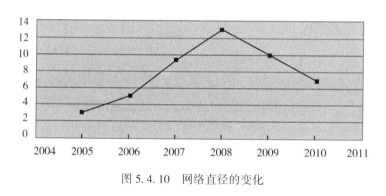

图 5.4.10 网络直径的变化

(3)合作期末累积合著网络特征分析。

①度分布。

图 5.4.11 为合著网络的度分布坐标图，可以看出合作网络的度分布服从幂指数为-1.364 幂率分布，数据表明网络具有无标度性，网络的合作成分多，但节点多的主成分不多，最终合作网络节点与度数分布满足幂律分布特征。

②成分分析。

以 2005—2010 年的论文数据构建网络分析得出，历经 6 年的发展，不仅各中心原有的合作得到加强，而且促进中心内部研究员之间和中心之间建立起的新合作关系，构成了由 993 个合作节点构成的论文合著网络，包括 34 个主成分(子群)和 70 个(包含 30%的

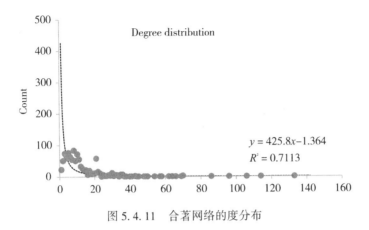

图 5.4.11　合著网络的度分布

节点)弱成分。根据社群探测算法得知，其中最大主成分的包括
137 节点，中心节点为 Goran MT(如图 5.4.12 所示)，次主成分包
括 45 个节点，中心节点是 Bernstein L。

图 5.4.12　最大成分中的部分节点

③中间中心性。

根据中间度来选择网络中的重要节点，前 30 名中有 20 名教授是重大项目主持者，主要学科领域是预防医学、流行病学和遗传学，其中不乏同时是跨机构的中介点和跨学科的中介点。如表 5.4.4 所示。

表 5.4.4 合著网中的重要节点

	A	B	C	D	E	F	G	H	I
1	Nodes	度		Closeness Centrality	Betweenness Centrality	Hub	Strongly-Connected		
2	Goran MI	2	66	4.998	138,401.407	0.007	86		
3	Bernstein L	3	161	3.812	94,098.672	0.01	86		
4	Willis J	10	116	4.792	92,897.556	0.011	86		
5	McTiernan A	8	138	3.62	90,775.034	0.01	86		
6	Redline S	19	77	5.248	88,148.201	0.007	86		
7	Chak A	26	53	4.461	82,376.514	0.003	86		
8	Jeffery RW	48	72	6.558	63,895.284	0.005	86		
9	Davis JN	5	48	4.692	41,108.280	0.003	86		
10	Spruijt-Metz D	34	62	4.714	40,782.179	0.005	86		
11	Markowitz SD	11	128	5.639	29,153.850	0.017	86		
12	Ulrich CM	7	86	3.967	16,380.280	0.006	86		
13	Zhang XD	77	44	5.571	8,562.474	0.001	86		
14	Potter JD	37	64	4.31	8,023.336	0.007	86		
15	Willson JKV	20	96	5.599	6,890.858	0.01	86		
16	Weigensberg MJ	1	45	5.418	6,846.833	0.005	86		
17	Lutterbaugh J	40	49	5.482	6,238.043	0.003	86		
18	Horn-Ross PL	74	58	4.725	5,999.494	0.004	86		
19	Parmigiani G	61	59	5.713	5,283.242	0.007	86		
20	Lawrence E	46	48	5.614	5,055.294	0.002	86		
21	Papadopoulos N	75	67	5.711	4,369.529	0.008	86		
22	Sorensen B	13	56	4.002	4,272.229	0.003	86		
23	Lane CJ	6	45	4.726	3,911.333	0.003	86		
24	Velculescu VE	53	78	5.756	3,238.813	0.01	86		
25	Vogelstein B	36	76	5.759	2,805.925	0.01	86		
26	Kinzler KW	35	75	5.759	2,738.514	0.01	86		
27	Ballard-Barbash R	4	47	4.284	1,967.230	0.004	86		
28	Markowitz S	19	49	6.575	1,745.469	0.005	86		
29	Dawson D	28	81	5.606	1,427.920	0.007	86		
30	Park BH	16	44	5.713	1,042.131	0.004	86		
31	Jones S	12	44	5.592	44.898	0.001	130		

5.4.4 结论与启示

5.4.4.1 结论

本书在借鉴跨学科实证研究文献成果的基础上，设计了全面测度跨学科合作实践过程的学科交叉度和合作紧密性的分析框架，通过数据集的离散分析，发现 TREC1 的学科结构的演进和合作网络的演进合作呈现出明显的移动性和阶段性特点。

（1）合作演进的移动性特征。

TREC1 是一个多项目团队构成的临时组织，各项目何时开始，申请者与谁合作不受计划与控制的约束，具有偶然性和自发性。

TREC通过多种类型、不同周期的项目资助，拉动和培育了不同层次科研人员的合作。

TREC合作的移动性首先表现在跨学科行动在组织层面的迁移性。TREC分两个阶段在不同的八个机构间实施，第一个阶段性计划实施后得到的合作网络的增长在2008年开始降低，这表明合作受到团队最大科研生产力的约束，需要引进新的成员或重新组织新的研究团队，合作的迁移有利于新知识的吸纳，有利于知识创新，可见TREC1的周期设定为6年是合理的。

TREC合作的移动性其次表现在合作网络在集体层面和个人层面的社会移动性。2005—2008年，研究中心之间、学科之间合作项目逐渐增加，表明集体向着跨研究中心、跨学科方向移动；从个人层面来讲，TREC网络节点多、存在部分凝聚中心，说明参与的广泛和集中。重大项目的周期长达3~5年，往往承担重大项目的高级研究员节点的凝聚度高，他们学科背景主要是预防医学，表明TREC合作移动体现了社会资本、专家专长的影响，说明合作的移动性和专家的社会资本与其所具有的学科专长的交叉性有关，存在"优先联接"和"互惠"的原则；网络中同时也存在自下而上的"基于兴趣"原则的松散的、短期合作，有的项目周期只有一年。可见，整个合作网络的变化就是在这些原则作用下的自组织演化过程。

(2)合作演进的阶段性特征。

TREC1整个合作在自组织的迁移性过程中又表现出明显的阶段性规律，例如TREC1的研究领域的学科交叉度与跨学科合作的紧密度均表现出显著的阶段性。根据多种合作网络指标随时间变化的规律，可以将2005年定义为合作准备阶段，2006—2008年为合作实施阶段，2009—2010年为合作收尾阶段。合作准备阶段的主要任务是明确研究目标，驱动项目申报；合作实施阶段的主要任务是按照研究计划开展合作研究；合作收尾阶段的主要任务是合作产出及对产出的总结与评价。研究发现TREC1的合作准备期很短。

①研究领域的学科交叉度演进的阶段性特征。

通过对癌症与能量研究领域的学科结构组成、分支学科及目标研究领域的交叉度的测度，发现整个研究领域包含 42 个分支学科，领域的学科交叉度的变化经历了由熵增到熵减的过程，2007 年对应的熵值最大，说明当时的学科交叉度最高。研究领域学科交叉度排前十的分支学科是整个目标研究领域的主要支撑学科，对研究领域的交叉性贡献经历了下降到回升的波动过程，但变化幅度不超过12%。其余 32 个分支学科对目标研究领域的交叉性贡献经历了从增加到下降的变化过程，变动幅度最高到 40%，在整个合作期间，2006 年的主要分支学科对目标研究领域熵的贡献率最低，新增分支学科的贡献率最高。这也说明整个合作计划的启动在 2005 年快速完成，2006 年新增合作学科的数量明显，2007—2008 年的学科成分的增减幅度开始缩小，说明研究领域的学科成分及交叉性达到平稳阶段，2009—2010 年的学科成分的增减幅度又开始变大，主要学科的贡献显著增强，新增学科的贡献显著降低，整个研究领域的交叉度降低，说明合作期末时的研究领域的学科知识变得更有序。

②合作紧密性演进的阶段性特征。

合作网络稠化表现出明显的阶段性，2005—2008 年网络不断稠化，2008 年合作达到最紧密状态，2009—2010 年合作开始变稀疏。合著网络的度分布服从幂指数为-1.364 幂率分布，包括 34 个主成分(子群)和 70 个(包含 30%的节点)弱成分，说明整个网络呈现出混合的网络结构：一方面在网络中存在以机构间和学科间的中介节点为凝聚中心的大联通的集中合作结构，另一方面也存在不少基于兴趣的自主松散合作的小群体结构。说明合作既具有广泛性也具有多中心的集中性。

5.4.4.2　启示

TREC1 合作演进过程的成功，表现在快速启动、缩短合作准备时间以及合作的广泛和紧密等方面，总结其中的经验得到以下启示：

(1)快速启动跨学科计划的经验。

TREC1 启动后第一年就获得多项基金奖励，第二年论文产出就明显增加，表明计划启动很成功，其经验主要在于两个方面的知识共享。

①问题理解的一致性。

在 TREC1 2005 年 9 月正式成立之前,凯斯西储大学、美国明尼苏达大学、美国南加州大学和弗雷德哈钦森癌症研究中心之间鲜有合作的历史,在不同学科、不同机构的研究者之间容易存在问题理解的冲突。TREC1 在启动之前就开发了癌症预防背景下的能量平衡、肥胖的多因素交互影响模型,成为整个 TREC1 过程中理解研究问题所参照的基础,有效保证了问题理解的一致性。

②共享目标。

TREC 行动开始以来,不断有新的基金用于补充 TREC 研究议程,资助相关方向的研究。2006 年和 2007 年,NCI 发布了题为《人类能量平衡和癌症研究》的两项基金公告。2008 年,美国国家心脏、肺和血液研究所(NHLBI)宣布了《转化基础行为和社会科学发现进行行为干预,减少肥胖:行为干预发展中心(U01)》。TREC1 第一年就获得 K Awards、R03、R21、R01、R13 及其他共 11 项奖励,表明议题明确的奖励是研究者共享研究目标的强大动力。

本书用 Citespace 软件对题录数据进行处理后得到相关研究热点的可视化分析,可以看出基金重点资助的研究方向。此热点网络共有 95 个节点,102 条边,网络密度为 0.0228。表 5.4.5 是部分研究热点的频次和中心性。

由表 5.4.5 可以看出:2005 年的研究主题是妇女和成年人,研究的问题集中在女性的肥胖、运动和健康三者之间的关系,研究的病理集中在胰腺瘤和心血管疾病。2006 年在 2005 年的基础上,发现其他相关影响因素,扩大研究领域。研究主题不仅限于妇女,而且还有儿童,在研究病理上增加了乳腺癌。2007 年增加了营养和睡眠对健康的影响,研究病理集中在流行性疾病。2010 年增加了饮食对其他影响因素的研究,增加了对神经系统的病理研究。

表 5.4.5　基金主要资助方向

频率	中心度	年份	关键词
54	0.19	2005	obesity
19	0.01	2005	exercise
13	0.24	2005	health
31	0.23	2005	women
13	0.08	2005	cardiovascular-disease
11	0.12	2005	adults
2	0.09	2005	adenomas
15	0.31	2005	colorectal-cancer
22	0.26	2006	children
22	0.02	2006	breast-cancer
9	0.14	2006	colon-cancer
10	0.08	2007	epidemiology
7	0.19	2007	heart health
9	0	2007	nutrition
9	0	2007	sleep apnea
3	0	2010	neurons
3	0	2010	arcuate nucleus
2	0	2010	diet-induced obesity
2	0	2010	food-intake
2	0.05	2010	neuropeptide-y

（2）合作广泛和紧密的经验。

①领导职能向支持、协调职能的转化。

TREC1 成立了扁平化的研究组织。根据研究方向，在初始的四所大学及协调中心之下，设立 7 个工作群、6 个任务组及各种项目团队，这些组织单元之间形成平行的协同关系，将多层级自上而下的领导职能转移到协调中心、评价中心的支持和协调职能上，通过这些组织单元的协同运转，减少组织边界的障碍、充分调动各种层级和学科的科研人员的生产力、创造更多的知识创新机遇。

②沟通渠道和媒介的多元化。

为了给不同机构、不同学科的科研人员创造广泛接触、学习的机会，TREC1 提供了 TREC 演讲、内部会议、工作群和任务组讨论、发展基金、培训、网站、一对一讨论和专业会议等沟通机会和渠道，建设了成员实时交流的信息平台——参与平台以及共享的、统一标准的数据库等媒介。

5.4.4.3　本研究的不足

本研究的贡献在于设计了跨学科合作演进特征的测度框架并应用于实际案例，揭示了在 TREC1 合作期内，能量与癌症领域的学科交叉与合作紧密性的演进特征，但没有统计引文数据进行学科交叉度测度，可能会影响测度指标的准确性。

5.5　在线学术社交平台用户行为的科研影响研究

——以 W 大学 ResearchGate 用户为例

随着 Web2.0 时代的到来，科学研究与科研信息传播的方式正发生着巨大的变化，不断涌现出新的交流平台。Web2.0 的用户参与、协作等特征，与以交流、合作为核心元素的新时代科学完美契合，逐渐将科学交流从线下转移到线上。协同工作网站和学术社交网络也成为许多学者建立联系的重要手段，韩文、刘畅等人也由此延伸得出"科学 2.0"新时代的愿景：科研人员之间进行的科研交流将加速科学研究的创新以及科研成果的传播，改变着研究人员获取和传播科研资源的方式，科学研究将被带到一个更加开放的发展空间①。学术社交网络的出现，改变着科研信息、学术成果等学术资源的传播方式，加快科研学术成果的传播，提高学术交流的效率。

新时代的科研离不开交流与合作。科研合作逐渐成为科研活动的主流，并且合作的规模和范围随着科研活动的发展而快速增长。新时代的科研越来越离不开跨机构的科研交流与合作，赵蓉英等指

---

① 韩文，刘畅，雷秋雨. 分析学术社交网络对科研活动的辅助作用——以 ResearchGate 和 Academia. edu 为例［J］. 情报理论与实践，2017，40（8）：105-111.

出，科研合作能够追求科研利益的最大化，为了应对科学发展的新需要、实现科研资源的优势互补、迎合鼓励合作的科研政策以及应对多学科交叉研究的需要等，科研人员往往选择进行科研合作和科研交流①。李玲丽等指出，在科学 2.0 时代，科学研究需要跨越国家、跨越机构、学科领域之间的界限，需要科研人员之间展开科研合作，共享科研知识，进行协作式研究，科学研究的交流性和协作性的要求，使得发展学术社交网络显得尤为重要②。如今越来越多的科研人员利用学术社交网络进行科研合作与交流，充分利用学术社交网络平台的优势，进行学术资源分享、学术意见交流、关注最新的科学研究方向③。

ResearchGate 是一个学术社交网站，2008 年 5 月上线以来，至今注册人数已经超过 1 亿，发布的项目数量超过 70 万。ResearchGate 为科研工作者提供了一个学术分享平台，整合了科研资源共享和科研活动交流，为科研工作者提供了独特的科研合作与交流的渠道。科研工作者可以通过该平台发布分享和获取他人最新的科研成果和学术著作，可以创建个人档案，上传并公开自己的研究成果，关注感兴趣的科研人员和项目，可以和其他科研人员进行科研交流和合作。ResearchGate 与科学 2.0 的开放、共享与协作的理念相切合，代表了一种新的学术交流方式，对科研工作者的科研资源共享、科研交流与科研合作产生重大的影响。以 ResearchGate 为代表的学术社交网站的发展会越来越专业化，覆盖范围会越来越广，功能越来越丰富，并且以研究共享类为主，促进科研成果的共享。

---

① 赵蓉英，温芳芳．科研合作与知识交流[J]．图书情报工作，2011，55(20)：6-10.
② 李玲丽，吴新年．科研社交网络的发展现状及趋势分析[J]．图书馆学研究，2013，34(1)：36-41.
③ 刘晓娟，余梦霞，黄勇，等．基于 ResearchGate 的学术交流行为实证研究——以北京师范大学为例[J]．情报工程，2016，2(3)：26-36.

5.5.1　相关研究

5.5.1.1　在线学术社交网络

社交网络是人与人通过一定关系建立起来的社会网络结构，这种关系包括朋友、血缘、交易、兴趣、链接等。随着互联网的发展，科研学术与和在线社交网络相结合，便产生了学术社交网络。基于 Web2.0 创建的科研学术非正式交流平台，学术社交网络正在对科研交流与合作产生着深远的影响。学术社交网络的产生主要是由互联网技术的发展、网络信息与社交媒体相结合、科研工作者对学术科研交流与合作的需求等几个方面共同作用的结果，同时，学术社交网络是以促进科研学术知识的沟通和传播为目的，协助科研学者建立和维护其科研交流与合作关系，支持其进行各种科研活动的服务或者平台。

5.5.1.2　学术社交网络的用户行为特征研究

不同资历的研究人员对学术社交平台使用存在差异。科研人员通过互相关注形成了复杂的学术网络关系结构，Jordan 研究了这种学术网络结构，研究显示学科在学术网络关系结构中起着至关重要的作用，资深的科研人员在学术网络关系结构中处于重要位置，资历较浅的科研人员处于边缘位置，但是后者在学术社交网络中表现得更活跃[1]。Mas-Bleda 等通过调查欧洲高被引科研人员在学术社交平台使用程度，指出拥有高被引次数的科学家出现在学术社交网络上的程度较低[2]。同时，国内学者张耀坤等通过调查 2013 年、2014 年长江学者在 ResearchGate、Mendeley、Academia 和学术圈四个学术社交网络上的基本数据，发现长江学者在这四个学术社交网络平台上的总体注册率均未超过 50%，指

---

①　Jordan K. Academics and Their Online Networks：Exploring the Role of Academic Social Networking Sites[J]. First Monday，2014，19(11).

②　Mas-Bleda A，Thelwall M，Kousha K，et al.European Highly Cited Scientists' Presence in the Social Web[C]//ISSI 2013-14th International Society of Scientometrics and Informetrics Conference，2013：1966-1969.

出长江学者对学术社交平台使用状况并不理想①。耿斌等调查显示，ResearchGate 平台上南京大学的主要用户为研究生和博士生，这些用户使用 ResearchGate 学术社交网络平台主要是用来提高自身的影响力②。

不同学科领域的研究人员对学术社交平台使用存在差异。Rowlands 等调查显示，人文社会学家更受益于学术社交网络③。而 Ortega 通过研究西班牙国家研究委员会（CSIC）成员的学术社交网络使用情况，同样指出不同学科的用户对学术社交平台使用存在差异，人文社会学科科研人员较为喜欢使用 Academic 进行交流，而生物学领域的科研人员喜欢通过使用 ResearchGate 进行科研资源的获取④。*Nature* 杂志也做了一份调查，其通过电子邮件发送了 100 万的关于如何使用学术社交网的问卷调查，收到 3500 份来自 95 个国家的回复，结果显示 ResearchGate 在学术领域被人熟知，超过 88% 的科学家和工程师知道 ResearchGate，略高于 google + 和 Twitter，不同国家稍有不同；只有不到一半的人表示，他们会定期访问 ResearchGate，这一数据仅次于 google，领先于 Facebook 和 LinkedIn；几乎有 29% 的常规访客在过去的一年里注册了一个 ResearchGate 账户并填写个人资料。

5.3.1.3 学术社交网络对科研活动的影响研究

学术社交网络的出现，对学术科研活动产生了较为深远的影响。许洁指出，由于学术社交网络操作的方便性、学术信息的可获

---

① 张耀坤，张维嘉，胡方丹. 中国高影响力学者对学术社交网站的使用行为调查——以教育部长江学者为例[J]. 情报资料工作，2017(3)：96-101.

② 耿斌，孙建军. 在线学术社交平台的用户行为研究——以 ResearchGate 平台南京大学用户为例[J]. 图书与情报，2017(5)：47-53.

③ Nicholas D, Rowlands I. Social Media Use in the Research Workflow[J]. Learned Publishing，2011，24(3)：183-195.

④ Ortega J L. Disciplinary Differences in the Use of Academic Social Networking Sites[J]. Online Information Review，2015，39(4)：520-536.

得性以及公开海量的学术信息等特性，给以学术期刊为主要载体的传统学术信息交流模式带来了冲击，传统学术出版的学术质量控制者的角色正在被弱化，同时学术社交网络的出现也缩短了学术出版的周期以及降低了学术出版的难度①。而 Steven Ovadia 指出，尽管社交网络对学术来说看似无聊且毫无意义，但是专业的学术社交网络平台正在受到特定的学科领域的欢迎，学术社交网络平台是社交媒体和学术出版的交叉路口，学术社交网站提供了出版作品的分析以及促进了学术信息的交流②。学术社交网站存在一定的响应性和非正式性，香港中文大学的李教授利用 ResearchGate 发表对日本干细胞研究的批评文章突出显示了这一点。学术社交网站扩充和加快了学术同行评审的过程，ResearchGate 如今增加了一个开放审查（Open View）的过程，允许用户上传评审的文章，专注于研究的可再现性。屈宝强通过研究"小木虫"学术论坛的用户行为，对网络论坛中的科研合作行为进行分析，指出网络学术社交网络中松散型的合作方式促进着创新思维的迸发、无时空限制的科研合作有利于创新灵感的捕捉，同时，学术社交网络使得科研人员能够及时了解热点科研问题、获取高产作者/发帖者发布的信息③。

5.5.2 数据获取及分析方法

5.5.2.1 研究框架

如图 5.5.1 所示，为了研究学术社交平台用户活跃度的影响因素，本研究分析 h 指数、学术社交平台用户活跃度、项目发布数、被阅读数、被引数、关注数以及被关注数之间的相关性。

---

① 许洁. 学术社交网站对学术出版的影响初探［J］. 出版发行研究，2014（3）：48-52.

② Ovadia S. ResearchGate and Academia. edu: Academic Social Networks［J］. Behavioral & Social Sciences Librarian，2014，33（3）：165-169.

③ 屈宝强. 网络学术论坛中的科研合作行为及其反思——以"小木虫"学术论坛为例［J］. 科技管理研究，2010，30（10）：215-218.

表 5.5.1　研究框架

研究主题	分析维度	指标
在线学术社交平台用户行为的科研影响研究	用户行为与科研效率分析	h 指数因子
		活跃度
		项目发布数
		阅读数
		引用
		关注
		被关注
	不同院系/科研机构之间活跃度分析	注册用户数
		作者数
		发布论文数
		论文作者数
	合作行为分析	合作者活跃度
		合作者机构
		合作者数量

为了从院系/科研机构层面判断不同领域用户之间的活跃度程度，本研究用院系/科研机构的用户注册数、学院/科研机构在学术社交网络平台发布的论文数、院系/科研机构的作者数来衡量不同领域用户的活跃程度、用在学术社交网络平台发布论文的作者数量来衡量院系/机构之间合作的程度。

为了判断用户层面不同活跃度的用户之间的行为差异，以用户的 RGScore 来衡量用户在学术社交网络平台的活跃程度，本研究以用户的 topcoauthor 数来衡量合作的程度。

5.5.2.2　数据获取

（1）ResearchGate 用户行为数据获取及预处理。

W 大学作为国内"双一流"综合性院校，截至 2018 年 4 月 19 日，在学术社交网络平台 ResearchGate 上共有 9275 成员，共发布了 15056 篇论文，校内共有 130 各院系/机构的主页，总 RGScore

为 45457.15，从总成员数、发布论文数以及院系/机构数上看，W大学成员在学术社交网络平台 ResearchGate 上活跃度较高，有较高的研究价值。

本研究通过获取 W 大学的用户信息数据作为样本对学术社交网络平台的用户行为进行分析，探究不同学科领域科研人员对学术社交网络平台的使用行为特征的差异。用户信息数据主要包括表5.5.2 中的部分。

表 5.5.2　用户信息数据表

数据项	解释
h-index	h 指数因子
机构	用户所在的学院或者机构
RGScore	反映用户在 ResearchGate 平台上活跃程度
项目数	用户在 ResearchGate 平台上发布的项目数
项目被阅读数	用户在 ResearchGate 平台上发布的项目被其他用户阅读的次数
项目被引数	用户在 ResearchGate 平台上发布的项目被其他用户引用的次数
关注数	用户在 ResearchGate 平台上关注其他用户的数量
被关注数	用户在 ResearchGate 平台上被其他用户关注的数量
合作者 RGScore	反映合作者在 ResearchGate 平台的活跃程度
合作者机构	合作者的所在的机构

截至 2018 年 4 月 20 日，利用 python 爬虫，对 W 大学在 ResearchGate 平台上的用户信息进行采集，采集的数据包括 W 大学主页数据、W 大学各院系/机构主页的数据、W 大学成员信息数据。由于存在用户信息不全、院系/机构主页、用户页面缺失等原因，本次共采集并整理得到 120 条院系/机构在 ResearchGate 上的主页信息、8093 条用户数据。

（2）用户科研成果数据获取。

通过查询 WOS 核心合集获得 W 大学 1994—2018 年发表的文献数目，共获得 24 年期间每一年 W 大学在 WOS 核心合集发表的英文文献数量。同时，获取 W 大学 62 名长江学者在 WOS 核心合集发表的文献数量。

5.5.2.3 分析方法

研究所采用的分析方法包括：（1）文献调研法。通过大量文献调研，梳理学术社交网站的发展过程，了解学术社交网站兴起的原因、科研人员的科研活动需求以及相关研究的研究现状和趋势，为本研究提供充分的理论支持。（2）统计分析法。运用统计分析法中的逻辑思维方法以及数量分析方法，对从学术社交网站爬取的数据进行分析。同时，编写 python 爬虫爬取在线学术社交网络平台 ResearchGate 的 W 大学主页数据、W 大学各个学院/机构的主页数据、W 大学注册用户的用户行为数据，包括 h-index、用户 RGScore、发布的项目数、被阅读次数、被引用次数、合作者数量、合作者机构、合作者 RGScore、关注数、关注者 RGScore、关注者机构、被关注数。利用 python 进行数据分析，探索用户活跃度与其他用户行为之间的相关性。（3）社会网络分析法。社会网络分析是一种社会学研究方法、社会学理论认为社会网络是由人或者个体构成。网络节点代表着个体，节点之间的联系包含个体之间的关系。本研究利用社会网络分析方法，通过分析作者之间的合作，建立科研合作网络，探索网络之间的关系，研究网络的结构和性质特点，包括网络的个人属性和整体属性。

5.5.3 结果分析

5.5.3.1 W 大学 ResearchGate 用户行为与科研效率分析

（1）h-index 与用户行为之间的相关性分析。

本研究通过分析 2791 条用户信息，从用户 Rgscore、在学术社交网络发布的项目数、被阅读数、被引用数、关注数、被关注数四个方面进行分析，探究用户 h 指数因子与活跃度、项目数、被阅读数、被引用数、被关注数之间的相关性。用户 h 指数因子与用户行为之间的相关度如表 5.5.3。

表 5.5.3　h-index、用户活跃度、项目数、被阅读数、
被引用数、被关注数相关系数表

	h-index	rgscore	items	reads	citations	follower	following
h-index	1	0.798	0.759	0.609	0.579	0.543	0.104
rgscore		1	0.699	0.336	0.579	0.4387	0.178
items			1	0.825	0.541	0.541	0.229
reads				1	0.400	0.300	0.178
citations					1	0.436	0.125
follower						1	0.44
following							

从表 5.5.3 中可以看出，h 指数因子（h-index）与活跃度（rgscore）、项目数（items）、被阅读数（reads）、被引用数（citations）、被关注数（followers）有着极强的相关关系；活跃度（rgscore）和项目数（items）、被引用数（citations）有较强的相关关系，而活跃度（rgscore）和被阅读数（reads）、被关注数（followers）有较弱的相关关系；项目数（items）和被阅读数（reads）有极强的相关关系，相关系数达到 0.8 以上，并且，项目数（items）和被引用数（citations）、被关注数（followers）有较强的相关关系；被阅读数（reads）和被引用数（citations）、被关注数（followers）有较弱的相关关系；被引用数（citations）和被关注数（followers）有较弱的相关关系。用户关注的人数（followings）除了和被关注次数（followers）、项目数（items）有较弱的相关关系，与活跃度（rgscore）、项目数（items）、被引用次数（citation）的相关关系都极弱。

（2）W 大学 2008 年前后论文发表数量分析。

W 大学自 1994 年至 2018 年，共在 WOS 核心合集发表了

55625 篇英文文献，文献时间与年份之间的关系如图 5.5.1 所示。可以看出，1994 年以来，W 大学在 WOS 合集上发表的英文文献数量逐年的变化趋势呈现区间性和波动性：1994—2007 年渐进增长，2007—2009 年增长最为明显；2010 年下降之后逐渐增长，2018 年下降。从 W 大学长江学者 WOS 核心合集发表的论文数量来看，没有发现 2008 年前后的文献发表数量的变化。笔者认为，这种现象与 W 大学国际学术权威度的提升存在着关系，学术社交网络平台在 W 大学提升国际学术权威的过程中扮演着重要的角色。但由于长江学者大多已经在国际上具有高的学术权威并且具有高水平的科研能力，因此，学术社交网络对他们的学术科研文献的生产没有产生明显的影响。

科研人员若想提升自己的学术声望，可以利用学术社交网络在平台上发布自己的科研成果。同时，用户若想提升自己的学术社交平台的活跃度，增加自己作品被阅读次数、引用次数以及被关注次数，可以在学术社交网络平台上发布学术资源，包括文献、项目等。另外，关注其他用户可以获取更多的科研信息，获得更多的学术资源，对用户的项目产生积极的影响，从而提高项目的数量，因此，用户若想增加自己研究项目的数量，可以关注自身相关领域较为活跃的其他用户，从他们那里获取较多的科研信息，为自己的项目获取更多的科研资源。

5.5.3.2　W 大学 ResearchGate 用户活跃度分析

（1）用户整体活跃度分析。

通过数据整理，发现获取的 8093 位用户有将近 3/4 的用户活跃度为 0，很少或者没有参与学术社交网络平台的活动。造成这种现象可能是因为大部分的学术社交平台用户为本科生、研究生或者博士生，本身掌握的学术资源较少，使用学术社交网络平台的主要目的是通过学术社交网络平台获取学术资源，了解最新的学术动向或者作为一种和科研学者保持联系的工具。

剔除没有活跃度的用户，本研究共有 2790 条用户数据有 RGS core，这 2790 名用户共发布了 57064 个研究项目，人均发表 20.69 个项目。从 RGScore 与用户数折线图（图 5.5.2）可以看出，

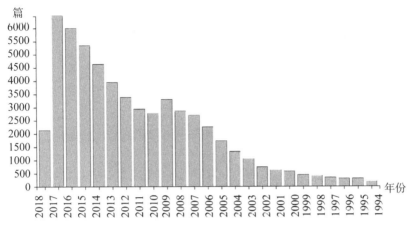

图 5.5.1 W 大学在 WOS 核心合集发表文献数量柱状图(1994—2018)

用户数随着 RGScore 的变化而具有区间性，在不同的区间内，用户数随着 RGScore 的增加在减少，用户数与 RGScore 有较强的线性相关，$r^2 = 0.4$。

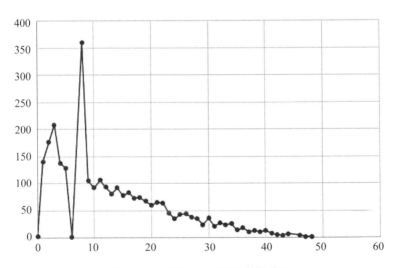

图 5.5.2 RGScore 与用户数折线图

从不同 RGScore 区间的用户数比例图(图 5.5.3)可以看出，

RGScore 在 0~9 区间的用户最多，比例为 45%，其次是 20~29 区间的用户，比例为 30%，40~49 区间的用户最少，比例为 2%。

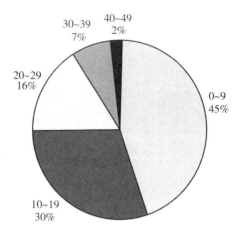

图 5.5.3　不同 RGScore 区间的用户数比例

在本研究样本中，用户的 RGScore、在 ResearchGate 发布的项目数、被阅读数、被引次数统计特征如表 5.5.4。

从统计表中可以看出，人均活跃度为 13.04，人均发表项目数为 20.69，人均被阅读次数为 1234.20，人均被引用 260.53，各项平均值都比较高，用户比较活跃，但是发布项目数、阅读数和被引用数的标准差过大，表明不同用户之间发布的项目数差距很大，部分用户发布的项目数、被阅读数和被引用次数很大，但多数的用户发布的项目数、被阅读数、被引用次数很少或者没有。造成这种现象的原因可能与用户的背景有关，W 大学在 ResearchGate 的用户大多数是学生用户，参与项目等学术活动较少，使用学术社交网络平台的主要目的是获取学术资源，而教授和博士生等科研人员占比较小，这类用户主要通过社交网络公开发布自己的项目以提高自己的学术声望，导致项目发布数、被引用次数的标准差差距较大；同时，造成标准差过大的原因也有可能是用户分享意愿差距大，发布项目数差距大，最终导致项目发布数的标准差太大。

表 5.5.4 **RGScore、研究项目、被阅读数、被引数统计特征表**

	user_RGScore	researchitems	reads	citations
样本数	2790	2790	2790	2790
最大值	49.58	543	241802	16462
平均值	13.4	20.69	1234.20	260.53
中位数	11.125	8	338	39
标准差	10.02	38.74	5380.02	839.40
偏度	0.88	5.96	33.86	9.22
峰度	0.10	55.29	1457.77	119.76

(2)不同院系/科研机构用户活跃度的对比分析。

为了研究不同学科不同领域用户对学术社交网络的使用情况，本研究将用户按照学院/机构进行分类统计分析。在 ResearchGate 上面，共有 130 个院系/机构，共爬取了 120 个学院/机构主页，其中有 10 个院系/机构的主页由于网络原因以及主页页面信息缺失而没有抓取，120 个学院总共有 6505 位成员，其中注册成员最多的是计算机科学学院，有 624 人。

①注册人数分析。

从 W 大学各院系/机构成员人数比例图(图 5.5.4)可以看出，院系/机构中注册成员人数在前十的学院分别是 W 大学计算机学院、W 大学水利水电学院、W 大学测绘遥感信息工程国家重点实验室、W 大学信息管理学院、W 大学资源与环境科学学院、W 大学测量与遥感系、W 大学经济学系、W 大学电子信息学院、W 大学信息科学与工程学院、W 大学电气工程学院，这十个学院/机构一共占学校总注册人数的 47%。总体上，理工科院系的注册人数比社会学科院系的注册人数要多。从注册人数上看，在学术科研社交网络平台上，理工科领域的科研人员比社会学科领域的科研人员表现得更活跃。

然而，用注册人数衡量不同领域科研人员的活跃度存在不足，并不是所有院系/科研机构的成员越多，其在学术社交网络平台发

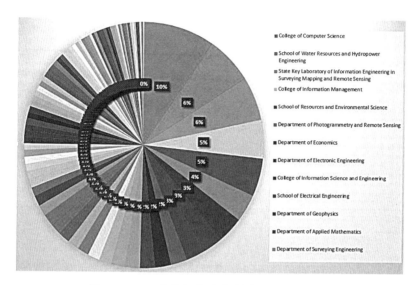

图 5.5.4　W 大学各院系/机构成员人数比例图

布的论文数量就越多。普遍存在院系/科研机构注册人数较多，但是其成员在 ResearchGate 中发布的论文数量较少的情况。从 W 大学各院系/机构成员数、发布论文数柱状图（图 5.5.5）可以看出，不同院系/科研机构的成员数量与其在学术社交网络平台 ResearchGate 中发布的论文数量没有明显的相关关系，院系/科研机构成员数量与其在 ResearchGate 平台上发布论文数的相关系数为 0.15。

②各院系/科研机构论文发表数量分析。

如图 5.5.6 所示，从发布的论文数量上看，W 大学各院系/科研机构一共在 ResearchGate 发布了 6520 篇论文，其中发布论文数量最多的院系/机构为化学与分子科学学院，一共在 ResearchGate 上发布了 859 篇文献，其次是生命科学学院，一共发布了 851 篇文献。从 W 大学各院系/科研机构发布论文数量占比图可以看出，发布文献数量在前五的院系/机构分别为化学与分子科学学院、生命科学学院、病毒学国家重点实验室、口腔医学院、软件工程国家重点实验室，这五所院系/机构在 ResearchGate 所发布的文献数量占

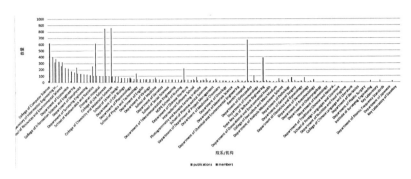

图 5.5.5 W 大学各院系/机构成员数、发布论文数柱状图

W 大学各院系/机构在 ResearchGate 平台上所发布的总文献数量的 51%。

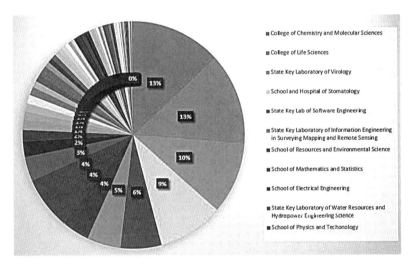

图 5.5.6 W 大学各院系/机构发布论文数量占比图

③各院系/科研机构人均发布论文数量分析。

如图 5.5.7 所示，从人均发布论文数量上看，W 大学所有院系/机构的成员人均发表论文 1 篇论文。其中，在 ResearchGate 平台上人均发布论文最多的院系/机构为 W 大学病毒学国家重点实验室，人均 30.45 篇，前五名分别为 W 大学病毒学国家重点实验室，W 大学航天信息安全与可信计算重点实验室，W 大学软件工程国家重点实验室，W 大学地球空间环境与测绘重点实验室，W 大学测量工程研究所。从人均发布论文数量上，理工科类国家重点实验的科研人员在 ResearchGate 平台上人均发布的论文数量普遍高于其他院系，在 ResearchGate 平台上表现得更加活跃。

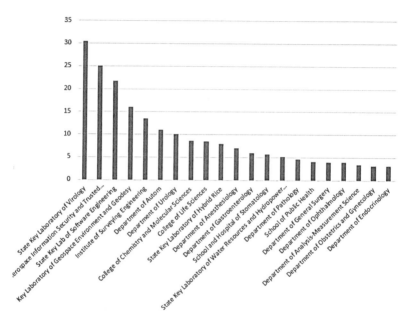

图 5.5.7　W 大学各院系/机构人均发布论文数量柱状图

（3）W 大学 ResearchGate 用户活跃度对比分析。

如表 5.5.5 所示，W 大学总注册人数为 9385 人，在 ResearchGate 上发布了 15056 篇文献，总活跃度为 46084.34。并且，W 大学存在理科院系的活跃度高于文科院系活跃度的现象①。

---

① 刘晓娟，余梦霞，黄勇，等 . 基于 ResearchGate 的学术交流行为实证研究——以北京师范大学为例[J]. 情报工程，2016，2(3)：26-36.

表 5.5.5　W 大学用户活跃度

	注册总人数	文献发布数量	Total RG Score	成员最多学院	学院注册人数
W 大学	9385	15056	46084.34	计算机学院	639

从注册人数、发布论文的数量以及人均发布论文数量可以看出，不同学科领域的科研人员对 ResearchGate 的使用情况不同，总体上理工科领域的研究人员比文科类、社会学类领域等要活跃，并且，在理工科领域中，国家重点实验室的活跃程度最高，尽管国家重点实验室的成员较少，但是其人均发布论文的数量远远超过了其他院系/科研机构的人均发布论文数量。耿斌等指出，造成不同领域的院系/科研机构注册人数不同的原因可能是学科研究对象的不同，部分研究没有学术社交网络平台使用的需求。而且造成论文数量发表不同的原因也有很多，比如许多用户注册 ResearchGate 只是单纯想从学术社交网络平台中获取学术资源，分享意愿较低并且本身拥有的能够在学术网络平台分享的学术资源较少，这种现象在本科生、研究生群体中尤为明显。

5.5.3.3　W 大学 ResearchGate 用户合作网络分析

随着学科的发展，学科综合性和复杂性使得越来越多的科研人员选择合作来降低科研成本，科研合作成为当下科研活动的主流。赵君等人指出，科研合作主要是用来提高科研效率和论文产量[20]。本研究通过分析 W 大学用户在 ResearchGate 平台的 top coauthors，通过社会网络分析发建立 W 大学学术社交网络平台的科研合作网络，分析 W 大学科研人员的科研合作行为。

（1）从个人层面研究用户科研合作关系。

如今，科研合作成为了科研活动的主流。本研究从个人层面分析 2790 条用户的合作数据，建立了 W 大学学术社交平台用户的合作网络（图 5.5.8 学术科研合作关系网络图）。从 W 大学科研合作关系网络图中可以看出，科研人员形成一个个科研合作团体，科研人员往往直接或者间接和其他科研人员建立科研合作的关系。

图 5.5.8　学术科研合作关系网络图

为探究科研人员的活跃度与其合作者活跃度之间的关系，将科研人员按照其 ResearchGate 平台上的活跃度进行分区间，将用户分为活跃度为 0.01 ~ 9.99、10.00 ~ 19.99、20.00 ~ 29.99、30.00 ~ 39.99、40.00 以上，共五个区间，探究不同区间活跃度用户对其合作者选择的行为差异。五个区间的统计特征如表 5.5.6 所示。

表 5.5.6　合作者 RGScore 活跃度特征统计表

	平均值	最大值	最小值	中位数	标准差
0.01 ~ 9.99	22.14065	52.8	0.84	21.595	12.0742
10.00 ~ 19.99	25.80516	123.03	0.6	26.13	12.38848
20.00 ~ 29.99	28.27868	123.03	1.16	28.86	11.83824
30.01 ~ 39.99	30.64256	123.03	4.87	30.85	10.98892
40.00 以上	37.50269	54.85	13.73	38.69	9.024456

从合作者 RGScore 活跃度特征统计表中可以看出，第一区间的

用户，即 RGScore 在 0.01 到 9.99 区间的科研人员，合作者 RGScore 平均值为 22.14，中位数为 21.595，说明 RGScore 在该区间的用户趋向于与 RGScore 在第三区间的科研人员进行科研合作，经常与 RGScore 在 20 到 30 之间的科研人员进行科研合作，但是标准差较大为 12.07，说明该区间的科研人员的合作者 RGScore 分值波动较大，表明该区间的科研人员除了与第三区间的科研人员进行科研合作之外，还与其他区间的科研人员进行科研合作，但与 RGScore 在 40.00 以上的科研人员合作较少。第二区间的用户，即 RGScore 在 10.00 到 19.99 区间的科研人员，合作者 RGScore 的平均值为 25.80，中位数为 26.13，标准差为 12.39，这说明该区间的科研人员经常与第三区间的科研人员进行科研合作，同时，该区间的合作者的标准差较大，为 12.38，说明该区间的科研人员和第一区间科研人员一样，除了经常与第三区间的科研人员进行科研合作之外，还经常与其他区间的科研人员进行合作。第三区间的用户，即 RGScore 在 20.01 到 29.99 的科研人员，合作者 RGScore 的平均值为 28.28，中位数为 28.86，说明该区间的科研人员经常与第三区间的科研人员展开科研合作，同时标准差比较大为 11.84，说明该区间的用户除了经常与第三区间的科研人员进行科研合作之外，还与各个区间的科研人员进行科研合作。

综上，第四区间用户，即 RGScore 在 30.00 到 39.99 区间的科研人员，合作者 RGScore 的平均值为 30.64，中位数为 30.85，说明该区间的用户经常与该区间的用户进行合作，相较于前二区间，该区间的标准差较低，但也有 10.99，说明区间的用户除了经常与第四区间的用户进行合作之外，还经常与第三、第五区间段的用户展开科研合作。第五区间的用户，即 RGScore 在 40.00 以上的科研人员，合作者 RGScore 的平均值为 37.50，说明该区间的用户经常与第四区间的用户展开科研合作，标准差为 9.02，说明该区间的科研人员对合作者的选择相较于前四个区间的用户更加稳定，更愿意选择高 RGScore 的用户展开科研合作。第一区间、第二区间的用户往往选择 RGScore 比其高的用户进行科研合作，但是对于合作者的 RGScore 并没有太多的要求，可能原因可能是该区间的用户主要目的是通过与他人合作从而提高自己的科研水平。第三区间的用户往往最受欢迎，原因可能是该区间的用户具有较高的科研能力，但是学术权威度往往比较低，他们更愿意选择第三区间及以上的科研人员进行合作，其主要目的是通过与他人进行科研合作从而增加自己的科研成果，提高自身的科研声望。第四区间及以上的用户有高科研水平和高科研声望，因此，他们更倾向于选择具有高科研水平和具有学术权威的科研人员进行合作，从而提高自身的科研质量，因而，他们的 topcoauthor 的 RGScore 普遍较高，与第一、第二区间的科研人员合作比例较低。

（2）校内院系/科研机构层面的用户科研合作分析。

从校内学院/科研机构层面出发来分析用户科研合作，一方面 W 大学学系/机构内合作最为普遍，在所获取的校内院系/机构数据中，院系/机构内部合作的人数占比在 50% 以上，部分院系/机构高达 90% 以上甚至 100%。另一方面，跨院系/机构进行科研合作也普遍存在。通过学院之间的科研合作关系建立社会网络关系图（图 5.5.9）可以看出，绝大部分的院系/科研机构与其他院系/机构存在合作关系，只有存在 8 个院系/机构没有与其他院系/科研机构存在合作关系，原因可能是这些院系/机构在 ResearchGate 平台成员少或发布的项目数过少，导致相关的合作数据缺失。W 大学的

图 5.5.9　W 大学各院系/机构合作关系

这些院系/科研机构的关系连成复杂的科研合作关系网络，为 W 大学科研水平的提高、学术成果的增加、学校科研声望的提高做出不可磨灭的贡献。

(3)学校层面跨院校/科研机构合作分析。

跨院校/科研机构展开科研合作在许多的科研领域越来越频繁，跨院校/科研机构展开科研合作能够使得不同的学科优势互补，降低科研成本以及提高科研质量。通过分析 W 大学在 ResearchGate 平台成员的跨院校/科研机构的合作数据研究科研人员的跨院校/科研机构的合作行为发现，与 W 大学合作最为紧密的前三名为中国科学院、华中科技大学、清华大学。同时，W 大学科研人员选择与具有高水平的科研能力的院校/科研机构展开科研合作，例如中国科学院、中国"双一流"科研院校、世界知名高校如新加坡国立大学等，和 W 大学合作最多的院校/机构是中国科学院，在 ResearchGate 中一共有 128 位 W 大学成员的 topcoauthor 中有中国科学院成员，即有 157 位 W 大学与中国科学院成员展开科研合作。与超过 10 个 W 大学成员合作的院校/机构柱状图如图 5.5.10。

5.5.4 总结

本研究通过采集 W 大学在 ResearchGate 平台的成员数据，分析不同领域不同活跃度的科研人员在学术社交网络平台的使用行为的差异。整体上，有四分之三 W 大学 ResearchGate 用户没有 RGScore，这表明大部分 W 大学大部分的 ResearchGate 用户在利用 ResearchGate 获取学术资源而不是贡献学术资源。从注册人数、在学术社交网络平台发布的论文数、人均发布论文数三个方面研究表明，理工科领域的科研人员在学术社交网络平台相较于其他领域表现得更加活跃。从合作的数据分析表明，W 大学内部跨院系/机构的科研合作活动频繁，大部分院系/机构科研人员进行过跨院系/机构科研合作；W 大学科研人员也经常与校外院校/科研机构展开科研合作，其合作对象主要为科研能力强的科研机构或院校，例如中国科学院、"双一流"大学以及国外著名高校。从个人层面上看，科研人员往往组成稳定的科研合作团体来进行科研合作，并且，活

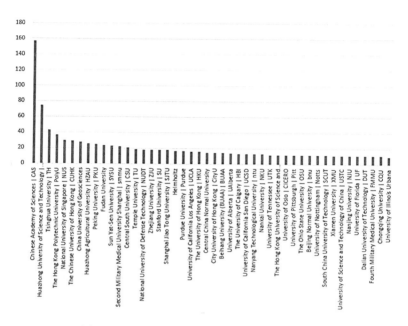

图 5.5.10　外校院校/科研机构合作人数柱状图

跃度在 20 到 30 区间的科研人员最受欢迎。本研究也存在不足，由于网络原因以及用户信息不完整等原因，没有将所有的用户抓取下来。同时，也没有抓取追随者和关注者的用户信息，不能从个人数据层面上研究用户的活跃度与追随者的活跃度、关注者的活跃度之间的相关关系。并且，W 大学的用户群体主要是学生用户，本科生和研究生的科研能力相对较低，仅以 W 大学的学术社交网络平台用户作为研究对象具有一定的局限性。未来，可以探究不同层次的院校/科研机构对于学术社交网络的使用行为之间的差异。

5.6　语言风格对跨学科设计团队创新的影响
——以信息系统开发团队为例

　　跨学科(TD)是为了解决复杂的社会问题，通过多个学科和多样的社会行动者参与的研究。TD 研究的目标是创造既科学严谨又社会稳健的结果(Scholz 和 Steiner，2015)①。TD 研究实现这些目标的能力基于这样一个假设，即为复杂的社会问题创造有效和合法的解决方案，需要在各种学科和工作实践之间分享和交换知识和经验(Gibbons 等，1994)②。虽然人们非常强调对话和参与过渡阶段的对话，以及促进协作，但几乎没有提供更好的分析工具来理解 TD 研究人员的集体思维、语言风格的特点以及对创新的影响。

信息系统开发常常被作为工程来对待，从系统理论和系统思维来开展研究。但是信息系统的多样性层出不穷，例如最新的信息系统专注医疗健康、智慧养老、社会化媒体、人机交互设计、企业智能决策系统等，因此必须要从信息系统所应用到的背景出发来理解。嵌入不同背景中的信息系统，作为复杂的社会技术系统，其应用领域语言的高度专业化和开发技术领域语言的高度抽象性导致技术与应用之间存在巨大鸿沟，常常是信息系统开发失败的主要原因，值得深入研究。一项信息系统开发，从规划到实施的过程中，就是从现实世界向逻辑世界、物理世界和计算机世界不断转化的认知过程，在这个过程中用户参与、长远目标一致、需求定义明确、开发快速敏捷对于保证开发成功的作用越来越取得大家的共识，但是对于如何在众多利益相关者之间的跨越学科边界进行沟通、意义建构、实现知识转移，却缺乏相应的理论和实证研究。

本书以信息系统设计团队为对象进行探讨。因为团队能够综合考虑多个成员的视角，并高效整合为最佳解决方案。在跨学科团队产生创意的阶段中，通常会出现两种思维模式：发散性思维和收敛性思维。发散性思维是指对团队成员们根据相同的问题不断发展出许多新的想法，其最常见的场景为头脑风暴。收敛性思维是指团队成员为了实现想法的有效性，进一步阐述原理、制定方案、评估成

① Scholz R W，Steiner G. The Real Type and Ideal Type of Transdisciplinary Processes：Part I—Theoretical Foundations[J]. Futures，2015(10)：527-544.

② Gibbons M，Limoges C，Nowotny H，et al. The New Production of Knowledge：The Dynamics of Science and Research in Contemporary Society[M]. London：Sage Publications，1994.

本并验证的思维方式。创造力是发散思维和收敛思维的相互作用，是发散性思维和收敛性思维相结合①。在跨学科团队对话中，首先一定是通过发散思维灵活地创造出来许多不同的视角；其次，通过收敛思维将它们合成为一个新颖而有用的想法。团队成员对发散思维和收敛思维的不同应用及不同的互动表现形式会对跨学科团队的创造力产生不同影响。本书主要回答以下问题：

跨学科团队如何通过语言互动达到更高的创造性？或者说，如何设计引导创造性的互动对话过程，以提高团队创造力？

本书以托兰斯创造性思维测验(TTCT)和连贯风格框架(CSF)为理论基础，将其应用到对话创造性测验和团队对话分析层面。通过对比分析两个跨学科设计团队对话案例的相同场景，构建语言风格对跨学科团队创新的影响模型，找出不同语言风格对团队创新的影响，拓展语言风格对跨学科团队创新层面的理论研究。

5.6.1　研究综述

5.6.1.1　发散思维

（1）发散思维的定义。

美国学者吉尔福德是首位研究发散思维的学者，他指出创造性思维由发散思维(Divergent Thinking)和收敛思维(Convergent Thinking)构成，发散思维是创造性思维的核心部分。将部分学者们对发散思维的定义归纳整理如表5.6.1所示。

表 5.6.1　发散思维的定义

发散思维定义	作者
创造性思维由发散思维和聚合思维组成，其中，发散思维是创造性思维的核心部分。	Guilford(1967)②

① 杨文圣，李振云. 试析发散思维是创新思维的核心[J]. 衡水师专学报，2003，5(4)：64-66.

② Guilford J P. Creativity[J]. American Psychologist，1967，5(9)：444.

续表

发散思维定义	作者
指产生多种备选方案/答案，或回答开放式问题时的认知过程。	Bear（2011）①
个体沿不同方向进行思考，重新组织当前面临的信息和存储在记忆系统中的信息，产生大量的新的独特的观点。	Runco（2008）②
发散思维又称多向思维、辐射思维，就是沿着不同的方向、不同的角度思考问题，从多方面寻找解决问题答案的思维方式。	杨文圣（2003）③
发散性思维是通过对思维对象的属性、关系、结构等重新组合获得新观念和新知识，或者寻找出新的可能属性、关系、结构的创新思维方法。	鲍健强等（2010）④

根据表5.6.1中学者们的定义，本书结合设计团队对话场景，将发散思维定义为团队成员们根据相同的问题不断发展出许多新的想法的思维方式，其最常见的场景为头脑风暴。对发散思维的研究是创造力研究领域最关键核心的部分。

（2）发散思维的特点。

①流畅性。

发散思维最基本的特点是思维的流畅性。流畅性是指面对某个问题时在单位时间内尽可能地想出多的解决方案。不同的人有着不同的思维流畅性，但思维的流畅性与敏捷性是可以被训练提高的。

---

① Baer J. How Divergent thinking Tests Mislead Us：Are the Torrance Tests Still Relevant in the 21st Century？The Division 10 Debate［J］. Psychology of Aesthetics Creativity & the Arts，2011，5(4)：309-313.

② Runco M. Creativity and Education［J］. New Horizons in Education，2008，56(1).

③ 杨文圣，李振云. 试析发散思维是创新思维的核心［J］. 衡水师专学报，2003，5(4)：64-66.

④ 鲍健强，黄舒涵，蒋惠琴. 论发散性思维和收敛性思维的辩证统一［J］. 浙江工业大学学报(社会科学版)，2010，9(2)：121-126.

例如美国曾推进的"暴风骤雨"联想训练法，旨在训练刺激人们对事物作出迅速反应。

②变通性。

变通性即思维的横向发展。蒙德·波诺指出变通性就是在灵活性的基础上，对思维进行扇状扩张。人们在思考时并不局限于某一个方向，而是随时思维方式，及时开拓新的思路，触类旁通，举一反三。部分学者将其称为思维的弹性，创造性思维离不开思维的弹性。

③独特性。

发散思维最高表现形式即思维的独创性。独创性要求人们在面对问题时摆脱固化思维和常规经验进行思考，得出新的观点。正因为独创性能够突破常规、打破瓶颈，更好地诠释创造创新，所以被视为发散思维的最高表现形式。

5.6.1.2　收敛思维

(1)收敛思维的定义。

表5.6.2　收敛思维的定义

收敛思维定义	作者
解决存在的问题，或从提供的信息中得到符合逻辑的判断和结论，是一种集中的、逻辑的、收敛的思维方式。	赵星(2016)①
创造性思维由发散思维和聚合思维组成。	Guilford(1967)②
收敛思维是一种具有方向性、逻辑性的思维方式	Hudson (1966)③

---

①　赵星.发散与聚合问题建构对创造性问题解决的影响[D].苏州：苏州大学，2016.

②　Guilford J P. Creativity[J]. American Psychologist, 1967, 5(9): 444-45.

③　Hudson L. Contrary Imaginations[M]. London: Methuen, 1966.

收敛思维定义	作者
收敛思维是个体根据自身的知识经验和传统的解决方法，来分析给予的信息，并加以思考和判断，最终获得一个正确答案的思维形式。	Lee 等（2013）①
收敛思维是指把问题所提供的各种信息聚合起来，这是一个信息简单加工的聚合过程。	叶奕乾等（2010）②
把提供的各种信息重新加以组织，找出人们已知的、认同的答案的思维方式。	黄希庭（1991）③

如表5.6.2所示，本书结合设计团队对话场景，将收敛思维定义为团队成员为了实现想法的有效性，进一步阐述原理、制定方案、评估成本并验证的思维方式。对收敛思维的研究是创造力研究领域的重要组成部分。

（2）收敛思维的特点。

①聚合性。

收敛思维将发散的想法从四面八方按照某一中心聚合起来，以找到问题的解决方法。通常团队会按照某一明确的出发点进行聚合，没有聚合收敛的思维是散乱无序的。经过聚合的思维带有目的性，经过归纳总结，更具合理性。

②选择性。

思维发散提供了丰富多样的信息，这些信息有很多是无效的、不切实际的，需要我们对其进行合理筛选。筛选后的想法才是切合需求、实际有效的。在这一过程中，思维进行了趋利避害，具有选

---

① Lee C S, Therriault D J. The Cognitive Underpinnings of Creative Thought：A Latent Variable Analysis Exploring the Roles of Intelligence and Working Memory in Three Creative Thinking Processes[J]. Intelligence, 2013, 41(5)：306-320.

② 叶奕乾，何存道，梁宁建. 普通心理学[M]. 4版. 上海：华东师范大学出版社，2010：173-179.

③ 黄希庭. 心理学导论[M]. 北京：人民教育出版社，1991：476-482.

择性。

5.6.1.3 沟通对话分析

在团队对话过程中，沟通对话分析成为团队创新绩效影响因素研究的重要组成部分。俄罗斯学者创造性地对对话结构提出了静态描述。雅库宾斯基最早定义"话轮"为对话中最基本的构成元素，是对话的最基本单位。什维多娃提出"对话统一体"概念，指出其至少由两个话轮交替组成。巴拉诺夫和克烈伊德林提出"最小对话单位"概念，指出其为对话活动中最小的对话片段。此外，俄罗斯学者还指出话轮之间的联系包含：词法—句法联系、刺激—反映联系、逻辑语义联系和语用联系①。

墨西哥国立自治大学 Sylvia Rojas 教授和英国剑桥大学 Sara Hennessy 教授带领团队开发出教师教学对话分析评估系统②，聚焦多轮对话分析，涵盖多种对话情景，建立包含对话类别、编码指标、范例等多层评价框架，有效、系统地对教学对话进行区别归纳。

美国密歇根大学信息学院及孟菲斯大学开发了一种群体沟通分析方法(GCA)，将自动计算语言技术与在线群组沟通的顺序交互分析相结合，提供了一个研究框架来探索参与者角色人际模式和成功协作相关的社会认知过程③。我国南京大学学者刘洪、张龙将群体沟通的规则和意见抽象为多智能体组织中的智能体相互作用关系和个体决策函数，构建了多智能体模型，模拟分析了群体不同的沟通特性和沟通策略对群体沟通最终意见模式的影响，指出群体沟通

---

① 何静. 对话的基本单位和单位内话轮之间的联系——俄语对话分析理论初探[J]. 黑龙江教育学院学报，2014，33(2)：163-165.

② 乔慧. 教师教学对话分析评估系统评介[J]. 教育导刊，2021(5)：87-93. 工具下载及使用说明等详见剑桥大学官网："A Tool for Analysing Dialogic Interactions in Classrooms"，https://www.educ.cam.ac.uk/research/programmes/analysingdialogue/.

③ Dowell N, Nixon T, Graesser A. Group Communication Analysis：A Computational Linguistics Approach for Detecting Sociocognitive Roles in Multi-Party Interactions[J]. Behavier Research Methods，2019(51)：1007-1041.

形成的意见模式取决于群体内部成员接受他人意见程度、相互包容程度和沟通的策略或组织管理属性，与系统封闭或开放性质关系不大①。

我国学者万涛提出了团队沟通网络特性的定量分析方法，创造性提出基于时间函数 t 和干扰概率 r 的函数模型，对沟通网络特征结构进行预测。②

5.6.1.4　团队创新绩效

(1)团队创新绩效的定义。

根据表 5.6.3 可知，目前团队创新绩效主要从两个方面进行定义：一方面是结果绩效，即新专利、新服务、新产品等；另一方面是过程绩效，即创新过程中产生的创新效用，使团队整体创新能力提高。

表 5.6.3　团队创新绩效的定义

团队创新绩效定义	作者
团队创新绩效是对团队里某些观点、方法和过程的创新性应用，从而导致的团队创新结果的提高。	Cohen & Bailey(1997)③
创新是一个持续不断的过程，包括一切业务行为。	Hamid Tohidi (2011)④

---

①　刘洪，张龙. 群体沟通意见模式涌现的因素影响分析[J]. 复杂系统与复杂性科学，2004(4)：45-52.

②　万涛. 团队学习与沟通的定量分析模型研究[J]. 软科学，2017，31 (7)：89-92.

③　Cohen S G, Bailey D E. What Makes Teams Work：Group Effectiveness Research from the Shop Floor to the Executive Suite[J]. Journal of Management, 1997, 23(3)：239-290.

④　Tohidi H. Teamwork Productivity & Effectiveness in an Organization Base on Rewards, Leadership, Training, Goals, Wage, Size, Motivation, Measurement and Information Technology[J]. Procedia Computer Science, 2011, 3：1137-1146.

续表

团队创新绩效定义	作者
创新绩效包含创新成效和实际创新绩效两个方面。	Alegre 等 (2006) ①
团队创新绩效是指团队为了获取持续的成长动力，保持核心竞争力，而进行的不间断的知识共享、更新和转移。	姚艳虹等 (2013) ②
团队绩效是指团队实现预定目标的实际结果。	Hackman (1987) & Sundstrom (1990) ③
提出"输入—过程—输出"模型来定义团队创新绩效。	Guzzo & Shea (1992) ④
团队绩效应该包括两个层面：个人层面和团队层面，每个层面又分两个维度，即行为维度和结果维度。	张春霞 (2001) ⑤
绩效是一个系统的过程，可以用矩阵来表示。用系统的观点来考察团队绩效，更加完善了对团队绩效内容的界定。	徐芳等 (2003) ⑥

5.6.1.5 团队创新绩效的测评

国内外研究指出，通过加权计算团队层面和个人层面的创新绩效测评可以完成对团队创新绩效的测评。目前团队层面的具体测评指标主要为表 5.6.4 所示：

---

① Alegre J, Lapiedra R, Chiva R. A Measurement Scale for Product Innovation Performance[J]. European Journal of Innovation Management, 2006, 9 (4): 333-346.

② 姚艳虹，衡元元. 知识员工创新绩效的结构及测度研究[J]，管理学报，2013.10(1): 97-10.

③ 刘颖. 团队创新绩效管理文献述评[J]. 商，2013(12): 26.

④ 刘颖. 团队创新绩效管理文献述评[J]. 商，2013(12): 26.

⑤ 刘颖. 团队创新绩效管理文献述评[J]. 商，2013(12): 26.

⑥ 徐芳. 团队绩效的有效测评[J]. 企业改革与管理，2003(11): 44-45.

表 5.6.4　团队创新绩效的测评维度

测评维度	作者
采用以下四种方法。第一种是利用客户关系图。第二 种是利用组织绩效目标。第三种是利用业绩金字塔。第四种是利用工作流程图。	徐芳等（2011）①
应根据团队的特点采用个性的方法米为绩效评价划分维度。	王小俊（2005）②
团队创新绩效由团队创新行为、团队创新能力两方面	Amabile（1988）③
团队创新能力和团队创新行为与团队创新绩效呈正相 关的关系。	张伟明、夏洪胜（2011）④
从创新有效性和创新效率两个方面来衡量团队创新绩效。	钱源源（2010）⑤
团队进行技术创新过程的资金回报率以及工艺先进程 度等可以在一定程度上反映团队创新绩效。	陈学光等（2008）⑥

5.6.2　理论基础和方法

5.6.2.1　托兰斯创造性思维测验（TTCT）

由美国明尼苏达大学心理学教授托兰斯编制的"托兰斯创造性

---

① 徐芳，马玉梅.人力资源管理对组织绩效的影响——基于知识管理的视角[J].中外企业家，2011(16)：101-102.

② 王小俊.以 KPI 为核心的团队绩效考核[J].当代经理人，2005(5)：66-67.

③ Amabile T. Model of Creativity and Innovation in Organizations [J]. Organizational Behavior，1988(10)：131-133.

④ 张伟明，夏洪胜.魅力型领导、下属的信任与团队创新绩效关系的研究[J].科技管理研究，2011，31(8)：109-112.

⑤ 钱源源.员工忠诚、角色外行为与团队创新绩效的作用机理研究[D].杭州：浙江大学，2010：252-253.

⑥ 徐双庆，陈学光，李晶.国内外模块化理论研究综述[J].科技管理研究，2008(9)：179-182，201.

思维测验(Torrance Tests of Creative Thinking, TTCT 1996)"是目前最流行的创造力测验。TTCT 抓住了创造性思维的四个重要维度:①流畅性,即一个团队产生的想法总量,数量越多,流畅性越高。②灵活性,即想法可以适用于多个类别,一个想法所能适应的类别越多,灵活性越高。③细化性,即想法的详细程度,一个想法越详细,其细化性越高。④独创性,与所有回答相关的频率,一个想法与其他回答想法越相关,其独创性越低,反之则越高。

由此可见发散性思维大致相当于创造性思维的第一个和第四个维度。但并不是所有的发散性思维都是具有创造性的。某些仅仅是新奇,却没有任何实践可能,没有任何效力的发散想法并不具有创造性。卡特尔和布彻将其称为"伪创造力"[1],克罗普利将其称为"准创造性"[2]。收敛性思维大致相当于创造性思维的第二个和第三个标准。因此,创造力是发散思维和收敛思维的相互作用。

5.6.2.2　语言风格全局一致性和局部中断性的含义、特征

(1)语言风格局部中断性的含义。

局部中断性即在自然对话中,成员提出发散的、灵活的观点。局部中断性包含局部低一致性和局部高一致性。

(2)语言风格局部中断性的特征。

局部中断性通常是指一个语篇单元与其较小邻域内语篇单元的主题关联范围较小。

(3)语言风格全局一致性的含义。

全局一致性即在自然对话中,成员通过趋同整合,将想法整体论述。全局一致性包含全局低一致性和全局高一致性。

(4)语言风格全局一致性的特征。

全局一致性是指一个语篇单元与整体谈话内容中的某个或多个语篇单元的语义关联范围较大。

---

[1]　Cattell R B, Butcher H J. The Prediction of Achievement and Creativity [M]. IN, US: Bobbs Merrill, 1968.

[2]　Cropley A. Definitions of Creativity[M]//Runco M, Pritzker S(Eds.). Encyclopedia of Creativity, 1999: 511-524.

5.6.2.3　语言风格测度模型

(1)连贯风格框架(CSF)。

连贯风格框架(The Coherence Style Framework，CSF)由Menning等提出[1]，它有助于分析自然对话层面上发散思维和收敛思维的表现。连贯风格框架的两个维度 CSF 在两个维度上来代表语篇元素的连贯风格：强度和位置。①强度。连贯性可以用两种强度描述：低和高。高连贯性指的是两个语篇单元之间非常紧密的话题联系和语义重叠。低连贯性则指两个语篇单元之间语义距离远。②位置。连贯性可以用两种离散状态来描述：局部和全局。这些状态的确定取决于两个话语单元的大小和位置。局部连贯描述了后续语篇单元和较小邻域内语篇单元之间的感知关系。例如，两个后续句子之间的主题关系由局部连贯来描述。全局连贯性是指"语篇单元与较多部分相互关联的方式"[2]。本书中的全局一致性定义略有不同。本书的"全局"是指一个语篇单元与一个或多个语篇单元之间的语义关系，这些语篇单元不一定在所讨论的语篇元素的直接邻域内。

(2)连贯风格框架的四个象限。

为方便讨论，我们按照门宁的定义，将说话人的转折定义为连贯风格框架(CSF)中最小的会话单元。其中说话人的话轮(以下简称话轮)开始于"说话人开始说话时，结束于说话人故意结束发音或被打断时"[3]。

① Menning A，Ewald B，Nicolai C，et al. Team Creativity Between Local Disruption and Global Integration [M]//Meinel C，Leifer L. Design Thinking Research. Understanding Innovation，Springer，2020.

② Grosz B J. Providing a Unified Account of Definite Noun Phrases in Discourse[C]//Annual Meeting of the Association for Computational Linguistics，1983：44-50.

③ Axel M，Marvin G B，Claudia N，et al. Combining Computational and Human Analysis to Study Low Coherence in Design Conversation [J/OL]. Psychdogy. [2021-07-28]. https://www. Semanticscholar. org/paper/combing-Computational-and-Human-Analysis-to-Study-Axel-Narvin/e7e0126e56516272865eb5f5436443050588lecb.

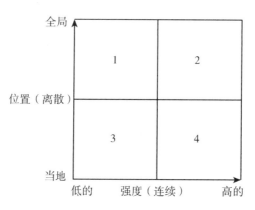

图 5.6.1　连贯风格框架 CSF

①全局低一致性(象限 1)。

如果一个话轮转折点呈现出全局低一致性特征，则意味着它与之前说过的话或将要说的话没有或只有微弱的联系。这些语句对整体谈话没有明显的影响。它们没有对之前说过的话进行整合和总结，也不会引导未来的说话人转向参考它。Goldschmidt 称这些转折语篇为"孤儿行动"①。

②全局高一致性(象限 2)。

如果一个话轮转折点呈现出全局高一致性特征，则意味着它与之前说过的话轮(但不是上一个说话人话轮)或未来的说话人话轮表现出高于平均水平的语义相似性。这些话轮要么总结或整合了之前说过的话，要么包含了将来一次或多次收集到的信息。全局高一致性转折类似于戈德施密特所说的关键举措②。

③局部低一致性(象限 3)。

如果一个话轮转折点呈现出局部低相关性特征，则意味着它与前一话轮没有任何语义联系。局部低相关性陈述通常反映了个体层

---

①　Goldschmidt G. Linkography：Unfolding the Design Process ［M］. Cambridge，MA：MIT Press，2014.

②　Goldschmidt G. Linkography：Unfolding the Design Process ［M］. Cambridge，MA：MIT Press，2014.

面的心理焦点转移。在团队层面上，一名团队成员发表的局部低相关性陈述扰乱了所有团队成员的思维过程。根据这一定义，我们现在可以指定，非主题贡献是指局部低一致性陈述。

④局部高一致性（象限4）。

如果一个话轮转折点呈现出局部高一致性特征，则意味着它在继续其前一话轮的主题。话语参与者通常希望达到高连贯性。这被称为"连贯性假设"，是理解前一个话轮的关键要素。

5.6.2.4　LDA 主题识别模型

（1）LDA 模型定义。

LDA 模型（Latent Dirichlet Allocation，LDA），是 Blei 等学者在2003 年提出的一种概率主题模型，它可以将文档集中每篇文档的主题按照概率分布的 形式给出。LDA 是一种非监督机器学习的文本挖掘技术，可以用来识别大规模文档集或语料库中的潜在隐藏的主题信息。

（2）LDA 算法原理。

LDA 模型算法以特定的概率为每个单词选择主题。其最明显的特征是能够将若干文档自动编码分类为一定数量的主题，这极大地减少了人为干预和负担，但主题的数量需要人为指定，当我们设定好主题数量之后，运行 LDA 模型就会得到每个主题下面词语的分布概率以及文档对应的主题概率。

本书将 LDA 算法模型运用到团队对话中，因此视每个话轮为一篇短文本，整个对话集视为文本集，运用 Gibbs 采样算法得到全局主题概率分布和文本中词语的概率分布。设置 3 个超参数 α、β为默认值，主题数 k 通过困惑度公式计算确定。

5.6.3　实证分析

5.6.3.1　数据收集

本书收集了两个信息系统开发团队的自然语言对话，案例一来源于庄玉良、贺超所著《管理信息系统》一书中"贝斯特工程机械有限公司的信息化建设之路"案例中需求分析场景，案例二来源于安妮 ·多娜伦（美）所著《无障碍团队沟通》一书中前端开发团队的一次讨论。因收集团队的自然语言对话存在一定困难，所以本书采用文献与信息收集方法，选择在书籍中的团队创新的自然对话案例。信息系统开发团队涉及用户、系统分析员、数据库设计者、系统实施者、项目管理员等，知识领域覆盖用户的业务管理到系统工程、计算机技术、人工智能、人机交互等多学科，因此开发团队属于跨学科合作。

5.6.3.2　实验步骤

（1）基于 CSF 连贯风格框架对群体对话进行初步测度，进行语言风格象限分布和象限频次分析，并还原不同象限对应的群体对话场景。

（2）基于 LDA 算法模型测度出群体对话中每个话轮的主题词及其在全局的主题概率分布，并比较主题概率较高话轮所对应的象限。

（3）分析群体沟通过程中语言一致性的转折变化。

（4）基于托兰斯创造性思维测验为两个案例的创新绩效进行打分。

（5）不同的绩效团队在语言风格上有着不一样的表现，对比分析得出结论。

5.6.3.3　相同场景不同对话的语言风格特征分析

（1）语言风格象限分布和象限频次分析。

基于上述测度模型，分析设计团队语言风格特征。案例一和案例二都是在提出需求阶段发生的自然对话，都通过团队讨论头脑风暴产出了创意想法，现在对两个案例进行比较分析。

在图 5.6.2 中，纵坐标表示连贯风格框架一、二、三、四四个象限，横坐标表示不同说话人，其中 A 代表陈总，B 代表吴部长，C 代表蔡部长，D 代表盛部长，E 代表萧经理。图 5.4.3 纵坐标表示次数，横坐标表示连贯风格框架一、二、三、四四个象限。案例一共有 12 个话轮，其中属于象限一的话轮只有 1 个，并且出现在最开头，属于引入话轮，表示整个对话都在围绕主题进行，不存在"孤儿行动"；属于象限二的话轮有 3 个，代表有 3 次总结性陈述或者收集信息性询问，属于团队对话中的关键话轮；属于象限 3 的话轮有 3 个，代表通过提出的新想法话轮有三个，属于团队对

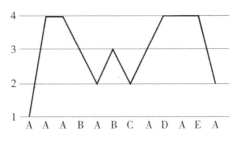

图 5.6.2　贝斯特语言风格象限分布

话中的创新话轮，属于象限四的话轮有 4 个，代表紧跟新想法进行的详细讨论，完善了想法的详细程度。

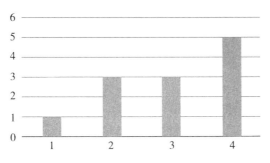

图 5.6.3　贝斯特语言风格象限频次

图 5.6.4 中纵坐标表示连贯风格框架一、二、三、四四个象限，横坐标表示不同说话人，其中 A 代表苏珊，B 代表盖伊，C 代表贝斯，D 代表约翰，E 代表丹尼，F 代表莉萨，G 代表保罗。图 5.6.5 纵坐标表示次数，横坐标表示 连贯风格框架一、二、三、四四个象限。案例二共有 57 个话轮，其中属于象限一的话轮有 4 个，表示整个团队对话中造成无关打断的"孤儿行动"有四次，对团队对话的创造性没有任何影响，多为一些没有得到回应的想法或是表示说话人也不了解的语气助词；属于象限二的话轮有 5 个，代表有 5 次总结性陈述或者收集信息性询问，属于团队对话中的关键话轮；属于象限三的话轮有 15 个，代表通过提出新的想法话轮有三个，属于团队对话中的创新话轮，属于象限四的话轮有 27 个，

459

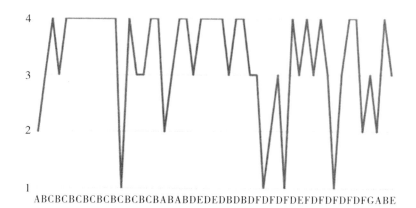

图 5.6.4　前端团队语言风格象限分布

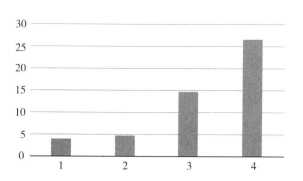

图 5.6.5　前端团队语言风格象限频次

代表紧跟新想法进行的详细讨论，完善了想法的详细程度。

（2）话轮主题概率与象限分布的关系。

贝斯特案例主题分布概率表如表 5.6.5 所示。

表 5.6.5　贝斯特案例主题分布概率表

说话人	主题概率	主题	CSF 象限
A	0.029773191	部门会议、主管、会议室、开会	1
A	0.034622958	讨论交流、邮件	4
A	0.034240082	讨论交流	4

续表

说话人	主题概率	主题	CSF 象限
B	0.029773191	物流部、物料统计、截止日期、加班	3
A	0.029080368	数据准确、出库数量、发动机	2
B	0.067711931	账面效率、计算机、管理信息系统、管理需求	3
C	0.055553533	管理信息系统、快速准确、高级功能、计算机	2
A	0.039399796	发动机、生产计划、调整策略	3
D	0.045051779	生产计划、计划执行	4
A	0.034148921	现场解决、督促计划、加班	4
E	0.043080368	生产计划、调整策略、延迟交货、签订合同	4
A	0.056148921	管理信息系统、价值、建设	2

由表 5.6.5 可知，案例一主题概率贡献率较高的前 25%（图中灰色突出显示）象限为象限三 1 次、象限二 2 次。

表 5.6.6　前端团队案例主题分布概率表

说话人	主题概率	主题	CSF 象限
A	0.041035398	工程设计、汇报工作、讨论发言	2
B	0.060358185	资金运转、高级设计部、生产装配线、机器人、投资	3
C	0.024694158	项目计划、硬件设备、计划	4
B	0.040199037	机器、效果、预算、生产发展	3
C	0.020112949	闲谈附和	4
B	0.038642463	资金、工程、项目、生产制造	4
C	0.044642879	讨论、收集信息、改进	4
B	0.024653609	实验室、证明	4

说话人	主题概率	主题	CSF 象限
C	0.024631709	资金、研发	4
B	0.024443558	闲谈附和	4
C	0.021180984	闲谈附和	4
B	0.024653609	部分、正式	4
C	0.020112949	闲谈附和	1
B	0.034667665	实验室、成功、装配线、资金、尝试、工厂	4
C	0.043573448	结论、调查、理论、资金、讨论、调查、规模	3
B	0.059172445	工作、讨论对策、有效、工厂、资金、机器	3
C	0.027494166	工厂、购买计划	4
B	0.024631709	闲谈附和	4
A	0.021204055	闲谈附和	2
B	0.028642463	讨论、金属零件、供货情况	3
A	0.024443558	带头、行动	4
B	0.028796117	零件、金属模具、工程师	4
D	0.030060753	劳资关系、工会关注、广泛注意	3
E	0.024653609	材料、塑料门把	4
D	0.024631709	工厂、别针、材料、遮掩	4
E	0.011642118	闲谈附和	4
D	0.043507383	合作过程、情况、设计、工会、提升	4
B	0.027275379	工厂、制造公司、工作	3
D	0.043507346	生产、零件、加工生产	4
B	0.011642118	闲谈附和	4
D	0.055217067	材料供应、零件、加工设计、程序、经营方式、培训	3

说话人	主题概率	主题	CSF象限
F	0.043507334	项目、材料、物资来源、资金申报	3
D	0.011642118	罢工、了解	1
F	0.054336897	技术、处理程序、塑料门把、零件、材料、生产	2
D	0.035355355	零件、生产、产品意向	3
F	0.024443558	召开会议	1
D	0.021180984	闲谈附和	4
E	0.045667812	协议、个人看法、外部力量、报告	3
F	0.026983664	报告	4
D	0.026960989	报告	3
F	0.025996354	零件	4
D	0.034809664	金属零件、报告、咨询	3
F	0.024694158	闲谈附和	1
D	0.038642463	商量、研究规则法规、深思熟虑、替换	3
F	0.034667665	适用、零件、仪器板、交界处	4
D	0.024653609	讨论、报告	4
F	0.024631709	闲谈附和	2
G	0.048393027	问题、会议、讨论、有利、决策、检出	3
A	0.048642463	建议、会议、生产团队、工程设计经理、形式、发言	2
B	0.033557892	赞同、会议方式	4
E	0.032106251	生产、成绩	3

由表5.6.6可知，案例一主题概率贡献率较高的前25%(图中灰色突出显示)象限为象限三6次、象限四3次、象限二3次。

5.6.3.4　语言一致性转折分析

本小节通过分析案例中象限之间的转折关系，来评估在全局一致性和局部间断性之间可能存在哪些过渡。

在图 5.6.6 中，纵坐标表示次数，横坐标表示象限之间的转换关系。由图 5.6.7 可知：斯特团队在全局低一致性（象限一）话轮后选择向局部高一致性（象限四）过渡，代表着当团队对话中出现了无关紧要的"孤儿行动"时，团队成员选择了 继续上一轮话题，提高连贯性，出现了类似"闲聊"的场景。

贝斯特团队在全局高一致性（象限二）话轮后两次选择向局部低一致性（象限三）过渡，代表着当团队对话中出现了总结性陈述或者引导性提问时，团队成员选择了开辟新思路，降低连贯性，出现了类似"头脑风暴"的场景。

贝斯特团队在全局高一致性（象限二）话轮后一次选择向局部高一致性（象限四）过渡，代表着当团队对话中出现了总结性陈述或者引导性提问时，团队成员选择了继续陈述或者针对话轮提问，提高连贯性，出现了类似"补充说明"或是没有理解话轮的"追问"的场景。

贝斯特团队在局部低一致性（象限三）话轮后两次选择向全局高一致性（象限二）过渡，代表着当团队对话中出现了新想法时，团队成员选择了对其进行总结和整合或者直接开启下一轮引导提

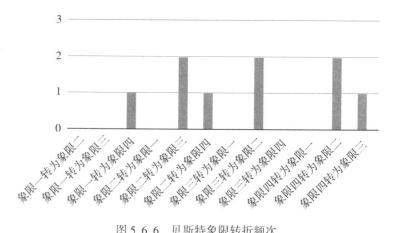

图 5.6.6　贝斯特象限转折频次

问,提高连贯性,出现了"新想法未进行深入讨论"的场景。

贝斯特团队在局部高一致性(象限四)话轮后一次选择向全局高一致性(象限二)过渡,一次选择向局部低一致性(象限三)过渡,代表着当团队对某个话轮讨论结束后,团队成员可以选择对其进行总结,提高连贯性,类似于"总结发言"的场景,或是选择提出一个新想法,降低连贯性,类似于"开辟新思路"的场景。

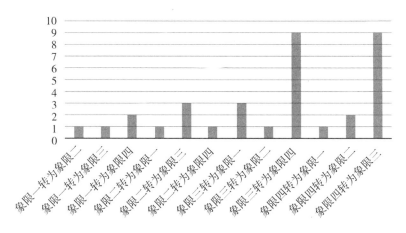

图 5.6.7   前端团队象限转折频次

在图5.6.7中,纵坐标表示次数,横坐标表示象限之间的转换关系。图中象限一过渡到象限四、象限二过渡到象限三、象限二过渡到象限四、象限三过渡到象限二、象限四过渡到象限二、象限四过渡到象限三已经在案例一贝斯特团队中分析过,在此不再分析。

由图5.6.7可知,前端团队在全局低一致性(象限一)话轮后分别有一次选择向全局高一致性(象限二)和局部低一致性(象限三)过渡,代表着当团队对话中出现了无关紧要的"孤儿行动"时,团队成员有一次选择了开始整合或总结,提高连贯性,出现了类似"受这次打断影响放弃继续深入转而进行总结"的场景;另一次则选择了抛出新的想法,降低连贯性,出现了类似于"受这次打断影响开辟新思路"的场景。

前端团队在全局高一致性(象限二)话轮后一次选择向全局低

一致性(象限一)过渡，以及在局部高一致性(象限四)话轮后一次选择向全局低一致性(象限一)过渡，代表着当团队对话中连贯性较高时，团队其他成员说了无关紧要的话进行打断，例如今天天气不错等，降低了连贯性。

前端团队在局部低一致性(象限三)话轮后九次选择向局部高一致性(象限四)过渡，代表着当团队对话中出现了新想法时，团队成员选择了对其进行深入讨论，提高局部连贯性，出现了"对某一想法深入讨论"的场景。

5.6.3.5　案例创新性分析

按照 TTCT 的四个维度对两个案例进行创新性打分，每个维度占比 25%，其中流畅性对应象限三所占比例，灵活性因为两个团队所属范围不同，故都视为 0.25，细化性对应象限四所占比例，独创性即所有属于象限 3 的话轮与其他象限 3 话轮相关性的平均值。

根据计算，案例一基于 TTCT 的创新性打分为(所有数据保留两位小数)：$0.25 \times 0.25 + 0.25 + 0.33 \times 0.25 + 0.33 \times 0.25 \approx 0.48$

案例二基于 TTCT 的创新性打分为：$0.26 \times 0.25 + 0.25 + 0.52 \times 0.25 + 0.53 \times 0.25 \approx 0.58$

根据创新性打分，得出案例二的创新程度大于案例一。

5.6.4　结　论

(1)团队创造力是全局一致性和局部中断性之间的相互作用。

在整个团队对话中，为提高创造性思维的流畅性和独创性，需要不断开辟新思路，保持一定的低连贯性；提高创造性思维的灵活性和细化性，也需要不断进行深入和总结，保持一定的高连贯性。两种连贯风格同时存在，即团队创造力是全局一致性和局部中断性之间的相互作用。

(2)低一致性话轮有助于新想法的产生。

低一致性包含全局低一致性以及局部低一致性。这些离题话轮一定程度上转移了团队成员的注意力。而这样的重点转移有利于创意的产生。如果最初的破坏性贡献的创造性价值无法直接实现，但为了寻找一种有意义的联系，人们会想到新的联想和想法，这种情况尤其如此。

(3)对局部低一致性想法进行深入讨论有助于提升团队创造力。

当一个新想法产生时，与其产生其他的新想法，不如对这一想法进行深入检查，挖掘这一想法的潜力。高创新性团队前端团队在局部低一致性(象限三)话轮后，大比例选择向局部高一致性(象限四)过渡，提高了想法的细化性，有助于提升团队创造力。

(4)局部高一致性话轮有助于接近团队沟通核心主题。

高创新性团队前端团队在局部高一致性(象限四)话轮中，产生了较多核心主题贡献，表明对想法进行细化和深入讨论更有利于提高想法的存活率，成为团队对话的核心主题贡献。

第6章   对策研究

本章主要致力于研究跨学科协作信息搜索系统设计，基于综述型文献的跨学科领域信息源地图绘制，跨学科科研成果知识关联等问题，以期为跨学科用户改善信息环境，提高信息源访问效率提供参考。

6.1   跨学科协同信息搜索需求及支持工具

一直以来，人们对于用户信息搜索需求的研究都只是针对单个用户来展开，但是在现实生活中，人们往往会倾向于和别人一起协作搜索信息，当面对较为陌生的领域或者较为复杂的问题时，人们往往会请求他人的协助，以求更好地完成信息搜索。1968年，R. S. Taylor研究发现，用户在进行信息搜索时存在相互协作的行为，至此正式开创了后来对协作信息搜索领域的研究。后来微软的M. R. Morris为了研究信息搜索的协作行为，对微软的204名员工进行了调查[①]。最终调查结果表明，人们在信息搜索过程中会通过各种渠道使用各种方式进行相互协作，例如电子邮件交流、互通电话等，当面对某项繁重复杂的任务时，人们会寻求他人的帮助，由

---

① Smyth B，Balfe E，Briggs P，et al. Collaborative Web Search [C]// International Joint Conference on Artificial Intelligence. Morgan Kaufmann Publishers Inc.，2003：1417-1419.

此来获得新的搜索词或者搜索式。在现实生活中，用户之间经常会以各种形式展开协作搜索。但是，这些协作行为都是比较隐式的，用户主动的自发的协作行为，依然需要很大的人工干预。

近几年，协作工作技术取得了快速发展，协作信息搜索的研究也已越来越成为信息领域研究的热点问题。我国各种科研基金机构也对协作信息搜索越来越重视，投资了许多协作信息搜索相关的研究项目。

6.1.1 协同信息检索及现有工具的相关研究

6.1.1.1 国外研究

在国外，最早开始进行关于协作信息搜索研究是从医学、图书馆信息搜索等领域，后来的学者们也对不同领域不同学科的协作信息搜索展开了初步的研究，对协作信息搜索有各自的看法和定义。但是目前对于协作信息搜索领域依然缺乏一套统一完善，而且具有普适性的理论研究模型体系。Hansen 等在研究中发现了感知在协作信息搜索中起着特别重要的作用，在协作的过程中，协作者之间更好的感知将会对信息搜索产生有益的影响[1]；Spence 在研究中发现，协作信息搜索人员会借助各种各样的通信工具来相互进行交流，以此来完成协作信息搜索的行为[2]；Colum foley 等开发了一个同步协同信息搜索系统，该系统支持多人之间同步地进行协作信息搜索，系统提供给协作者任务分配，交流共享的功能，借此完成协作信息搜索[3]。

---

① Hansen P, Järvelin K. Collaborative Information Retrieval in an Information-Intensive Domain[J]. Information Processing & Management, 2005, 41 (5): 1101-1119.

② Spence P R, Reddy M C, Hall R. A Survey of Collaborative Information Seeking Practices of Academic Researchers [C]//International ACM Siggroup Conference on Supporting Group Work, Group 2005, Sanibel Island, Florida, Usa, November. DBLP, 2005: 85-88.

③ Foley C, Smeaton A F. Evaluation of Coordination Techniques in Synchronous Collaborative Information Retrieval [EB/OL]. [2022-09-20]. https://arxiv.org/abs/0908.0912.

除了以上这些研究，国外还有许多研究人员或团队开发出了许多协同信息搜索的系统或工具，国外对协同信息搜索研究起步较早，不管是关于协同信息搜索的理论研究还是实践系统的开发，目前都已经取得了许多卓有成效的研究成果。

6.1.1.2　国内研究

相较于国外，国内关于协作信息搜索的研究起步较晚，2000年才开始在国内起步，而且相关的研究人员和相关研究的机构也较少。不过近几年国内相关的研究越来越多，各种科研基金机构也开始越来越重视。

2001 年，战晓苏和李正国等构造了一个主动协同的从网络搜索信息的模型，以此来支持用户协作信息搜索的需求①。2003 年，齐继国等将协作的研究人员根据其特征，分为个人，社区和正规组织三种类别，他们提出协作信息搜索应充分考虑协作团体中每一个人的意见，并不断地修正改进搜索词，然后反复进行搜索，以此来提高信息搜索的检索查准率和查全率，以及提高协作的工作团队的效率，最终他们得出了基于多用户反馈的协作信息搜索模型②。

2011 年，孙静宇等发表了一篇关于协作信息搜索的文献综述，文中总结了国外关于协作信息搜索的研究进展，并提出了当前关于协作信息搜索研究的不足和存在的问题，最后对未来协作信息搜索研究的发展方向进行了说明和预测。在后续的过程中，孙靖宇等人又对协作信息搜索进行更加细致的研究，构建了协作信息搜索的系统模型，并提出了内嵌式和外挂式的两种协作信息搜索系统③。

但是近两年关于协作信息搜索的研究也在慢慢地增多，也有一些研究人员开始提出自己的协作模型并尝试开发出协作信息搜索的系统，一些科研机构和国家基金也慢慢地开始关注这一领域。

---

① 战晓苏，林宗楷，李正国. 基于 MAS 的信息资源协同搜索系统的系统结构［C］//中国图象图形学学会全国虚拟现实技术研讨会，2001.
② 齐继国，高堓，汪东升. 基于多用户协同反馈的信息检索模型［J］. 小型微型计算机系统，2003(7)：1151-1156.
③ 孙静宇. 基于 CBR 的协同 Web 搜索研究［D］. 太原：太原理工大学，2010.

6.1.1.3　现有系统及不足

在协作信息搜索研究的过程中，科研团队和商业公司构造了协作信息搜索的多种模型，并开发了很多关于协作信息搜索的系统，这些系统根据其用法和功能，大致可以分为四种类别：(1)网站服务的系统，如 Team Search、I-SPY；(2)浏览器插件，如 Search Together、Hey Stacks①；(3)移动终端与 PC 协同，如 Co Search②、i Bingo③；(4)独立开发的软件，如 Cerchiamo④、S3⑤ 系统等。

分析现有系统和总结国内外相关研究发现，目前协同搜索相关的理论和研究存在以下不足：(1)缺乏完善统一的协同信息搜索理论模型。参与协作搜索用户的信息需求十分复杂，搜索任务具体程度，耗时长短，任务复杂度等极不明确，因此，科研工作者很难建立一个统一完善的标准理论模型。此外，对协同信息搜索的理论支持研究很少，目前只有一些调查结果，并无相关理论方面的深入探索。(2)缺乏对协作信息搜索的协作者之间的关系进行研究。协作信息搜索根据协作者关系可分为不对等协作信息搜索和对等协作信息搜索。参与协作的团队成员是对等关系还是有团队领袖，这些因

①　Smyth B, Champin P A. The Experience Web: A Case-based Reasoning Perspective [C]//Paper presented at the Workshop on Grand Challenges for Reasoning from Experiences, in conjunction with the 21st International Joint Conference on Artificial Intelligence (IJCAI-09), 11 July 2009, Pasadena, California, USA, 2009.

②　Amershi S, Morris M R. Co-located Collaborative Web Search: Understanding Status Quo Practices [C]// International Conference on Human Factors in Computing Systems, CHI 2009, Extended Abstracts Volume, Boston, Ma, Usa, April. DBLP, 2009: 3637-3642.

③　Smeaton A F, Foley C, Byrne D, et al. iBingo Mobile Collaborative Retrieval [C]//The 2008 international conference on Content-based image and video retrieval. ACM, 2008: 547-548.

④　Golovchinsky G, Adcock J, Pickens J, et al. Cerchiamo: A Collaborative Exploratory Search Tool [C]//Computer Supported Cooperative Work (CSCW), 2008.

⑤　Morris M R, Horvitz E. S3: Storable, Shareable Retrieval [J]. Lecture Notes in Computer Science, 2007, 4662: 120-123.

素都是不确定的，不同的实体关系将导致协作信息搜索过程很大程度的不同，另外，参与协作的实体和客体并非不变的，而是随不同的协作方式变化的。(3)缺乏对协作系统全面的多维度的分析和考虑。目前现有协作系统大多仅考虑单一维度的用户协作需求。例如有的研究者仅考虑到协作的空间维度，由此只考虑实现远程协作的功能，例如 Search Together；有的研究者考虑到个人任务的时间和空间限制，因此他们系统实现了移动端和 pc 端的协作，例如 Co Search 和 i Bingo。协作系统受到时间、空间、控制、交流、感知、协作主客体等多维度的影响，因此在设计协作系统的过程中也要考虑到所有维度的影响因素。(4)缺乏对用户信息视域的考虑。信息视域是指不同人在进行科学研究时，其所掌握的信息源、搜索工具、搜索习惯等都是不一样的，不同领域的学者具有不同的信息源使用偏好，从而影响主体的信息搜索弥补策略。目前现有系统缺乏对用户信息视域的考虑，而每个人在信息搜索的过程中，因为其信息视域的差距，其搜索的信息源，搜索词，搜索路径等会有很大的差距，将研究者的信息视域考虑进协作的过程，将对协作信息搜索造成很大的帮助。(5)对跨学科协作信息搜索研究较少。跨学科研究是目前科学研究的发展方向，而跨学科学者在信息搜索中存在很大的信息不对称行为，跨学科研究往往是团队协作完成，因此协同信息搜索对跨学科研究具有很大意义，如果能够给跨学科研究者提供更好的协作信息搜索服务，势必将对其研究造成很大的帮助，但目前对跨学科协作信息搜索的研究较少，没有对其专门的研究，因此如何解决跨学科信息搜索中的信息需求和协作工作需求，将是未来协作信息搜索领域研究的重要趋势。

6.1.2 跨学科信息搜索

6.1.2.1 跨学科研究信息需求

跨学科研究是目前科学研究的发展方向。相关研究提到，在未来的研究中，打破单一学科研究，实现跨学科合作研究是未来学术研究的主要发展趋势，随着科学技术的发展，跨学科学术研究变得越来越深刻细致全面①。可以说，跨学科研究已经慢慢成为当今学术研究的主要发展趋势。

对于跨学科研究者来说，想要进行跨学科研究，就必须要了解所跨学科的领域文化知识，领域知识信息结构等内容②。跨学科研究者的信息需求包括对所跨学科领域的学科研究热点、学科最新动态、学科领域专家等方面的信息③。通过总结跨学科研究者的信息需求，大致可以分为下面两类。

(1)信息源需求。

跨学科研究对信息源的需求是其最主要的信息需求，因为跨学科研究者对所跨学科是较为陌生的，因此其对所跨学科的信息视域是较为狭窄的，他们很难获得所跨领域最核心、最可靠、最重要的会议、期刊、文献等相关信息源。而好的信息源是跨学科研究特别重要的一点，信息源是跨学科研究最基础的信息需求。

(2)信息服务需求。

因为跨学科研究的特性，跨学科研究者对所跨领域较为陌生，因此，其对信息服务的需求也显得尤为重要，跨学科研究需要更加精准有效的信息服务，例如信息搜索的导航服务④，跨学科研究者对所跨学科是陌生的，如何让跨学科研究者快速地找到自己需要的信息，如何让他们对所跨学科的领域知识结构更快地了解，给跨学科研究者提供更为便捷有效的信息服务，是跨学科研究者较为重要的信息需求。

---

① 中国人民大学.跨学科研究系列调查报告之三：关于设立跨学科研究项目的一些情况和建议[EB/OL].[2014-03-03]. http://www.npopss-cn.gov.cn/GB/220182/227704/15318925/html.

② Westbrook L. Information Needs and Experiences of Scholars in Women's Studies：Problems and Solutions[J]. College & Research Libraries，2003，64(3)：192-209.

③ Spanner D. Border Crossings：Understanding the Cultural and Informational Dilemmas of Interdisciplinary Scholars[J]. The Journal of Academic Librarianship，2001，27(5)：352-360.

④ Westbrook L. Interdisciplinary Information Seeking in Women's Studies[M]. Jefferson：Mc Farland，1999：25-46.

6.1.2.2 跨学科信息搜索目前渠道

跨学科研究者会根据所跨学科的特性和文献的分散程度来选择不同的信息搜索方式①。根据国外学者的研究表明，跨学科研究者最喜欢通过文献文后参考文献来搜索信息；其次是通过与所跨学科学者的交流来搜索信息；再次是通过文献搜索引擎、文献搜索平台来搜索所需的信息。

(1)通过参考文献搜索信息。

很多学者的研究表明，跨学科研究者最喜欢通过文后参考文献来获取信息，因为跨学科研究者对所跨学科领域的核心期刊、学者、会议等信息源都较为陌生，他们很难选择出可靠有用的信息源来搜索信息，而通过他已经获取的有用的文献的参考文献，可以更加高效便捷地获取其他相关有用的信息，因此跨学科研究相比单一学科研究，更加喜欢通过文后参考文献来获取信息。

(2)通过领域专家搜索信息。

每个科研工作者的信息视域是有所不同的，由此导致每个研究者所掌握的信息源是不同的，跨学科研究者经常通过与所跨学科相关领域的专家学者取得联系，从他们那里获取有用的信息。因为相较于跨学科研究者，这些领域专家信息视域包含的有用信息多得多。而与领域专家交流所获得的信息比数据库检索文献所获得的信息更加可靠有用。跨学科研究者可以通过领域专家了解所跨学科领域的重要会议、核心期刊、经典文献、研究热点等各方面的信息，这些信息一般的网络数据库或搜索引擎是很难提供相关服务的。所以，通过领域专家来获取有用信息是更好的途径。

(3)通过文献服务平台搜索信息。

跨学科研究者也需要通过文献服务平台搜索信息，而相比于单一学科的搜索平台，跨学科研究者更倾向于通过集成数据库更多更全面的平台进行搜索，因为跨学科文献信息资源的分散性，单一的

---

① Jamali H R, Nicholas D. Interdisciplinarity and the Information-seeking Behavior of Scientists[J]. Information Processing & Management, 2010, 46(2): 233-243.

数据库不能满足跨学科研究者所需的信息，跨学科研究者需要更全更综合的数据库，以此来提高信息获取的效率。

(4)通过图书馆搜索信息。

跨学科研究者也会去图书馆或书店去搜索所需要的信息，而能够提供跨学科服务的图书馆会对跨学科研究者的研究起到很大的帮助，跨学科研究者希望在图书馆里找到对自己有帮助的期刊、书籍，如果图书馆能够给他们提供陌生领域的文献导航服务将会大大提高其信息搜索的效率。

通过对现有跨学科信息搜索渠道的整理，发现跨学科研究相较于单一学科研究，更加喜欢通过文后的参考文献来获取有用信息，也更加喜欢通过和领域专家的交流来获取所跨学科领域的知识结构、核心期刊、核心会议等信息。这是因为跨学科研究者由于其信息视域的限制，对所跨学科的知识结构，领域信息情况知之甚少，对所跨学科的信息源也很陌生，通过对有效文献文后参考文献更加可能获取有效信息，而通过与领域专家的交流，对学科知识结构，领域信息情况也会有更加清晰的认识。

6.1.2.3　跨学科信息搜索存在的问题

(1)信息资源的分散。

对于跨学科研究者来说，信息搜索的主要障碍之一就是信息资源的分散。由于检索关键词很可能是跨多个学科的，学科分布高度分散，文献缺乏有效的组织。这给跨学科研究者带来很大的困难。因此，跨学科研究者除了需要了解自己领域的知识结构外，还要对相关学科领域有所了解。但是，目前的文献搜索服务平台缺乏足够的信息源和有关学科知识脉络的信息，不能有效地帮助跨学科研究者获取有用的文献资料。

(2)学科文化的不同。

跨学科研究者在信息搜索之中面临的另一个较大的挑战是学科领域文化的不同。每一个学科都有其专业的领域知识体系，有专业术语，有时候同一个词汇在不同的学科之中其所指的意思也是不同的，也有时候不同的学科的不同词汇所指的概念却是相同的，因此跨学科研究者要对所跨学科的专业术语、领域词汇有所认知；跨学科研究者还面临对新学科的信息搜索关键词不熟悉、信息组织形式不熟悉，由此导致其不能准确找到关键词、组织搜索式来搜索有效的信息。因此解决跨学科文化交互的问题，让跨学科研究者对新学科的文化知识、词汇术语、领域专家、学科发展等相关内容更快更好地了解，将会给跨学科研究带来很大的益处。

6.1.3　协同信息搜索平台设计

6.1.3.1　目标

通过调查跨学科研究者协同信息搜索的需求，设计高效的协同信息搜索平台，从解决上述四个目前系统尚存的问题入手，通过原型法不断地测试和改进平台的功能，以便为跨学科研究者提供更好的服务。

6.1.3.2　原型的构造与设计

（1）原型设计思路。

本书设计的开发原型思路，如图 6.1.1 所示。

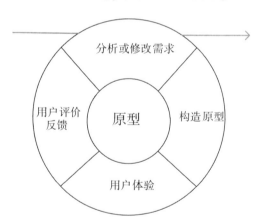

图 6.1.1　原型设计思路图

①快速分析需求：初步了解跨学科协同信息搜索用户的需求，并借助文献资料以及现有协同工具的功能，结合自己的设计思想，快速分析跨学科协同信息搜索的用户需求。

②构造原型：在快速分析需求的基础上根据用户需求，尽快构

建一个可运行的系统原型。

③用户体验评价：由于原型忽略了许多内容，只反映了要评价的特性，用户应在开发者的指导下试用原型，在试用过程中考核评价原型的特性，分析其运行结果是否满足用户的需求。这是发现问题、消除误解的重要阶段。其目的在于完善原型的同时，开发新的需求并修改原有的需求。在评价过程中，纠正过去交互中的误解和分析中的错误，增添新的需求。

④修正和改进：通过用户体验后的评价反馈，慢慢明确用户的所有需求，并对系统原型功能进行迭代修改，以满足用户刚发现的需求或者修正用户以前的需求，直至最终满足用户跨学科协同信息搜索的所有需求。

⑤判定原型完成：若经过多次改进的原型，得到用户一致的认可，则判定原型开发的迭代过程可以结束。

(2)跨学科用户文献搜索策略。

用户的搜索策略是指用户在分析所研究的学科内容、学科结构、学科研究热点等的基础上，选择合适的搜索数据库、搜索系统、搜索途径，确定搜索词或者搜索式，最终制定出最佳搜索方案。一个好的、有效的搜索策略将会直接影响到文献搜索的质量以及文献的查全率、查准率等。搜索策略就是根据用户的信息需求，学科文化，学科文献特点和网络搜索工具的搜索功能等来获得。

总体而言，高效的搜索策略有下面几个特点：首先，用户需要明确自己搜索学科的结构、学科文化等，要明确需要选择搜索的数据库或搜索引擎。其次，寻找高效的搜索关键词，并根据搜索引擎所支持的各种运算符构造检索式，然后根据搜索结果重复搜索过程。搜索是多次重复进行的过程，每次搜索完成后要对这次搜索进行总结，从而找出更加有效的搜索词。最后，分析评估所找到的文献信息，然后根据搜索结果评价对搜索过程进行调整。搜索出的文献结果必须满足用户的搜索需求。用户的文献搜索策略不是一成不变的，而是不断调整的，用户需要对搜索的结果作出评价，并不断地调整搜索关键词和搜索式，通过这些来提高文献搜索的查全率和查准率，如图 6.1.2 所示。

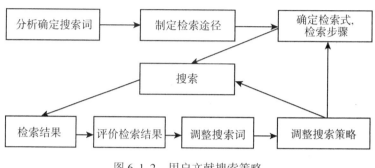

图 6.1.2　用户文献搜索策略

(3)跨学科协作模型设计。

目前信息搜索领域对协作信息搜索系统没有一个完善、普适、统一的模型，因此协作信息系统形式各异，用途多样。由于不同研究者思考的协作维度不同，很难有一个普适的维度去比较哪一个系统最有效最能满足用户需求。因此需要一个全面有效的协作模型来更好地对协作系统进行评判。根据协作信息搜索影响因素控制，交流和感知，笔者将从以下六个方面来构造协作的模型。这六个方面可以细分为协作环境和协作实体两大类，协作实体包含：协作者关系，协作者意愿，协作终端；协作环境包括：协作时间，协作空间，协作策略[①]。协作模型不同维度的具体说明和介绍如表 6.1.1 所示。

在了解了所构建的六个协作维度后，开始构建协作模型。首先，协作终端是运行协作搜索系统的载体，是实现在网络环境下协作搜索的基础设施。首先，考虑协作的终端支持方式与协作者关系，协作搜索的团队间是平等的还是不平等的，根据协作者的关系，为其制定相应的协作策略。其次，制定相应的协作策略。根据协作终端实现方式和协作者的关系制定不同的协作策略；再次，

---

① 赵瑞雪，寇远涛，鲜国建，等. 领域科研信息环境构建研究[J]. 数字图书馆论坛，2012(12)：21-26.

表 6.1.1 协作模型维度介绍表

组成	维度	介绍
协作实体	协作者关系	协作者之间可能是平等的也可能是不平等的。例如协作者呈等级关系的协作搜索系统，通常任务发起者与参与者间具有从属关系，任务发起者给每个协作成员分配任务，每个成员完成其指定的任务；而平等协作关系的搜索，协作过程以任务为中心，每个协作者既是任务的创建者也是任务的参与者，用户能自由选择任务，自由选择工作空间、搜索方式，所有用户在协作过程中既彼此独立又互为支撑。
	协作者意愿	用户参与协作搜索是主动搜索还是被动搜索，根据此可将协作搜索分为显式协作信息搜索和隐式协作信息搜索。显式即用户间通过协作成员相互交流进行搜索，隐式搜索即根据系统对当前用户的行为的感知和分析，为其推荐用户相关经验和搜索历史。
	协作终端	协作终端是运行协作搜索系统的载体，既是协作实体的一部分，也是协作者的重要工具，目前协作搜索系统主要分为 PC 与 PC 的协作，移动终端与 PC 的协作以及移动终端与移动终端的协作。
协作环境	协作时间分布	根据协作搜索的时间分布可将其分为同步和异步协作。同步协作搜索即用户对同一个搜索任务进行搜索，他们对搜索的结果相互影响，每个成员的搜索动作对其他成员是可见的；异步协作搜索即协作者可能不在同一时间工作，那些后加入任务的成员可从先前成员的工作中获利。
	协作空间分布	根据协作搜索的空间分布可分为远程协作和本地协作。本地协作搜索是在某一场所为多名用户提供协作搜索体验，通常通过一台 PC 机进行，用户可以面对面进行交流；远程协作搜索是允许多个用户在不同地点完成协作搜索。
	协作策略	协作策略体现控制和感知在协作搜索系统中是如何发生的，系统是怎样具体实现用户之间的协作的。

根据协作者的关系从协作的时间分布出发，考虑如何实现同步协作和异步协作；然后，根据协作实体的空间分布考虑是远程协作还是本地协作；最后，根据用户的协作意愿，考虑显式协作和隐式协作的实现方式。

依据影响协作的控制、交流和感知在这 6 个维度中起的作用来构建协作模型，如图 6.1.3 所示。

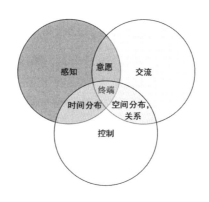

图 6.1.3　协作模型

协作终端是运行协作搜索系统的载体，"控制""交流"和"感知"都需要通过终端来实现。协作者意愿则主要影响系统的"感知"和"交流"；协作的时间分布则主要影响系统的"感知"和"控制"；协作的空间分布和协作者的关系则主要影响系统的"控制"和"交流"。

(4)原型设计原则。

①功能集成：在原型设计的过程中，集成了导航、信息可视化、协同工作、在线交流等多种功能模块。在初步的原型设计中，将这些功能集成起来向用户展示，能更好地调查跨学科研究者信息搜索的需求分析。

②模块划分：因为跨学科信息搜索需求比较分散，其对搜索工具的功能需求也就相对分散，若通过分散的堆积拼凑功能来绘制原型，势必会特别散乱。因此将采用模块划分的方式来设计原型、将

其功能划分成导航模块、学科脉络可视化模块、协同工作模块和在线交流模块四个模块。

③需求导向：设计原型的目的是调查跨学科研究者信息搜索的需求，因此在原型设计中以用户的需求为导向，通过前期对跨学科研究者的初步调查，对跨学科研究者的功能需求程度有了初步的了解，因此在后续原型设计中，会优先实现需求程度较高的功能。

④简单易用：原型的设计一定要遵守简单易用的原则。设计原型的目的是调查用户需求，因此原型设计一定要能够快速地让用户知道其功能，并能够快速体验功能，以便给予更好的评价和反馈。

(5)跨学科协作信息搜索用户功能需求。

根据上文所构建的跨学科协作模型以及本书原型设计的原则，对跨学科研究者协作信息搜索的功能需求进行了初步调研。本书初次选取了 20 名跨学科研究者，调查其在跨学科协作信息搜索时的需求；根据与他们简单的访谈，最终可以将跨学科协同信息搜索的需求分成以下两类：个人信息搜索的需求、协同工作的需求。

经过对用户的访谈调查得知，可视化学科知识结构和在线交流是用户需求最大的功能，相关检索词、中英文搜索、搜索历史、在线文献标记，文献收藏这几个功能的用户需求也较高。功能调查也发现跨学科研究者在协同信息搜索时，最希望解决的问题就是关于所跨学科的学科结构。因为跨学科研究者往往对所跨学科的了解比较浅，对其学科结构，学科专家等了解也相对较少，因此在跨学科信息搜索的过程中，最先需要让跨学科研究者对所跨学科有一个大致的了解和认知，以便跨学科研究，如图 6.1.4 所示。

(5)原型功能模块设计。

跨学科协同信息搜索系统原型分为导航模块、学科脉络可视化模块、协同工作模块和在线交流模块，其描述如图 6.1.5 所示。

①导航模块：该模块主要是为跨学科研究者提供信息搜索导航服务，包括信息搜索的导航栏以及搜索框等。

②学科脉络可视化模块：该模块为跨学科研究者提供所跨学科的知识脉络，并可视化地展示出来，方便跨学科研究者对所跨学科的学科结构，学科发展等内容有更清晰的认识和理解。

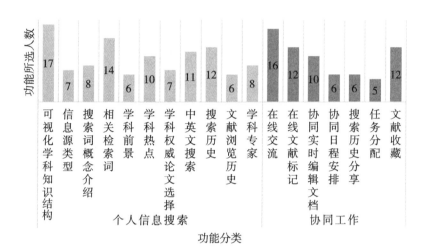

图 6.1.4　跨学科协同信息搜索功能需求表

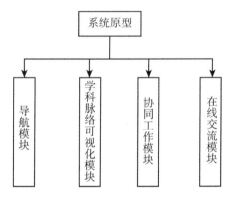

图 6.1.5　系统原型结构设计图

③协同工作模块：该模块主要为跨学科团队提供协作服务，协作工作可以有效提高跨学科研究者的工作效率，该模块功能是为了让团队成员更好更有效地协同合作，提高研究效率。

④在线交流模块：该模块是针对跨学科研究者在个人信息搜索和协作工作时，能够和团队成员保持有效的沟通，提高工作效率而设计的。

（6）原型界面设计。

根据文献所总结的跨学科用户信息搜索策略偏好，所构建的跨学科协作模型以及调查到的跨学科研究者在跨学科协作信息搜索中的功能需求，设计一个初始的原型界面，以此来进一步调查跨学科研究者协作信息搜索的需求。界面设计采用 Axure RP Pro 8.0 完成，下面是具体界面设计。

①跨学科信息搜索——知识脉络搜索页面(图 6.1.6)。

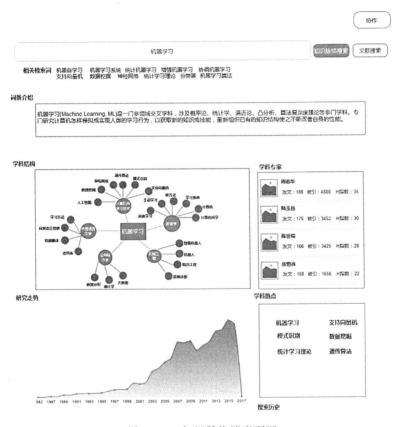

图 6.1.6　知识脉络搜索页面

跨学科知识脉络搜索页面是本次原型设计的主要页面，跨学科信息搜索时，研究者往往对所跨学科了解不足，因此在进行跨学科研究时，对所跨学科知识脉络有所了解就显得特别重要。本页面可视化地展示出跨学科的学科结构，研究走势等内容，并总结出现在的学科专家和学科研究热点。最后显示所跨学科的经典文献、前沿文献等内容，让跨学科研究者在跨学科信息搜索之前对所跨学科有所了解。

②跨学科信息搜索——文献搜索页面(图 6.1.7)。

当跨学科研究者对所跨行业有了较为清晰的了解和认识后，则开始对相关文献进行搜索，文献搜索页面和中国知网、万方、百度学术等数据库功能大致相似，但根据用户需求，加入了学科搜索，搜索历史和浏览历史的保存分享等功能。

③文献信息页面(图 6.1.8)。

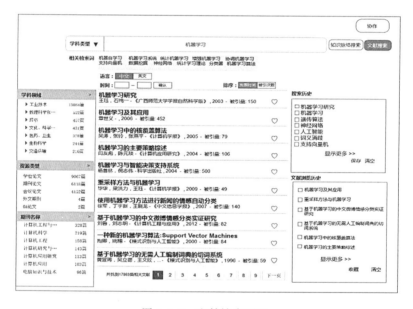

图 6.1.7　文献搜索页面

点击某一文献，则可进入该文献的具体信息页面。该页面显示该文献的作者、摘要、关键词、出版社、基金等信息，也可以直接下载文献或将文献收藏到协作空间。页面还显示协作团队成员对该文献的标注内容，不同成员的标注内容用不同颜色显示出来。下方是该文献相关的信息，包括其引证文献、参考文献、相似文献、用户推荐等文献内容。

图 6.1.8　文献信息页面

④协作工作——文献收藏页面(图 6.1.9)。

用户协作工作部分设计了 4 个功能页面,即文献收藏、文档编辑、搜索路径分享以及在线交流。文献收藏页面主要是协作成员将信息搜索过程中发现的有用的文献进行收藏,最后集中保存到文献收藏页面。

⑤协作工作——文档编辑页面(图 6.1.10)。

文档编辑页面主要实现协作团队成员在线实时协作编辑文档或笔记。协作团队的成员都可以随时对其进行编辑,通过协作编辑文档有效地提高跨学科研究的效率。

⑥协作工作——搜索路径分享页面(图 6.1.11)。

通过搜索路径分享页面,协作团队成员在个人信息搜索过程中的搜索历史会被记录下来,团队成员可以自主选择分享搜索历史中的搜索词,然后系统会自动生成搜索路径并共享给协作团队。

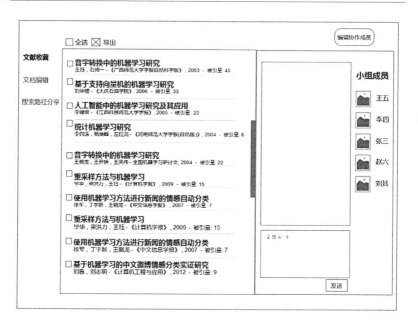

图 6.1.9 文献收藏页面

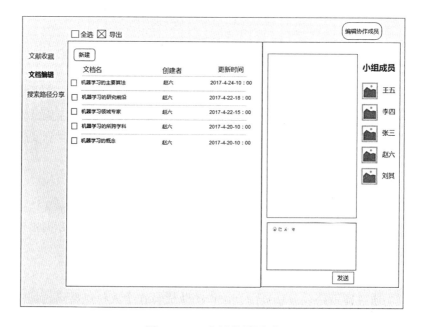

图 6.1.10 文档编辑页面

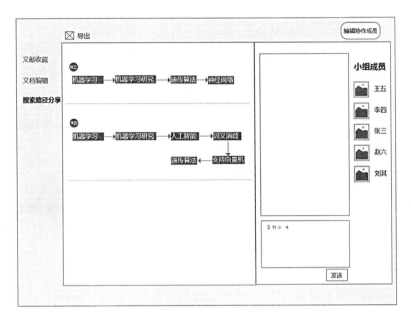

图 6.1.11　搜索路径分享页面

⑦协作工作——编辑协作成员（图 6.1.12）。

该页面对协作成员进行管理，可以添加或删除团队成员。点击新增成员则出现查找框，输入想邀请人的邮箱，可以发送邮件邀请他加入协作团队。

6.1.4　用户评价与原型迭代

6.1.4.1　用户测试与评价

选择调查跨学科协作信息搜索功能需求时的那 10 名用户，参与系统原型体验，并作出评价反馈。用 1~10 对这 10 名用户分别编号。因为这 10 名用户对跨学科协作信息搜索比较了解，有过跨学科研究的经验，符合原型调查对用户群要求，因此这 10 名用户可以对跨学科协作信息搜索需求调查和原型评价作出较高的反馈。

通过对用户使用系统原型的感知易用性和感知有用性进行反馈

图 6.1.12 编辑协作成员页面

测试(结果见表6.1.2)，系统感知有用性的问题平均得分较高，说明跨学科研究者认为设计的系统原型是有用的，通过这样一个系统，对他们进行跨学科协作信息搜索确实可以带来很大的便利，提供很好的服务。感知易用性的问题得分为3~4分，说明用户觉得系统易用程度较高，但是系统在文字表达、按钮位置设置、交互逻辑等方面存在一定问题，还需要一定的修改。

表 6.1.2 用户测试得分表

用户编号	题目编号								
	A	B	C	D	E	F	G	H	I
1	4	4	4	4	3	4	4	3	3
2	3	4	4	4	4	4	5	4	5
3	4	3	4	3	4	4	4	5	4
4	4	3	4	5	3	5	4	5	4
5	4	3	3	4	4	4	4	4	3
6	5	3	3	3	4	5	5	5	5
7	4	4	4	4	5	5	4	4	4

用户编号	题目编号								
8	5	3	3	4	4	4	5	4	4
9	4	4	4	5	3	5	4	4	4
10	3	4	4	3	3	4	4	3	3
平均得分	4	3.5	3.7	3.9	3.7	4.4	4.3	4.1	3.9

　　用户评价时，首先设计搜索任务，然后让用户使用中国知网和本书设计的原型完成任务，最后对用户进行问卷调查并让用户对系统的功能和界面提出改进优化的建议由此得到用户对一期原型的需求反馈。如表6.1.3所示。

表6.1.3　用户评价问卷内容及结果

	中国知网	本系统原型
1. 您在使用该系统时，操作方式符合您的习惯。	3.6	3.3
2. 该系统的界面让您感到满意。	3	3.4
3. 该系统满足您跨学科信息搜索的需求。	2.0	4.0
4. 该系统满足您与人协作信息搜索的需求。	0.0	4.3
5. 该系统满足您对所跨学科知识脉络结构了解的需求。	2.1	4.3
6. 该系统满足您与成员在线交流的需求。	0.0	5.0
7. 该系统满足您文献搜索导航的需求。	3.8	3.7
8. 使用该系统可以很快让我完成文献调研报告	3.3	4.3

　　结果对比来看，本系统的易用性略逊于后者，由于是原型展示，在流程设计和页面跳转上难免还有缺陷，有些操作流程比较晦涩，因此在易用性方面有待提高。在界面的友好性方面，用户也觉得本系统原型的界面用户更能接受。系统还是比较好地满足了跨学科研究者的跨学科信息搜索需求，为用户展示了较多的协作工作的

功能。关于学科知识脉络，本系统特地为跨学科研究者设置了一个学科知识脉络搜索的按钮，跨学科研究者可以很好地了解所跨学科目前的知识脉络、学科结构、发展趋势等。

6.1.4.2 原型改进

根据用户的评价结果和需求调查反馈，用户提出以下几条优化与改进建议：

（1）功能需求。

①协作模块目前只有用户协作文献收藏，文档编辑等功能，协作工作往往需要对成员有具体任务分工，因此需要加入任务分配的功能

②跨学科研究者在团队协作时，需要有协作日程安排的功能，协作成员可以添加日程，便于更好地完成协作。

（2）界面改进。

①知识脉络搜索页面，学科热点以可视化方式展示出来，可以对其相关联的研究有更加清晰的了解。

②在用户进行文献搜索的时候，可以随时打开聊天框，与小组成员进行交流，因此可以在搜索界面加入一个按钮直接打开聊天框。

③所有与搜索关键词相关的单词都应该标红，让研究者看得更加清楚。

④进入协作页面的按钮应设计得更加醒目美观。

根据用户的评价反馈，对系统原型功能和页面进行改进和迭代，以满足用户的需求。原型改进主要体现在协作模块，根据用户的反馈添加了任务分配（图6.1.13、图6.1.14）和日程安排（图6.1.15）的功能，同时对原有界面做了修改，以便更符合用户信息搜索路径和用户体验。

6.1.4.3 原型迭代的最终用户评价

选取了新的参与者参加实验，选择文献搜索引擎百度学术与本系统原型作对比实验。实验者通过使用本系统原型和百度学术进行对比实验来完成任务。由于本系统只是原型，因此原型里面提前给

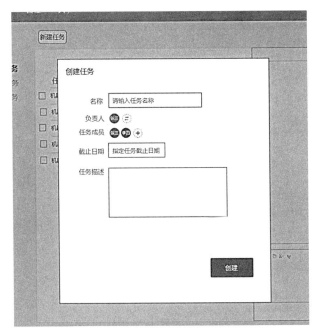

图 6.1.13 协作工作——任务——新建任务页

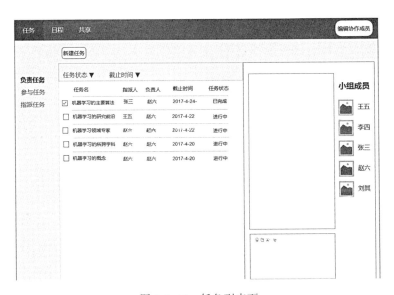

图 6.1.14 任务列表页

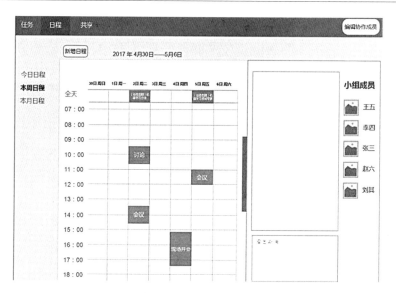

图 6.1.15 日程安排页

用户展示出关于生物伦理学和纳米技术的内容，使用石墨文档代替原型里的协作文档编辑功能，使用明道来代替原型里协作工作中任务分配和日程安排的功能(结果见表 6.1.4 原型迭代用户评价内容及结果)。

表 6.1.4 原型迭代用户评价内容及结果

	百度学术	本系统原型
1. 您在使用该系统时，操作方式符合您的习惯。	3.6	3.6
2. 该系统的界面让您感到满意。	3.8	3.7
3. 该系统满足您跨学科信息搜索的需求。	3.0	4.0
4. 该系统满足您与人协作信息搜索的需求。	0.0	4.4
5. 该系统满足您对所跨学科知识脉络结构了解的需求。	4.1	4.3
6. 该系统满足您与成员在线交流的需求。	0.0	5.0
7. 该系统满足您文献搜索导航的需求。	3.6	3.4
8. 使用该系统可以很快让我完成文献调研报告	3.8	4.4

综合上述用户的评价结果,本期原型相较于一期原型,各项得分都得到了一些提升,由此纵向对比,通过原型迭代,用户的需求更好地得到解决。而此次实验选择百度学术进行横向对比,在协作工作这一方面,目前的中国知网和百度学术都没有相关的功能。而在个人用户跨学科信息搜索方面,中国知网和百度学术都有相关功能,百度学术相较于中国知网在学科知识脉络结构方面做得更好。中国知网在文献搜索导航方面得分最高,而本系统原型文献搜索导航得分相对较低,因此在导航方面还有待改进。

6.1.4.4 与现有系统比较分析

将前面提出的现有的协作搜索系统按照本书所构造的协作模型,与本书设计的原型系统进行对比分析。

(1)协作维度二元化赋值。

表 6.1.5 协作维度二元化赋值

维度	分类	赋值
协作者意愿	显示	1
	隐式	0
协作空间分布	远程	1
	本地	0
协作时间分布	同步	1
	异步	0
协作策略	算法调节	1
	用户界面调节	0
协作者关系	对等	1
	不对等	0
协作终端	移动终端	1
	PC	0

首先给本书所构造模型的 6 个维度做二元化赋值处理①，表 6.1.5 为赋值表。

（2）系统比较。

二元赋值后，表 6.1.6 代表实现 1 或者是 1 and 0 的功能，例如：本系统原型意愿值为 1，代表本系统既实现了显式搜索也实现了隐式搜索。根据比较可以看出，本书设计的跨学科协作信息搜索系统原型，实现了显式的远程的同步搜索，协作者之间的关系都是平等的，每一个人都可以创建任务，也可以给其他人指派任务；本系统所处的协作终端为 PC 间的协作。本原型也实现了隐式搜索的功能，例如相关词推荐、浏览历史、搜索文献历史、相似文献推荐等功能；本书也实现了异步搜索功能，前面成员编辑的文档，分享的搜索历史，都可以为后面成员的搜索提供方便。

表 6.1.6　不同系统比较分析结果

	意愿	空间分布	时间分布	策略	关系	终端
Team Search	1	0	1	0	1	0
I-SPY	0	1	1	1	0	0
Search Together	1	1	1	0	0	0
Hey Stacks	0	1	1	1	0	0
Co Search	0	0	1	0	1	1
i Bingo	0	0	1	1	1	1
Cerchiamo	1	1	1	1	0	0
S3 system	0	1	0	1	0	0
本系统原型	1	1	1	1	1	0

① 吴明飞. 增强型协同信息获取及共享系统设计与实现[D]. 长沙：国防科学技术大学，2012.

6.1.5 跨学科协作信息搜索用户支持系统需求

根据本书使用原型法调研的跨学科研究者的用户需求以及和现有系统所做的对比分析,最终总结出跨学科协作信息搜索研究者对系统服务有以下需求:

(1)学科知识脉络可视化的需求。系统为跨学科研究者提供所跨学科的知识脉络,并可视化地展示出来,方便跨学科研究者对所跨学科领域的发展动态、科研进展、学科专家,最新成果与应用情况等内容有更清晰的认识和理解。

(2)文献搜索导航的需求。系统需要支持跨学科研究者中文文献搜索和英文文献搜索导航的需求,需要为研究人员提供结构清晰的文献序列,研究人员可以根据自己的需要快速找到相关的文献。

(3)领域知识信息服务的需求。科研人员希望能快速了解国内外相关学科专家、研究机构、学术会议、相关学科的专业期刊以及研究发展趋势。因此,系统应提供面向专业领域的信息资源重组和知识导航服务,将学科相关的科研人员、团体、机构、学术会议、专业期刊等进行展示。

(4)协作工作的需求。系统为跨学科团队提供协作工作的服务,可以有效提高跨学科研究者的工作效率。协作工作功能包括文献标记、文献收藏、协作编辑文档、搜索路径分享等功能,还有团队成员的任务分配、日程安排等功能。

(5)在线交流的需求。跨学科研究者在个人信息搜索和协作工作时,需要能够和团队成员保持有效的沟通,以此来提高科研工作的效率。

6.1.6 结语

本研究基于协同信息搜索需求和跨学科信息搜索及工具的现状,分析出当前研究不足及系统存在的不完善。继而对跨学科协同信息搜索需求及支持工具进行了设计和研究，分析了跨学科研究者文献搜索的策略，构造了跨学科协作信息搜索的模型，并根据模型提出了设计原型的原则及思路，对跨学科研究者协作信息搜索的功能需求进行了初步调研，得出功能需求表的排序；按照快速分析需求、构造原型、用户体验评价、修正和改进原型的思路，迭代了两次原型，达到了用户一致的认可，得到用户较高的评价。

6.2 基于综述型文献的跨学科领域信息源地图绘制

"跨学科"（Interdisciplinary）的概念最早由美国心理学家R. S. Woodworth 于 1926 年在美国社会科学研究理事会的学会上使用，用以表示超越一个已知学科的边界而进行的涉及两个或两个以上学科的研究领域[1]。数字图书馆技术的发展使得科研人员获取文献越来越便捷，但如何快速找到跨学科研究所需要的广泛而优质的资源依然十分困难。目前有不少专业人员使用大量科学大数据、文献计量方法和可视化工具来从事这些研究，而大量从事跨学科研究的人员并不具备这样的信息素养和能力。通常情况下，他们以文献计量专家撰写的计量文章和综述型文献为获取信息源的最佳捷径。但由于目前这类文献分布分散，要搜集、筛选、整合这些文献中的信息源所需要的工作量很大。如何利用技术将大量的高质量综述型文献中的信息源及相应的评价内容抽取出来，绘制成信息源地图，为研究人员进行信息源导航，是一项具有很强的理论意义和实践价值的研究。

本书拟采用文本信息抽取和可视化技术研究综述型文献信息源地图绘制的思路、步骤、方法并结合实例验证方法的有效性。

---

[1] 刘仲林. 交叉科学时代的交叉研究[J]. 科学学研究，1993(2)：9-16.

6.2.1 研究综述

6.2.1.1 信息抽取

信息抽取是从自然语言中提取指定类型的实体、关系、事件等信息，并将其结构化呈现的一种处理文本的技术[①]。本书中的信息抽取是从综述型文献中抽取提及的信息源信息，并将其结果转变为结构化的数据格式输出。其核心内容包括实体识别、指代消解、关系抽取、事件抽取等方面，目前国内外信息抽取领域和研究也基本集中在这些方面[②]。

早期的命名实体识别的主要目的是识别出自然语言文本中的人名、地名等专有名词和有价值的时间、日期等数词短语并加以标记[③]。随着人们对这些名词进行更细致的划分，对特定领域的命名实体进行识别也较为普遍。文献[④]针对军事领域，提出了使用条件随机场与规则相结合的方式对军事命名实体进行识别；文献[⑤]针对社交媒体文本中存在大量的电影、歌曲等，提出使用统计模型隐马尔可夫模型和规则相结合的方式对歌手名、歌曲名、专辑名进行实体识别；文献[⑥]针对生物医学领域，提出基于 FCG 的半监督方法结合 CRF 自动识别文献中的药物名称。

---

① Grishman R. Information Extraction: Techniques and Challenges [C]// International Summer School on Information Extraction: A Multidisciplinary Approach to an Emerging Information Technology. Springer-Verlag, 1997: 10-27.

② 郭喜跃，何婷婷. 信息抽取研究综述[J]. 计算机科学，2015，42 (2)：14-17.

③ Chinchor N. MUC7 Named Entity Task Definition[C]// Message Understanding Conference. 1997.

④ 姜文志，顾佼佼，丛林虎. CRF 与规则相结合的军事命名实体识别研究[J]. 指挥控制与仿真，2011，33(4)：13-15.

⑤ 佘俊，张学清. 音乐命名实体识别方法[J]. 计算机应用，2010，30 (11)：2928-2931.

⑥ 何林娜，杨志豪，林鸿飞，等. 基于特征耦合泛化的药名实体识别[J]. 中文信息学报，2014，28(2)：72-77.

指代消解的目的是简化、统一实体的表述方式，并提高信息抽取结果的精确度。2011 年，Raghunathan 等提出了一种基于多次筛选的指代消解方法[1]。2007 年，周俊生等[2]采用基于图的方法对指代消解问题进行建模，将共指消解的过程转变为图的分割过程，提出了一种有效的无监督中文共指消解方法。

关系抽取（Relation Extraction）首次于 1998 年在 MUC-7 会议上被提出，主要任务是确定两个实体之间的语义关系。目前关系抽取技术已经被广泛应用到疾病-基因-药物关系挖掘、蛋白质交互关系等众多应用领域。

事件抽取是从非结构化的信息中识别并提取出用户感兴趣的事件，并以结构化的形式呈现给用户，可分为元事件抽取和主题事件抽取。目前事件抽取技术应用于生命医学领域的事件抽取系统的研发[3]和事件类别的识别等[4]。

总体而言，目前对于信息抽取的研究已经有了很大的进展，但在中文篇章处理、跨语言处理等方面还有较大的提升空间，同时，主题事件抽取与面向开放文本的信息抽取也逐渐成为研究的重点，这也是信息抽取领域未来的理论发展方向。

6.2.1.2　信息源地图

本书利用信息抽取方法从综述型文献中抽取信息源实体信息，再对信息源实体信息进行可视化处理，绘制成的图谱即为跨学科领域信息源地图。

---

① Raghunathan K, Lee H, Rangarajan S, et al. A Multi-Pass Sieve for Coreference Resolution. [C]// Conference on Empirical Methods in Natural Language Processing, EMNLP 2010, 9-11 October 2010, Mit Stata Center, Massachusetts, Usa, A Meeting of Sigdat, A Special Interest Group of the ACL. DBLP, 2011: 492-501.
② 周俊生，黄书剑，陈家骏，等. 一种基于图划分的无监督汉语指代消解算法[J]. 中文信息学报，2007，21(2)：77-82.
③ Björne J, Salakoski T. Generalizing Biomedical Event Extraction [C]// Bionlp Shared Task 2011 Workshop, 2011: 183-191.
④ 赵妍妍. 中文事件抽取的相关技术研究[D]. 哈尔滨：哈尔滨工业大学，2007.

信息源地图可以看作以信息源为主题的主题地图，其具体构建实际上是对信息源数据进行的可视化操作，主要参考主题地图领域和信息可视化领域的相关理论和技术。

主题地图是一套用来整合信息的方法，使用这种方法可以提供最佳的信息资源导航，它既可以定位知识概念的资源位置，也可以描述知识概念之间的关系①。国际上已经有了很多成熟的主题地图工具，主要分为三大类型：主题地图引擎、主题地图编辑器以及可视化工具②。比较突出的有开源主题图引擎 TM4J（Topic Maps for Java）和 Ontopia 公司开发的主题图工具 OKS Samples。此外，刘洪星等提出用主题地图的方法来实现某一领域的知识管理，例如通过提取软件工程领域的知识概念实体进行主题地图的编码与构建。

信息可视化是将数据信息转化为可视情况的过程，可以增强信息呈现的效果，让用户以直观交互的方式实现对数据的观察和阅览，从而发现数据中潜藏的特征、关系和模式③。可视化数据分为七类：一维、二维、三维、时间序列、多维、树形以及网络数据④，目前国内外研究的热点是对于后四类数据的可视化。1985 年 Inselberg A⑤ 最早利用平行坐标系法用来处理可视化的问题。Bertini E 等开发的 SpringView⑥ 整合了放射坐标系法和平行坐标系法，将每个坐标轴扩展到星形图空间中，便于数据比较和交互，以

① Pepper S. The TAO of topic maps［EB/OL］.［2017-12-29］. http：//www. ontopia. net/topicmaps/tao. html#d0e140.

② 刘丹. 国内主题地图研究综述［J］. 图书情报工作，2012，56（5）：62-66.

③ 杨彦波，刘滨，祁明月. 信息可视化研究综述［J］. 河北科技大学学报，2014，35（1）：91-102.

④ Shneiderman B. The Eyes Have It：A Task by Data Type Taxonomy for Information Visualizations［J］. Craft of Information Visualization，2003：364-371.

⑤ Inselberg A. The Plane with Parallel Coordinates［J］. Visual Computer，1985，1（2）：69-91.

⑥ Bertini E，Dell A L，Santucci G. SpringView：Cooperation of Radviz and Parallel Coordinates for View Optimization and Clutter Reduction［C］//Coordinated and Multiple Views in Exploratory Visualization（CMV'05）. London，UK：IEEE，2005：22-29.

此来解决高维数据问题。

总体而言，国内在主题地图方面的研究较为成熟，而在信息可视化方面的研究与国外还有较大差距。

6.2.2 面向综述型文献的信息源信息抽取

6.2.2.1 综述型文献的写作特点

综述型文献在三种按体裁划分的科技期刊发表的论文中，文献数量仅次于首位的研究型文献。它主要是从各个角度对某一学科领域一段时间以来的研究成果进行梳理和归纳，分析该领域的研究现状及未来的发展趋势，其中包含了大量对于该领域内高质量信息源的描述。另外，综述型文献不仅有着科技文献共有的特点：用词严谨，少有歧义，少用修辞，同时在行文逻辑、篇章结构、语义模式等方面也有着明显的标准化特征。其篇章行文结构大致为：对研究现状的简要总结、对研究现状的具体阐述、对发展趋势的归纳分析。

较之于其他一般学科领域，跨学科领域的综述型文献具有以下特点：(1)结构化程度更弱一些。为了追根溯源，跨学科领域综述型文献在陈述学科领域发展历史方面落墨较多，有关研究主题、研究团队以及传播渠道等的描述都可能掺杂在其中，一些细枝末节和关键节点信息也可能混在一起。(2)跨学科领域的综述型文献对有关学科交叉、学术交流的陈述可能比一般学科更细致，篇章之间因细粒度信息多而导致差异的可能性更大。(3)文献的出版物及其传播渠道与领域有很大关系，信息源种类和粗细粒度都不能事先预设，只能根据文字内容来构建文献结构。

由于跨学科领域综述型文献的这些特点，对信息源抽取、序化和可视化就提出了诸如以下所述的更高要求：需要更细致地追溯学科领域发展历史，需人工或自动去剥离、序化掺杂在一起的不同维度的信息源；需要甄别和处理综述型文献之间信息源及其评价的差异；需要结合领域特点，生成和更新信息源地图结构等。

本书定义想要抽取的信息源信息包括文献中提及的作者、名称（文献、工具、方法等）、期刊、机构、会议等可以帮助非专业人员了解某一领域的途径，相应的关联要素还有时间信息。文献中包含信息源的语句即使在具体描述中有所区别，但也不会脱离有限的几种语义模式，因为在综述型文献中，提及信息源的部分都遵循着统一的逻辑规范，即作为作者阐述某领域研究现状的依据。

在大多数情况下，提及某个信息源的句子只会与句子的下文有关，如果将存在语义联系的相关句子连接起来，组成片段，那么提及信息源的句子一般会作为片段的开头部分。在相关的下文里，可能出现的主要内容有：对信息源的进一步介绍和对信息源的效果评价。所以本书提出的方法首先实现句子级的抽取，再在此基础上进行信息源信息的详细抽取，句子级的抽取对象就包括明确提及信息源的语句和对信息源的评价语句。

其次，鉴于综述型文献中存在大量文献引用的情况，且参考文献列表中的信息源信息更为全面，在本研究中，如果句子中存在引用现象，则以参考文献列表中的资源描述为主。而当提及的信息源没有文献形式或网址形式的参考时，选择粒度更细的实体来代表整体。

此外，抽取含有关联多个信息源实体的多条信息源信息的句子时，需要对句子中提及的所有实体进行关联划分判断。

6.2.2.2 面向综述型文献的信息源信息抽取

（1）总体框架。

本研究提出的面向综述型文献的信息源信息抽取的大体流程为：首先实现文本预处理，然后在识别篇章关系的基础上，构建辅助词典，再借助辅助词典完成文本的分词、实体识别和词性标注等工作，最后根据实体识别的结果并结合一定的语法逻辑规则，实现句子级的抽取，并进行信息源数据抽取。图 6.2.1 为信息抽取流程图。

（2）文本预处理。

本研究的文本预处理工作主要包括三个部分：原始 pdf 文档格式转换；文本的分句、分词，并标注词性；读取并存储参考文献列表。

关于原始 pdf 文档格式转换，首先借助 pdf-box 和 itext 开源组件实现将 pdf 格式文件转为 txt 文件，再去除包括乱码、标点符号

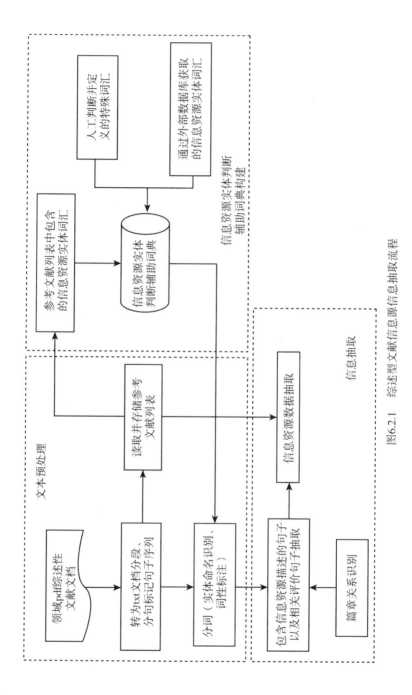

图6.2.1　综述型文献信息源信息抽取流程

全/半角形式不统一、文本行不成段等干扰因素。其中，关于干扰因素的去除，本书制定了下列规则：①去除中英文比例小于0.3的文本行；②去除以"图""表"开头的文本行；③去除包含当前文献作者名或文献名的文本行；④将常见标点符号(逗号、句号、分号、冒号)的半角形式替换成全角形式；⑤除了前后字符都为数字或前一个字符为数字且为行首的情况，其余情况下将标点符号统一替换成句号。

关于段落划分，本书参考了文献①提出的一种段落识别算法，通过对换行符号、文本行长度和标点符号的综合利用来判断 txt 文档的段落信息，然后在分隔段落的文本行末尾添加段落标记，根据段落标记重新分段。算法流程如图6.2.2所示。

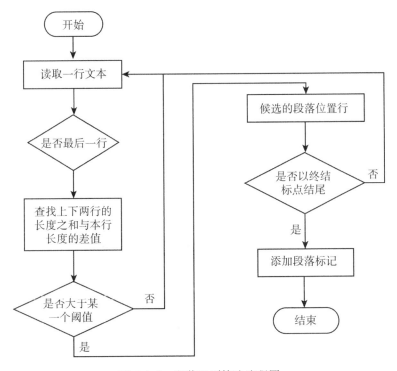

图 6.2.2 段落识别算法流程图

① 杨中国，李洪奇，朱丽萍，等. 基于语义模式和引用分布的科技文献信息抽取[J]. 山东大学学报(理学版)，2015，50(3)：11-19.

关于文本分句，首先以句号为分隔，将文献内容划分成一个个句子，并记录下句子和段落的归属，生成段落—句子序列。然后对每个句子进行分词操作。

关于分词及词性标注，本书使用的分词工具是张华平博士开发的 NLPIR 汉语分词系统。这是一个开源的软件工具包，主要功能包括：中文分词、词性标注、实体命名识别、用户词典等。在 NLPIR 系统的标注集中，不仅包含了各种基础词性如动词(v)、名词(n)、形容词(adj)等，还包含了细分的子集如人名(nr)、地名(ns)、机构团体名(nt)等。此外，还支持结合用户字典自己设置特殊词性。

在实际应用中，中文分词和词性标注是由同一条命令统一执行，实体命名识别的功能可以单独使用，但其效果也包含在词性标注功能之中。在综述型文献中，不包含引用文献的情况下，最常出现的信息源实体及相关要素词汇是作者、机构、时间。其中，NLPIR 系统对于中文人名和时间的识别率很高，对于英文人名、机构名的识别率较差，需要利用该工具的用户词典功能，额外构建判断辅助词典提高实体命名识别的准确率。

关于解析并存储参考文献列表，综述型文献的参考文献列表部分比正文包含的信息源描述详细、准确，且根据序号跟正文中的引用部分存在一一对应的关系，所以本书的信息抽取方法在处理包含引用符号的句子时，优先考虑参考文献列表中对应的信息源信息。本书采用的方法是以每一条参考文献文本的前两个英文句号为分隔分成三个部分，对各部分可能出现的情况进行综合分析，可以满足大多数参考文献文本字段的解析。第一部分内容是文献的作者，多个作者间以逗号分隔，基本不会出现例外。第二部分的主体是文献的标题字段，但经常会在标题字段后以"//"符号连接文献所属的会议字段；当第三部分的内容为空，即参考文献字段中不含有机构、期刊等信息时，表示时间的字段信息也会出现在第二部分。第三部分包含的信息最多，最常见的是机构或期刊信息，还有可能包含地名、会议、网址。

鉴于上述情况，本书在解析参考文献字段时，除作者和标题外，主要目标是解析出有非常明显文本特征的时间信息和会议信息，其余部分作为该信息源的"来源"属性。如会议字段几乎不在中文格式中出现、英文会议字段一定以"Proc"或"//"开头、可以几种正则表达式匹配几乎所有可能包含时间字段的格式等。此外，也有一些特殊情况需要单独考虑，如整条参考文献字段的内容就是一个网址等。

对于参考文献列表的存储，本书规定每条参考文献字段代表一条完整的信息源实体，每个实体包含作者、标题、会议、来源、综述五个属性，每个属性值可以为空，也可以多值。对于直接从正文中抽取的信息源信息，也以这样的形式进行存储。

（3）辅助词典构建。

构建信息源实体判断辅助词典的目的是利用分词系统的用户词典功能，提高实体关系识别的准确率。词典中每一个词的表述形式为"词"加"词性"。词汇来源如下：

首先，鉴于综述型文献中提到的研究机构大多数是某大学或其下属的某机构，本书通过网络检索获取了 2017 年世界排名前 500 的大学的中英文名称和国内 211 院校的名称，将其作为机构名添加进词典。另外，本书通过爬取万方数据知识服务平台下的中国学术期刊数据库和中国学术会议数据库获取了其中的期刊名和会议名，也将其添加进了词典中。

其次是人工定义的特殊词汇，主要是定义一些特殊的词汇与词性来针对某些特殊情况的判定和抽取以及消除某些常见的实体判别误差。首先通过对多篇综述型文献进行实体命名识别操作，人工判断其中错误的实体识别，并选择其中有可能经常出现的词汇，将其定义为普通名词，避免其被判定为信息源实体词。比如"高维"一词会被判定为人名，但在数学、计算机科学等领域是一个常见概念，因其影响较大，需要在词典中专门定义以避免误差。另外，本书的信息抽取目标之一就是抽取表示领域或学科阶段性发展的关键信息，这一类句子通常包含如"……世纪……年代""首次"等特殊词汇，这些词汇也通过人工判读的方式被选取出来重新定义词和词性，然后添加进词典中。

最后是参考文献列表中的实体词汇，这部分词汇会在分词和实体命名识别之前添加到词典中。与上述两个词汇来源不同，这部分词汇的添加是一个没有终点的动态过程，并且因为辅助词典是一个独立的文件，所以每处理一篇文档，词典都会永久记录下从参考文献列表中提取的词汇。

（4）篇章关系识别。

在本研究中不仅要抽取包含信息源信息以及领域阶段性发展信息的句子，还希望抽取正文中对提及的信息源进行效果评价的句子，所以除了需要利用实体命名识别之外，还需要考虑篇章关系的识别。具体到本书的研究中，篇章关系指被抽取的句子与同段落内下一个被抽取的句子之间的其他句子的关系，在综述型文献中，主要是解说关系和评价关系。当下文的句子与被抽取的句子存在评价关系时，在被抽取句子中提及的信息源一般会作为下文句子的主语，结合综述型文献的特点，本研究列出了以下判别规则：

相邻句且以"该/此/这……"开头；

包含"……该/此方法……"；

包含"……这种/类/些……技术/方法/算法……"；

包含"实验表/证明……"；

包含被抽取句子中的信息源实体词汇。

抽取符合判定规则的下文句子，然后将其与原先被抽取的句子连接起来，形成新的片段。图 6.2.3 为对文献《机器学习及其算法和发展研究》[①]进行句子抽取并形成片段的结果。

（5）信息源数据抽取。

对句子抽取和篇章关系识别形成的包含一个或多个句子的片段进行处理，抽取详细的信息源数据，包括信息源实体及其各属性的值，以及对片段整体情感分析得到的信息源情感评分，将非结构化的自然语言文本片段转化成结构化的数据。其详细抽取的大体流程如图 6.3.4 所示。

---

① 张润，王永滨. 机器学习及其算法和发展研究 [J]. 中国传媒大学学报(自然科学版)，2016，23(2)：10-18，24.

1. 最近，由谷歌旗下DeepMind公司开发的基于深度卷积神经网络和蒙特卡洛树搜索算法的围棋智能程序AlphaGo以4:1的悬殊比分战胜世界围棋冠军李世石，充分展示出机器学习的强大学习能力。
2. 与人脑相比，深度学习在处理问题的能力上还有巨大差距，即使在结构、功能、运行机制上都与人脑有很大的差距[1]，并且近期深度学习研究与应用的突飞猛进主要得益于大数据和强大硬件。
3. 1943年，Warren M c Culloch和Walter Pitts提出了神经网络层次结构模型[2]，确立为神经网络的计算理论，从而为机器学习的发展奠定了基础。
4. 1950年，"人工智能之父"图灵发明出著名的"图灵测试"，使人工智能成为计算机科学领域一个重要的研究课题。
5. 1957年，康内尔大学教授FrankRosenblatt提出Perceptron概念，并且首次用算法精确定义了自组织自学习的神经网络数学模型，设计出第一个计算机神经网络，这个机器学习算法成为神经...
6. 1959年美国IBM公司的A．M．Samuel设计了一个具有学习能力的跳棋程序，曾经战胜了美国一个持续8年不败的冠军。
7. 1962年，Hubel和Wiesel发现猫脑视层中钱特的神经结构可以有效降低学习的复杂性，从而提出著名的Hubel - Wiesel生物视觉模型，以后提出的神经网络模型可受此启路。
8. 1969年，人工智能研究的先驱者MarvinMinsky和SeymourPapert出版《机器学习研究有深远影响的著作《Perceptron》，虽然提出切XOR问题即感知机研究送上不归路。此后的十几年基...
9. 1980年夏，在美国卡内基梅隆大学举行了第一届机器学习国际研讨会，标志着机器学习研究在世界范围内兴起。
10. 1986年，《MachineLearning》创刊，标志着机器学习逐渐为世人属目并开始加速发展。
11. 1982年，Hopfield发表了一篇关于神经网络模型的论文[3]，构造出能量的数并把这一概念引入Hopfield网络，同时通过对动力系统性质的认识，实现了Hopfield网络的最优化求解，推动了神...
12. 1986年，Rumelhart, Hinton和Williams联合在《自然》杂志上发表了著名的反向传播算法(BP)[4]，首次揭述了BP算法在浅层神经网络模型的应用，参见图[15]，不但明显降低了最优化...
13. 1989年，美国贝尔实验室学者YannLeCun教授提出了目前最为流行的卷积神经网络(CNN)计算模型，推导出基于BP算法的神经网络的训练方法，并成功地应用于手写数字识别。
14. 进入90年代，多种浅层神经网络学习模型相继问世，诸如逻辑回归、支持向量机等。这些机器学习算法的共性是数学模型为凸代价函数的最优化问题，理论分析相对简单，训练方法也容易掌握。
15. 基于统计理论的机器学习的鼻主GeoffreyHinton和Ruslan-Salakhutdinov提出了规则的方法具备很好优越性[6]，取得了不少成功的商业应用的同时，浅层的问题逐渐暴露出来，由于有限的样本和计算量导致对数据的复杂...
16. 2006年，在学界及业界巨大需求刺激下，特别是计算机硬件技术的迅速发展提供了强大的计算能力。
17. 机器学习领域的泰斗GeoffreyHinton和Ruslan-Salakhutdinov发表文章[7]，提出了深度学习模型，主要论点包括多个隐层的人工神经网络具有良好的特征学习能力，通过逐层初始化来克服训练...
18. 2012年，Hinton研究团队采用深度学习模型首得计算机视觉领域量具影响力的ImageNet比赛冠军，从而标志着深度学习进入第二个阶段。
19. 随着Hinton、LeCun和AndrewNg对深度学习习的研究，以及云计算、大数据、计算机硬件技术发展的支撑下，参见图2[8]，深度学习近年来在各个领域取得令人人瞩的进展，推出一批成功的...
20. 深度学习随着数据规模的增加可提高预测准确性深度学习进人类大脑的分层学习方法，通过建立类似于人脑的分层学习结构，突破浅层学习的限制，能够表征复杂的函数关系，...
21. 无监督学习更近似于人类的学习方式，被AndrewNg誉为人工智能最有价值的地方[10]。

图6.2.3 句子级抽取结果

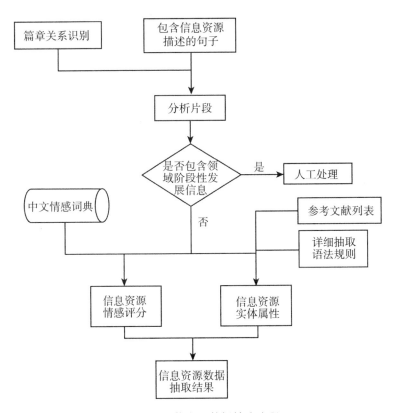

图6.2.4 信息源数据抽取流程

在抽取信息源实体属性方面，如果片段中包含引用符号，直接从已解析并结构化存储的参考文献列表中抽取对应的数据；如果不含引用符号，则需要设计专门的语法规则来辅助抽取。首先，当同一片段中包含两条或两条以上信息源信息时，需要对每条信息涉及的文本区域进行划分。通过对该情况下的大量句式分析后发现，不同信息源一般在句中属于并列关系，关联的实体词数量、属性、顺序一致，且机构名或时间的顺序靠前。本研究以片段中信息源关联的第一类实体词来划分文本区域。其次，某些可以作为信息源"标题"的字段不是较为统一规范的专有名称，而是综述作者对其的概括描述，如"某人提出的基于……的方法"等。本研究的方法规定：如果片段中包含"人名/机构名（提出/开发/设计）的……系统/工具/方法"，则将"……系统/工具/方法"部分文本字段提取出来作为信息源的"标题"属性。

在获取信息源情感评分方面，本研究使用了 NIPIR 分词系统中的情感分析组件包，其基本原理是借助情感词典，判断片段中包含的正面情感词汇和负面情感词汇的个数，两者的差值输出为片段的情感评分。本研究中抽取的片段都是对信息源的描述和评价，一般不会出现包含其他主题的无关内容，所以本研究中以片段情感评分作为片段中提及的信息源情感评分。另外，对于包含领域阶段性进展信息的片段，由于其在一篇文献中出现的数量很少且很难对其中的内容进行结构化的数据处理，所以对其进行人工处理。信息源数据抽取部分效果如图 6.2.5 所示。

```
*******1*******
人名: 周志华 来源: 南京大学
人名: 国家自然科学基金委员会 标题: 国家杰出青年科学基金获得者及创新研究群体学术带头人选介[EB/OL] 来源: http：//www.nsfc.gov.cn/nsfc/cen/ndbg/Y200(
*******3*******
人名: 孟祥山 标题: "机器学习"在工作流模型设定中的应用[J] 来源: 计算机应用与软件 时间: 2006
*******4*******
人名: 黄林军 标题: 机器学习技术在数据挖掘中的商业应用[J] 来源: 中山大学学报:自然科学版 时间: 2005
*******5*******
人名: 张义荣 标题: 基于机器学习的入侵检测技术概述[J] 来源: 计算机工程与应用 时间: 2006
*******6*******
人名: 张震 标题: 人工智能原理在人类学习中的应用[J] 来源: 吉首大学学报:自然科学版 时间: 2006
*******7*******
人名: 慧聪
*******8*******
人名: 周志华 标题: 机器学习的研究[C] 会议: 国家自然科学基金委员会信息科学部AI战略研讨会文集 来源: 北京:国家自然科学 基金委员会信息科学部 时间: 2006
*******9*******
人名: 王永庆 标题: 人工智能原理与方法[M] 来源: 陕西:西安交通大学出版社 时间: 1998
```

图 6.2.5　信息源数据抽取部分效果

6.2.3　基于抽取信息源信息的地图绘制

6.2.3.1　抽取信息的存储与处理

本研究中构建的信息源地图实际上是对信息源数据抽取结果的可视化。对于数据的处理可以分为三个阶段：只考虑一篇文献的初始去重、数据存储、考虑多篇文献的去重和整合。

在只考虑一篇文献的初始去重时，考虑到可能有多篇文献使用一样的标题，当信息源的"作者"和"标题"属性都不为空时，需要两个属性同时相同才将数据定义为重复。

在数据存储时，本研究使用 Mysql 搭建关系型数据库存储数据。需要考虑的数据因素包括：作者、标题、会议、来源、时间、评分以及部分通过人工处理得到的领域阶段性发展信息；需要考虑的数据之间的关系包括：一个领域可能对应多篇综述型文献，一篇综述型文献对应多个信息源，信息源包含不同维度的属性，不同维度的属性之间也具有层级关系。因此，在本书构建的数据库中，领域和文献的对应关系由人工判断添加，针对某一篇文献，建立以下表格对信息源信息进行分解存储：作者表、标题表、会议表、期刊/机构表、关系表。前 4 个表格分别只包含相应维度的编号和不重复的具体值，其中"作者"字段只考虑第一作者；关系表以每一条信息源实体信息为一行，以各维度属性值在其对应表格中的编号为外键，外加"年份"和"评价"两个字段，用以全面表示信息源与各维度属性以及各维度属性之间可能具有的关系，无关部分以"0"填充。此外，对于表示领域阶段性发展的信息，单独构建一个附加表存储，包含该信息以及"年份"字段。信息源信息存储结构如图6.2.6 所示。

在考虑多篇文献整合时，对每篇文献的上述的 6 个表格进行整合，新构建领域层面的表格。对作者表、标题表、会议表、期刊/机构表以及附加表进行单独去重整合，总关系表在新的各维度总表基础上重新构建。

6.2.3.2　信息源信息可视化

考虑到信息源实体具有不同维度的属性以及各维度属性之间的

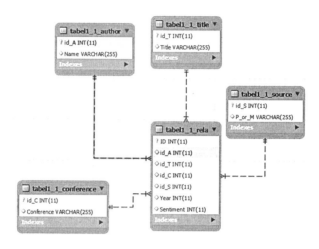

图 6.2.6　单篇文献信息源数据存储结构图

关系，信息源信息可以从不同的维度进行展示。本书中进行可视化操作所形成的数据图像整体以树状结构分布。根节点的值在数据源于一篇文献时为文献标题，在数据源于多篇文献时为这些文献所代表的某个跨学科领域。各层级节点的值可以根据以不同维度为主的展示方式进行调整。例如，当以时间(年份)为主维度来展示信息时，层级从高到低可以表示为：根节点—年份—信息源—详细数据，将所有信息源以年份为准按时间分类并顺序排序，"时间"属性为空的信息源则定义年份为"0"并排在最前。层级中的"信息源"值用来代表整条信息源的某个属性值，本书中各属性粒度从细到粗为：标题、作者、会议、来源，取不为空的最细粒度属性值作为"信息源"层级的节点值。

当信息源的评分高于某个阈值时，本书中定义其代表该信息源被综述文献作者认为有更高的价值，在信息源地图中以特殊显眼颜色表示。另外，对于表示领域阶段性发展的关键信息，也在需要在图像中表示时以特殊颜色表示。

本书使用 D3 进行数据可视化操作。D3 是 Data-Driven Documents(数据驱动文档)的简称，是一个用来使用 Web 标准做数据可视化的 JavaScript 库，也是目前最流行的数据可视化库。D3 中为用户提供了 12 种布局，包含了所有主流图表，且各布局可以结合使用，几乎能够满足所有的数据可视化需求。本书采用的是 D3 中的树状图布局，可以直接使用 Json 格式的数据。Json 是一种用于数据交换的文本格式，可以清晰地表示数据间的层级关系和归属关系，可以很容易地被人或计算机识别，且表示相同内容时比 xml 格式的长度更短、读写更快。

本书中数据可视化部分的基本流程包括：搭建数据库，存储并处理数据；确定主维度；读取数据库数据，转化为 Json 格式，生成 Json 文件；使用 D3，读取 Json 文件，生成图谱。读取数据并生成 Json 文件，使用 Java 语言编程实现；调用 D3 生成图谱，使用 JavaScript 语言编程实现。

另外，在进行 Json 格式数据转换的同时，对其中表示高评分和阶段性发展信息的部分数据需要添加标记，并在进行 D3 编码时加入对应的判断语句，实现了相应节点文本的颜色变更。

6.2.4 实验结果和分析

6.2.4.1 实验过程

实验分为两个部分：信息抽取和绘制信息源地图。信息抽取实验部分具体流程如下：

(1)以"机器学习"作为关键词，分别从万方知识服务平台、中国知网数据库中进行检索，选取了相关度排序靠前且有一定被引量的 20 篇综述型文献；

(2)进行 pdf 文档解析，将其转化为 txt 格式，去除乱码并分段；

(3)解析并存储参考文献列表；

(4)对文档分句并记录句子序列，对句子分词并完成实体命名识别和词性标注；

(5)抽取包含信息源描述、信息源评价、领域阶段性发展信息的句子并形成片段；

(6)抽取信息源详细数据。

绘制信息源地图实验部分流程如下：

（1）构建 Mysql 数据库，存储信息源详细数据；

（2）选取某些跨学科领域的信息源数据抽取结果，从数据库中读取数据并整合；

（3）将数据转换为 json 格式文件。

6.2.4.2　预处理工作

除去无法解码或乱码严重影响正文的文献，以最后剩下的 15 篇文献作为信息抽取实验的基础数据。对这 15 篇文献进行人工抽取标记。另外，本书试验中无法使用的文献基本属于无法从知网或万方获取高清版本 pdf 文件，这会导致产生大量乱码而影响正文。

6.2.4.3　信息抽取实验结果

对于片段抽取和信息源数据抽取结果的性能评价指标为：

$$F - \text{Score} = \frac{2PR}{P + R} \tag{6.2.1}$$

其中，P 为查准率，R 为查全率，其定义分别为：

$$P = \frac{M}{N}, \quad R = \frac{M}{C} \tag{6.2.2}$$

其中，M 为被正确抽取的句子数或信息源数，N 为实际被抽取的句子总数或信息源总数，C 为文献中应该被抽取的句子数或信息源数。

对于片段抽取的效果，由于片段可能包含复数个句子，难以直接判断其准确性，所以包含信息源评价的句子与包含信息源描述的句子等价参与计算。另外，对于信息源数据抽取的效果计算，不考虑去重。信息抽取结果由表 6.2.1 所示。

表 6.2.1　面向综述型文献的信息源信息抽取结果

信息种类	总数目（C）	识别数（N）	正确识别数（M）	查准率（P）	查全率（R）	F 值
片段	647	621	604	97.3%	93.4%	0.955
信息源	592	554	536	96.8%	90.5%	0.933

从表 6.2.1 可以看出，本书提出的信息源信息抽取方法对于片

段和详细信息源数据都有超过90%的查全率和查准率，这是因为在综述型文献参考文献部分描述的信息源信息在全文提及的信息源里占了很大的比重，而参考文献部分也因其规范化的格式较容易解析且准确性较高。另外，本书针对直接从正文中抽取数据的情况所做的工作也发挥了较好的效果，使得最终信息抽取的效果较好。

6.2.4.4 信息源地图绘制结果

利用D3进行数据可视化操作，绘制信息源地图。首先，选取表示跨学科领域"机器学习"的15篇综述型文献进行信息抽取，并分别以时间(年份)和来源为主维度进行可视化表示。其中高评分信息源以红色字体表示，领域阶段性发展信息以橙色字体表示，并且支持通过对节点的点击操作来进行子节点的缩放。

时间为主维度的绘制结果如图6.2.7~图6.2.9所示，部分"年份"结点收缩、小部分"信息源"结点展开的情况，图形中有的只有作者、时间及其贡献，没有文章和期刊，表明这些是从文章中抽取的信息，没有标注相应的参考文献。来源为主维度的绘制结果如图6.2.11、图6.2.12所示，显示了"机器学习"的分支领域"文本挖掘"的高价值信息源等信息。

根据图6.2.7、图6.2.8、图6.2.9可以了解领域的发展阶段，根据综述文献的评述结论可知，机器学习领域发展分为三个阶段：1950年之前为萌芽期，1950—1986年为发展期，1986年至今为成熟期。

(1)萌芽期。

如图6.2.7所显示，萌芽期内被评述的信息源数量少，包括：1943年，麻省理工学院神经心理学家兼精神病学家麦卡洛克等的论文《神经活动内在概念的逻辑演算》，贝叶斯的《用机会论解决问题》；重要学者包括：贝叶斯、沃伦斯·麦卡洛克和沃尔特·皮茨、图灵、明斯基等先驱科学家。由期刊名及主要学者可知涉及学科包括哲学、数学、生物物理、计算机科学。

(2)发展期。

根据图6.2.8中显示的发展期的高价值文献，可以了解人工智能和认知科学是在20世纪50年代开始形成自己独特的领域，其间

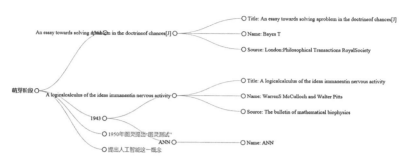

图 6.2.7　机器学习领域萌芽期信息源地图

的高价值文献有：1958 年 Luhn H P 的《文学文摘的自动创作》，
P. B. Baxendale 的《技术文献索引的机器生成》。机器学习的理论基
础形成于 20 世纪 60 年代，其间的高价值文献有：1962 年，美国
神经生物学家 David Hunter Hubel 和 Wiesel 发表了《Hubel-Wiesel 生
物视觉模型》。1969 年，人工智能研究先驱者 Marvin Minsky 和
Seymour Papert 出版了对机器学习研究具有深远影响的著作《感知
器》。20 世纪 70 年代形成了计算科学范围内带有机器学习特点的
实用算法，在此期间的高价值文献有：1972 年 Novik of B. J. 的《关
于感知机的收敛证明》，1974 年 Antoniak C E 的《狄利克雷过程的
混合与贝叶斯非参数问题的应用》。1980 年，美国卡耐基梅隆大学
举行第一届机器学习国际研讨会，标志着机器学习研究在世界范围
内兴起，增强学习成为热点问题，期间的重要文献有：1983 年
Simon H A 的《为什么机器可以学习?》、Michalski 的《机器学习：一
种人工智能方法》，1984 年 Breiman L 的《分类及回归树》等。

　　发展期的主要期刊有：*IEEE Trans on Information Theory*、
Journal of the ACM（*JACM*）（美国计算机学会学报）、*The Annals of
Statistics*、*Journal of Anthropological Research*；涉及学科包括信息论、
计算机科学、神经生物学、统计学、人类学等，分别从不同的角度
共同探讨机器的学习能力即人工智能的可能性。

　　(3) 成熟期。

　　如图 6.2.9 所示（由于数据源多，在此只显示了局部），可以

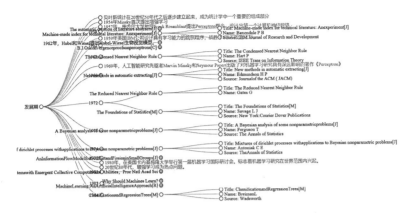

图 6.2.8 "机器学习领域"发展期信息源地图

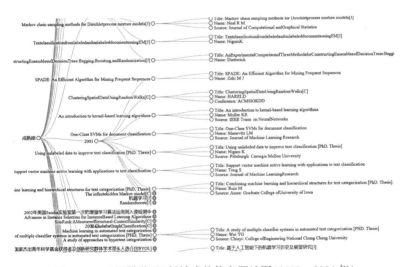

图 6.2.9 "机器学习"领域成熟信息源地图（2000—2004 年）

看出 20 世纪 80 年代见证了机器学习研究方向上的扩展。除了理论基础外，机器学习的实用方法显得更为突出，各学科之间的联系也日益紧密。为了展示成熟期研究主题变化，本书结合文献标题的分词处理，发现从成熟开始的 10 年期间，除了认知科学，更加致力于"数据挖掘""贝叶斯网络""分类器""自动文本摘要"等方面的研

文件(F) 编辑(E) 格式(O) 查看(V) 帮助(H)	文件(F) 编辑(E) 格式(O) 查看(V) 帮助(H)
/通过/错误/传播/学习/内部/表示/	支持向量/机/分类/具有/非常/大规模/分类/
最优/信息/处理/贝叶斯/定理/	增量/支持向量/学习/分析/实施/应用/
变分方法/	极限/学习/机/理论/与/应用/
用于/语音/识别/隐马尔可夫/模型/	数据挖掘/概念/技术/
解释/Gibbs/采样器/	机器学习/工作流/模型/设定/应用/
社交网络/分析/方法/应用/	基于/机器学习/入侵/检测/技术/概述/
贝叶斯/密度/估计/混合/使用/推论/	人工/智能/原理/人类/学习/应用/
了解/Metropolis-Hastings/算法/	用/神经网络/降低/数据/维数/
支持/矢量/网络/	一种/深度/信念/网络/构建/学习/算法/
MPI/消息/传递/接口/标准/高性能/可移植/实现/	不断/演变/社会/网络/实证/分析/
隐马尔可夫/模型/	协同/标记/系统/使用/模式/
套袋/预测/因子/	用于/机器学习/高斯/过程/
社交网络/中心性/概念/澄清/	Dirichlet/工艺/混合物/变分/推断/
机器学习/	分层/Dirichlet/过程/
机器学习/研究/四个/方向/	马尔可夫/链/蒙特卡罗/贝叶斯/推断/随机/模拟/
用于/汇总/词汇链/	基于/相近原则/指导/直推/学习/及其/算法/
贝叶斯/网络/分类器/	大数据/集/分类/快速/最近邻/凝聚/
随机近似/算法/及其/应用/	基于/分布式/超/大数据/集/凝聚/
人工/智能/原理/方法/	一种/简单/有效/可变/排序/方法/
现代/教育/心理/测量学/原理/	使用/未/诊断/样本/机器/学习/技术/改进/计算机/辅助/诊断/
自动/文本/摘要/进展/	基于/支持向量/机/入侵/检测/系统/
贝叶斯/统计/	广义/空间/Dirichlet/过程/模型/

（左边为 1986—1997 年，右边为 2006 年）

图 6.2.10 "机器学习"领域成熟期的信息源标题词集合

究，到 2006 年增加了"增强学习""支持向量机""大数据""深度"等主题词，可见机器学习领域的研究更新很快，到现在最新的研究继续聚焦在"文本分类""深度学习""大数据"等方面技术的同时，开展了很多应用领域的研究。重要期刊有《机器学习研究》《机器学习》《模式分析与机器智能》《系统、人与控制论》《数据挖掘和知识发现》和《人工智能研究》等杂志。

由于机器学习成熟期数据源多，不好展示高价值数据源和学科分布。本书选取了其中一个重要分支——"文本分类"来构建以来源为主维度的信息源图，按照"来源"字段可能包含的内容，首先分为"国内""国外""网址""无来源"四类。图 6.2.11 为"国外"结点展开，大部分"信息源"结点收缩的情况；图 6.2.12 为"国内"结点展开，大部分"信息源"结点收缩的情况。

读者首先可以迅速发现该研究主题的相关学科及重要期刊。以图 6.2.12 为例，读者可以通过文献来源期刊快速了解到"文本分类"的研究涉及图书馆、情报、计算机、通信、语言、新闻等诸多相关学科，主要中文期刊有《大学图书馆学报》《计算机学报》和《计算机应用》等；其次，读者从论文标题可以看出不同学科的研究角度差异，如图书馆学科关注分类体系问题，计算机学科关注特征抽

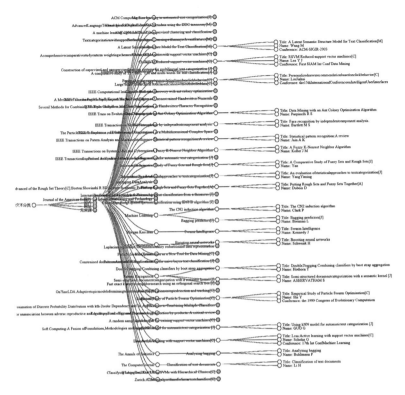

图 6.2.11 "文本分类"领域的信息源地图——以来源为主维度(国外)

取、各种分类方法及自动化实现的算法等；最后，读者通过高评价引文可以快速了解在跨学科背景下的高价值研究，如图 6.2.12 突出显示的《基于基尼指数的特征抽取》《基于 RBF 神经网络的文本自动分类研究》是文本挖掘领域获得肯定的代表性成果。

6.2.5 结语

本研究通过设计大量的语法抽取规则，结合综述型科技文献的篇章结构和语法特点，提出了基于规则的针对综述型文献的信息源信息抽取方法。在实体命名识别上是依赖于工具、词典、语法规则三者结合的；对于辅助词典的构建和某些特殊信息的抽取，由人工干预来完成，主要抽取了综述性文献中提及的信息源基本属性

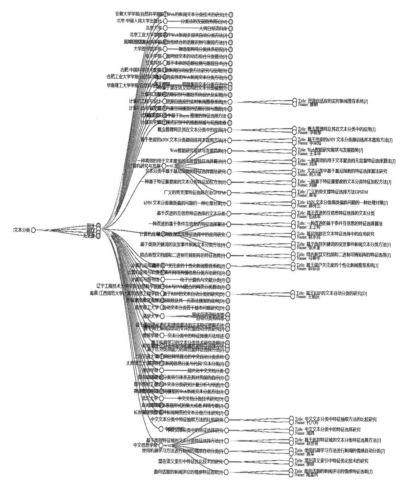

图 6.2.12 "文本分类"领域信息源地图——以来源为主维度(国内)

信息、对信息源的描述和评价信息,实现了多篇综述性文章中信息源信息的聚合并分别以时间(年份)和来源为主维度进行可视化。通过这些图形,跨学科领域科研人员除了可以快速获取跨学科领域的发展阶段,高价值信息源,重要出版物等信息,还可以通过文献标题和期刊快速判断信息源的学科分布和不同学科研究方向的特征。

本研究存在以下不足:(1)本研究得到的信息源地图对不同学

科研究方向特征的展示还不够直观、清晰。(2)综述性文献中的评价内容的情感识别是人工干预完成的,没有构建有针对性的情感词典加以分析。(3)没有考虑多篇文章对同一学术信息源评价知识的融合问题,没有揭示跨学科领域中不同学科研究之间的内在联系。

6.3 面向复杂跨学科问题的科研项目成果知识关联

伴随着社会和经济的快速发展,关系到国计民生和科学发展的复杂问题层出不穷,复杂问题的解决是推动科技进步的关键。科技项目是政府部门实施科技计划的重要载体,是以项目的形式开展研究的活动①,它是创造知识、促进创新和推动社会发展的重要方式②。科研项目立足于国家战略目标,瞄准前沿和重要科技问题,作为问题驱动的科研活动,其具有复杂性、关联性、动态性和多目标性的特点,是典型的复杂问题。在科研项目进行中,科研合作越来越普遍③,项目科研成果积累的速度越来越快。作为科研项目成果的结题报告和论文是内容丰富的知识宝库,可以从这些项目知识中获得已有的研究进展和经验知识,从而避免项目重复并减少未来项目中的额外工作④,这种情况下科研项目知识的组织和管理就显得尤为重要。面对大量的科研项目成果知识,科研人员对于新项目申请以及项目管理者对于立项评价需要的知识支持越来越迫切。

---

① 姜晓林. 科技项目管理中知识管理系统研究[D]. 大连:大连理工大学,2008.

② Machado M A, Magnier-Watanabe R, Peltola T. Capturing Knowledge from Research Projects: From Project Reports to Storytelling [C]//Portland International Conference on Management of Engineering & Technology. IEEE, 2017.

③ 孟潇. 面向重大项目的跨组织科研合作过程研究[D]. 哈尔滨:哈尔滨工业大学,2016.

④ Coners A, Matthies B. Perspectives on Reusing Codified Project Knowledge: A Structured Literature Review[J]. International Journal of Information Systems and Project Management, 2018, 6(2): 25-43.

　　复杂问题的研究成果很丰富，目前对于已完成科研项目的成果知识、信息、文档的利用还十分有限，这些项目成果的使用潜力还没有被完全开发和利用，还不能支持还原分析问题的整体特征，难以支持科研人员了解问题解决的脉络和用于不同情境下的沟通。一方面，科研项目成果知识具有多样性和多分布性，成果资源比较碎片化，带来获取与利用上的困难，影响项目成果的利用。另一方面，科研用户需要更为有效的知识服务，期望用较少的成本来获取科研项目相关成果，为新项目申报等需求赋能。

　　针对目前的科研项目成果知识组织不能满足用户需求的现状，本书探索使用"问题导向"的知识关联思路对科研项目成果知识进行组织。在知识科学领域，知识单元之间存在着不同程度的关联，它们之间的连接关系十分重要[1]。知识关联是进行知识表达、知识组织的有效方式[2]。传统的知识组织方式偏向单一维度，不能有效地描述科研项目中多类型、多层级的数据资源间的内在逻辑，无法将各类型的数据有效关联，因此无法有效满足用户需求。超网络可以有效描述复杂网络结构，揭示多元关联关系。基于此，本书针对如何建立关联并给用户提供更好的知识服务展开研究，设计"问题导向"的面向复杂问题的知识关联超网络模型并分析其应用，然后结合科研用户对基金项目的信息需求以及基金项目的特征，构建基金项目知识关联超网络模型，设计知识单元识别和关联提取方法，对于基金项目的知识超网络进行可视化呈现。

6.3.1　问题的复杂性与复杂问题研究

6.3.1.1　问题的复杂性

　　"复杂性"的概念在过去的科学和哲学话语中蓬勃发展，包括

　　[1]　Barabási A L. Scale-free Networks：A Decade and Beyond[J]. Science，2009，325(5939)：412-413.

　　[2]　刘维东. Web 短文本知识关联模型及其语义连贯计算方法[D]. 上海：上海大学，2016.

复杂性科学、复杂思想、复杂系统、复杂自适应系统、复杂结构和复杂网络等。复杂问题越来越受到关注，针对复杂问题的管理与科研都与合作不可分。目前对复杂问题的研究主要集中在概念、特征、来源和理论基础。①问题与复杂问题。不良情况一般用名词"问题"来表达，例如气候变化、不平等、贫困、腐败、污染等。复杂问题具有两个面向：一方面指针对不良情况的理论和实践策略是复杂的，需要以相关的方式整合科学、规划和管理实践来设计和创造未来。这里的复杂问题是一种面向未来的规划实施的概念。另一方面指对规划和管理不良情况这一层面复杂问题的认知也是复杂的，这个认识层面的复杂问题是指整合计算机模拟和社会理论的探索多元未来的策略。②问题的复杂性来源。复杂性首先来自多观点的纠缠。一个复杂的问题是一个有问题的情况，异质性社会行为者的不同观点在其中交织在一起。一个复杂的问题可以被概念化为一个观测得到的系统，从来自多个观测系统的不同观点的纠缠中涌现。观察到的系统(即一个复杂的问题)既不是现实的数据，也不是独立于社会行为者的观察活动的经验提供的。阐明一个复杂的问题需要多个社会行为者的不同观点。复杂性也来源于知识、行动和道德之间的纠缠。复杂的问题同时是知识问题、决策和行动问题和伦理问题。总之，一个复杂的问题是一个有问题的情况或经验，它被寻求知道和改变，因为它被认为是不好的。知识(要知道)、行动(要做)和判断(要评估)都是可相互定义的术语，因为每个术语的含义都可以通过其与其他术语的关系来指定。复杂性也来源于过去、现在和未来之间的纠缠。过去、现在和未来都是影响研究复杂性方法的因素，是导致复杂性产生的因素。

6.3.1.2　复杂问题的研究

研究复杂问题需要面对以下挑战：坏结构、多重问题、含有人的因素。复杂问题的解决需要多元的方法，其中不良问题的解决不是通过自上向下的决策、执行，而是与合作不可分，如图6.3.1所示：往往先通过合作团队集体层面的商讨问题的范围，继而通过将复杂问题逐层问题化为子问题来化解复杂性，再分配给不同学科领域的研究者或利益相关者应用知识库知识，从不同角度研究子问题的解决策略，得到各自的研究成果，最后进行方案汇总。可见，集体层面干预得到问题范围以及不同层级的子问题是复杂问题科研项目成果关联的关键。

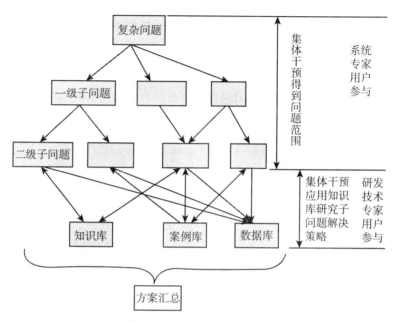

图 6.3.1 复杂问题的研究

6.3.2 科技项目知识的特点与分类

6.3.2.1 科技项目知识的特点

科技项目指的是以科学研究和技术开发为内容，以解决科学问题为目的而进行单独立项的项目①。科技项目的生命周期包括多个流程阶段：在科技项目开始前，科技管理部门会根据研究现状与社

①　姜晓林. 科技项目管理中知识管理系统研究［D］. 大连：大连理工大学，2008.

会发展的需要，制定相关的政策方针，编制并发布项目申请指南；项目申请时，科研人员确定选题，进行文献调研与现状总结，填写申报材料；项目申请后，科技管理部门对申报的项目进行分类，遴选领域专家进行评审，确定资助项目；项目研究过程中，要定期汇报项目的进展情况，及时发现问题并进行处理；项目完成后，进行项目验收，提交项目所取得的成果，例如学术论文、人才培养情况等，并且提交项目结题报告，对于项目的主要内容、主要进展、学术交流和人才培养情况进行说明；项目结束后，管理人员对项目成果进行管理，归纳总结出各个类型的科技项目的资助效果，对各项数据进行总结。

从科技项目的主要环节来看，科技项目的整个过程涉及项目成员、领域专家、相关管理人员等，在科技项目的整个生命周期内，会产生丰富的知识。项目申报前，包括编写申请指南的知识、项目资助经验的知识；项目申请时，包括申请书中的知识；项目筛选阶段，包括遴选领域专家的知识、专家交流探讨的知识；项目研究阶段，包括项目进展报告、年度报告，以及发表的学术论文、专利、专著、会议交流等知识；结题验收阶段，包括结题报告中总结的知识、项目成果知识；成果管理阶段，包括对项目成果的统计分析的相关知识。

通过对科技项目中包括的知识进行分析，将科技项目中知识的特点总结为以下几个方面：①多样性，科技项目整个生命周期中产生了丰富多样的知识，有与科技项目相关的知识，如研究内容与方向；有与研究成果相关的知识，如结题报告、学术论文等；有与工作经验相关的知识，包括申报经验、项目管理经验等。②多载体性，科技项目中的知识有多种不同类型的载体，有文档性载体，如项目申请书等；有人员性载体，如领域专家、科技项目管理人员、项目申请人员等。③多分布性，科技项目相关的知识分布在不同载体中，载体又分布在不同的地方，文档性知识存在于有关的知识库中，如发表的学术论文在数据库中可以检索到，项目申请书在项目管理机构的知识库中；经验性的知识存在于项目相关人员的头脑中。

6.3.2.2　科技项目知识的分类

通过对科技项目知识产生特点的分析，可以看出在科技项目的每个阶段都会产生知识，并且知识具有多样性、多载体性和多分布性。李海峰[①]将科技项目管理中的知识划分为三种类型，分别是科技知识、经验知识以及过程知识。科技知识指的是科技研究过程中产生和运用的知识，是相关的成果以及解决问题的方法性成果的知识。经验知识指的是关于科研经验、管理经验等方面的知识。过程知识是指与工作方法和办事有关的过程性知识。

根据科技项目知识的显隐性情况分为显性知识和隐性知识。显性知识指的是可以清晰表达的，有物质载体的，方便在个体间传播的知识，如申请书、学术论文、专利、学术报告等。隐性知识指的是不易用语言表达，存在于人的头脑中，传播起来非常困难的知识，如存在于科研人员、领域专家头脑中的经验知识。由于隐性知识难以表达与传播，重点关注科技项目知识的显性知识。本书将科技项目有关知识中的显性知识分为项目支持知识和项目成果知识，其中项目支持知识指的是在科技项目生命周期内推动项目立项、科技研究以及取得科研成果的相关知识；项目成果知识指的是科技项目所取得的研究成果，包括结题报告、学术论文、专著、专利、应用系统等。

本研究针对科研项目的成果知识开展知识关联研究。由于结题报告是对整个科研项目的总结，涵盖了研究计划、主要内容、主要进展与成果等内容，是对科技项目高度总结的材料，描述了项目思路、研究范围与成果，因此，本研究从科技项目结题报告出发，结合科技项目公开发表的文献成果，开展知识关联设计与研究。

---

① 李海峰. 科技项目管理中的知识共享研究[D]. 大连：大连理工大学，2010.

6.3.3　科研人员对基金项目信息需求情况调查

6.3.3.1　问卷设计与数据收集

本次问卷调查的对象是科研人员，限定的场景是基金项目申报的准备阶段。在准备阶段研究人员根据自身兴趣和研究基础确定选题，需要了解该选题的研究现状，分析已经解决的问题以及需要进一步展开研究的方向，那么对已有基金项目的相关信息会有需求。因此，本次问卷以科研人员基金项目申报准备阶段为情景，分析用户的信息需求情况。

调查问卷的内容包括三个部分，第一部分是调查前言，说明调查目的、限定的情景等内容并表示感谢；第二部分是基本信息统计，包括年龄、性别、学科领域以及科研经验这几个方面的内容。第三部分是科研用户对基金项目的信息需求情况的调查，包括所需的内容资源、信息渠道以及对抽取的知识维度及关系特征信息的需求情况三个方面。在正式调查前会进行小范围的预调查，以便能够发现问卷中的问题并及时更正，保证调查问卷的合理性和严谨性。问卷发放采用的是在问卷星平台线上发放的方式。

经过两周的问卷回收，问卷星平台共回收问卷 124 份，通过对填写时间较短、填写不完整等无效问卷进行剔除，最终得到 113 份有效问卷，问卷合格率约为 91%，以此为数据进行调查结果分析。

6.3.3.2　调查结果分析

（1）基本信息统计分析。

参与本次科研人员对基金项目信息需求情况调查的人员基本信息统计情况如表 6.3.1 所示。被调查者性别分布比较均衡，学科领域方面，自然科学和人文社科领域的被调查者分别占比 56.6%、43.4%，由于对被调查者的要求是科研人员，因此年龄均在 22 岁以上，大多分布在 28~35 岁，占比约 60%。科研经验多为 3 年以上，占比 67.3%，科研经验在 3 年以下的被调查者只占比 32.7%。问卷调查结果显示，在基金项目准备阶段，有 108 人会去了解已经开展的相关基金项目内容，占比约 95%，可见绝大多数科研人员对已开展的基金项目有信息需求,下一步针对这108个样本信息对于基金项目的具体信息需求情况进行统计与分析。

表 6.3.1 基本信息统计

变量	类别	数量	百分比
性别	男	65 个	57.5%
	女	48 个	42.5%
年龄	18~22 岁	0 个	0.0%
	23~27 岁	27 个	23.9%
	28~35 岁	68 个	60.2%
	35 岁以上	18 个	15.9%
学科领域	自然科学(主要包括理、工、农、医等)	64 个	56.6%
	人文社科(主要包括经济、管理、教育、文、史、哲等)	49 个	43.4%
科研经验	3 年以下	37 个	32.7%
	3 年以上	76 个	67.3%

(2)科研人员对基金项目的信息需求分析。

①内容资源需求情况。

在基金项目准备阶段,科研人员需要确定选题,对于目前已开展的基金项目,了解其已经研究的科研问题、取得的成果以及存在的问题和展望等。本题采用五级量表的形式,调查科研人员对于每一种内容资源的需求程度,1~5 分别表示非常不需要、比较不需要、一般、比较需要和非常需要。最终调查结果如图 6.3.2 所示,存在的问题和展望、已经取得的成果、已经研究过的科研问题得分分别为 4.44、4.24 和 4.11。可见,对于已经研究过的科研问题、已经取得的成果以及存在的问题和展望都有比较高的需求程度,其中对于已经取得的成果、存在的问题和展望需求程度最高。科学研究建立在已有研究的基础之上,对于已有成果及展望的了解能够帮助科研人员更好地开展研究。

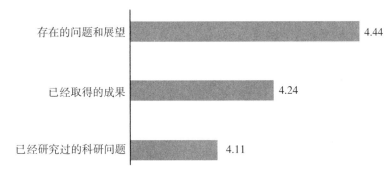

图 6.3.2 科研人员内容资源需求情况统计

②获取信息渠道情况。

本题的目的是调查科研人员获得已研究过的科研问题、成果或未来研究问题等的渠道,结果如图 6.3.3 所示,结题报告占比 61%,学术交流(学术会议等)占比 86%,学术论文占比 94%。可见,科研人员从学术论文中获取信息的比例最高,在基金项目准备阶段,阅读相关基金的论文成果可以帮助掌握研究现状。最少的是结题报告,基金项目的结题报告获取相对来说比较困难,部分基金项目并不公开项目的结题报告,要想获得只能通过人际关系等方式得到。目前自然科学基金公开已经结题的项目的结题报告,一些科研人员不了解这一情况可能是其不通过结题报告来获取内容的

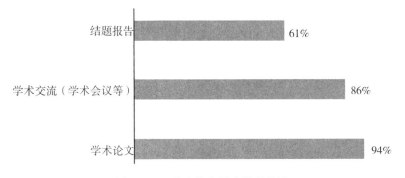

图 6.3.3 获取信息渠道情况统计

原因。

③对知识单元及关联需求情况。

进一步对科研人员期望获取的基于基金项目内容抽取的知识维度及关系特征进行调查,采用五级量表的形式,1~5 分分别表示非常不需要、比较不需要、一般、比较需要和非常需要,设置知识单元(关键词、作者、机构、视角)以及知识关联(共现分析、引证分析、相似关联分析及项目结构分析)一共 8 项作为选项。除了文献特征(关键词、作者、机构)外,还加入了研究视角这一知识单元。视角①是一种分析特定现象的有利位置或视点。研究视角多指学科视角,同一主题的不同研究,可看作研究人员从不同的视角去看问题,在学科交叉,重大项目多需要跨学科合作的科研背景下,对于研究视角的认识十分有必要。

调查结果如图 6.3.4 所示,其中,同一问题的不同研究视角得分最高,为 4.3,其次为关键词、项目结构分析(问题与子问题、子问题与文献的关系等)、相似关联分析(相似项目、相似文献等),分别为 4.21、4.17 和 4.16。而作者、机构、引证分析(引用、被引等)、共现分析(作者共现、关键词共现等)得分较低,分别为 3.71、4.08、3.83 和 3.72,相对来说需求程度较低。引证分析和共现分析是图书情报领域成熟的分析方法,可以揭示学科结构,挖掘领域热点等,但是对于科研用户来说,对于引证分析与共现分析使用需求不高。研究视角是展开研究的切入点,视角的分析可以揭示问题的学科结构特征。关键词是项目或者文献主要内容的表征,可以帮助科研人员快速了解主题。项目的结构分析可以帮助用户"全局性"地看到项目内容与结构,认识项目的研究方向与内容,进而有针对性地了解项目成果。相似关联反映的是知识单元的同质性,用户往往希望能从自己感兴趣的点进行发散而得到相关联的信息。

---

① 斯蒂文·贝斯特,道格拉斯·凯尔纳. 后现代理论[M]. 张志斌,译. 北京:中央编译出版社,1999.

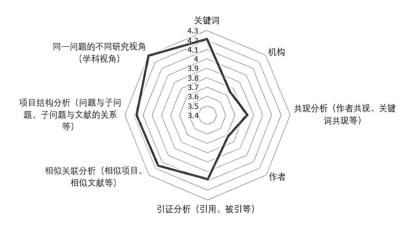

图 6.3.4　知识维度及关系特征需求情况统计

（3）调查结果总结。

为了更好地给科研用户提供基金项目成果信息的知识关联服务，通过问卷调查的方式收集用户信息需求情况，主要调查内容资源、信息渠道以及对抽取的知识维度及关系特征三个方面。经过问卷的设计、发放、收集和整理，厘清科研人员的信息需求情况。

调查结果显示，绝大多数科研人员对基金项目信息有需求，基金项目是有国家资金支持开展的科学研究项目，其中项目申报、科研过程管理和结题都有比较严格的管理规范，其研究内容符合科技和社会发展的需要，是领域内的热点和有价值的问题，其产生的成果多样，相对于单篇文献成果来说，科研项目的成果更丰富，涵盖结题报告这种总结性材料，还有学术论文、报告等阶段性材料。在内容资源需求方面，对已经取得的成果、存在的问题和展望的需求程度最高。获取信息渠道方面，多从学术论文和学术交流中获取，对于结题报告的利用较少。基金项目的结题报告是对这个项目的相关研究的总结，阅读结题报告能够较快地了解该项目的整体情况，对于相关成果及问题有一个全局的认识，因此，基金项目结题报告具有较高的学术价值。科研人员对结题报告利用较少，可能的原因是一些基金项目类型结题报告不公开，造成获取结题报告困难。在对知识单元及关联需求方面，对同一问题的不同研究视角、关键词、项目结构分析(问题与子问题、子问题与文献的关系等)以及相似关联分析(相似项目、相似文献等)需求程度最高。对于用户信息需求情况的了解和掌握可以帮助更好地给用户提供知识服务，本次调查的结果对于后续基金项目成果知识关联模型的构建具有启发和指导意义。

6.3.4 基金项目成果知识关联超网络模型与方法

6.3.4.1 研究对象选择

受到科研基金资助的项目，在一定程度上代表着该学科目前研究的热点与未来的发展趋势[①]。不同于一些解决过程与产生成果不明晰的复杂问题，基金项目作为典型的复杂问题，其从申报、成果发表到结项，都有较为严格的管理流程，给本书研究复杂问题提供了数据基础。国家自然科学基金委员会在2014年启动了《国家自然科学基金资助项目结题报告》全文公开的工作[②]，此后，在科学基金共享服务网(http：//npd.nsfc.gov.cn)可以查到自然科学基金项目的批准号、项目名称、申请代码、项目负责人、结题报告等信息，这些信息满足了本研究的相关数据要求。

国家自然科学基金委员会发布的"关于填报《国家自然科学基金资助项目结题报告》的说明"中指出，结题报告是项目研究的重要档案材料，是结题审查的主要依据，也是绩效评价的主要基础，填写结题报告要保证内容的真实性和数据的准确性，这说明了结题报告对于自然科学基金项目的重要性及总结性。结题报告中主要包括以下内容：①研究计划执行情况概述，包括计划执行情况以及研

---

① 唐婷，何晓兰．国家基金项目中知识管理领域研究主题分析——基于战略坐标图[J]．情报科学，2018，36(2)：71-76.

② 国家自然科学基金委员会．关于公开国家自然科学基金资助项目结题报告及结题项目成果信息的通告[EB/OL]．[2021-03-12]．http：//nsfc.gov.cn/publish/portal0/tab442/info61601.htm.

究目标完成情况；②研究工作主要进展、结果和影响，该部分要阐述主要研究内容、主要研究进展、重要结果等；③研究人员的合作与分工，该部分主要介绍项目相关人员，合作和分工情况；④国内外学术合作交流情况，该部分主要介绍参加的国内外学术会议等；⑤存在的问题、建议等，该部分是对于项目中遇到的问题进行总结，并提出建议。研究成果总结的高度凝练给本研究获取研究子问题提供了可能。综上所述，本书选择国家自然科学基金项目作为复杂问题的代表展开进一步的研究。

6.3.4.2 基金项目成果知识关联超网络模型构建

在构建基金项目成果知识关联模型时，主要考虑自然科学基金项目特征以及科研用户对基金项目信息的需求。

一方面，国家自然科学基金看重学科交叉，重视解决学科相互隔离的问题①。自然科学基金项目资助的项目有面上项目、重点项目、重大项目、重大研究计划项目、国际(地区)合作研究项目、青年科学基金项目等十七种类型。国家自然科学基金委员会在资助格局描述中②指出，鼓励重大项目开展多学科交叉研究和综合性研究，重大研究计划项目要促进学科交叉与融合，可见，国家自然科学基金对于学科交叉十分重视。在我国 2020 年召开的全国研究生教育会议中，将交叉学科新增为新的学科门类③，更充分说明了交叉学科发展的重要性。科学研究中的复杂问题，多具有跨学科的特点，综合运用多种学科的理论和方法，来填补各个学科的一些空白。政策导向下，自然科学基金项目中学科交叉类型的项目会越来越多。复杂问题超出了任何个人的认知能力，因此需要一个拥有不

---

① 国家自然科学基金委员会．概况［EB/OL］．［2021-03-12］．http：// www.nsfc.gov.cn/publish/portal0/jgsz/01/．

② 国家自然科学基金委员会．资助格局［EB/OL］．［2021-03-12］． http：//www.nsfc.gov.cn/publish/portal0/jgsz/08/．

③ 张琳，孙梦婷，顾秀丽，等．交叉学科设置与评价探讨［J］．大学与学科，2020，1(2)：86-101.

同但互补的专业知识的团队来解决问题①,在复杂的综合性问题和鼓励学科交叉的背景下,各学科的研究人员针对同一主题的问题共同合作完成项目会成为趋势。

另一方面,根据前文开展的科研人员对基金项目信息需求情况调查的结果,科研人员对于基金项目已经取得的成果的信息需求程度较高,在知识单元和关联需求方面,对于同一问题的不同视角、关键词的需求程度最高,其次为项目结构分析(问题与子问题、子问题与文献的关系等)、相似关联分析(相似项目、相似文献等)。综合考虑自然科学基金项目特征以及用户需求情况,在前文复杂问题的知识关联模型基础上,加入学科与主题知识单元,构建基金项目成果知识关联模型。

根据基金项目的特点,将原模型中的复杂问题、子问题和成果知识单元分别对应为基金项目、子问题和文献,与加入的学科与主题共同组成四种类型的知识单元关联结构,同样不考虑子问题之间的多层级和优先级,假设基金项目分为多个子问题,子问题之间是同层级的,子问题对应多个文献成果。基金项目网络(Fund Project-Fund Project 网络,FP-FP 网络)、子问题网络(Subproblem-Subproblem 网络,S-S 网络)、文献网络(Literature-Literature 网络,L-L 网络)和学科主题网络(Subject Keyword-Subject Keyword 网络,SK-SK 网络)以及它们之间的关联如图 6.3.5 所示。基金项目网络、子问题网络、文献网络中的关联由相似关系建立,学科主题网络中的关联由共现关联建立,基金项目与子问题、子问题与文献、文献与学科主题网络由包含关系建立关联。

(1)基金项目成果知识子网络构建。

①基金项目子网络构建。

基金项目子网络(*FP-FP* 子网络)的节点表示基金项目,边表

---

① Hung W. Team-based Complex Problem Solving: A Collective Cognition Perspective[J]. Educational Technology Research and Development, 2013, 61 (3): 365-384.

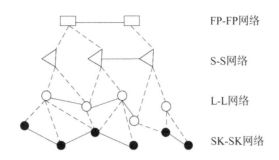

FP-FP网络

S-S网络

L-L网络

SK-SK网络

图6.3.5 基金项目四种子网类型及关联示意图

示基金项目之间的关联，将基金项目之间的关联限定为相似关联。

定义：节点为基金项目，以基金项目之间的关联构造无向边，构建 FP-FP 网络公式如下：

$$G_{FP} = (FP, E_{FP\text{-}FP}) \tag{6.3.1}$$

其中，$FP = \{FP_1, FP_2, \cdots, FP_n\}$ 代表基金项目的集合，$E_{FP\text{-}FP}$ 代表边的集合，$E_{FP\text{-}FP}$ 的公式如下，其中 (FP_i, FP_j) 代表节点之间的边，当 FP_i 和 FP_j 节点之间有关联时，取值为1，反之取值为0。

$$E_{FP\text{-}FP} = \{(FP_i, FP_j)\}(i, j = 1, 2, \cdots, n)$$

$$(FP_i, FP_j) = \begin{cases} 0, & FP_i \text{ 与 } FP_j \text{ 不存在相似关联} \\ 1, & FP_i \text{ 与 } FP_j \text{ 存在相似关联} \end{cases}$$

② 子问题子网络构建。

子问题子网络($S\text{-}S$ 子网络)的节点表示各个子问题，边表示子问题之间的关联，将子问题之间的关联限定为相似关联。

定义：节点为子问题，以子问题之间的关联构造无向边，构建 $S\text{-}S$ 网络公式如下：

$$G_S = (S, E_{S\text{-}S}) \tag{6.3.2}$$

其中，$S = \{S_1, S_2, \cdots, S_n\}$ 代表子问题的集合，$E_{S\text{-}S}$ 代表边的集合，$E_{S\text{-}S}$ 的公式如下，其中 (S_i, S_j) 代表节点之间的边，当 S_i 和 S_j 节点之间有关联时，取值为1，反之取值为0。

$$E_{S\text{-}S} = \{(S_i,\ S_j)\}(i,\ j = 1,\ 2,\ \cdots,\ n)$$

$$(S_i,\ S_j) = \begin{cases} 0,\ S_i\ \text{与}\ S_j\ \text{不存在相似关联} \\ 1,\ S_i\ \text{与}\ S_j\ \text{存在相似关联} \end{cases}$$

③ 文献子网络构建。

基金项目的成果多以文献的形式发表，文献子网络(L-L 子网络) 的节点表示文献，边表示文献之间的关联，将文献间的关联限定为相似关联。

定义：节点为文献，以文献之间的关系构造无向边，构建 L-L 网络公式如下：

$$G_L = (L,\ E_{L\text{-}L}) \tag{6.3.3}$$

其中，$L = \{L_1,\ L_2,\ \cdots,\ L_n\}$ 代表文献的集合，$E_{L\text{-}L}$ 代表边的集合，$E_{L\text{-}L}$ 的公式如下，其中$(L_i,\ L_j)$ 代表节点之间的边，当 L_i 和 L_j 节点之间有关联时，取值为 1，反之取值为 0。

$$E_{L\text{-}L} = \{(L_i,\ L_j)\}(i,\ j = 1,\ 2,\ \cdots,\ n)$$

$$(L_i,\ L_j) = \begin{cases} 0,\ L_i\ \text{与}\ L_j\ \text{不存在相似关联} \\ 1,\ L_i\ \text{与}\ L_j\ \text{存在相似关联} \end{cases}$$

④ 学科主题子网络构建。

学科主题子网络(SK-SK 子网络) 以文献的学科以及关键词为节点，边表示它们之间的关联，以学科及关键词是否在同一篇文献中出现构建边。

定义：节点为关键词，以学科关键词之间的关系构造无向边，构建 SK-SK 网络公式如下：

$$G_{SK} = (SK,\ E_{SK\text{-}SK}) \tag{6.3.4}$$

其中，$SK = \{SK_1,\ SK_2,\ \cdots,\ SK_n\}$ 代表学科和关键词的集合，$E_{SK\text{-}SK}$ 代表边的集合，$E_{SK\text{-}SK}$ 的公式如下，其中$(SK_i,\ SK_j)$ 代表节点之间的边，当 SK_i 和 SK_j 节点之间有关联时，取值为 1，反之取值为 0。

$$E_{SK\text{-}SK} = \{(SK_i,\ SK_j)\}(i,\ j = 1,\ 2,\ \cdots,\ n)$$

$$(SK_i, SK_j) = \begin{cases} 0, & SK_i \text{ 与 } SK_j \text{ 不存在共现关联} \\ 1, & SK_i \text{ 与 } SK_j \text{ 存在共现关联} \end{cases}$$

（2）基金项目成果知识子网络间映射关系构建。

基金项目、子问题、文献与学科主题四类知识单元之间存在着关联，构成了基金项目—子问题—文献—学科主题这样的链路，基金项目和文献之间的关联可以通过基金项目与子问题、子问题与文献的关联传递得到，同理，基金项目与学科主题，子问题与学科主题之间的关联也是可以通过传递得到。因此，只构建复杂问题与子问题、子问题与文献、文献与学科主题这三类子网间的映射关系。

① 基金项目与子问题子网间映射关系。

子网 G_{FP} 和 G_S 之间的映射关系集合用 $E_{FP\text{-}S}$ 进行描述，表示基金项目与子问题之间的包含关系。$E_{FP\text{-}S}$ 的公式如下所示：

$$E_{FP\text{-}S} = S(fp_i) = \{ s_j \mid s_j \in S, (fp_i, s_j) = 1 \} \quad (6.3.5)$$

其中 $E_{FP\text{-}S}$ 表示基金项目与子问题映射关系的集合，$S(fp_i)$ 表示基金项目 i 包含子问题的集合，$(fp_i, s_j) = 1$ 表示基金项目 i 包含子问题 j。

② 子问题与文献子网间映射关系。

子网 G_L 和 G_S 之间的映射关系集合用 $E_{S\text{-}L}$ 进行描述，表示子问题与文献之间的包含关系。$E_{S\text{-}L}$ 的公式如下所示：

$$E_{S\text{-}L} = L(s_i) = \{ l_j \mid l_j \in L, (s_i, l_j) = 1 \} \quad (6.3.6)$$

其中 $E_{S\text{-}L}$ 表示子问题与文献映射关系的集合，$L(s_i)$ 表示子问题 i 包含文献的集合，$(s_i, l_j) = 1$ 表示子问题 i 包含文献 j。

③ 文献与学科主题子网间映射关系。

子网 G_L 和 G_{SK} 之间的映射关系集合用 $E_{L\text{-}SK}$ 进行描述，表示文献与学科主题之间的包含关系。$E_{L\text{-}SK}$ 的公式如下所示：

$$E_{L\text{-}SK} = F(l_i) = \{ sk_j \mid sk_j \in F, (l_i, sk_j) = 1 \} \quad (6.3.7)$$

其中 $E_{L\text{-}SK}$ 表示文献与学科主题映射关系的集合，$K(l_i)$ 表示文献 i 包含学科主题的集合，$(l_i, sk_j) = 1$ 表示文献 i 包含了学科或主

题 j。

（3）基金项目成果知识关联超网络模型。

通过上文映射关系的相关描述，可以在四个子网络 G_{FP}、G_S、G_L 和 G_{SK} 的节点之间建立映射关系。$E_{FP\text{-}S}$、$E_{S\text{-}L}$、$E_{L\text{-}SK}$ 建立的映射将四个类型的子网关联在一起，形成了含有四种不同类型节点的基金项目知识超网络 FKSN(Fund Project Knowledge Super-network)。根据前文的描述，FKSN 可以表示为：

$$
\begin{aligned}
FKSN &= f(G_{FP}, G_S, G_L, G_{SK}) \\
&= G_{FP} + G_S + G_L + G_{SK} + E_{FP\text{-}S} + E_{S\text{-}L} + E_{L\text{-}SK} \\
&= FP, S, L, SK, E_{FP\text{-}FP}, E_{S\text{-}S}, E_{L\text{-}L}, E_{SK\text{-}SK}, E_{FP\text{-}S}, \\
&\quad E_{S\text{-}L}, E_{L\text{-}SK}
\end{aligned}
\tag{6.3.8}
$$

以上公式可以看出，基金项目知识关联超网络包括基金项目、子问题、文献以及学科主题这四种类型的知识单元，以及七种关联类型，比较丰富地揭示和展现了基金项目中的复杂构成和结构形态。这种知识关联模型符合用户对于基金项目信息的需求，能够给用户提供更好的知识服务。

6.3.4.3　基金项目成果知识关联方法设计

知识关联超网络是由知识单元以及它们之间的关联组成的，找出知识单元以及相互之间的关联是建立知识关联的基础。基金项目成果知识关联的主要过程和步骤如图 6.3.6 所示。其中主要包括数据采集与清洗、知识单元识别、关联提取、构建子网以及构建超网络五个部分。

（1）数据采集与清洗。

针对自然科学基金某一主题的项目，通过网络爬虫进行数据采集，采集的数据包括项目名称、项目批准号、项目类别、项目摘要、结题报告等。然后对数据进行清洗、筛选，删除无关和信息不完善的基金项目。获得项目信息后，在《中国学术期刊（网络版）》上搜索基金项目编号得到相关的文献以及其中图分类号和关键词。

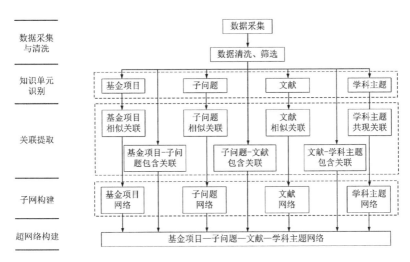

图 6.3.6　超网络构建主要过程和步骤

（2）知识单元识别。

①基金项目、文献以及学科主题识别。

在自然科学基金共享服务网，可以得到基金项目的项目名称、项目编号、项目摘要、结题摘要等相关信息。基金项目名称可以直接获得，基金项目的文献在《中国学术期刊（网络版）》上搜索基金项目编号即可得到，学科主题分别用文献的中图分类号和关键词来表示。

②复杂问题的子问题识别。

在自然科学基金共享服务网中公开的自然科学基金项目结题报告，是获取基金项目子问题的资料来源。结题报告中会对项目的所有成果进行总结与凝练，多采用小标题的形式描述各个子问题，子问题下面有对整体研究内容的总结、对应发表的文献等内容，这部分内容是获得子问题以及子问题对应的文献的基础。在结题报告"研究工作主要进展、结果和影响"部分，多会对整个项目研究的成果进行总结，分为不同的方面，即子问题。针对不同的表达格式，设计不同的子问题抽取规则：（a）没有对成果分点总结，无法

537

找到子问题，则用该基金项目发表的相关文献代表子问题，其摘要代表子问题的主要内容；(b)有对成果的分点总结，但是描述时并未说明对应的文献，则获取子问题以及子问题主要内容，文献与子问题的对应通过计算相似度来确定，相似度最高的子问题则为文献所属的子问题；(c)有对成果的分点总结，并且在描述时指明了该子问题对应的文献，则直接建立文献与子问题的关联。

虽然规定了结题报告中需要阐述研究工作主要进展、结果和影响的内容，但是项目参与人在实际撰写中没有统一的内容组织方式，这也就造成自动化抽取子问题与对应文献的困难。鉴于此，本书人工提取基金项目结题报告中的子问题与其对应的文献或者子问题。

(3)知识关联提取。

①关联建立方式。

基金项目知识关联模型包含有七种关联类型，分别是基金项目关联、子问题关联、文献关联、学科主题关联、基金项目与子问题关联、子问题与文献关联、文献与学科主题关联。(a)基金项目关联，基金项目关联通过计算两个项目的主要内容(题目和摘要)之间的相似度，当相似度的值大于阈值时，则建立两个项目之间的关联关系。(b)子问题关联，子问题关联通过获取子问题的主要内容(子问题及内容)文本，之后计算文本之间的相似度，当相似度的值大于阈值时，则建立两个子问题之间的关联。(c)文献关联，文献通过相似关系建立关联，当两个文献之间主要内容(标题和摘要)之间的相似度大于阈值时，则建立关联。(d)学科主题关联，通过学科与关键词共现关系建立关联，即学科或关键词 A 和学科或关键词 B 同时出现在一篇文献中，则它们之间建立关联。(e)基金项目与子问题关联，从结题报告中抽取该基金项目的子问题，建立基金项目与子问题的关联。(f)子问题与文献关联，如上一小节子问题抽取部分所述。(g)文献与学科主题关联，从文献中得到其对应的学科和关键词，直接建立文献与学科和主题的关联。

②相似度计算方法。

本研究使用潜在语义分析（Latent Semantic Analysis，LSA）模型进行文本相似度计算，该方法也称为潜在语义索引（Latent Semantic index，LSI）。基于 TF-IDF 的向量空间模型文本相似度计算方法是经典的文本相似度计算方法，该方法能够很好地表征词的权重，在此基础上可以通过计算向量的余弦相似度来计算文本相似度。但是其忽略了文本中词项的含义，且处理较大的文本集时，维度很高且极度稀疏，导致计算效率很低。基于词典的语义相似度计算无法解决未登录词的意义问题，对于更新较快的计算机领域缺乏完备的语义词典。LSA 假设文本中存在某种潜在的语义结构，其隐含在文本中词语的上下文使用模式中[①]。该方法的核心思想是通过奇异值分解，将文档向量和词向量投影到一个低维语义空间，从而去除原始向量中的一些"噪音"，使得矩阵不再稀疏，向量更加平滑。LSA 可以较好地解决余弦相似性的方法不能很好解决的一词多义和一义多词的问题。鉴于此，在研究选择 LSA 算法进行文本相似度计算。

首先将已有文本集合转换为 TF-IDF 向量空间，降维获得 LSA 模型，将文本特征空间转化为文本概念空间，计算文本概念向量的夹角余弦值来得到文本相似度数值。在计算基金项目相似度或子问题内容相似度时，将所有相似度值从高到低排序后的第三十百分点的相似度值作为阈值，不小于阈值则建立关联，小于阈值则不建立关联，具体计算流程如图 6.3.7 所示。

在文本处理时，分词使用 jieba 分词，已有研究表明哈尔滨工业大学停用词表对文献期刊类文本的作用效果较好[②]，因此选择哈尔滨工业大学停用词表来去除停用词，然后建立词袋模型，再分别用 TF-IDF 模型向量化文本、LSA 模型向量化文本，创建索引并计

①　秦岩，代君，廖莹驰. 学术会议论文新颖性测度研究——以计算机学科人工智能领域为例[J]. 情报科学，2021，39（1）：104-110.

②　官琴，邓三鸿，王昊. 中文文本聚类常用停用词表对比研究[J]. 数据分析与知识发现，2017，1（3）：72-80.

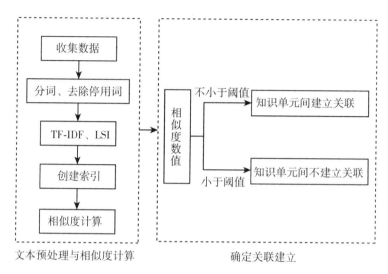

图 6.3.7　LSA 相似度计算确定关联流程

算相似度，相关代码使用 python 编写。

（4）子网与超网络构建。

①子网构建。

子网构建主要分为 4 个方面：(a)针对基金项目集合，根据项目主要内容之间的相似关系，建立基金项目网络；(b)针对子问题网络，根据子问题之间的相似关系，建立子问题网络；(c)针对文献集合，根据文献之间的相似关联，建立文献网络；(d)针对学科主题集合，根据学科主题之间的共现关系，建立学科主题网络。

②超网络构建。

超网络构建分为两个部分：(a)根据基金项目与子问题的包含关系，建立基金项目与子问题间的映射关系；根据子问题与文献的对应关系，建立子问题与文献的映射关系；根据文献与学科主题的对应关系，建立文献与学科主题的映射关系。(b)针对上述 3 种映射关系，首先建立起基金项目—子问题—文献—学科主题树状关联，然后将 3 种映射关系与子网构建中建立的三种子网集成，构建基金项目成果知识超网络。

6.3.5　基金项目成果知识关联实证研究

6.3.5.1　数据收集与基本特征统计

自 2014 年国家自然科学基金委员会启动《国家自然科学基金资助项目结题报告》全文公开工作以来，可以通过科学基金共享服务网查到已经结题的基金项目的相关信息。突发事件指的是突然发生、可能造成人员伤亡、财产损失、自然环境破坏等危及公共安全的事件，对于突发事件的研究涉及各个领域。本书选择"突发事件"为主题进行搜索，得到检索结果 229 条，筛选删除不相关的项目，最终得到"突发事件"主题相关自然科学基金结题项目 226 条，部分基金信息如表 6.3.2 所示。编写网络爬虫抓取项目的基本信息、项目摘要和结题摘要信息。

表 6.3.2　部分突发事件主题自然科学基金项目信息表

项目名称	批准号	项目类别	依托单位
三峡库区突发事件预警系统研究	70473069	面上项目	华中科技大学
突发事件应急演练评估方法、技术及系统研究	91324021	重大研究计划	中国安全生产科学研究院
基于社交网络用户行为分析的新疆突发事件预警模型及机制研究	U1603115	联合基金项目	新疆大学
突发事件应激的心理和生理响应以及应激—应对模型的建构	91124006	重大研究计划	中国科学院心理研究所
基于网络社群的网络舆情演化分析及突发事件预警机制研究	71261025	地区科学基金项目	新疆财经大学
非常规突发事件应急管理本体建模与时空数据集成研究	91324015	重大研究计划	中国人民大学

续表

项目名称	批准号	项目类别	依托单位
面向非常规突发事件中救援人员紧急心理援助的"心理自助系统"设计理论与实证研究	71201021	青年科学基金项目	东北大学
非常规突发事件下港口—腹地物流运输网络弹性的测度与优化研究	71471162	面上项目	浙江大学
基于互联网的突发事件信息动态检测、抽取与融合技术研究	91024009	重大研究计划	北京大学

项目类别统计如图 6.3.8 所示，其中重大研究计划占比最高，达 83 项，面上项目和青年科学基金项目分别为 62 项、60 项，联合基金项目、专项基金项目和地区科学基金项目较少，分别为 8 项、7 项和 6 项。可见，自然科学基金资助的突发事件主题的项目较多，充分说明对于该主题研究的重要性。立项单位所属系统方面，依托单位以高等学校为主，也有研究院(所)、党校等单位，不同类型的单位立项数量的差异比较大。其中，高校立项 194 项，研究院(所)立项 29 项。最后，将缺少摘要信息和结题报告的项目删除，剩余 221 项，作为后续分析的项目数据。

6.3.5.2 数据处理与分析

(1)基金项目关联网络。

基金项目关联的建立依赖于项目主要内容(标题和摘要)之间

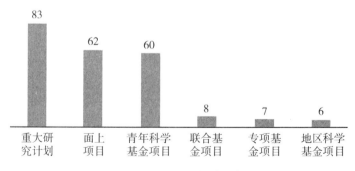

图 6.3.8 项目类别统计

的相似度，由于结题摘要比项目摘要显示的信息更为丰富，因此优先选择结题摘要文本进行计算，有项目摘要和结题摘要的项目使用结题摘要文本，只有项目摘要而没有结题摘要的项目则使用项目摘要文本。为了结果的准确性，删除摘要中的论文发表、学术交流与学生培养等与项目内容无关的句子。用最终的 221 个基金项目构成基金项目集合，使用图 6.3.7 所示的计算方法进行相似度计算，并将相似度值倒序排列，得到第三十百分点的数值为 0.51，以此作为阈值。相似度值不小于阈值 0.51 的两个项目之间建立关联，借助 Gephi 对项目及其之间的关联进行可视化，得到含有 80 个节点、45 条边的无向图，节点的大小由节点的点度中心度确定，点度中心度指的是与节点直接相连的节点的个数，节点的点度中心度越大，节点越大，结果如图 6.3.9 所示。

网络中的每个节点代表一个基金项目，两个有相似关联的节点间由一条边连接。项目之间建立起关联，有两个项目的关联，也有多个项目建立的关联。如果用户检索项目 A 的信息，则可以通过网络中节点的关联关系向用户推荐与其相连的项目。本研究将阈值设置为前三十百分点数，在应用中可根据实际情况设置不同的阈值，阈值越高，建立关联的门槛就越高，关联数目就越小。

为了更清晰地展示项目间形成的关联网络，以点度中心度为 6 的项目节点及其所关联的项目为例，如图 6.3.10 所示，显示了 10 个项目之间建立的关联。项目"网络舆情对突发事件演变进程的影响及对策研究"与包括"非常规突发事件中网络舆情作用机制与相关技术研究""基于网络社群的网络舆情演化分析及突发事件预警机制研究"在内的多个项目有关联，这种关联可以直接找到与该项目相似的项目。对于用户来说，可以进行项目推荐，提供更为完善的信息检索与知识服务。

（2）子问题关联网络。

基金项目的开展一般都会从几个方面入手，把复杂的项目分为不同的子问题进而开展研究。如项目"城市非常规突发事件人群疏运动力学特性及应急干预机制研究"分为地铁疏运系统综合风险评价方法、人员应急疏散决策行为问卷调查分析研究、不同类型公共

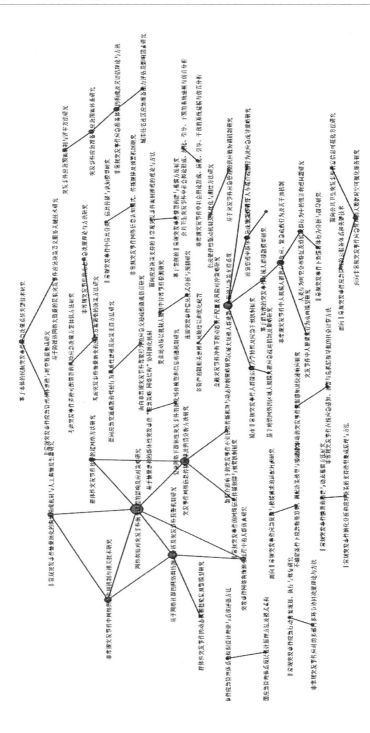

图6.3.9 基金项目关联可视化图

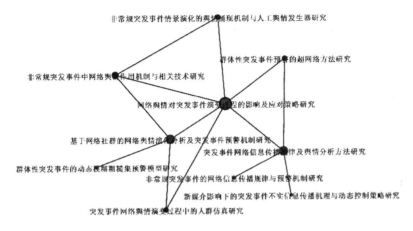

图 6.3.10　基金项目关联(部分)图

建筑物大规模人群应急疏散行为研究、区域大规模应急疏散管理策略及优化研究、人员非均匀分布条件下的疏散引导方向优化算法研究这五个子问题，项目"基于群体智能涌现的藏文网络舆情分析及突发事件预警机制研究"分为基于藏文半结构化网页预处理及网络数据爬取技术、基于群体智能的藏文文本聚类算法、基于Single-Pass的网络舆情热点发现算法以及基于群体智能的藏文网络舆情分析及预警系统四个子问题。一个项目涉及的内容较多，子问题是比基金项目粒度更小的问题。子问题与子问题的研究内容可能非常相近或类似，建立子问题与子问题之间的相似关联，可以帮助用户在关注某个子问题时找到与它相似的研究问题。

项目的子问题从项目结题报告中抽取出来，对于结题报告中没有结题报告的项目，由使用基金号在《中国学术期刊(网络版)》上检索到的文献代表子问题，文献的摘要代表子问题的主要内容。由于直接用基金号检索得到的是标注了该基金项目的所有论文，而基金论文存在虚假标注的问题①，因此人工删除明显与基金项目无关的论文。子问题之间的关联基于相似度计算建立，具体方法见图

---

① 叶文豪，王东波，沈思，等．基于孪生网络的基金与受资助论文相关性判别模型构建研究[J]．情报学报，2020(6)：609-618．

6.3.6。数据处理后，子问题集合中共有 1139 个子问题，对子问题主要内容进行相似度计算，并将相似度值倒序排列，得到第三十百分点的数值为 0.71，以此作为阈值，相似度值不小于阈值的两个子问题之间建立关联。子问题关联可视化结果如图 6.3.11 所示，得到一个含有 383 个节点、342 条边的无向图，节点的大小由节点的点度中心度确定，即节点的点度中心度越大，节点越大。

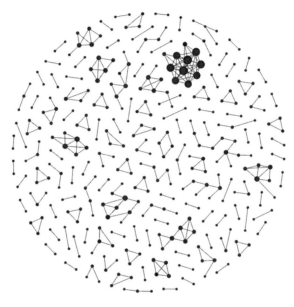

图 6.3.11　子问题关联可视化图

以一个子问题关联网络为例(图 6.3.12)，其中包含了"城市住宅社区应急准备的框架体系""城市住宅社区应急准备的核心要素""城市住宅社区公共安全风险管理"等 11 个子问题，子问题之间存在复杂的关联，"城市住宅社区应急准备的框架体系"的点度中心度最大。这些子问题的主题都与突发事件下城市住宅应急管理有关，包括应急准备过程、应急准备能力的影响因素、应急准备能力的评估体系、应急准备利益相关者、应急准备框架体系等。子问题之间建立起关联关系，可以帮助用户方便地找到研究内容相近的子问题。另外，子问题之间的关联可以找到不同基金项目之间的研究契合点，从而推进不同基金项目针对某一子问题开展合作研究，提升研究的效率，促进科研团队合作与知识交流和共享。

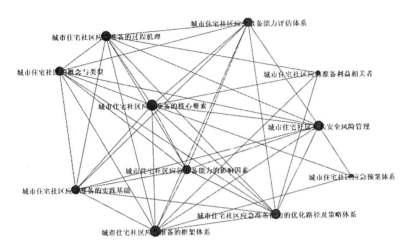

图 6.3.12 子问题关联(部分)可视化图

为了从子问题的角度揭示基金项目的主要研究问题，使用 k-means 聚类方法对子问题文本进行聚类。首先，对文本进行分词，并去除停用词，使用向量空间模型 VSM 对文本集合进行行表示，然后使用 TF-IDF 算法构建词权重，最后用 k-means 算法对文本集合进行聚类。将聚类的簇设置为 10，聚类完成后，根据每个类别下的子问题为每个簇确定研究主题，具体如表 6.3.3 所示。从聚类结果来看，突发事件的研究问题主要包括网络舆情、金融投资、应急准备、策略方法与模型、用户行为与信息、算法系统与仿真、应急管理、应急决策、应急疏散以及生物安全。

表 6.3.3 基于子问题文本的聚类结果

类簇序号	类簇标签	子问题示例
1	网络舆情	人机协同的网络舆情态势预警机制
		典型网络舆情案例调研与分析

续表

类簇序号	类簇标签	子问题示例
2	金融投资	中国股票市场的波动率预测
		冗余资源对金融危机时期企业绩效和投资效果的影响
3	应急准备	城市住宅社区应急准备的实践基础
		城市住宅社区应急准备能力评估体系
4	策略、方法和模型	可召回机制下的航空公司最优舱位控制策略
		基于不同情景的群体性突发事件随机演化博弈模型
5	用户行为与信息	公共场所突发事件情境下受灾人群间信息的传播与扩散
		在线社会媒体的大规模突发事件下人群行为动力学研究
6	算法、系统与仿真	WSN 监控异常事件的容错快速检测算法
		变结构系统建模仿真方法
7	应急管理	中国应急管理体系顶层设计的参考模式
		公共应急管理的法治化及其重点
8	应急决策	基于信息的情景导向式应急决策方法
		多层级多部门协同应对决策的一类支持方法集成及其工作机制
9	应急疏散	不可视环境下楼梯区域人群疏散行为研究
		几种情形下的应急交通疏散预案
10	生物安全	军队医院应对生物恐怖能力建设
		基于 MCMC 方法的生物气溶胶袭击施放源项参数反演

（3）文献关联网络。

使用项目的基金号在《中国学术期刊（网络版）》（中国学术期刊

全文数据库)中使用基金字段检索, 得到所有基金项目发表的文献的中图分类号、关键词、摘要等信息并导出。如果结题报告中的子问题标注了对应文献, 则直接用这些文献作为该项目的最终文献, 使用文献名与导出的基金项目文献匹配, 得到文献的关键词信息; 如果结题报告中的子问题没有标注对应文献, 则利用检索到的该基金项目的所有文献, 将文献主要内容(题目和摘要)与子问题主要内容进行相似度计算, 相似度值最高的则为该文献对应的子问题, 为了排除基金论文不实标注的情况, 将阈值设置为 0.6, 如果最高的相似度都小于 0.6, 则该文献被认为是不实标注的文献; 对于子问题为文献的项目, 该文献就对应其子问题。数据处理并计算相似度之后, 得到阈值为 0.78, 即相似度不小于阈值的两个文献之间建立关联。可视化结果如图 6.4.13 所示, 得到一个含有 630 个节点、532 条边的无向图, 节点的大小由节点的点度中心度确定, 即节点的点度中心度越大, 节点越大。

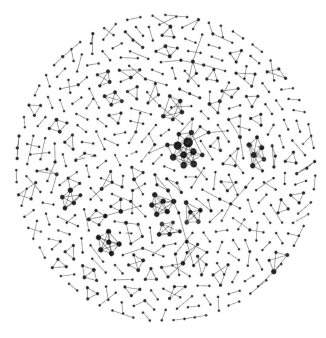

图 6.3.13　文献关联可视化图

以其中一个关联网络为例进行展示，如图 6.3.14 所示，该关联网络共有 15 篇文献，其中点度中心度最大的文献是"疏散规模对亚区域人群疏散过程影响的模拟研究"，这篇文献与"大型商场人员疏散行为的调查与分析""浅谈地铁地下区间侧向疏散平台疏散"在内的9 篇文献有相似关联关系。可见，该关联网络中文献的主题主要为突发事件应急环境下的人群疏散，包括人群疏散调查、疏散分析、疏散调度、疏散实验、疏散模型、疏散仿真等方面的研究。

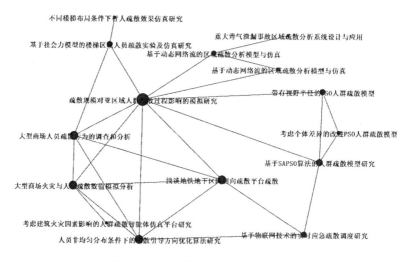

图 6.3.14　文献关联(部分)可视化图

(4)学科主题关联网络。

两个关键词在同一篇文献中出现，则两者之间存在着一定的关联，关键词共现的分析可以发现关键词所代表的研究主题之间的关联关系，进而分析领域的主题结构①、透视研究热点②以及趋势。

①　Bredillet C. Investigating the Future of Project Management：A Co-word Analysis Approach[C]//International Research Network for Organizing by Projects-IRNOP 7，2006：477-497.

②　Rokaya M，Atlam E，Fuketa M，et al. Ranking of Field Association Terms Using Co-word Analysis[J]. Information Processing & Management，2008，44(2)：738-755.

学科用文献的中图分类号来表示,它和关键词一样都是文献的两个重要的特征项,都可以反映文献的内容特征。分类号从学科的角度揭示学科归属,关键词主要表达文献的主题概念。由于文献的中图分类号标引深度不尽相同,本研究的数据中几乎所有分类号都标引到了三级类目及更精细的类目,这里使用三级类目的中图分类号来代表学科,对于具有三级以上的类目的分类号,只保留字母和前两位数字代码,如 TP391.41、TP391.1、TP391.3、TP393.09 在进行规范化处理之后都为 TP39。

提取文献中的关键词及规范化后的中图分类号,利用 Bibexcel 得到词频统计结果,关键词词频统计的部分结果如表 6.3.4 所示。可见,主要的主题有突发事件、应急管理、非常规突发事件、网络舆情、复杂网络、知识元与应急决策。中图分类号词频统计的部分结果如表 6.3.5 所示,中图分类号作为学科领域的标识,其代表的知识粒度和范围更大,因此频数相对于关键词来说更多,主要的学科领域包括 TP39(计算机的应用)、D63(国家行政管理)、G20(信息与传播理论)、C93(管理学)、F22(经济计算与经济数学方法)、TP18(人工智能理论)等。

表 6.3.4 前 30 位关键词词频统计结果

关键词	词频	关键词	词频
突发事件	207	系统动力学	18
应急管理	120	影响因素	18
非常规突发事件	82	演化博弈	18
网络舆情	47	模型	18
复杂网络	36	生物安全	18
知识元	33	地铁	18
应急决策	30	生物恐怖	18
遗传算法	26	大数据	17
微博	26	元胞自动机	16
优化模型	21	应急物流	16

续表

关键词	词频	关键词	词频
仿真	21	应急救援	16
应急预案	21	超网络	15
群体性突发事件	21	信息传播	15
应急准备	20	案例推理	14
应急物资	19	前景理论	14

表 6.3.5 前 20 位分类号频数统计结果

中图分类号	分类名称	频数
TP39	计算机的应用	236
D63	国家行政管理	188
G20	信息与传播理论	122
C93	管理学	108
F22	经济计算、经济数学方法	103
TP18	人工智能理论	91
U49	交通工程与公路运输技术管理	86
F27	企业经济	67
TP31	计算机软件	58
X43	自然灾害及其防治	55
F25	物资经济	55
X92	安全管理(劳动保护管理)	47
O22	运筹学	45
D03	国家理论	44
C91	社会学	41
O15	代数、数论、组合理论	39
R82	军事医学	34
R19	保健组织与事业(卫生事业管理)	32

续表

中图分类号	分类名称	频数
U23	特种铁路	31
F83	金融、银行	30

然后，构建共现矩阵，部分共现矩阵如表 6.3.6 所示。进而将共现矩阵导入 Ucinet 以及 Netdraw 中绘制学科关键词共现图谱。由于节点数量较大，剔除了出现频次小于 15 的节点，最终得到的学科关键词共现网络如图 6.3.15 所示。其中节点的大小表示了节点的点度中心度，即节点的点度中心度越大，则节点越大。可见，突发事件是点度中心度最大的点，其次为应急管理、D63（国家行政管理）、非常规突发事件、TP18（人工智能理论）、X43（自然灾害及其防治）、TP39（计算机的应用）、G20（信息与传播理论）和模型。

学科主题之间的共现关联关系可以从基金项目文献的角度分析相关的学科领域、研究主题与研究热点。学科关键词不仅是文献主题和学科的表示，也是文献所属的子问题、文献所属的子问题所属的复杂问题的学科领域及主题内容的表示。国家自然科学基金项目作为我国最高国家基金项目之一，在很大程度上反映出一个领域的研究热点，那么对国家自然科学基金项目发表的文献进行学科与主题分析与挖掘更能体现该领域内研究的热点与趋势。

表 6.3.6 共现矩阵(部分)表

	F22	非常规突发事件	复杂网络	突发事件	网络舆情	应急管理	应急决策
C93	8	10	0	18	0	5	11
D03	1	5	0	11	0	9	2
D63	4	25	1	40	9	34	4
F22	0	2	4	12	0	2	0
F25	17	0	0	7	0	2	0

续表

	F22	非常规突发事件	复杂网络	突发事件	网络舆情	应急管理	应急决策
F27	9	3	0	10	0	1	0
F83	13	0	2	0	0	0	0
G20	0	8	6	31	30	5	1
G35	0	6	0	9	4	2	1
N94	0	1	5	5	1	2	1
O22	0	1	0	7	1	1	7

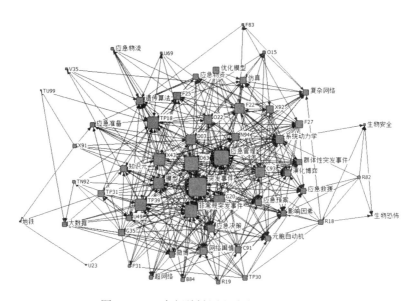

图 6.3.15　高频关键词和分类号共现网络

（5）基金项目—子问题—文献—学科主题知识关联网络。

①基金项目—子问题—文献—学科主题树状关联。

不考虑同质知识单元之间的关联关系，项目、子问题、文献以及学科主题这四类知识单元的关联呈现出树状关联。以"基于知识元的突发事件演化推演方法研究""基于组群信息刷新的非常规突发事件资源配置优化决策研究"两个项目为例进行可视化呈现。D3

是在网页前端进行数据可视化的工具，它使用 Web 标准做数据可视化，提供多种布局形式，是目前流行的数据可视化库，能够将数据在网页端以用户设置的布局形式展现出来。因此，基金项目—子问题—文献—学科主题树状关联结构使用 D3 中的树状图布局方式来进行可视化呈现，使用 Json 格式的数据，Json 在表示数据时使用独立于编程语言的文本格式，能够较好地表示数据之间的层次结构。

首先，将这两个项目的复杂问题、子问题、文献以及学科主题数据根据其关联关系转换为 Json 格式文件，然后使用 D3 进行树状图的绘制，调用 D3 绘制树状图使用 JavaScript 语言实现，部分节点收起的可视化结果如图 6.5.16 所示。可见，项目基于知识元的突发事件演化推演方法研究含有基于知识元的突发事件案例形式化描述方法、基于知识元的突发事件演化推演规则的表示与管理方法、突发事件演化推演关键要素识别方法、基于案例与规则混合推理的突发事件演化推演方法以及实例验证与推演效果评估五个子问题，子问题基于知识元的突发事件案例形式化描述方法对应的成果文献有基于知识元的突发事件案例信息抽取方法、面向网络新闻的应急案例缺失信息补充方法、基于知识元的应急管理案例情景化表示及存储模式研究、基于知识元的突发事件连锁反应路径推理方法四篇论文，可见该项目对于突发事件案例形式化描述这一子问题分别从信息抽取方法、缺失信息补充方法、情景化表示与存储模式以及连锁反应路径推理方法这几个方面进行具体的研究。

在学科层面，项目"基于知识元的突发事件演化推演方法研究"主要涉及的学科有 TP39(计算机的应用)、G20(信息与传播理论)、D03(国家理论)、N94(系统科学)、D63(国家行政管理)、C93(管理学)、G25(图书馆学、图书馆事业)、G35(情报学、情报工作)。虽然基金项目申报时是以一个学科门类进行申报，但是项目研究中，会涉及其他学科的相关理论知识、方法和内容，从而产生涉及多个学科领域的科研成果，这也揭示了科研项目研究的跨学科的特征。在学科交叉，科研项目的研究涉及多个学科的科研环境下，跨学科团队合作、项目知识的交流共享显得更为重要。

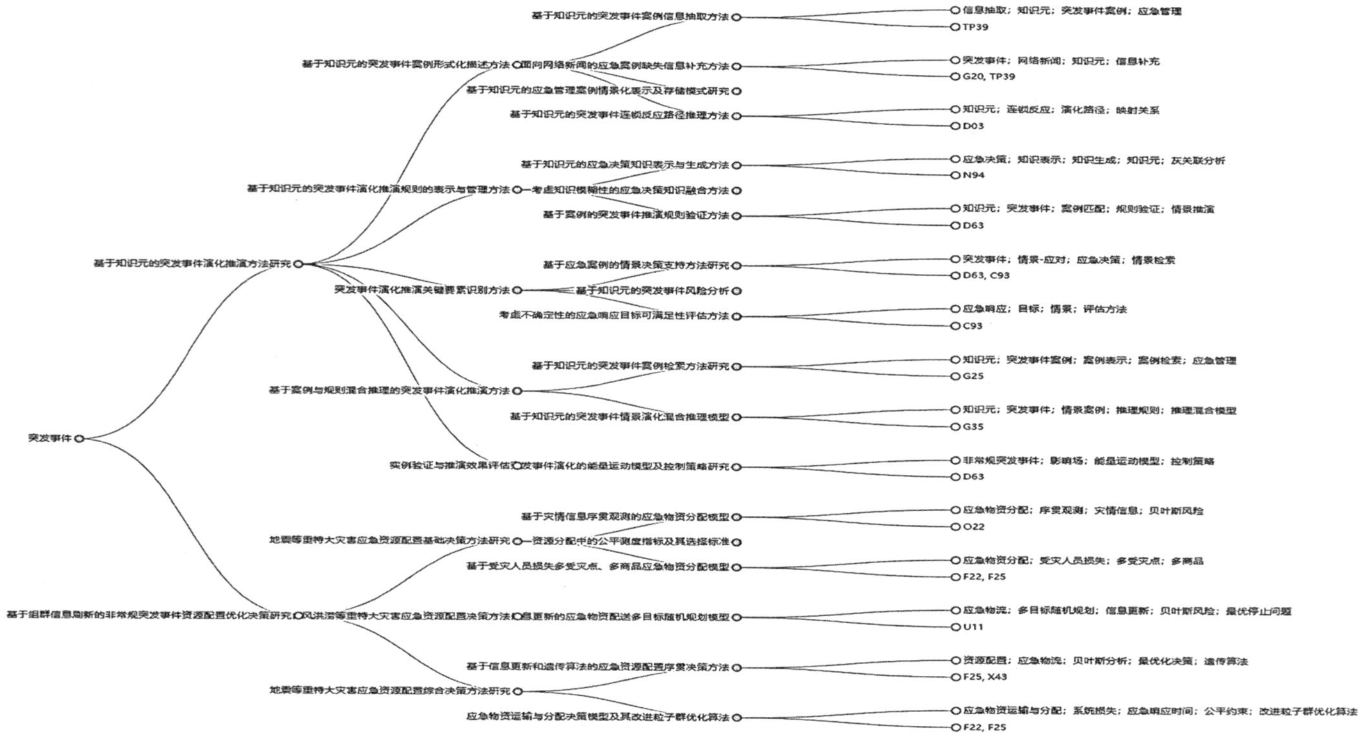

图6.3.16 两个项目为例的基金项目—子问题—文献—学科主题树状关联可视化

基金项目—子问题—文献—学科主题树状关联图清晰地展示了基金项目的问题结构与文献成果情况，科研用户可以通过可视化的树状结构快速了解基金项目的整体结构，对问题研究的全局性有所掌握。基金项目的选题较大，研究内容多，只关注项目标题而无法全面认识项目所研究的内容，对子问题的分解和更深入地揭示研究内容，有助于减少重复性研究项目。另外，科研人员不用翻阅项目的结题报告，就可以看到基金项目的关键内容与知识，进而有选择地对一些成果内容进行精读，提升信息检索和资源获取的效率。

②基金项目—子问题—文献—学科主题超网络关联。

基金项目—子问题—文献—学科主题树状关联只展示出不同知识单元之间的关联，根据本研究构建的基金项目知识关联超网络模型，构建基金项目—子问题—文献—学科主题的知识关联超网络并进行可视化。选取"非常规突发事件中情景数据驱动的区域道路疏散调度方法研究"以及"突发事件应急预案编制与评审方法研究"两个基金项目进行可视化，由于主题和关键词较多，这里只保留了频次不小于2的主题或关键词，并对一些关键词进行合并，最终结果如图6.3.17所示，其中用从左到右的节点表示不同的知识单元，其中最左边节点表示基金项目，次左的节点表示子问题，最右边与次左之间的节点表示文献，最右边节点表示学科与关键词。可见，超网络关联图中展示出基金项目、子问题、文献与学科主题四层子网络以及各个子网络之间的关联，不仅可以揭示单个基金项目的问题、子问题、文献和学科主题结构，并且可以呈现多个基金项目的不同知识单元之间的复杂关联，对于基金项目与基金项目之间的内在联系有很好的揭示作用。由于四层超网络中关联较多，可视化呈现时显得有些凌乱且不够清晰，在实际应用中，可以用相关叮视化技术，如节点悬停显示关联等，使得对于知识关联的可视化更加清晰。

从图6.3.17中可以看出，两个项目之间存在着复杂的关联，如子问题"面向目标疏散能力的路网调整及车流调度框架与模型"和"应急预案动态管理模式与持续改进机制研究"包含共同的成果文献"双权重应急交通网络最优路径数学模型及算法研究"，这不

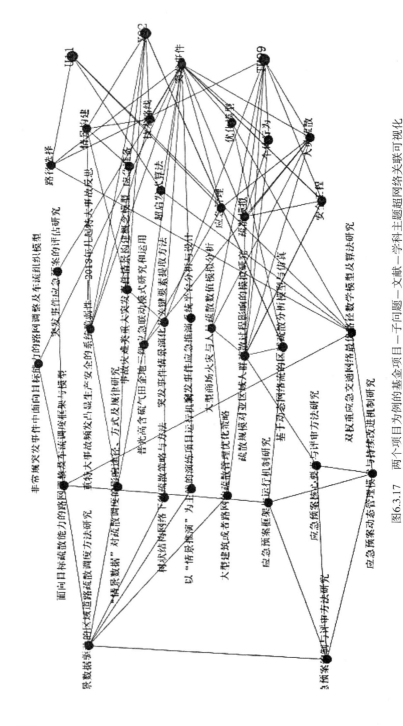

图6.3.17 两个项目为例的基金项目—子问题—文献—学科主题超网络关联可视化

仅体现出两个子问题之间存在知识联系，也体现出两个项目团队之间的知识交流、共享与团队合作情况。学科主题关联方面，U11（综合运输体制与结构）与路径选择、超启发算法和应急管理关联，X92[安全管理（劳动保护管理）]与情景构建、应急准备、技术路线关联，TU99（市政工程）与路径选择、疏散模型、安全工程、人员疏散和个体行为关联。学科与关键词间的共现关系可以分析特定学科领域的研究主题方向，拓宽对于主题方向分析研究时的学科思维与理论方法。

6.3.5.3 知识关联结果分析

重点分析基金项目的问题结构及成果知识关联，构建基金项目、子问题、文献和学科主题四层子网络组成的超网络。四层树状关联可以清晰地展示出基金项目的子问题结构及子问题对应的成果知识，超网络展示出四种知识单元间复杂的关联，打破基金项目及其成果之间的孤立状态，有助于科研人员对于基金项目知识的全局性认识，分析项目之间的共同研究内容及团队间的合作交流情况。项目、子问题、文献子网建立起同质知识单元的相似关联，进而实现相似资源发现和推荐。

实证研究发现，项目之间形成含有 80 个节点、45 条边的相似关联网络，"网络舆情对突发事件演变进程的影响及对策研究"点度中心度最大，与另外 9 个项目形成一个关联网络。基金项目可分解为多个子问题，构成子问题集合，进而建立含有 383 个节点、342 条边的子问题相似关联子网，"城市住宅社区应急准备的框架体系"的点度中心度最大，其所在的网络中包括应急准备过程、应急准备能力的影响因素、应急准备能力的评估体系、应急准备利益相关者、应急准备框架体系方面的研究。通过对子问题文本的聚类，得到网络舆情、应急管理、用户行为与信息等 10 个方面的信息。文献关联得到含有 630 个节点、532 条边的网络，"疏散规模对亚区域人群疏散过程影响的模拟研究"点度中心度最大。学科知识方面，计算机的应用、国家行政管理、信息与传播理论、管理学、经济计算与经济数学方法、人工智能理论是主要学科领域，重点研究主题有应急管理、非常规突发事件、网络舆情、复杂网络、知识元与应急决策。树状关联展示出项目"基于知识元的突发事件演化推演方法研究"的子问题结构，涉及计算机的应用、信息与传播理论、国家理论、系统科学等学科领域的知识，主要研究突发事件主题下的知识元、突发事件案例、应急管理等方面的内容。超网络关联中"非常规突发事件中情景数据驱动的区域道路疏散调度方法研究"和"突发事件应急预案编制与评审方法研究"项目子问题存在关联关系，且两个项目资助和同一篇文献，说明项目间存在团队合作与知识交流。学科主题方面，综合运输体制与结构与主题路径选择、超启发算法和应急管理关联，安全管理与主题情景构建、应急准备、技术路线关联，市政工程与主题路径选择、疏散模型、安全工程、人员疏散和个体行为关联。

6.3.5.4 讨论

本章以自然科学基金项目中"突发事件"主题的项目为研究数据，在构建基金项目成果知识关联超网络模型的基础上，开展实证研究。使用网络爬虫和脚本获取基金项目的基本信息和结题报告，在《中国学术期刊（网络版）》使用基金号检索得到各个基金项目的成果文献，使用研究设计中的方法和规则进行数据处理与分析，从多个方面进行数据分析与可视化呈现。分别建立基金项目网络、子问题网络、文献网络以及学科主题网络的可视化网络，由于异构知识单元之间的关联比较复杂，以几个基金项目为例，建立仅考虑异质知识单元之间关联的基金项目—子问题—文献—学科主题树状关联网络，以及考虑同质网络、异质网络以及同质和异质网络关联的基金项目—子问题—文献—学科主题关联超网络。

各类知识网络的可视化呈现可以清晰地展示各种知识单元之间的关联，从用户对于基金项目的信息需求出发，本研究构建的基金项目超网络可以较好地满足科研用户的信息需求。用户对内容资源的需求方面，知识关联超网络可以展示基金项目已经发表的文献成果；获取信息渠道方面，虽然科研用户获取基金项目信息时对于结题报告的利用较少，但是通过知识关联超网络可以方便地了解到基金项目成果的整体情况，提升科研工作的效率，并且文献之间的关联帮助用户快速定位相似文献，降低检索成本；用户对知识单元及关联需求方面，对于用户需求程度较高的同一问题的不同视角、关键词、项目结构分析(问题与子问题、子问题与文献的关系等)以及相似关联分析(相似项目、相似文献等)，在知识关联超网络中都有呈现。综上所述，本书构建的基金项目成果知识关联超网络可以很好地满足科研人员对于基金项目信息的需求，能够为用户提供更好的知识服务。

6.3.5.5　总结与展望

(1)研究总结。

随着科技的发展和社会的进步，综合性、复杂性的问题层出不穷，本书从复杂问题出发，为了从全局性呈现出复杂问题的结构特征，利用超网络进行知识关联体系的描述与表示，构建面向复杂问题的知识关联超网络，其中网络的节点为复杂问题、子问题以及成果的知识关联网络，边为知识网络之间的多元关系，分别对子网络及网络之间的映射关系进行形式化描述，实现复杂问题知识的广度关联，并分析基于复杂问题知识关联的知识发现与应用。

科技项目作为典型的复杂问题，在其整个生命周期中，会产生大量的丰富的知识，本书针对科技项目成果知识开展知识关联研究。为了更好地提供知识服务，首先开展了科研人员对基金项目信息需求调查，调查结果显示，在立项准备阶段，科研人员对已有基金项目取得的成果、存在的问题与展望有较高需求，对于学术论文获取最多，但是项目结题报告的利用最少，知识单元与关联需求方面，对于同一问题的不同视角、关键词、项目结构分析及相似关联分析需求程度最高。在分析与总结科研用户需求后，在复杂问题知识关联模型的基础上，分析基金项目的特征，以自然科学基金项目为研究对象，构建基金项目知识关联超网络，其中网络的节点为基金项目、子问题、文献以及学科主题的知识关联网络，网络中的边表示这些知识网络之间的关系，分别对子网络及网络间的映射关系进行形式化描述，建立基金项目的知识关联超网络模型。并针对自然科学基金项目结题报告的内容特点，设计知识单元识别和知识关联挖掘方法，完成基金项目知识关联的研究设计。

选取"突发事件"主题的基金项目共 221 项进行实证研究，分别建立基金项目网络、子问题网络、文献网络以及学科主题网络的可视化网络，并建立仅考虑异质知识单元之间关联的基金项目—子问题—文献—学科主题树状关联网络，以及考虑同质网络、异质网络以及同质和异质网络关联的基金项目—子问题—文献—学科主题关联超网络。数据分析可视化结果展现出基金项目、子问题、文献和学科主题知识单元之间复杂的关联关系，可以用于相似项目、文献推荐、研究热点发现等。结果表明，知识关联超网络实现了以问题为导向展示基金项目关联结构的目标，并且较好地满足了科研人员对于基金项目的信息需求。科技研究在逐年深入，科学研究应该建立在已有科技项目成果的基础上，在对已有项目成果有一个整体性认识的前提下开展科研工作，不仅可以提升科研人员对于该问题的认识广度，而且可以有效地避免一些重复性研究，提高科研效率。

（2）研究不足与展望。

本研究存在一些不足和在后续需要深入探讨和研究的内容，主要包括以下几个方面：

①本研究建立的基金项目成果知识关联模型只考虑了中文的学术论文这一种公开发表的项目成果，然而科技项目成果的形式是多样的，除学术论文之外还有专著、专利、系统、研究报告、会议交流等，也有不少项目成果已发表在外文期刊上，在进一步的研究中，应将更多类型的成果知识纳入知识关联超网络中，更加全面地展示项目的成果内容。

②由于时间和精力等因素的限制，本研究实证的数据只选取了"突发事件"研究主题的自然科学基金项目，不同学科领域主题下的基金项目结题报告和成果以及知识关联情况可能有不同的特点，这一点需要进一步的探索。

③在基金项目知识单元识别与关联挖掘部分，由于结题报告内

容结构的不一致性，人工干预较多，知识单元与关联的挖掘的自动化实现是进行大规模基金项目成果知识关联超网络构建的基础，因此，利用相关信息抽取技术实现知识关联网络的自动化构建是以后研究工作的重点。另外，本书选取了一种相似度计算方法，但是没有与其他相似度计算方法进行对比实验，选取最适合该场景的相似度计算方法，该问题仍需要进一步研究。

参 考 文 献

[1]周文杰，闫慧，韩圣龙. 基于信息源视野理论的信息贫富分化研究[J]. 中国图书馆学报，2015，41(1)：50-61.

[2]代君，郭世新. 协同信息搜索行为的触发情景因素探析——基于高校学生个人信息搜索失败情景[J]. 图书情报知识，2016(5)：62-72.

[3]马翠嫦，曹树金. 信息分散下的信息行为——基于国外图书情报学领域跨学科研究的回顾[J]. 中国图书馆学报，2014，40(1)：60-72.

[4]胡昌平，乔欢. 信息服务与用户[M]. 武汉：武汉大学出版社，2001：179-180.

[5]杨良斌，金碧辉. 跨学科研究中学科交叉度的定量分析探讨[J]. 情报杂志，2009，28(4)：39-43.

[6]李江. "跨学科性"的概念框架与测度[J]. 图书情报知识，2014(3)：87-93.

[7]代君，叶艳. 跨学科行动计划下的合作演进特征测度——以TREC1 为例[J]. 图书情报知识，2014(6)：75-90.

[8]王馨. 跨学科团队协同知识创造中的知识类型和互动过程研究——来自重大科技工程创新团队的案例分析[J]. 图书情报工作，2014，58(3)：20-26.

[9]潘曙光. 信息偶遇研究[D]. 重庆：西南大学，2010.

[10]王知津，韩正彪，周鹏. 非线性信息搜寻行为研究[J]. 图书馆

论坛，2011，31(6)：225 231.

[11]陈伟.科研情境下学术用户信息搜寻行为研究[D].南京：南京农业大学，2012.

[12]王凤彬，陈建勋.跨层次视角下的组织知识涌现[J].管理学报，2010，7(1)：17-23.

[13]叶艳.基于信息视域的跨学科协同信息行为研究[D].武汉：武汉大学，2015.

[14]华小琴，邢文明.基于文献分析的跨学科研究及协作行为探析[J].图书馆建设，2017(8)：21-26.

[15]王知津，韩正彪.信息行为集成化研究框架初探[J].中国图书馆学报，2012，38(1)：87-95.

[16]彼得·英格沃森.转折：在情境中集成信息查寻与检索[M].北京：科学技术文献出版社，2007.

[17]李月琳，胡玲玲.基于环境与情境的信息搜寻与搜索[C]//北京大学情报与信息管理论坛.北京：北京大学，2010：74-82.

[18]吴丹，邱瑾.国外协同信息检索行为研究述评[J].中国图书馆学报，2012，38(6)：100-110.

[19]邓胜利，付婷.协同理论在中国图情领域的应用研究述评与展望[J].情报理论与实践，2018，41(9)：148-153.

[20]金燕，李昱瑶.科研团队成员的协同信息行为模型[J].情报理论与实践，2015，38(9)：86-90.

[21]孙文媛.基于SECI模型的社交网络协同信息交流研究[D].武汉：华中师范大学，2018.

[22]赵康.协同科研环境下学术交流模式的前景探析[J].情报资料工作，2017(4)：43-52.

[23]陈向东.网络环境下的跨学科知识共享[D].上海：华东师范大学，2005.

[24]刘仲林.交叉科学时代的交叉研究[J].科学学研究，1993，11(2)：9-16.

[25]黄颖，张琳，孙蓓蓓，等.跨学科的三维测度——外部知识融合、内在知识会聚与科学合作模式[J].科学学研究，2019，37

（1）：25-35.

[26]王璐,马峥,潘云涛.基于论文产出的学科交叉测度方法[J].
情报科学,2019,37（4）：17-21.

[27]代君,李佶壕,秦岩,等.基于综述型文献的跨学科领域信息
源地图绘制[J].图书情报知识,2018（6）：61-74.

[28]操玉杰,梁镇涛,毛进.知识模因视角下跨学科研究领域的学
科结构分析[J].图书馆论坛,2019,39（7）：84-90.

[29]张瑞,赵栋祥,唐旭丽,等.知识流动视角下学术名词的跨学
科迁移与发展研究[J].情报理论与实践,2020,43（1）：
47-55.

[30]梁镇涛,巴志超,徐健.基于引文的跨学科领域发展路径分
析——以眼动追踪领域为例[J].图书情报工作,2019,63
（23）：65-78.

[31]叶春蕾.基于 Web of Science 学科分类的主题研究领域跨学科
态势分析方法研究[J].图书情报工作,2018,62（2）：
127-134.

[32]吕黎江,陈平.高校跨学科团队合作的障碍及其对策研究[J].
中国高等教育,2019（18）：53-55.

[33]叶艳,代君.跨学科情境下协同信息行为诱发因素分析——基
于信息视域的视角[J].情报科学,2017,35（5）：20-24.

[34]曾子明,周知.面向跨学科团队创新过程的嵌入式知识服务研
究[J].情报资料工作,2016（6）：85-90.

[35]蒋甜,刘小平,刘会洲.基于关键词关联度指标（KRI）进行
LDA 噪声主题过滤的方法研究[J].图书情报工作,2020,64
（3）：92-99.

[36]岳丽欣,周晓英,陈旖旎.期刊论文核心研究主题识别及其演
化路径可视化方法研究——以我国医疗健康信息领域期刊论
文为例[J].图书情报工作,2020,64（5）：89-99.

[37]钱旦敏,郑建明.基于 LDA 主题模型的信息服务文献主题提取
与演变研究[J].数字图书馆论坛,2019（10）：16-22.

[38]安璐,代园园,周亦文.公共安全事件衍生舆情形成与演化研

究——基于话题与时间序列分析[J].公安学研究,2020,3(1):14-31

[39]张先治,张晓东.会计学研究视角与研究领域拓展——基于国际期刊的研究[J].会计研究,2012(6):3-11.

[40]杨雅芬.电子政务研究的主要学派及其述评[J].情报理论与实践,2016,39(8):126-132.

[41]张瑞,闫智勇,陈沛富.现代职业教育体系研究的现状、困境与展望[J].西南交通大学学报(社会科学版),2013,14(6):114-121.

[42]许俊松.图书馆文化研究述评[J].图书馆学研究,2010(10):20-22.

[43]王宜强,赵媛,郝丽莎.能源资源流动的研究视角、主要内容及其研究展望[J].自然资源学报,2014,29(9):1613-1625.

[44]郑剑飞.我国信息政策研究视角探析[J].情报探索,2011(4):5-9.

[45]张绿漪,黄庆,蒋昀洁,等.反生产工作行为:研究视角、内容与设计[J].心理科学进展,2018,26(2):306-318.

[46]刘波维,曾润喜.网络舆情研究视角分析[J].情报杂志,2017,36(2):91-96.

[47]郑祁,杨伟国.零工经济的研究视角——基于西方经典文献的述评[J].中国人力资源开发,2019,36(1):129-137.

[48]韦忻伶,安小米,李雪梅,等.开放政府数据评估体系述评:特点分析[J].图书情报工作,2017,61(18):119-127.

[49]马海群,周丽霞.信息法学的研究视角与重点研究领域分析[J].图书情报工作,2004,48(9):38-40.

[50]斯蒂文·贝斯特,道格拉斯·凯尔纳.后现代理论[M].张志斌,译.北京:中央编译出版社,1999.

[51]刘念.论尼采的视角主义[D].重庆:四川外国语大学,2015.

[52]托马斯·库恩.科学革命的结构[M].北京:北京大学出版社,2012.

[53]和晋飞,房俊民.一个跨学科性测度指标:作者专业度[J].情

报理论与实践，2015，38(5)：42-45.

[54] 唐果媛，张薇.基于共词分析法的学科主题演化研究进展与分析[J].图书情报工作，2015，59(5)：128-136.

[55] 关鹏，王曰芬，傅柱.不同语料下基于 LDA 主题模型的科学文献主题抽取效果分析[J].图书情报工作，2016，60(2)：112-121.

[56] 王倩. h 指数及其衍生指数在评价学术会议中的应用研究[J].科技情报开发与经济，2015，25(15)：135-139.

[57] 孙乐民，谢永强，施燕斌.用 ISTP 统计评估国际学术会议的等级[J].高校图书馆工作，2008，28(5)：44-45.

[58] 魏瑞斌.基于自引网络和主路径分析的论文主题创新实证研究[J].图书情报工作，2018，62(3)：64-70.

[59] 许丹，徐爽，陈斯斯，等.基于自然语言词对法的文献主题新颖性探测研究[J].图书情报工作，2018，62(8)：130-138.

[60] 任海英，王德营，王菲菲.主题词组合新颖性与论文学术影响力的关系研究[J].图书情报工作，2017，61(9)：87-93.

[61] 逯万辉，谭宗颖.学术成果主题新颖性测度方法研究——基于 Doc2Vec 和 HMM 算法[J].数据分析与知识发现，2018，2(3)：22-29.

[62] 王平，侯景瑞，吴任力.基于递归张量神经网络的微信公众号文章的新颖度评估方法[J].情报学报，2019，38(2)：159-169.

[63] 姜磊，林德明.参考文献对论文被引频次的影响研究[J].科研管理，2015，36(1)：121-126.

[64] 赵玉珍.运用布拉德福定律研究中国沙棘文献的核心期刊[J].情报科学，2000，18(5)：462-464.

[65] 王知津，李博雅.近五年我国情报学研究热点动态变化分析——基于布拉德福定律分区理论[J].情报资料工作，2016(3)：34-40.

[66] 张丽园.不同学科的文献信息分布规律的比较研究[J].中山大学学报(自然科学版)，1998，37(S1)：15-20.

［67］章成志，吴小兰. 跨学科研究综述［J］. 情报学报，2017, 36
（5）：523-535.

［68］邵洁. 基于信息域理论的大学生信息获取行为研究［D］. 保定：
河北大学，2014.

［69］王华. 河北省高校图书馆用户信息服务研究——学生用户调查
统计分析［D］. 保定：河北大学，2010.

［70］王会景. 研究生网络信息获取行为的差异研究［D］. 保定：河
北大学，2016.

［71］李亮，朱庆华. 社会网络分析方法在合著分析中的实证研
究［J］. 情报科学，2008, 26（4）：549-555.

［72］刘霓. 跨学科研究的发展与实践［J］. 国外社会科学，2008（1）：
46-55.

［73］于汝霜. 高校教师跨学科交往研究［D］. 上海：华东师范大
学，2013.

［74］赵君，廖建桥. 科研合作研究综述［J］. 科学管理研究，2013,
31（2）：117-120.

［75］张薇薇. 社群环境下用户协同信息行为研究述评［J］. 中国图书
馆学报，2010, 36（4）：90-100.

［76］夏贝贝. 项目团队协同信息搜索行为机制及影响因素研究［D］.
南京：南京理工大学，2017.

［77］胡德华，张娟，车丹，等. 师生团队模式下科研人员信息查询
行为特征和差异研究［J］. 图书情报工作，2014, 58（4）：
79-84.

［78］袁红，赵宇珺. 协同搜索行为中的用户任务感知及情绪状态研
究［J］. 图书情报工作，2015, 59（17）：89-98.

［79］周畅，韩毅. 高校学术团队合作信息查寻与检索行为的实证调
查研究［J］. 情报理论与实践，2015, 38（10）：110-115.

［80］李鹏，李琳琳，韩毅. 基于性别与学科背景差异的研究生合作
信息查寻与检索行为分析［J］. 情报科学，2014, 32（10）：
93-99.

［81］吴丹，向雪. 社群环境下的协同信息检索行为实验研究［J］. 现

代图书情报技术，2014(12)：1-9.

[82]李航. 统计学习方法[M]. 北京：清华大学出版社，2012.

[83]邢飞，彭国超，贾怡晨，等. 跨学科团队知识整合影响因素研究——以智能制造项目为例[J]. 现代情报，2020，40(5)：41-50.

[84]张云开，马捷. 跨学科视角下的协同信息行为研究：合作、平衡与博弈[J]. 情报资料工作，2020，41(1)：32-38.

[85]车晨，成颖，柯青. 意义建构理论研究综述[J]. 情报科学，2016，34(6)：155-162.

[86]田梅，朱学芳，张军亮. 意义建构视角下移动互联网信息偶遇过程研究[J]. 图书情报工作，2018，62(16)：72-81.

[87]车晨. 应届毕业生求职信息搜寻行为研究——意义建构理论的视角[D]. 南京：南京大学，2015.

[88]叶艳，代君. 跨学科协同信息行为模式及特征研究[J]. 图书馆学研究，2017(4)：68-73.

[89]李晶，章彰，张帅. 跨学科团队信息交流规律研究：以威斯康辛麦迪逊分校为例[J]. 图书情报工作，2019，63(3)：115-122.

[90]代君，廖莹驰，郭世新. 不同信息视域环境下的跨学科协同信息行为[J]. 情报科学，2018，36(11)：132-137.

[91]付婷. 用户隐性协同信息检索行为的研究——以协同能力和任务类型为视角[J]. 现代商业，2015(17)：66-67.

[92]张鹏翼，杨玉宇. 知乎话题结构协同构建中的冲突与协作分析[J]. 图书情报知识，2017(3)：108-117.

[93]詹丽华，金燕. 协作内容创建系统的对比分析[J]. 图书馆学研究，2014(21)：38-41.

[94]邓卫华，易明，王伟军. 虚拟社区中基于 Tag 的知识协同机制——基于豆瓣网社区的案例研究[J]. 管理学报，2012，9(8)：1203-1210.

[95]赵康. 协同科研环境下我国科研人员的信息交流行为及差异性研究[J]. 情报资料工作，2016(6)：91-98.

[96]田梅，朱学芳，张军亮. 意义建构视角下移动互联网信息偶遇过程研究[J]. 图书情报工作，2018，62(16)：72-81.

[97]迈克尔·吉本斯等. 知识生产的新模式：当代社会科学与研究的动力学[M]. 陈洪捷，沈文钦，等，译. 北京：北京大学出版社，2011.

[98]金燕，周婷. 协同内容创建系统的质量影响因素分析[J]. 情报理论与实践，2015，38(4)：105-109.

[99]徐奔. 开源软件开发人员行为特征的可视化挖掘[D]. 上海：上海交通大学，2013.

[100]余跃. 面向开源社区的群体化协同开发机理实证研究[D]. 长沙：国防科学技术大学，2016.

[101]赵坤，王方芳，王振维. 大学跨学科组织生态治理案例研究：基于上海交通大学 Bio-X 研究院的分析[J]. 中华医学教育探索杂志，2012(7)：661-664.

[102]袁大玉，唐牧群. 跨领域学术社群之知识网络结构初探：以台湾科技与社会研究为例[J]. 国学资讯学刊，2010，8(2)：125-163.

[103]杨良斌，金碧辉. 跨学科测度指标体系的构建研究[J]. 情报杂志，2009，28(7)：65-69.

[104]庞弘燊，方曙，杨波，等. 科研团队合作紧密度的分析研究——以大连理工大学 WISE 实验室为例[J]. 图书情报工作，2011，55(4)：28-32.

[105]杨良斌，周秋菊，金碧辉. 基于文献计量的跨学科测度及实证研究[J]. 图书情报工作，2009，53(10)：87-90.

[106]韩文，刘畅，雷秋雨. 分析学术社交网络对科研活动的辅助作用——以 ResearchGate 和 Academia. edu 为例[J]. 情报理论与实践，2017，40(8)：105-111.

[107]赵蓉英，温芳芳. 科研合作与知识交流[J]. 图书情报工作，2011，55(20)：6-10.

[108]李玲丽，吴新年. 科研社交网络的发展现状及趋势分析[J]. 图书馆学研究，2013(1)：36-41.

[109]刘晓娟，余梦霞，黄勇，等．基于ResearchGate的学术交流行为实证研究——以北京师范大学为例[J]．情报工程，2016，2（3）：26-36.

[110]张耀坤，张维嘉，胡方丹．中国高影响力学者对学术社交网站的使用行为调查——以教育部长江学者为例[J]．情报资料工作，2017（3）：96-101.

[111]耿斌，孙建军．在线学术社交平台的用户行为研究——以ResearchGate平台南京大学用户为例[J]．图书与情报，2017（5）：47-53.

[112]许洁．学术社交网站对学术出版的影响初探[J]．出版发行研究，2014（3）：48-52.

[113]屈宝强．网络学术论坛中的科研合作行为及其反思——以"小木虫"学术论坛为例[J]．科技管理研究，2010，30（10）：215-218.

[114]鲍健强，黄舒涵，蒋惠琴．论发散性思维和收敛性思维的辩证统一[J]．浙江工业大学学报（社会科学版），2010，9（2）：121-126.

[115]赵星．发散与聚合问题建构对创造性问题解决的影响[D]．苏州：苏州大学，2016.

[116]叶奕乾，何存道，梁宁建．普通心理学[M]．4版．上海：华东师范大学出版社，2010：173-179.

[117]黄希庭．心理学导论[M]．北京：人民教育出版社，1991：476-482.

[118]何静．对话的基本单位和单位内话轮之间的联系——俄语对话分析理论初探[J]．黑龙江教育学院学报，2014，33（2）：163-165.

[119]刘洪，张龙．群体沟通意见模式涌现的因素影响分析[J]．复杂系统与复杂性科学，2004，1（4）：45-52.

[120]万涛．团队学习与沟通的定量分析模型研究[J]．软科学，2017，31（7）：89-92.

[121]姚艳虹，衡元元．知识员工创新绩效的结构及测度研究[J]．

管理学报, 2013, 10(1)：97-102.

[122]徐芳, 马玉梅. 人力资源管理对组织绩效的影响——基于知识管理的视角[J]. 中外企业家, 2011(16)：101-102.

[123]齐继国, 高埂, 汪东升. 基于多用户协同反馈的信息检索模型[J]. 小型微型计算机系统, 2003, 24(7)：1151-1156.

[124]孙静宇. 基于 CBR 的协同 Web 搜索研究[D]. 太原：太原理工大学, 2010.

[125]赵瑞雪, 寇远涛, 鲜国建, 等. 领域科研信息环境构建研究[J]. 数字图书馆论坛, 2012(12)：21-26.

[126]吴明飞. 增强型协同信息获取及共享系统设计与实现[D]. 长沙：国防科学技术大学, 2012.

[127]郭喜跃, 何婷婷. 信息抽取研究综述[J]. 计算机科学, 2015, 42(2)：14-17.

[128]姜文志, 顾佼佼, 丛林虎. CRF 与规则相结合的军事命名实体识别研究[J]. 指挥控制与仿真, 2011, 33(4)：13-15.

[129]何林娜, 杨志豪, 林鸿飞, 等. 基于特征耦合泛化的药名实体识别[J]. 中文信息学报, 2014, 28(2)：72-77.

[130]周俊生, 黄书剑, 陈家骏, 等. 一种基于图划分的无监督汉语指代消解算法[J]. 中文信息学报, 2007, 21(2)：77-82.

[131]赵妍妍. 中文事件抽取的相关技术研究[D]. 哈尔滨：哈尔滨工业大学, 2007.

[132]刘丹. 国内主题地图研究综述[J]. 图书情报工作, 2012, 56(5)：62-66.

[133]杨彦波, 刘滨, 祁明月. 信息可视化研究综述[J]. 河北科技大学学报, 2014, 35(1)：91-102.

[134]杨中国, 李洪奇, 朱丽萍, 等. 基于语义模式和引用分布的科技文献信息抽取[J]. 山东大学学报(理学版), 2015, 50(3)：11-19.

[135]张润, 王永滨. 机器学习及其算法和发展研究[J]. 中国传媒大学学报(自然科学版), 2016, 23(2)：10-18.

[136]曹树金, 马翠嫦. 信息聚合概念的构成与聚合模式研究[J].

中国图书馆学报, 2016, 42(3): 4-19.

[137] 李洁, 毕强. 数字图书馆资源知识聚合可视化模型构建研究[J]. 情报学报, 2016, 35(12): 1273-1284.

[138] 赵雪芹. 知识聚合与服务研究现状及未来研究建议[J]. 情报理论与实践, 2015, 38(2): 132-135.

[139] 董克, 程妮, 马费成. 知识计量聚合及其特征研究[J]. 情报理论与实践, 2016, 39(6): 47-51.

[140] 毕强, 刘健. 基于领域本体的数字文献资源聚合及服务推荐方法研究[J]. 情报学报, 2017, 36(5): 452-460.

[141] 邱均平, 刘国徽, 董克. 基于合作分析的知识聚合与学科知识结构研究——以国内知识管理领域为例[J]. 情报理论与实践, 2014, 37(8): 6-11.

[142] 李亚婷. 知识聚合研究述评[J]. 图书情报工作, 2016, 60(21): 128-136.

[143] 林亚平, 李彦, 童调生, 等. 汉语自动分词中的神经网络技术研究[J]. 湖南大学学报(自然科学版), 1997, 24(6): 95-101.

[144] 孙茂松, 黄昌宁, 邹嘉彦, 等. 利用汉字二元语法关系解决汉语自动分词中的交集型歧义[J]. 计算机研究与发展, 1997, 34(5): 332-339.

[145] 孙茂松, 左正平, 黄昌宁. 汉语自动分词词典机制的实验研究[J]. 中文信息学报, 2000, 14(1): 1-6.

[146] 韩客松, 王永成, 陈桂林. 汉语语言的无词典分词模型系统[J]. 计算机应用研究, 1999, 16(10): 8-9.

[147] 邹海山, 吴勇, 吴月珠, 等. 中文搜索引擎中的中文信息处理技术[J]. 计算机应用研究, 2000, 17(12): 21-24.

[148] 王彩荣. 汉语自动分词专家系统的设计与实现[J]. 微处理机, 2004, 25(3): 56-57.

[149] 陈锦禾, 沈洁. 基于信息熵的主动学习半监督分类研究[J]. 计算机技术与发展, 2010, 20(2): 110-113.

[150] 奉国和, 郑伟. 国内中文自动分词技术研究综述[J]. 图书情

报工作, 2011, 55(2): 41-45.

[151] 袁里驰. 基于改进的隐马尔科夫模型的词性标注方法[J]. 中南大学学报(自然科学版), 2012, 43(8): 3053-3057.

[152] 黄方亮, 俞磊, 胡刚, 等. 基于情境感知的应急知识库系统研究与设计[J]. 通化师范学院学报, 2018, 39(4): 13-16.

[153] 李国玺. 基于 3G 的移动医疗应急自救系统的设计与实现[D]. 上海: 复旦大学, 2009.

[154] 姜晓林. 科技项目管理中知识管理系统研究[D]. 大连: 大连理工大学, 2008.

[155] 孟潇. 面向重大项目的跨组织科研合作过程研究[D]. 哈尔滨: 哈尔滨工业大学, 2016.

[156] 刘维东. Web 短文本知识关联模型及其语义连贯计算方法[D]. 上海: 上海大学, 2016.

[157] 唐婷, 何晓兰. 国家基金项目中知识管理领域研究主题分析——基于战略坐标图[J]. 情报科学, 2018, 36(2): 71-76.

[158] 张琳, 孙梦婷, 顾秀丽, 等. 交叉学科设置与评价探讨[J]. 大学与学科, 2020, 1(2): 86-101.

[159] 秦岩, 代君, 廖莹驰. 学术会议论文新颖性测度研究——以计算机学科人工智能领域为例[J]. 情报科学, 2021, 39(1): 104-110.

[160] 官琴, 邓三鸿, 王昊. 中文文本聚类常用停用词表对比研究[J]. 数据分析与知识发现, 2017, 1(3): 72-80.

[161] 叶文豪, 王东波, 沈思, 等. 基于孪生网络的基金与受资助论文相关性判别模型构建研究[J]. 情报学报, 2020, 39(6): 609-618.

[162] Wilson T. Exploring Models of Information Behaviour: The 'Uncertainty' Project[J]. Information Processing & Management, 1999, 35(6): 839-849.

[163] Sonnenwald D H, Iivonen M. An Integrated Human Information Behavior Research Framework for Information Studies[J]. Library & Information Science Research, 1999, 21(4): 429-457.

[164]Fisher K E, Durrance J C, Hinton M B. Information Grounds and the Use of Need-Based Services by Immigrants in Queens, New York: A Context-Based, Outcome Evaluation Approach [J]. Journal of the American Society for Information Science and Technology, 2004, 55(8): 754-766.

[165]Huotari M L, Chatman E. Using Everyday Life Information Seeking to Explain Organizational Behavior[J]. Library & Information Science Research, 2001, 23(4): 351-366.

[166]Huvila I. Analytical Information Horizon Maps[J]. Library & Information Science Research, 2009, 31(1): 18-28.

[167]Sonnenwald D H, Wildemuth B M, Harmon G L. A Research Method to Investigate Information Seeking Using the Concept of Information Horizons: An Example from a Study of Lower Socio-Economic Students' Information Seeking Behaviour[J]. The New Review of Information Behaviour Research, 2001(2): 65-86.

[168]Rosvall M, Sneppen K. Networks and our Limited Information Horizon[J]. International Journal of Bifurcation and Chaos, 2007, 17(7): 2509-2515.

[169]Shenton A K, Dixon P. Models of Young People's Information Seeking[J]. Journal of Librarianship and Information Science, 2003, 35(1): 5-22.

[170]Chatman E A. Life in a Small World: Applicability of Gratifi-cation Theory to Information-Seeking Behavior [J]. Journal of the American Society for Information Science, 1991, 42 (6): 438-449.

[171]Fisher K E, Naumer C M. Information Grounds: Theoretical Basis and Empirical Findings on Information Flow in Social Settings[M]//New Directions in Human Information Behavior. Dordrecht: Springer Netherlands, 2006: 93-111.

[172]Savolainen R. Spatial Factors as Contextual Qualifiers of Information Seeking[J]. Information Research, 2006, 11(4).

[173]Dervin B, Jacobson T L, Nilan M S. Measuring Aspects of Information Seeking: A Test of a Quantitative/Qualitative Methodology [J]. Annals of the International Communication Association, 1982, 6(1): 419-444.

[174]Webber S, Johnston B. Conceptions of Information Literacy: New Perspectives and Implications[J]. Journal of Information Science, 2000, 26(6): 381-397.

[175]Savolainen R, Kari J. Placing the Internet in Information Source Horizons: A Study of Information Seeking by Internet Users in the Context of Self-Development[J]. Library & Information Science Research, 2004, 26(4): 415-433.

[176]Savolainen R. Source Preferences in the Context of Seeking Problem-Specific Information[J]. Information Processing & Management, 2008, 44(1): 274-293.

[177]Limberg L. Experiencing Information Seeking and Learning: A Study of the Interaction between Two Phenomena[J]. Information Research, 1999, 5(1): 50-67.

[178]Sonnenwald D H. Communication Roles that Support Collaboration during the Design Process[J]. Design Studies, 1996, 17(3): 277-301.

[179]Steinerová J. Information Horizons Mapping for Information Literacy Development[C]// European Conference on Information Literacy. Cham: Springer, 2014: 70-80.

[180] Steinerová J. Methodological Literacy of Doctoral Students-an Emerging Model[M]//Kurbanoǧlu S, Grassian E, Mizrachi D, et al, Eds. Communications in Computer and Information Science. Cham: Springer International Publishing, 2013: 148-154.

[181]Tsai T I. The Social Networks in the Information Horizons of College Students: A Pilot Study[J]. Proceedings of the American Society for Information Science and Technology, 2010, 47(1): 1-3.

[182] Tsai T I. Coursework-Related Information Horizons of First-Generation College Students [J]. Information Research, 2012, 17 (4): 542.

[183] Sinn D, Kim S, Syn S Y. Information Activities within Information Horizons: A Case for College Students' Personal Information Management [J]. Library & Information Science Research, 2019, 41(1): 19-30.

[184] Chang S J L, Lee Y Y. Conceptualizing Context and Its Relationship to the Information Behaviour in Dissertation Research Process [J]. The New Review of Information Behaviour Research, 2001, 2: 29-46.

[185] Denning P J, Yaholkovsky P. Getting to 'We' [J]. Communications of the ACM, 2008, 51(4): 19-24.

[186] Shah C, Marchionini G. Awareness in Collaborative Information Seeking [J]. Journal of the American Society for Information Science and Technology, 2010, 61(10): 1970-1986.

[187] Shah C. Collaborative Information Seeking [J]. Journal of the Association for Information Science and Technology, 2014, 65(2): 215-236.

[188] Reddy M C, Spence P R. Collaborative Information Seeking: A Field Study of a Multidisciplinary Patient Care Team [J]. Information Processing & Management, 2008, 44(1): 242-255.

[189] Karunakaran A, Reddy M C, Spence P R. Toward a Model of Collaborative Information Behavior in Organizations [J]. Journal of the American Society for Information Science and Technology, 2013, 64(12): 2437-2451.

[190] Morris M R. Collaborative Search Revisited [C]//The 2013 conference on Computer supported cooperative work. San Antonio, Texas, USA. New York: ACM, 2013: 1181-1192.

[191] Kuhlthau C C. Inside the Search Process: Information Seeking from the User's Perspective [J]. Journal of the American Society

for Information Science, 1991, 42(5): 361-371.

[192]Ellis D, Haugan M. Modelling the Information Seeking Patterns of Engineers and Research Scientists in an Industrial Environment [J]. Journal of Documentation, 1997, 53(4): 384-403.

[193]Hansen P, Järvelin K. Collaborative Information Retrieval in an Information-Intensive Domain[J]. Information Processing & Management, 2005, 41(5): 1101-1119.

[194]Poltrock S, Grudin J, Dumais S, et al. Information Seeking and Sharing in Design Teams[C]//The 2003 ACM International Conference on Supporting Group Work. Sanibel Island, Florida, USA. New York: ACM, 2003: 239-247.

[195]Lindsay R. Information Foraging Theory by Pirolli, Peter[J]. British Journal of Educational Technology, 2008, 39 (4): 759-760.

[196]Morris M R. A Survey of Collaborative Web Search Practices [C]//The SIGCHI Conference on Human Factors in Computing Systems. Florence, Italy. New York: ACM, 2008: 1657-1660.

[197]Morris M R, Horvitz E. Search Together: An Interface for Collaborative Web Search[C]//The 20th annual ACM symposium on User interface software and technology. Newport, Rhode Island, USA. New York: ACM, 2007: 3-12.

[198]Wong A. Living with New Media Technology: How the Poor Learn, Share and Experiment on Mobile Phones[J]. Collaborative Information Behavior: User Engagement and Communication Sharing, 2010: 16-35.

[199]Foster J. Collaborative Information Behavior: User Engagement and Communication Sharing[M]. Hershey, USA: IGI Global, 2010: 36-54.

[200]Nisbet J, Clark B R. Places of Inquiry: Research and Advanced Education in Modern Universities[J]. British Journal of Educational Studies, 1996, 44(3): 345.

[201]Thompson Klein J. Prospects for Transdisciplinarity[J]. Futures, 2004, 36(4): 515-526.

[202]Klein J T. Finding Interdisciplinary Knowledge and Information [J]. New Directions for Teaching and Learning, 1994, 1994 (58): 7-33.

[203]Smith L C. Student Paper Award 1974. Systematic Searching of Abstracts and Indexes in Interdisciplinary Areas[J]. Journal of the American Society for Information Science, 1974, 25(6): 343-353.

[204]Russell M G. Interdisciplinarity: History, Theory and Practice [J]. Interdisciplinary Science Reviews, 1991, 16(4): 299-300.

[205]Repko A F, Newell W H, Szostak R. Case Studies in Interdisciplinary Research[M]. Los Angeles, CA: SAGE, 2012.

[206]Fiscella J B, Kimmel S E, Board C E E. Interdisciplinary education: a guide to resources[M]. New York: College Entrance Examination Board, 1999: 293

[207]Mote L J B. Reasons for the Variations in the Information Needs of Scientists [J]. Journal of Documentation, 1962, 18(4): 169-175.

[208] Packer K H, Soergel D. The Importance of SDI for Current Awareness in Fields with Severe Scatter of Information [J]. Journal of the American Society for Information Science, 1979, 30(3): 125-135.

[209]Carole L, Palmer CL, Laura J. The Information Work of Interdisciplinary Humanities Scholars: Exploration and Translation[J]. The Library Quarterly, 2002, 72(1): 85-117.

[210]Weisgerber D W. Interdisciplinary Searching: Problems and Suggested Remedies (a Report from the Icsti Group on Interdisciplinary Searching)[J]. Journal of Documentation, 1993, 49(3): 231-254.

[211]Pennington D D, Simpson G L, McConnell M S, et al. Transdis-

ciplinary Research, Transformative Learning, and Transformative Science[J]. BioScience, 2013, 63(7): 564-573.

[212] Foster A. A Nonlinear Model of Information-Seeking Behavior[J]. Journal of the American Society for Information Science and Technology, 2004, 55(3): 228-237.

[213] Palmer C L, Cragin M H, Hogan T P. Weak Information Work in Scientific Discovery[J]. Information Processing & Management, 2007, 43(3): 808-820.

[214] Foster A, Ford N. Serendipity and Information Seeking: An Empirical Study [J]. Journal of Documentation, 2003, 59 (3): 321-340.

[215] Weick K E. The Collapse of Sensemaking in Organizations: The Mann Gulch Disaster [J]. Administrative Science Quarterly, 1993, 38(4): 628.

[216] Himmelman A T. On the Theory and Practice of Transformational Collaboration: From Social Service to Social Justice [M]// Creating Collaborative Advantage. 1 Oliver's Yard, 55 City Road, London EC1Y 1SP United Kingdom : SAGE Publications Ltd, 1996: 20-43.

[217] Sonnenwald D H, Maglaughlin K L, Whitton M C. Designing to Support Situation Awareness across Distances: An Example from a Scientific Collaboratory[J]. Information Processing & Management, 2004, 40(6): 989-1011.

[218] Foster J. Collaborative Information Seeking and Retrieval[J]. Annual Review of Information Science and Technology, 2006, 40 (1): 329-356.

[219] Marton F, Booth S. Learning and Awareness[M]. Mahwah, NJ: L. Erlbaum Associates, 1997.

[220] Prosser M, Trigwell K, Hazel E, et al. Students' Experiences of Studying Physics Concepts: The Effects of Disintegrated Perceptions and Approaches[J]. European Journal of Psychology of Ed-

ucation, 2000, 15(1): 61-74.

[221] Turner R H. Role Theory [M]//Handbooks of Sociology and Social Research. Berlin: Springer US, 2006: 233-254.

[222] Clifford C. Role: A Concept Explored in Nursing Education[J]. Journal of Advanced Nursing, 1996, 23(6): 1135-1141.

[223] Huvila I. Work and Work Roles: A Context of Tasks[J]. J Documentation, 2008(6): 797-815.

[224] Cool C, Spink A. Issues of Context in Information Retrieval (IR): An Introduction to the Special Issue [J]. Information Processing & Management, 2002, 38(5): 605-611.

[225] Watts G. The Effects of 'Greening' Urban Areas on the Perceptions of Tranquillity [J]. Urban Forestry & Urban Greening, 2017, 26: 11-17.

[226] Asano F. Healing at a Hospital Garden: Integration of Physical and non-Physical Aspects[J]. Acta Horticulturae, 2008, 775: 13-22.

[227] Bielinis E, Bielinis L, Krupińska-Szeluga S, et al. The Effects of a Short Forest Recreation Program on Physiological and Psychological Relaxation in Young Polish Adults[J]. Forests, 2019, 10 (1): 34.

[228] Sakr S, Alomari M. A Decade of Database Conferences: A Look Inside the Program Committees [J]. Scientometrics, 2012, 91 (1): 173-184.

[229] Loizides O S, Koutsakis P. On Evaluating the Quality of a Computer Science/Computer Engineering Conference [J]. Journal of Informetrics, 2017, 11(2): 541-552.

[230] Souto M A M, Warpechowski M, de Oliveira J P M. An Ontological Approach for the Quality Assessment of Computer Science Conferences[C]//International Conference on Conceptual Modeling. Berlin, Heidelberg: Springer, 2007: 202-212.

[231] Vasilescu B, Serebrenik A, Mens T, et al. How Healthy are Soft-

ware Engineering Conferences? [J]. Science of Computer Programming, 2014, 89: 251-272.

[232]Allan J, Wade C, Bolivar A. Retrieval and Novelty Detection at the Sentence Level [C]//The 26th annual international ACM SIGIR conference on Research and development in information retrieval. Toronto, Canada. New York: ACM, 2003: 314-321.

[233]Kouris I N, Makris C H, Tsakalidis A K. Using Information Retrieval Techniques for Supporting Data Mining[J]. Data & Knowledge Engineering, 2005, 52(3): 353-383.

[234]Hautamaki V, Karkkainen I, Franti P. Outlier Detection Using K-Nearest Neighbour Graph[C]//The 17th International Conference on Pattern Recognition, 2004. ICPR. Cambridge, UK. IEEE, 2004: 430-433.

[235]Zhang H P, Sun J, Wang B, et al. Computation on Sentence Semantic Distance for Novelty Detection[J]. Journal of Computer Science and Technology, 2005, 20(3): 331-337.

[236]Didegah F, Thelwall M. Which Factors Help Authors Produce the Highest Impact Research? Collaboration, Journal and Document Properties[J]. Journal of Informetrics, 2013, 7(4): 861-873.

[237]Papadimitriou C H, Raghavan P, Tamaki H, et al. Latent Semantic Indexing: A Probabilistic Analysis[J]. Journal of Computer and System Sciences, 2000, 61(2): 217-235.

[238]Bradford R B. An Empirical Study of Required Dimensionality for Large-Scale Latent Semantic Indexing Applications [C]//The 17th ACM conference on Information and knowledge management. Napa Valley, California, USA. New York: ACM, 2008: 153-162.

[239]Pentii K, Jan K, Anders H. Random Indexing of Text Samples for Latent Semantic Analysis[J]. Proceedings of the Annual Meeting of the Cognitive Science Society, 2000, 22(22): 103-106.

[240]Behrens H, Luksch P. A Bibliometric Study in Crystallography

[J]. Acta Crystallographica Section B Structural Science, 2006, 62(6): 993-1001.

[241] De Arenas J L, Castaños-Lomnitz H, Licea J A. Significant Mexican Research in the Health Sciences: A Bibliometric Analysis [J]. Scientometrics, 2002, 53(1): 39-48.

[242] Garg K C, Sharma P, Sharma L. Bradford's Law in Relation to the Evolution of a Field: A Case Study of Solar Power Research [J]. Scientometrics, 1993, 27(2): 145-156.

[243] Singh G, Mittal R, Ahmad M. A Bibliometric Study of Literature on Digital Libraries[J]. The Electronic Library, 2007, 25(3): 342-348.

[244] Singh G, Ahmad M, Nazim M. A Bibliometric Study of Embelia Ribes[J]. Library Review, 2008, 57: 289-297.

[245] Shenton A K, Dixon P. A Comparison of Youngsters' Use of CD-ROM and the Internet as Information Resources[J]. Journal of the American Society for Information Science and Technology, 2003, 54(11): 1029-1049.

[246] Savolainen R. Information Source Horizons and Source Preferences of Environmental Activists: A Social Phenomenological Approach [J]. Journal of the American Society for Information Science and Technology, 2007, 58(12): 1709-1719.

[247] Tsai T I. Socialization and Information Horizons: Source Use Behavior of First-Generation and Continuing-Generation College Students[D]. Madison, WI, USA: The University of Wisconsin-Madison, 2013.

[248] Westbrook L. Information Needs and Experiences of Scholars in Women's Studies: Problems and Solutions [J]. College & Research Libraries, 2003, 64(3): 192-209.

[249] Rice R E, McCreadie M, Chang S J L. Accessing and Browsing Information and Communication [M]. Cambridge, MA: MIT Press, 2001.

[250] Robinson M A. An Empirical Analysis of Engineers' Information Behaviors[J]. Journal of the American Society for Information Science and Technology, 2010: 640-658.

[251] Kim J. Describing and Predicting Information-Seeking Behavior on the Web[J]. Journal of the American Society for Information Science and Technology, 2009, 60(4): 679-693.

[252] Van der Westhuizen M. The Invisible Web[J]. SA Journal of Information Management, 2001, 3(3/4): 51-52.

[253] Sherman C, Price G. The Invisible Web: Uncovering Information Sources Search Engines Can't See[M]. Medford, NJ: CyberAge Books, 2001.

[254] Xu Y C, Chen Z W. Relevance Judgment: What do Information Users Consider beyond Topicality?[J]. Journal of the American Society for Information Science and Technology, 2006, 57(7): 961-973.

[255] Voudouris V, Wood J, Fisher P F. Collaborative geo Visua-lization: Object-Field Representations with Semantic and Uncertainty Information[M]//On the Move to Meaningful Internet Systems 2005: OTM 2005 Workshops. Berlin, Heidelberg: Springer, 2005: 1056-1065.

[256] Ajzen I, Madden T J. Prediction of Goal-Directed Behavior: Attitudes, Intentions, and Perceived Behavioral Control[J]. Journal of Experimental Social Psychology, 1986, 22(5): 453-474.

[257] Trafimow D, Wyer R S. Cognitive Representation of Mundane Social Events[J]. Journal of Personality and Social Psychology, 1993, 64(3): 365-376.

[258] Olson J S, Hofer E C, Bos N, et al. A Theory of Remote Scientific Collaboration[M]//Scientific Collaboration on the Internet. Cambridge, MA: The MIT Press, 2008: 73-97.

[259] Ma N, Guan J C. An Exploratory Study on Collaboration Profiles of Chinese Publications in Molecular Biology[J]. Scientometrics,

2005, 65(3): 343-355.

[260] Qin J A, Lancaster F W, Allen B. Types and Levels of Collabora-
tion in Interdisciplinary Research in the Sciences [J]. Journal of
the American Society for Information Science, 1997, 48(10):
893-916.

[261] Granovetter M. Economic Action and Social Structure: The Prob-
lem of Embeddedness [J]. American Journal of Sociology, 1985,
91(3): 481-510.

[262] Carlile P R. Transferring, Translating, and Transforming: An
Integrative Framework for Managing Knowledge across Boundaries
[J]. Organization Science, 2004, 15(5): 555-568.

[263] Bradford S. Sources of Information on Specific Subjects [J].
Journal of Information Science, 1985, 10(4): 173-175.

[264] Hood W W, Wilson C S. The Scatter of Documents over
Databases in Different Subject Domains: How many Databases
are Needed? [J]. Journal of the American Society for Information
Science and Technology, 2001, 52(14): 1242-1254.

[265] Fidel R, Mark Pejtersen A, Cleal B, et al. A Multidimensional
Approach to the Study of Human-Information Interaction: A Case
Study of Collaborative Information Retrieval [J]. Journal of the
American Society for Information Science and Technology, 2004,
55(11): 939-953.

[266] Dinet J, Vivian R. The Impact of Friendship on Synchronous Col-
laborative Retrieval Tasks in the Primary School [J]. British
Journal of Educational Technology, 2012, 43(3): 439-447.

[267] Baeza-Yates R, Pino J A. A First Step to Formally Evaluate Col-
laborative Work [C]//The International ACM SIGGROUP Confer-
ence on Supporting Group Work: The Integration Challenge the
Integration Challenge-GROUP '97. Phoenix, Arizona, USA. New
York: ACM Press, 1997: 56-60.

[268] González-Ibáñez R, Haseki M, Shah C. Let's Search Together,

But Not Too Close! An Analysis of Communication and Performance in Collaborative Information Seeking[J]. Information Processing & Management, 2013, 49(5): 1165-1179.

[269]Smith M. The Trend Toward Multiple Authorship in Psychology [J]. American Psychologist, 1958, 13(10): 596-599.

[270]Chapman J L. A State Transition Analysis of Online Information-Seeking Behavior[J]. Journal of the American Society for Information Science, 1981, 32(5): 325-333.

[271]Yue Z, Han S G, He D Q. An Investigation of Search Processes in Collaborative Exploratory Web Search[J]. Proceedings of the American Society for Information Science and Technology, 2012, 49(1): 1-4.

[272] Marchionini G. Exploratory Search [J]. Communications of the ACM, 2006, 49(4): 41-46.

[273] Leedy P D, Ormrod J E. Practical Research: Planning and Design[M]. 7th ed. Upper Saddle River, NJ: Merrill Prentice Hall, 2001.

[274]Gill T G. Reflections on Researching the Rugged Fitness Landscape [J]. Informing Science: The International Journal of an Emerging Transdiscipline, 2008, 11: 165-196.

[275] Alberto Franco L. Rethinking Soft OR Interventions: Models as Boundary Objects[J]. European Journal of Operational Research, 2013, 231(3): 720-733.

[276] Carlile P R. A Pragmatic View of Knowledge and Boundaries: Boundary Objects in New Product Development[J]. Organization Science, 2002, 13(4): 442-455.

[277] Vygotskiĭ L S, Cole M. Mind in Society: The Development of Higher Psychological Processes [M]. Cambridge: Harvard University Press, 1978.

[278]Ye E M, Du J T, Hansen P, et al. Understanding Roles in Collaborative Information Behaviour: A Case of Chinese Group Trav-

elling [J]. Information Processing & Management, 2021, 58 (4): 102581.

[279] Palmquist R A, Kim K S. Cognitive Style and On-Line Database Search Experience as Predictors of Web Search Performance [J]. Journal of the American Society for Information Science, 2000, 51(6): 558-566.

[280] Jongsawat N, Premchaiswadi W. An Empirical Study of Group Awareness Information in Web-Based Group Decision Support System in a Field Test Setting [C]//The 2009 7th International Conference on ICT and Knowledge Engineering. Bangkok, Thailand: IEEE, 2010: 15-23.

[281] Pohl C, Rist S, Zimmermann A, et al. Researchers' Roles in Knowledge Co-Production: Experience from Sustainability Research in Kenya, Switzerland, Bolivia and Nepal [J]. Science and Public Policy, 2010, 37(4): 267-281.

[282] Schauppenlehner- Kloyber E, Penker M. Managing Group Processes in Transdisciplinary Future Studies: How to Facilitate Social Learning and Capacity Building for Self-Organised Action towards Sustainable Urban Development? [J]. Futures, 2015, 65: 57-71.

[283] Bechky B A. Sharing Meaning across Occupational Communities: The Transformation of Understanding on a Production Floor [J]. Organization Science, 2003, 14(3): 312-330.

[284] Emirbayer M, Williams E. Bourdieu and Social Work [J]. Social Service Review, 2005, 79(4): 689-724.

[285] Wildemuth B M, Freund L, Toms E G. Untangling Search Task Complexity and Difficulty in the Context of Interactive Information Retrieval Studies [J]. Journal of Documentation, 2014, 70(6): 1118-1140.

[286] Taylor R S. Question-Negotiation and Information Seeking in Libraries [J]. College & Research Libraries, 1968, 29 (3):

178-194.

[287] Johnson J D E, Case D O, Andrews J, et al. Fields and Pathways: Contrasting or Complementary Views of Information Seeking [J]. Information Processing & Management, 2006, 42 (2): 569-582.

[288] Johnson J D. A Model of Social Interaction: Phase III: Tests in Varying Media Situations[J]. Communication Monographs, 1984, 51(2): 168-184.

[289] Simmel G. The Number of Members as Determining the Sociological Form of the Group [J]. American Journal of Sociology, 1902, 8(1): 1-46.

[290] Hare A P. The Dimensions of Social Interaction[J]. Behavioral Science, 2007, 5(3): 211-215.

[291] Savolainen R. Time as a Context of Information Seeking[J]. Library & Information Science Research, 2006, 28(1): 110-127.

[292] Buttimer A. Social Space in Interdisciplinary Perspective [J]. Geographical Review, 1969, 59(3): 417.

[293] Weick K E. The Social Psychology of Organizing[M]. Reading, MA: Addison-Wesley Pub. Co, 1969.

[294] Mayer J D, Salovey P, Caruso D R, et al. Emotional Intelligence as a Standard Intelligence[J]. Emotion, 2001, 1(3): 232-242.

[295] Rayner S R. Team Traps: What They Are, How to Avoid Them [J]. National Productivity Review, 1996, 15 (3): 101-115.

[296] Fulk J, DeSanctis G. Electronic Communication and Changing Organizational Forms[J]. Organization Science, 1995, 6(4): 337-349.

[297] Daft R L, Lengel R H. Organizational Information Requirements, Media Richness and Structural Design[J]. Management Science, 1986, 32(5): 554-571.

[298] Burt R S. Structural Holes: The Social Structure of Competition

[M]. Cambridge, MA: Harvard University Press, 1992.

[299] Lanubile F, Ebert C, Prikladnicki R, et al. Collaboration Tools for Global Software Engineering[J]. IEEE Software, 2010, 27 (2): 52-55.

[300] McDonald N, Goggins S. Performance and Participation in Open Source Software on GitHub[C]//CHI EA '13: CHI '13 Extended Abstracts on Human Factors in Computing Systems. Paris, France. New York: ACM, 2013: 139-144.

[301] Kalliamvakou E, Damian D, Blincoe K, et al. Open Source-Style Collaborative Development Practices in Commercial Projects Using GitHub [C]//2015 IEEE/ACM 37th IEEE International Conference on Software Engineering. Florence, Italy: IEEE, 2015: 574-585.

[302] Dabbish L, Stuart C, Tsay J, et al. Social Coding in GitHub: Transparency and Collaboration in an Open Software Repository [C]//The ACM 2012 conference on Computer Supported Cooperative Work. Seattle, Washington, USA. New York: ACM, 2012: 1277-1286.

[303] Kane G C. A Multimethod Study of Information Quality in Wiki Collaboration[J]. ACM Transactions on Management Information Systems, 2011, 2(1): 1-16.

[304] Dinh-Trong T, Bieman J M. Open Source Software Development: A Case Study of Free BSD [C]//The 10th International Symposium on Software Metrics, 2004. Proceedings. Chicago, IL, USA: IEEE, 2004: 96-105.

[305] Crowston K, Howison J, Annabi H. Information Systems Success in Free and Open Source Software Development: Theory and Measures [J]. Software Process: Improvement and Practice, 2006, 11(2): 123-148.

[306] Grewal R, Lilien G L, Mallapragada G. Location, Location, Location: How Network Embeddedness Affects Project Success in

Open Source Systems[J]. Management Science, 2006, 52(7): 1043-1056.

[307]Rai A, Lang S S, Welker R B. Assessing the Validity of IS Success Models: An Empirical Test and Theoretical Analysis[J]. Information Systems Research, 2002, 13(1): 50-69.

[308]Mansfield E, Wagner S. Organizational and Strategic Factors Associated with Probabilities of Success in Industrial R & D[J]. The Journal of Business, 1975, 48(2): 179.

[309]Midha V, Palvia P. Factors Affecting the Success of Open Source Software[J]. Journal of Systems and Software, 2012, 85(4): 895-905.

[310]Yang X, Hu D N, Robert D M. How Microblogging Networks Affect Project Success of Open Source Software Development[C]// The 2013 46th Hawaii International Conference on System Sciences. Wailea, HI, USA: IEEE, 2013: 3178-3186

[311]Herraiz I, Gonzalez-Barahona J M, Robles G. Towards a Theoretical Model for Software Growth [C]//Fourth International Workshop on Mining Software Repositories (MSR'07: ICSE Workshops 2007). Minneapolis, MN, USA: IEEE, 2007: 21.

[312]Klein J T. Evaluation of Interdisciplinary and Transdisciplinary Research[J]. American Journal of Preventive Medicine, 2008, 35(2): S116-S123.

[313]Jarvenpaa S L, Knoll K, Leidner D E. Is Anybody Out There? Antecedents of Trust in Global Virtual Teams[J]. Journal of Management Information Systems, 1998, 14(4): 29-64.

[314]Monclar R S, Oliveira J, Firmino de Faria F, et al. Using Social Networks Analysis for Collaboration and Team Formation Identification[C]//The 2011 15th International Conference on Computer Supported Cooperative Work in Design (CSCWD). Laussane, Switzerland: IEEE, 2011: 562-569.

[315]Basner J E, Theisz K I, Jensen U S, et al. Measuring the Evolu-

tion and Output of Cross-Disciplinary Collaborations within the NCI Physical Sciences-Oncology Centers Network [J]. Research Evaluation, 2013, 22(5): 285-297.

[316] Thelwall M, Kousha K. Academia. edu: Social Network or Academic Network? [J]. Journal of the Association for Information Science and Technology, 2014, 65(4): 721-731.

[317] Rowlands I, Nicholas D, Russell B, et al. Social Media Use in the Research Workflow [J]. Learned Publishing, 2011, 24(3): 183-195.

[318] Ortega J L. Disciplinary Differences in the Use of Academic Social Networking Sites [J]. Online Information Review, 2015, 39(4): 520-536.

[319] Ovadia S. Research Gate and Academia. edu: Academic Social Networks [J]. Behavioral & Social Sciences Librarian, 2014, 33 (3): 165-169.

[320] Scholz R W, Steiner G. The Real Type and Ideal Type of Transdisciplinary Processes: Part I—Theoretical Foundations [J]. Sustainability Science, 2015, 10(4): 527-544.

[321] Gibbons M. The New Production of Knowledge: The Dynamics of Science and Research in Contemporary Societies [M]. London: SAGE Publications, 1994.

[322] Lee C S, Therriault D J. The Cognitive Underpinnings of Creative Thought: A Latent Variable Analysis Exploring the Roles of Intelligence and Working Memory in Three Creative Thinking Processes [J]. Intelligence, 2013, 41(5): 306-320.

[323] Dowell N M M, Nixon T M, Graesser A C. Group Communication Analysis: A Computational Linguistics Approach for Detecting Sociocognitive Roles in Multiparty Interactions [J]. Behavior Research Methods, 2019, 51(3): 1007-1041.

[324] Cohen S G, Bailey D E. What Makes Teams Work: Group Effectiveness Research from the Shop Floor to the Executive Suite [J].

Journal of Management, 1997, 23(3): 239-290.

[325] Tohidi H. Teamwork Productivity & Effectiveness in an Organization Base on Rewards, Leadership, Training, Goals, Wage, Size, Motivation, Measurement and Information Technology[J]. Procedia Computer Science, 2011(3): 1137-1146.

[326] Alegre J, Lapiedra R, Chiva R. A Measurement Scale for Product Innovation Performance[J]. European Journal of Innovation Management, 2006, 9(4): 333-346.

[327] Cattell R B, Butcher H J. The Prediction of Achievement and Creativity[M]. Indianapolis: Bobbs-Merrill, 1968.

[328] Cropley A. Definitions of Creativity[M]//Encyclopedia of Creativity. Amsterdam: Elsevier, 2020: 315-322.

[329] Menning A, Ewald B, Nicolai C, et al. Team Creativity between Local Disruption and Global Integration[M]//Meinel C, Leifer L. Design Thinking Research. Cham: Springer, 2020: 133-142.

[330] Grosz B J, Joshi A K, Weinstein S. Providing a Unified Account of Definite Noun Phrases in Discourse [C]//The 21st annual meeting on Association for Computational Linguistics. New York: ACM, 1983: 44-50.

[331] Graesser A C, Singer M, Trabasso T. Constructing Inferences during Narrative Text Comprehension[J]. Psychological Review, 1994, 101(3): 371-395.

[332] Spence P R, Reddy M C, Hall R. A Survey of Collaborative Information Seeking Practices of Academic Researchers[C]//The 2005 ACM International Conference on Supporting Group Work. Sanibel Island, Florida, USA. New York: ACM, 2005: 85-88.

[333] Amershi S, Morris M R. Co-Located Collaborative Web Search: Understanding Status Quo Practices[C]//CHI EA '09: CHI '09 Extended Abstracts on Human Factors in Computing Systems. Boston, MA, USA. New York: ACM, 2009: 3637-3642.

[334] Morris M R, Horvitz E. S3: Storable, Shareable Search[M]//

Lecture Notes in Computer Science. Berlin Heidelberg: Springer, 2007: 120-123.

[335]Smeaton A F, Foley C, Byrne D, et al. IBingo Mobile Collaborative Search[C]//The 2008 International Conference on Content-Based Image and Video Retrieval. Niagara Falls, Canada. New York: ACM, 2008: 547-548.

[336]Don S. Border Crossings: Understanding the Cultural and Informational Dilemmas of Interdisciplinary Scholars[J]. The Journal of Academic Librarianship, 2001, 27(5): 352-360.

[337]Westbrook L. Interdisciplinary Information Seeking in Women's Studies[M]. Jefferson, N C: McFarland, 1999.

[338]Jamali H R, Nicholas D. Interdisciplinarity and the Information-Seeking Behavior of Scientists[J]. Information Processing & Management, 2010, 46(2): 233-243.

[339]Grishman R. Information Extraction: Techniques and Challenges [M]//Information Extraction a Multidisciplinary Approach to an Emerging Information Technology. Berlin Heidelberg: Springer, 1997: 10-27.

[340]Shneiderman B. The Eyes Have It: A Task by Data Type Taxonomy for Information Visualizations [C]// The 1996 IEEE Symposium on Visual Languages. Boulder, CO, USA: IEEE, 2002: 336-343.

[341]Inselberg A. The Plane with Parallel Coordinates[J]. The Visual Computer, 1985, 1(2): 69-91.

[342]Watson A, Zhou G. Breath EZ: Using Smartwatches to Improve Choking First Aid[J]. Smart Health, 2019, 13: 100058.

[343]Fogli D, Greppi C, Guida G. Design Patterns for Emergency Management: An Exercise in Reflective Practice[J]. Information & Management, 2017, 54(7): 971-986.

[344]Fogli D, Guida G. Knowledge-Centered Design of Decision Support Systems for Emergency Management [J]. Decision

Support Systems, 2013, 55(1): 336-347.

[345] Ajami H, Mcheick H. Ontology-Based Model to Support Ubiquitous Healthcare Systems for COPD Patients [J]. Electronics, 2018, 7(12): 371.

[346] Machado M A, Magnier-Watanabe R, Peltola T. Capturing Knowledge from Research Projects: From Project Reports to Storytelling [C] //2016 Portland International Conference on Management of Engineering and Technology (PICMET). Honolulu, HI, USA: IEEE, 2017: 2048-2057.

[347] Barabási A L. Scale-Free Networks: A Decade and Beyond [J]. Science, 2009, 325(5939): 412-413.

[348] Hung W. Team-Based Complex Problem Solving: A Collective Cognition Perspective [J]. Educational Technology Research and Development, 2013, 61(3): 365-384.

[349] Rokaya M, Atlam E, Fuketa M, et al. Ranking of Field Association Terms Using Co-Word Analysis [J]. Information Processing & Management, 2008, 44(2): 738-755.